国家出版基金项目
NATIONAL PUBLICATION FOUNDATION

吴志强 编著

『十三五』国家重点图书出版规划项目

城市规划方法

U

城 乡 规 划
设计方法丛书

Urban
Planning
Methods

中国建筑工业出版社

序

    方法论是任何一个学科的学术结构中不可或缺的重要部分。作为一个工程学科，城乡规划，尤其如此。城市是迄今人类所创造的最复杂的巨系统。没有合适的方法，城市的发展是很难被准确预测，进而被合理规划的。《城市规划方法》的出版，将对城乡规划学科的学术新架构，提供一根重要的支柱。

    吴志强教授自 1982 年起收集各国城市规划方法文献，形成了《城市规划方法》编制的最初材料。二十余年后又恰逢大数据时代，使《城市规划方法》得以从全球规划研究的各种平台上不断汲取先进的经验、沉痛的教训和精彩的方法，最终梳理形成了该书的 18 章 4 部分，包括城市规划方法论研究、数字时代的城市规划方法、不同重点领域的城市规划经典方法解析、规划管理和应用。值得注意的是，其中对城市规划方法伴随城乡规划学科 120 年发展演进所做的归纳，是在其他欧美专著中很少论述的，标志着我国对城市规划方法论的研究正走向新的水平与高度。

    《城市规划方法》中汇编了吴志强教授及其团队的"以流定形的理性规划方法"、以大数据智能对城市形态流变规律的发现等研究成果，使本书所述的城市规划方法处于规划研究的最前沿。

    改革开放四十余年来，中国城市大建设和大发展的思想与实践无疑是人类历史上的最宏大、丰富与宝贵的知识库，也是一切当代城市规划方法研究所不可或缺的对象。书中将中华理性思想的优势融入了规划的理性化，建立了中国特色的城市价值体系，并以大数据技术开启了规划工具的变革之路。在中国的城市建设中以中国的发展理念为引领，形成更具有生命力、更适应未来城市发展的城市规划方法。这无疑也是具有时代意义的重要学科建设思想。

我更为关注的是《城市规划方法》中以大数据和人工智能等新科技推动城市规划的合理变革。伴随着新技术革命的到来，包括新一代传感器技术、互联网技术、大数据技术和人工智能技术等融入城市的各系统，城市迎来了智能化发展的新时代。这是一个人类可重新认识城市发展规律的新时代，也对城乡规划学科对城市的学习、认知提出了新的历史性的要求。而大数据和人工智能在城市规划方法中的成功应用，也为其他关联学科的方法更新改革，打开了全新的可能、提供了灵感。

《城市规划方法》作为城市研究与城市规划专业的学生、学者、城市规划一线的设计人员的参考工具书，是当今国际城市规划学界最前沿和最系统的城市规划方法论著作，也是其他与城市研究相关的学科可参考的研究论著。

将来如有其英文版的出版，我亦乐见其将中国当今研发的大数据和人工智能的新方法介绍给国际城市规划学界，使世界看到一个与传统颇为不同的城乡规划学科方法体系，这也是中国规划界为世界城市新发展作出的应有贡献。

自

序

　　城乡规划学科建设有四大板块作为其基石。第一是城市规划原理及其基础理论；第二是城市规划方法与技术；第三是城乡规划学科本身的发展史；而第四就是在理论、方法和发展史基础上演绎出城市规划各时代千变万化的实践案例及其评价，直接影响了人类的生存环境、生活状态和文明发展。

　　城乡规划学科中，在国际上，《城市土地使用规划》这本书几乎在所有的城市规划教授的书架上都是一本不可缺失的核心理论著作。而中国的城市规划发展至今，长期来说是用《城市规划原理》经典的教材支撑起城市规划理论体系的架构。在《城市规划原理》已经出版了数十万册的基础上，我们特别认识到对《城市规划方法》本身的系统梳理和经典著作的缺乏。这是支撑城乡规划学科发育发展的第二块基石。

　　城市规划方法很大的特性是客观性、空间性和创作性。因此，它是一个包含了客观理性方法和感性创作方法的完整系统。当然，也可以把它划分为数理方法和非数理方法。

　　无论用哪种分类标准对城市规划方法进行分类，城市规划方法都是构成城乡规划学科不可缺失的重要部分，对一个学科来说，在没有自身方法体系之前，它不是一个成熟的学科。或者说，还是一个只有理念和原理的学科。因此，在"城乡规划学"的建构过程中，城市规划方法的系统架构就成为城乡规划学学术结构中不可忽缺的，必须全力架构的基石。

　　早在 1982 年，在李德华先生的指导下我开始了收集城市规划方法的文献，当时的条件非常困难，所有的文献仅来自两个图书馆——同济大学的图书馆和上海图书馆，当时也完成了一部分基本的框架。40 年后的今天，网络化的时代使我们打开了全球规划方法研究的共同平台。在欧洲留学期间，也没有间断地收集规划方法的专著和文献。新世纪开始至今，欧美城市规划学科中出现的比较经典的已有十多本关于城市规划方法的书，加上过去收集的英德文书籍，我们系统地梳理了二十六本城市规划方法专著的目录，把它组合为四大部分的内容：第一部分是关于方法论的定义，方法论研究动态和未来趋势，及城市规划方法本身发展和演进；第二部分是城市规划方法在数字时代的最新可能性和研发；第三部分是针对城市分析和城市规划的不同重点领域，尤其是城市总体、城镇群区域、城镇化过程，对于城市住区、城市产业和就业岗位的专项规划中的选址决策所做的经典的分析；第四部分是城市规划中的规划管理与应用方法。我把这四个部分整合成全书共十八章，进行了系统的梳理。

这里要注意两点：第一，特别分析了城市规划方法伴随着整个学科百年走过的道路所发生的演进，这在其他欧美专著中很少论述的，这标志着国内对于城市规划方法论研究的最新的高度；第二点，在方法论上，我们插入了很多自己研究的成果，主要是形流互动的规划方法。

我们特别注意到国内的城市规划方法发展的最新探索，尤其是在大数据时代到来以后，呈现了万马奔腾的状态。中国城市规划年轻一代提供了最新的城市分析和大量案例，也被我们收录到分析和编辑的过程中。从 2005 年起，我们团队的工作也集中在大数据攻关人工智能对城市形态流变规律的探索上，这方面研究引领着国际规划界的探索前沿。我也把团队和学界当今最前沿的研究成果编入了本书中。

基于上面动态前沿对当今国际城市规划学界最前沿的城市规划方法论的系统精要集成，我希望通过英文版的出版，使得中国当今研发的大数据和人工智能的新方法得以介绍给国际城市规划学界。

当然，城市规划的方法是变化迭代的，发展的多元性和动态性在一本书中是无法完全包含的。我们只能在此以我们有限的能力和判断做有限的选编。此外，对最新方法的描述的章节中，一定还有很多不成熟的地方。越是最新的研究状态的描述，可能被淘汰的速度也越快。我们力求在最新和经典之间，寻找编书的平衡点，但不免有失偏颇，也请同行给我们提出批评和建议，共同参与到下一版的编写工作中。

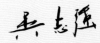

于通州

目

录

城市规划方法

第 一 篇

城市规划方法的动态演进

PART 1

Development of Urban Planning Methods

规划方法的概念及动态研究 | Planning Methods: Definition and Development Trends

1.1 城市规划方法的定义
The Definition of Urban Planning Methods

城市规划方法是寻求城市未来发展目标及其实现路径中所依托的程序与路径的总和。

这些决定路径取决于三种要素：

一、对于城市发展规律的探寻需求，其前提是以怎样的途径来认知城市，包括调研的视角和程序；

二、对于规划编制中目标的确定及其实现的最合适的程序和路径的需求；

三、对于城市规划编制和实践过程所依托的目标与生成手段之间的关联和评价的不同技术。

从哲学意义上说，方法就是实现人所期望的目标所寻求的工具、途径和程序。在不同的历史发展阶段，所依托的技术在不断地进步。尤其工业革命以来，人类实现目的所借助的外力途径大大丰富，如机械、电力、电气、电子等；进入计算机时代以后，人类所依托的方法技术随着计算机的智能辅助、网络全球化的广泛智力支撑、人工智能技术的快速成长，为人类规划城市提供了史无前例的可能。可以看到，人在实现自身理想目的的过程中，所能依托的外部智力方法力量作为自身的实现途径和程序在不断地扩展。人类的文明史，就是人类方法的开拓史，也是可选择的方法不断丰富的历史。

在中华文明中，"方法"和"圆法"是一样的。早在 2400 多年前，《墨子·天志》中写道："今夫轮人操其规，将以量度天下之圆与不圆也，曰：'中吾规者，谓之圆，

不中吾规者，谓之不圆。'是以圆与不圆，皆可得而知也。此其故何？则圆法明也。
匠人亦操其矩，将以量度天下之方与不方也，曰：'中吾矩者，谓之方，不中吾矩者，
谓之不方。'是以方与不方，皆可得而知之。此其故何？则方法明也。""方"和"圆"
都是我们达到目标的内在规矩支撑，支撑我们完成目标过程的途径和内在程序，使
我们接近目标的时候有法可依。所以"方法"，源自"矩法"和"圆法"，源自"规法"，
都是依托工具来达到目的的手段和途径。

规划的"规"，指工具，是实现"划"的技术依托。"划"是目标，"规"是
方法，所以城市规划必然先谈方法，这也是中华传统智慧的要义。所谓"没有规矩，
不成方圆"，在城市规划中可以理解为"没有方法，不成规划"。城市规划为城市所
设定的一切美好的目标，是依托一定的正确方法来完成的。

城市规划方法是寻求城市未来发展目标及其实现路径中所依托的程序与路径的
总和。城市规划方法论，就是指城市规划所有不同的分析研究方法、研制研发途径
及其思想伦理观念的总和。只有依托正确和有效的城市规划方法，才能实现城市协
调、和谐和永续发展，创造美好生活的最终目标。

城市规划方法又可以分为 6 个层面，分别为：

（1）哲学价值观层面的思想方法；

（2）对城市和乡镇及其所在的区域国土的认知方法；

（3）对规划工作全过程全员的工作系统的特征和规律的认识方法；

（4）在编制城市规划过程中的创造性工作方法，简称为创作方法；

（5）在实施城市规划过程中的建设和管理方法，简称为实施方法；

（6）在反思和检验城市规划实现后的效果的评价检验方法。

1.2 城市规划方法的类别
Categories of Urban Planning Methods

城市规划的思想方法，受制于人所处的社会意识形态，反映社会发展特定历史
条件下的群体价值观。在城市规划实践中，城市规划的思想方法也直接受制于政治
体制机制、经济发展条件和科学技术水平，同时还受到外部群落的交流状态的影响。
不同的城市规划思想方法直接影响了城市规划的实践，尤其是对城市规划的本位认

识，对"什么是城市规划""城市规划起什么作用""城市规划怎么起作用"等根本性问题产生重大的方向性影响。

　　城市规划的认知方法，是指在社会发展的不同历史阶段，城市规划师对于客体城市及人类居住环境的认识和感知的途径和工具。我们对作为城市规划客体的城市的认知方法不同，会极大地影响规划目标的确立以及城市规划编制初期对城市问题的判断。编制城市规划是为了消除城市的社会动荡？是为了应对城市的传染病和火灾威胁？是为了解决城市的混乱导致的美感缺乏？是为了大幅提升城市的经济效率？是为了提升生态环境水平？是为了使城市不同的市民实现最大的幸福？对这些问题的回答都取决于城市规划编制时人们对该城市的问题认知，而认知的结果又受制于认知的方法。在城市环境可测度之前，在人们对城市生态环境的认知方法没有达到一定水平之前，我们没有可能真正认知城市环境问题的严重性，也不会把城市生态环境与永续发展列为城市规划的主要目标。只有以正确的认知方法，才能正确判断城市的问题，只有正确判断城市的问题，才有可能寻求城市规划的正确目标。今天，城市规划专业认知城市的方法，得到了空前的丰富。随着大数据、人工智能技术、移动通信与云计算的进一步发展与应用，我们认知城市问题、透过物质形态看城市发展规律的能力得到极大提高，城市认知方法被提升到了全新的历史阶段。

　　城市规划对自身的认知方法的缺失，相对于以上谈到的对城市认知方法的缺失，是对于城市规划专业的学科建设与发育更为致命的缺失。没有一个成熟的学科是没有一套对自我的认知的方法体系的。而城乡规划学科之问，这个由邹德慈院士提出的学科的根本性问题就是直接判断学科科学性的关键。规划对自己的认知理解，规划认知的自我过程和特征，有哪些认知方法，这些直接关系到规划的生存和发展的根本。

　　城市规划的创作方法，是人类对自身所在的生存环境创新的方法。迄今为止，对于城市规划编制过程中的创新方法的认识一直没有得到科学系统的研究。而正是创新思维推动了人类的进步：从乌托邦时代对于理想城市的梦想，到霍华德田园城市的设想，从大工业时代呼唤的广亩城市，到生态永续的城市理想，每一次都是社会创新思维方法的革命性递进。这些被认为是价值观创新的、产生历史性贡献的思想创作和创新，上至对社会创新的理想，下到对居住组团中的邻里生活组织模式的创新，或细到对住宅的绿色节能技术创新，会带来跨越性的、历史性的提升。城市规划实践往往受制于日常操作性的规程，务实主义、官僚主义的程序有时会泯灭城市规划创作方法的历史性作用。但是，城市规划的创新和创作也并不意味着为新而新、为变而变，而是在认知城市规划的客体对象所承载的问题的本质后的根本性的提升。

城市规划的实施方法，直接影响着城市规划实施的品质和实施后给城市生活带来的效果。同样的规划在不同的城市采用不同的实施办法，将产生差异迥然的实施效果。同时，城市规划的实施方法还直接受制于城市的建造技术、管理水平和管理的体制与机制。城市规划实施方法的创新可以优化规划的实施效果、降低实施成本等。在当代技术迅猛发展的基础上，城市规划实施方法的主要影响在于实现了从过去单一的公众参与到多渠道、城市全生命周期的社会参与的跨越。网络社会的出现与繁荣，使"市民参与"（Citizen Participation）拓展到"网民参与"（Netizen Participation），并且不仅是城市规划方案制定中的参与，也是未确定规划方案之前的参与、编制之前的参与、决策后城市动态建设与运行过程的参与，由此形成了全生命周期的方法论闭环。所以，我也提出了城市规划的实施方法的创新促使了"公共定制"（Public Customization）的诞生。"公共定制"对于公共空间谁用、怎么用、怎么分割等问题都可以在规划过程中根据使用者的需求——包括年龄组、性别组、不同社会团体、时间段等进行个性化的空间设计。这些空间设计是灵活的、变动的、短期的，并不是一个形式定终身，而是重要的定制化的完成。

城市规划的评价检验方法，随着城市规划的发展，对城市规划实施效果的评价检验正变得越来越重要，对于城市规划评价检验方法的研制和探索也成为一个重要的研究方向。研究城市规划的评价检验方法的目的在于找到更有效、更客观的评价方法，对城市规划实施的过程进行评价，以判断城市规划在目标与途径预设过程中的有效性及其对城市实际运营效果带来的正负影响和贡献大小。随着中国城镇化快速发展期逐步转入品质提升期，城市规划的实施评价及其检验方法会被越来越多的城市采纳，成为城市规划实务中一个越来越重要的固有业务。

当今全球城市规划方法的研究朝着系统化、理性化、科学化、网络化等方向动态演进，这些大方向背后的趋势是数字时代、网络时代和智能时代的到来。一方面，每个人掌握的移动终端设备成为推进城市规划方法提升的新激活点；另一方面，随着现代城市治理（Governance）理念的出现，城市治理不再只是政府的管理，而是所有相关者的共同参与治理，也成为城市规划方法研究创新的新需求。纵观现代城市诞生100多年来的方法演进史，可以发现世界城市规划方法的推进动力可以分为理念拉力与技术推力两大类。今天，理念拉力主要来自于生态理念与城市治理，技术推力主要来自于"大智移云"，即大数据、人工智能、移动通信和云计算。

城市规划方法是伴随着城市规划诞生的隐形工具，但其系统集成一直被长期忽视，现在进行系统集成是时代的需求，也是时代技术发展的必然。城市规划方法必成为城乡规划学科中不可缺失的重要部分。城乡规划学科的完整性必须由城市规划基本原理及其理论、城市规划方法及其技术和城乡规划学科发展史三大部分共同支撑起来，缺一不可。

1.3　城市规划思想方法的转型
Transitions of Urban Planning Methods

1985 年，城市规划面临着改革开放带来的市场经济推动了城市发展的变革，我在《城市规划思想方法的变革》[①] 一文中归纳了发育于苏维埃时期的计划经济下的传统城市规划不能适应时代的四大问题，并指出，在市场经济条件下，1952 年以来的苏式城市规划方法的基本条件已经发生了变化。

苏式城市规划的前提条件是计划经济，所以在"文革"刚结束时，我们 1978 年进大学学习的城市规划还是被定义为国家经济计划的具体落实的。进入市场经济后，城市规划面临的基本挑战在计划经济的前提不再是城市规划的全面前提，而是每天面对的四个"不清楚"：

1. 投资者不清楚；

2. 投资的项目不清楚；

3. 投资的未来发展不清楚；

4. 投资的时间不清楚。

城市规划由此有三种不同的态度：

第 1 种，不闻不问，继续苏式规划，无法应对城市的发展和挑战，我把这种态度称为"苏式鸵鸟规划"。

第 2 种，认为规划的主人在市场经济条件下已经变化了，谁投资城市建设，谁就是城市规划的主人。"主人"要漂亮就做一个绿地，"主人"要利润就把高容积率做到极致。我把这种态度称为"资本奴才规划"。

第 3 种，认为规划就是要做一个没有见过的新形象，许多城市领导认为规划是任务，盲目追求城市形象的新奇，尤其是那些"苏式鸵鸟规划师"，举例自己见过

---

① 吴志强. 城市规划思想方法的变革 [J]. 城市规划汇刊，1986（5）：1-7.

的几个发达西方国家城市的案例，弄得规划师战战兢兢，我把这种态度称为"奇异形象规划"。

40多年后的今天，我们可以对这四大问题再进行一次检验。

1.3.1 从单向的封闭型走向多元网络思想方法

单向的封闭型思想方法包涵两层含义。其一，思维的单向性，这与现代思想方法的双向联系和多环联系的特性相违，是一种最简单的思维方法，思维过程中否定了思维后一阶段成果对前一阶段成果的作用。其二，封闭型，即思想过程中单系统的思维方式，它否定了该系统外的环境对系统的作用。通俗地说，单向性否定了思维过程中的反馈作用，封闭型否定了系统外的作用。

许多城市规划的问题正是单向封闭型思想方法造成的结果。例如，在规划与管理的关系中，我们往往把管理看作是被动的，规划是主动的。规划设计工作部门向管理部门提供编制完成的总体规划或近期建设图纸，管理部门按总体规划或近期建设图纸和说明书执行规划实施。实践告诉我们，一个城市的开发、改造成效如何，很大程度上取决于管理部门的组织。而且管理工作与规划设计工作之间存在着很大的互作用，这就是反馈。规划设计工作必须与管理工作协调起来，规划设计的成果内容、成果形式必须与管理工作的方法相适应，才能使规划设计工作的成果提高精准性，规划编制成果得以实现。而单向性的思想方法，使我们在规划设计工作中忽视了管理工作对规划工作本身的作用，造成规划成果与实际脱离，导致规划成果难以实现。我们应该把管理工作看成与规划设计同样重要的阶段，它们是整个分析问题、解决问题过程中的两个不同阶段。不仅应看到规划成果是管理工作的依据这一正关系，还应看到管理工作对规划工作的反馈和反作用。从这个角度看，管理实施规划也是一种"再创造"。

又如，在规划实施过程中，城市的建设与发展受到社会经济等诸因素的共同作用，而我们在编制城市总体规划时，在规模问题上往往缺乏必要的开放性。按照城市人口和用地规模的统计资料和指标体系计算出的规划规模往往与实际发展的结果相差甚远。所以，会出现有些城市在申报规划时，城市的实际规模已超过了规划规模的情况。这就是封闭型的思想方法造成的结果，只考虑规划在系统内的发展规律和因素，而忽视了系统外部的作用。这种思想的弊端在2013年以来经济体制改革、城市建设速度发展较快的形势下显得十分突出。

1.3.2　从最终理想状态的静态走向生命进程的动态的思想方法

最终理想状态的静态思想方法的特征是否定动态发展，追求最终的理想状态，忽视发展过程中的协调，缺乏运行概念。这种思想方法曾经造就了空想社会主义大师，产生了乌托邦的理想。我们的规划界过去还经常受到这种最终理想状态的迷惑，静态的思想方法干扰着规划的发展，使我们脱离城市建设发展的实际。

比如，在编制总体规划时，我们重视规划最终方案实现时城市各系统之间的比例是否协调，空间布局结构是否合理，却忽视了在实现这种状态过程中的若干年内，城市各系统内及各系统之间的关系是否运行得协调、是否合理、运行的效益（经济效益、社会效益和环境效益）是否高。城市是一个不断发展生长的大系统，运行过程的效益是否高、城市各系统间的发展是否协调，远比最终状态的合理性重要。所以，规划需要更多考虑的是过程，而不是一个合理的最终布局，更何况这种最终的合理性还需要更长远发展的检验。

最终理想状态的静态思想方法仍很大程度地影响着规划。规划工作中以一套规定图纸表示一个城市的最终理想状态的工作方法就是一种表现。这种思想方法已经给规划工作带来了许多问题，必须被认真地审视。

1.3.3　从刚性规划走向弹性递进的思想方法

刚性规划思想方法的特征为缺乏多种选择性。在分析考虑城市规划工作时，欲求唯一的最佳方案，而这种最佳方案往往只是编制者本身价值观的集中表现。这种缺乏选择性的唯一规划成果，是极难适应城市这个综合复杂的大系统的发展需要的。刚性规划思想方法也是造成城市规划工作失误的思想根源之一。

刚性规划思想方法的形成原因之一是机械的社会观，以机械性代替社会的综合性。原因之二是把规划与设计混为一谈，以设计工作的思想方法代替规划工作的思想方法。规划工作不是为城市设计最美好的一幅蓝图，而是为城市的发展提供正确、可行的选择。

刚性规划思想方法导致的许多问题中，有些常见的表现。例如，一套图纸，不管实际需要如何，图纸的内容设置是刚性的；一种比例，不管密度和管理需要怎样，比例是刚性的；一个规划年限，任何城市远期都是 2000 年，时效是刚性的；一个规划规模，城市规划规模若为 99 万人口，并严格地按照这种刚性规划思想，到 2000 年，应拥有 99 万人口的城市中多 1 人也被认为是超过规模的；一种用地布局，不管具体情况如何，每一块用地上只允许建设一种用地性质的建筑。这种刚性思想是不严肃、不科学的，以这种思想方法编制规划，本身已经蕴含了城市实际发展对规划的否定。

1.3.4　从指令性走向群体协作发展的思想方法

指令性的思想方法特征为，假设城市诸系统的发展是由某一中心枢纽控制的，而城市规划编制及其成果就是这个枢纽，它控制了整个城市所有系统的发展。这种思想方法的危害极大，使城市规划工作与城市诸系统孤立。

从规划工作不同阶段分析，在编制城市规划阶段和城市技术设计阶段，应该集思广益，广泛综合各方面的分析研究成果；在管理实施规划阶段，每一个城市用地开发案例或建设项目中管理部门应该与投资方、受投资方协同努力；如果城市有组织开发机构，则更应依据经济规律等诸因素的共同作用协作工作。规划绝不是在实际城市发展中起指令性的中心枢纽的控制作用。

指令性的思想方法的最大危害在于，在这种思想指导下，规划者在编制总体规划时将脱离城市实际的多方作用的事实，随心所欲地变动城市用地现状，不顾客观能力，缺乏依据地划定开发用地的性质和规模，这是造成规划成果脱离实际、无法深入的一个重要的思想方法根源。今天我们必须认真地反省这种思想方法。

1.3.5　小结

1986 年的这篇《城市规划思想方法的变革》对中国城乡规划思想方法变革的过程进行了梳理，结合当前时代发展和需求分析，指出了中国城乡规划思想方法的再变革的方向。

　　单向的封闭型思想方法、追求最终理想状态的静态思想方法、刚性规划的思想方法和指令性的思想方法是传统规划工作在思想方法上存在的主要问题。2015年12月，中央召开第四次全国城市工作会议，会议明确指出"我国城市发展已经进入新的发展时期"，并提出了"走出一条中国特色城市发展道路"的指导思想。新的发展道路应该有新的思想方法指引，因此我国城乡规划的思想方法体系又将迎来新一轮的变革。在30多年后的今天看来，有些问题在规划方法上，尤其是思想方法上还没有取得完全的、历史性的进步，依然有必要审视。

　　在全球城市规划方法研究取得时代性进步的今天，我们仍然面临来自思想方法和技术方法两个层面的挑战。令人欣慰的是，中国年轻一代的规划师，无论在思想方法还是在技术方法上都已经取得了历史性的拓展。他们从思想方法上趋向于更动态地看待城市规划，更多元地决策市场经济背景下的城市发展，以未来导向的弹性思想方法面对未来城市大量不确定的因素，为未来预留更多的弹性措施。城市发展的思想方法也从历史的封闭发展理念转向了今天开放的发展理念，把城市放在城市群层面上考虑，把城市群放在更大的地域背景下进行考虑；而城市群和城市群之间的全球性的互动关系已经成为今天思想方法的主流。

　　正如十八大提出的五大新发展理念，城市的发展思维方法应走向创新、协调、绿色、开放和共享。

1.4　城市规划思想方法的未来变革
Future Trends of Urban Planning Thinking Methods

　　城市规划方法从无到有、从小到大、从碎片到系统集成，一直伴随着城市规划实践和城市规划理论的发展。未来城市规划思想方法演进的方向将由以下三个方面构成。

1.4.1　中华生态理性

　　中华理性思维与西方理性思维都是人类文明的璀璨明珠。与世界其他文明相似，在进入现代化之前，在中华理性思维基础上产生的中华文明同样混杂着诸如巫术、占卜等非理性思维，并不能因此否认中华文明中的理性思维内核。相对于率先进入现代理性，以单点剖析、精确因果、可重复科学实验为特征的希腊理性思维及其社会文明，中华理性思维和中华社会经历了近二百年的跌宕和冲突。但是，如果从历史辩证思维的角度思考，现代社会所面临的种种问题，正是现代单一理性思维的内在缺陷所致。在更多的西方学者进行新的思想方法与思维模式探索时，中华理性思维这种从本质上以系统关联、生态整体性和复杂演进为特征的思想方法体系突显优势[1]。我就当今城乡规划工作中的种种问题，个人思考了中华理性思维具有的以下六大特征：

一、中华理性具有整体性。《庄子》道，"天地与我并生，而万物与我为一"。天人是合一的，我们规划的内容与地理生态背景、社会经济文化和城镇乡村周围是一个整体，具有整体性。现今的规划专业的发展，正是进入了整合性的新阶段，以城市的城区为核心对象逐步上升扩展到市域、省域、区域、国域。国家空间规划体系就是城市规划的"天地与我并生，万物与我为一"的整体性思维的结果。

二、中华理性具有包容性。老子在《道德经》中说，"知常容、容乃公、公乃全、全乃天，天乃道，道乃久"，对应了城乡规划融入和统筹多学科的普适特征和趋势。

三、中华理性具有平衡性。《易例》道，"不得中不生，故易尚中和"。中华理性强调平衡中和之合。

四、中华理性具有规律性。《道德经》说，"天法道，道法自然"；《论语·阳货》道，"天何言哉？四时行焉，百物生焉，天何言哉"，都表述了中国人对自然宇宙规律具有的共鸣。中华文明中的"道"和"理"均是对于万物规律的主观追求。其中，"道"是对复杂对象内部固有规律的主观认识和把握，"理"是对客观对象的变化规律和机制的逻辑解释。"道"和"理"都需要大量的实践与实地观察。"道"是通过长时间、大样本的观察后对复杂系统的内在相关关系的顿悟。这是对事物内在规律性的信仰。对内在规律性的信仰之前提，才是内心对复杂的变量之间的相关性观察和思索，最后顿悟到两者之间的相关，即为"得道"。与希腊文明不同的是，"悟道"不仅是物体之间的物质世界，也包括社会、人情、健康、食物、思维、科学等。而"理"则更加具体，对两者变量关系的描述比"道"更加直接，更加理性。

中华文明中的"道"和"理"，都是对世界客观规律在思想信仰和行动上的孜

① 吴志强. 论新时代城市规划及其生态理性内核 [J]. 城市规划学刊, 2018（03）: 19-23.

孜不倦的追求。不同于西方文化科学，其要求达到等式表达，要求做到在外部条件相同的条件下可以重复结果，才被认为是对规律的把握，是不以人的意志为转移的客观规律。在中华文明中，思想家有着对大量样本的规律顿悟，但往往没有要求结果的普遍可重复性，只是坚信"道"的规律，再反复体验而用之。但科学的，不仅仅是等号联接自变量，还有超越了等号的"相关"号，尤其是科学的对象是巨复杂系统时，例如我们的城市，芸芸众生，万象关联，不是都可以用等号来揭示的，相关号更客观更适宜复杂系统，也更科学，更与大数据互动。

　　五、中华理性具有生态性。《易经》记孔子言，"天地之大德曰生，生生之谓易"[①]。中华理性强调全生命观察周期。

　　六、中华理性具有永续性。《荀子》道，"强本而节用，则天不能贫"。中华理性强调的节省不是不用，是少用和巧用，和天地形成良性的循环，这也是规划设计中非常重要的强本节用的理念。城市的人工世界与自然环境之间存在互动。城市规划不只是建设，以自然为用，也保护自然，以自然为母。永续、和谐、绿色，一代代相传，在外部环境构成了城市生命体。

　　"六性"是我们中国的规划师天生被赋予的复杂思辨的基因，又可归纳为城市规划中的三点：一，"天人合一"，城市人工和自然之间、内部与外部之间的关系和谐；二，"系统和谐"，城市整体情境相辅相成、互补共生，城市建筑群落情景合一，城市中社会群落和谐，人与人融合家园；三，"代际永续"，一代与一代之间永续，像对待生命一样对待城市，不仅能看到今天是重要的，还能看到比今天更为重要的明天。

　　新时代的规划已经到来，兼容并打通东西方的智慧，从而完成融合、创新。最终将实现十九大报告中提出的目标，"坚持引进来和走出去并重，遵循共商共建共享原则，加强创新能力开放合作，形成陆海内外联动，东西双向互济的开放格局"。

1.4.2　建立城市理性方法的价值体系

　　构建未来生态理性城乡规划的思想方法，与以价值理性为主导的简单理性城乡

---

① "生生之谓易"，这是《周易·系辞》中的一个核心概念。"生生"也者，乃生命繁衍，孳育不绝之谓也。学者认为，"生生"二字，前面的"生"表示大化流行中的生命本体，后面的"生"为生命本体的本能、功用与趋向。功能与趋向不能脱离生命本体，而本体若是剔除功能与趋向，亦无生命可言，二者相辅相成，深刻地揭示了生命的本质。从这个意义上，我们说《周易》乃生命之学。——作者注。

规划体系完全不同，前者是更具有生命力、更适应未来城市发展的城乡规划思想方法。中国特色城乡价值体系应融合中华生态理性思维、针对当今城市发展实际、面向人类社会未来的城市发展价值标准，成为判断城乡规划是否合理的根本依据。通过这个价值标准衡量具体的城乡规划，将解决城市发展面临的不确定性、规划近远期安排、多元理性冲突、囚徒困境等诸多简单理性思想方法无法解决的困惑。而城乡价值理性体系应该包含四个层面的价值体系。

首先，以"人民"作为一切城市价值理性的基础。城乡规划中主要包含三个维度。一是社会属性，应以人民共享为标准，配置各种城市资源，形成城市中个人及其发展相关的各类城市基本公共服务的、各阶层协同的城市价值的分配，建设真正的人民城市。二是功能维度，应以人民的需要为标准，组织住房、教育、医疗、交通、环境、文化等各类城市功能，形成有机衔接的城市功能群落布局。三是空间维度，应以人的感受和尺度为标准，建设城市空间，包括步行街区、街道空间、公共绿化等各类城市公共设施，形成宜人的城市环境。

第二，以"创新"作为城市发展的价值导向。当今世界是一个以创新为核心竞争力的时代，我国也已进入了由体力城镇化向智力创新城镇化迈进的关键时期，从速度赶超走向质量提升的新时代，因此将城乡发展从增长导向转向以创新财富的发展和积累为导向，是各个城市作为独立个体在制定城乡规划时必须要依照的战略选择。

第三，以"和谐城市"作为城市发展的价值标准。"和谐"作为解决城市问题的根本手段，包括在城市中建立"人与人的和谐""人与自然的和谐"和"历史与未来的和谐"三方面的和谐。

第四，应以"城市生命"作为对城市认知的核心标准。城市同其他生命体一样，内部包含各种复杂的自我发展过程，也和外界进行着各种能量与物质的交换；有自我发展的规律，也存在各种不确定性，因而具有生命体的本质。因此，在进行城乡规划工作时，不能将城市视为机器，也不能仅将其视为有机体，而是应像对待生命一样，以一种敬畏和尊重的态度与城市进行对话和沟通。

1.4.3 以大数据开启"形流关联"的规划工具变革

面对信息时代，在中国特色的城市价值体系的指导下，应以大数据推动全面的工具理性变革，建立以大数据支撑的城市智慧模型（CIM-City Intelligent Model），开启"形流关联"（IFF-Interactive Form-Flow Correlation）的全新城乡规划思想方法体系。以研究水流、气流、人流、交通流、功能流、固废物排泄等各种"城市流动"为基础，根据流动来布局空间的形，从"以形定流"走向"形流关联"的全新城乡规划思想方法体系，实现工具理性的全面变革。

首先，城乡规划设计思想方法的变革。相较于传统规划技术手段，大数据具有数量巨大、类型多样、获取迅速的优势，对于传统规划数据无法解决的"不见民心，不见流动，不见动态，不见理性，不见关系，不见文脉"的技术理性缺憾，城市智慧模型（CIM）通过大数据可以实现：城乡发展动态的大数据汇集感知、城乡发展状态的大数据分析诊断、城乡发展过程的大数据规律描述；从而快速实现"见民心，见流动，见动态，见理性，见关系，见文脉"的城市研究效果，进而支撑城乡规划设计向更加合理的方向发展。

其次，城市规划建设的理性决策变革。通过大数据手段，可以科学地实现城市发展目标的大数据凝练聚焦、城乡规划成果的大数据沟通、城乡规划实施的大数据透明治理和城乡运营检测的大数据学习智化的全流程数据汇总，从而使规划决策站在一种全新的高屋建瓴的角度。

第三，推动城乡区域建设模式的变革。实现大数据支持的城市建设模拟评估，包括：建立城市发展规划的大数据关联模型、实现城市规划建设的大数据场景推演、进行城乡规划方案的大数据评价优化。通过大数据平台改变规划编制由不同的行政管理机构控制造成的不连接、不衔接、不共享的现象，实现跨区域地区交通基础设施建设、区域水系安全预警、水资源联合检测和灾难预警等城乡区域发展目标。

本章小结
Chapter Summary

城市规划方法作为城乡规划学科的三大基石之一，是城乡规划学科发展所必须重视的重要一环。本章首先从城市规划方法的定义入手，概括其核心定义，界定了规划方法组成的三个核心要素，并以中华传统文化印证了城市规划方法的现代定义。其次，阐述了各类别城市规划方法，即思想方法、认知方法、创作方法、实施方法和评价检验方法的概念与要点。第三，总结了市场经济背景下导致城市规划发展困境的四点城市规划思想方法的局限，阐明了城市规划方法亟待转型发展的紧迫性。最后，总结了中华生态理性思维、建立中国特色的城市价值体系和以大数据开启"形流关联"的规划工具变革这三方面的未来发展方向，确定了城市规划方法作为城市未来协调、和谐和永续发展的基石作用。

参考文献

[1]   吴志强 . 城市规划思想方法的变革 [J]. 城市规划学刊，1986（5）: 1-7.

[2]   吴志强，李欣 . 城市规划设计的永续理性 [J]. 南方建筑，2016（05）: 4-9.

[3]   吴志强 . 论新时代城市规划及其生态理性内核 [J]. 城市规划学刊，2018（03）: 19-23.

[4]   吴志强，李德华 . 城市规划原理 [M]. 4 版 . 北京: 中国建筑工业出版社，2010.

[5]   方勇，译注 . 墨子 [M]. 北京: 中华书局，2015.

[6]   新华网 . 中央城市工作会议在北京举行 习近平作重要讲话 .

[7]   https: //news.qq.com/a/20151222/062099.htm. 2015.12.22.

[8]   央视网 . 中国共产党第十八届中央委员会第七次全体会议公报 .

[9]   http: //news.cctv.com/2017/10/14/ARTIBfCpE6Fd9UtMTZw6y2zW171014.shtml.
       2017.10.14.

[10]   孙通海，译注 . 庄子 [M]. 北京: 中华书局，2016.

[11]   汤漳平，王朝华，译注 . 老子 [M]. 北京: 中华书局，2014.

[12]   周易 [M]. 北京: 中国画报出版社，2011.

[13]   安小兰，译注 . 荀子 [M]. 北京: 中华书局，2016.

[14]   勒·柯布西耶 . 走向新建筑 [M]. 杨志德，译 . 南京: 江苏科学技术出版社，2014.

[15]   乔文领 . 城市空间·城市设计——读芦原义信、亚历山大、沙里宁等论著之后 [J]. 新建筑，1988
       （04）: 47-50.

02

城市定量分析方法 | Quantitative Urban Analysis Methods

本章着重介绍城市规划中常用的定量分析方法，包括描述统计现象的概率分布；判别要素之间相关性和因果关系的相关分析和回归分析；用于分类评价的聚类分析、判别分析和主成分分析；优化规划决策的层次分析法；以及对未来实现预测的时间序列分析。在城市规划定量分析模型的论述中，重点介绍土地使用模型、投入产出模型、离散选择模型、网络分析模型和系统动力学模型。

2.1 定量分析的主要方法
Main Quantitative Analysis Methods

国家空间规划中的城乡空间定量分析方法的介绍，既是城乡空间分析的导入，也是最基本的分析工具。而对于一个城乡空间分析师和规划专业的学生，定量分析也是极为重要的建立理性分析的思想方法的手段。因此，我对自己的研究生的培养，特别强调定量分析的基础，也视之为培养理性分析的科学态度的重要手段。我在此力图破解许多规划学生经过几年的创作培养后，对定量分析生疏乃至生出畏惧的困惑。能使用规划专业设计工具是规划学生本该具备的专业素养。

遴选了城市分析人士中的概率分析方法，列出了最常用的 4 种方法。从中选出了两种相关分析方法，帮助读者在掌握城市空间分析中寻找不同要素；如经济发展与房租关系、环境质量与创新动力关系等的寻找和把握。本节介绍最基础的三种回归方法，以帮助读者掌握从关键数列中发现城市空间的规律。聚类分析是用于解决分析城市时空现象中相近事物的类聚问题，发现群落的集体共性特征。

我在这一节中为规划专业学生和规划设计师挑选了 5 种定量分析方法。学会对城市万物的判断和差别的科学定量分辨；我在这一节推荐了 3 种判断法。城市定量是有层次的，在本节中，我向读者推荐层次分析法，这是对规划设计专业的学生很有用的工具。作为本节中对经典城市定量分析方法的推荐，最后为大家推荐时间序列方法，以应对城市发展过程和步骤的分析。

2.1.1　概率分布

概率（Probability）是城市规划最基础的应用统计方法。城市规划使用概率分布函数来描述城市时空变化中可能随机发生的事件概率。根据随机变量（Random Variable）类型，概率分布在城市规划和分析中的应用可分为离散型概率分布（Discrete Probability Distribution）和连续型概率分布（Continuous Probability Distribution）。离散型概率分布的随机变量取无限个可数的数值，连续型概率分布的随机变量是在一个区间中取无限个任意数值。在统计学中用投掷一枚骰子其朝上的点数为例，说明离散型随机变量；而时间可说明生活中常见典型连续型随机变量，1 分钟、1.1 分钟、1.2 分钟等，可以无限分割。在城市时空分析中，分析一定时间内单独出现的车辆数就是离散型概率分布的典型应用。城市规划中最常用到的两种离散型概率分布为正态分布、均匀分布；一种常用的连续型概率分布为指数分布。

2.1.1.1　二项分布（Binomial Distribution）

在城乡概率统计中，如果每次试验中只包含是 / 非两种结果，且在相同条件下进行了 n 次相同的尝试，每次监测是相互独立的，n 次独立重复的城乡监测的结果就是二项分布。在城市社区分析中，统计人口出生性别的概率就是二项分布的应用。

2.1.1.2　泊松分布（Poisson Distribution）

泊松分布适用于描述城乡一定时间、面积和容积度量单位的条件下随机事件发生次数的概率分布。泊松分布广泛应用在城市流动分析中。实际调查和统计分析发现，时间间隔极短的非高密度交通流的分布状态、在一定时间内一定交通量情况下某路段发生事故次数的概率等，常常服从泊松分布规律。

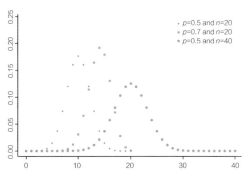

图 2-1-1　二项分布
资料来源：作者自制.
参考：程士宏.高等概率论 [M].
北京：北京大学出版社，1996.12 绘制.

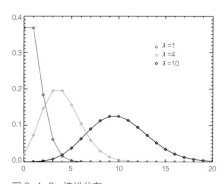

图 2-1-2　泊松分布
资料来源：作者自制.
参考：程士宏.高等概率论 [M].
北京：北京大学出版社，1996.12 绘制.

2.1.1.3　正态分布（Normal Distribution）

正态分布，因其能近似描述很多城市现象而被广泛应用于城市基本规律的分析中。正态分布有两个参数，即期望（均数）μ 和标准差 σ，σ^2 为方差。μ =0 且 σ =1 的正态分布称为标准正态分布。

2.1.1.4　指数分布（Exponential Distribution）

指数分布适合描述城乡中随机发生的时间间隔或者空间间隔，因此通常也被称为等待时间分布（Waiting Time Distribution）。随着间隔时间或距离变长，事件的发生概率急剧下降，呈指数式衰减。

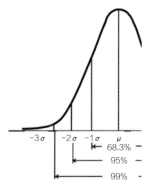

图 2-1-3　正态分布
资料来源：作者自制.
参考：程士宏.高等概率论 [M].
北京：北京大学出版社，1996.12 绘制.

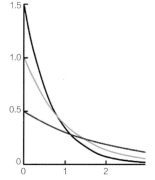

图 2-1-4　指数分布
资料来源：作者自制.
参考：程士宏.高等概率论 [M].
北京：北京大学出版社，1996.12 绘制.

概率分布表达式汇总

表 2-1-1

随机变量	概率分布	均值	方差
一般离散型变量	$p(x)$ 的表、公式或者图	$\Sigma_x x p(x)$	$\Sigma_x (x-\mu)^2 p(x)$
二项分布	$p(x) = C_n^x p^x q^{n-x} \ (x = 0,1,2,\cdots,n)$	np	npq
泊松分布	$p(x) = \dfrac{\lambda^x \mathrm{e}^{-\lambda}}{x!} \ (\lambda = 0,1,2,\cdots)$	λ	λ
超几何分布	$p(x) = \dfrac{C_r^x C_{N-r}^{n-x}}{C_N^n}$	$\dfrac{nr}{N}$	$\dfrac{r(N-r)n(N-n)}{N^2(N-1)}$
均匀分布	$f(x) = \dfrac{1}{b-a} \ (a \leqslant x \leqslant b)$	$\dfrac{a+b}{2}$	$\dfrac{b-a}{\sqrt{12}}$
正态分布	$f(x) = \dfrac{1}{\sigma\sqrt{2\pi}} e^{-\frac{(x-\mu)^2}{2\sigma^2}}$	μ	σ^2
标准正态分布	$f(z) = \dfrac{1}{\sqrt{2\pi}} e^{-\frac{z^2}{2}}$	0	1
指数分布	$f(x) = \dfrac{1}{\theta} e^{-x/\theta} \ (x > 0)$	$\mu=\theta$	$\mu=\theta$

2.1.2 相关分析（Correlation Analysis）

城市各种现象是相互依存又相互联系的。挖掘城市运行背后的规律，我们需要对城市相关变量之间的关系进行研究。变量之间的关系有两大类，一类是确定性关系，如长、宽分别为 a、b 的长方形，其面积为 $a×b$；另一类是不确定关系，即事物之间存在一定的制约关系，但不能直接由一个变量来决定另一个变量的取值，这种关系为相关关系，例如，人口规模与能源消费量、居住水平与居民收入水平、小汽车普及率与通勤距离等。相关分析是用来确定城市的不同现象之间有无依存关系，并判定事件之间相关的密切程度以及正相关和负相关方向的一种统计分析方法。

相关关系有如下分类：

（1）根据相关关系涉及城市事件变量数，可分为单相关和复相关；

（2）根据城市事件变量之间的相关关系的表现形式，可分为线性相关（直线相关）和非线性相关（曲线相关）；

（3）根据城市事件变量之间的相关关系变化方向，可分为正相关、负相关及无相关（零相关）。

判定相关关系的方法一般分为两种：作图法和计算相关系数。

2.1.2.1　作图法

作图法是通过作城市中两个不同变量的散点图来判定两个现象之间是否存在线性相关。对统计学和城乡规划专业来说，散点图的优点是能非常直观地描述变量之间有无相关关系及相关的形态和方向，尤其是在向领导汇报、向市民说明现状时，能起到一目了然的效果，快捷传递信息。但缺点是无法对相关关系进行准确的定量，缺乏精准性。

2.1.2.2　计算相关系数

为准确反映城市中不同变量间的相关关系，需要计算相关系数，并运用假设的检验理论对相关系数进行检验，作出对城市规划中城市各变量间相关关系的判定。皮尔森相关系数（Pearson Correlation Coefficient）和斯皮尔曼相关系数（Spearman Correlation Coefficient）是两种常用的计算相关系数的方法，反映的都是城市中两个不同变量之间变化趋势的方向以及程度，其值范围为 [-1，+1]。若其数值为 0，则表示两个变量不相关；若其数值为正值，则表示两个变量正相关；若其数值为负值，则表示两个变量负相关；其数值越大，则表示两个变量相关性越强。

Pearson 相关系数计算公式：

$$\rho_{X,Y} = \frac{cov(X,Y)}{\sigma_X \sigma_Y} = \frac{E\left[(X - \mu_x)(Y - \mu_Y)\right]}{\sigma_X \sigma_Y} = \frac{E(XY) - E(X)E(Y)}{\sqrt{E(X^2) - [E(X)]^2}\sqrt{E(Y^2) - [E(Y)]^2}}$$

Spearman 秩相关系数计算公式：

对原始数据 x_i、y_i 按从大到小排序，记 x'_i、y'_i 为原始 x_i、y_i 在排序后列表中的位置，x'_i、y'_i 称为 x_i、y_i 的秩次，秩次差 $d_i = x'_i - y'_i$。Spearman 秩相关系数为：

$$\rho_s = 1 - \frac{6 \sum d_i^2}{n(n^2 - 1)}$$

因为城市是一个完整复杂的系统，需要注意的是，城市中的变量有相关性并不意味着有因果关系，相关性本身并不能推导出何者为因何者为果。许多规划师刚开始使用相关分析时，特别当发现两个变量在同一个时段上相关时，就简单认为是因果关系。

2.1.3　回归分析（Regression Analysis）

回归分析是研究要素之间具体数量关系的统计方法，回归方程表达城市要素之间的函数关系。由于回归分析的结果是要素之间关系的进一步量化，在城市规划分析中具有较好的表述效果，是目前为止在城市规划领域中应用最广泛的定量分析工具，广泛用于预测和模拟城市未来的人口、用地、经济等的变化与发展。

回归分析中，研究的因果关系只涉及 1 个因变量和 1 个自变量时，叫作一元回归分析；研究的因果关系涉及 2 个或 2 个以上自变量与因变量时，叫作多元回归分析。此外，又依据描述自变量与因变量之间的因果关系的函数表达式是线性还是非线性的，分为线性回归分析和非线性回归分析。通常线性回归分析法是最基本的分析方法，遇到非线性回归问题可以借助数学手段转化为线性回归问题处理。

2.1.3.1　一元线性回归

一元线性回归模型是最基础的回归分析模型，反映两个要素之间的线性关系。例如，设 x 是模型中的自变量，设 y 是因变量，则一元线性回归模型的结构形式为：

$$y=a+bx$$

a 和 b 为参数拟合值，可通过对 x 与 y 的一系列观察值做统计分析获得。

2.1.3.2　多元线性回归

多元线性回归是分析一个随机变量与多个变量之间线性关系的统计方法。该方法通过变量的观测数据，拟合所关注的变量和影响它变化的变量之间的线性关系，检验影响变量的显著程度和比较它们的作用大小，进而用两个或多个变量的变化解释和预测另一个变量的变化。

多元回归模型的一般形式：

随机变量 y 与一般随机变量 x_1，x_2，$\cdots$，x_p 的线性回归模型为：

$$y = \beta_0 + \beta_1 x_1 + \beta_2 x_2 + \cdots + \beta_p x_p + \varepsilon$$

2.1.3.3　其他回归分析

对于存在非线性相关关系的两组变量，需要用其他函数回归，例如指数曲线、二次甚至三次曲线等；增加独立变量的个数，也能提高回归的精确度。

2.1.4　聚类分析（Cluster Analysis）

聚类分析也称群落分析或点群分析，是研究多要素事物分类的多元统计方法。该方法的基本原理是，依据样本自身的属性，按照某种相似性或差异性指标，运用数学方法定量化地确定样本之间的亲疏关系，并基于亲疏关系的程度对样本进行聚类，使同一类别内的样本具有尽可能高的同质性（Homogeneity），而不同类别之间具有尽可能高的异质性（Heterogeneity）。目前，在卫星图片分析、空间数据处理等领域，聚类分析算法已经得到了广泛的应用；而对于聚类分析方法本身的研究也成为一个蓬勃发展的领域，数据挖掘、统计学、机器学习等极大地推动了聚类分析研究的进展。

聚类的效果主要取决于两个方面，即衡量距离的方法（Distance Measurement）和聚类算法（Clustering Algorithm）。

一般依据数据类型的特点选择计算距离的方法，常见的数据类型包括数值变量（Numerical）、二元变量、有序变量（Ordinal）等。数值变量常用闵可夫斯基距离（Minkowski Distance）计算；若考虑到变量的权重差异性，则引入权重向量；若不同变量标度差异较大时，则需要对数据进行标准化处理，一般采用 Z-score 标准化。二元变量分为对称二元变量与不对称二元变量两类，对称二元变量指两个状态有相同权重，而不对称二元变量的两个状态权重差异较大，计算二元变量的距离一般用列联表（Contingency Table）方法。类别变量是二元变量的一般形式，计算类别变量的距离有两种方法，即简单匹配法和将类别变量二值化（Binarization）处理后再用列联表方法计算。有序变量是在类别变量基础上进行了排序，计算这一类型的数据方法是先将排名转化成数值（ranks）：$r \in [1, \cdots, N]$，再用 Z-score 标准化：$r \in [0, 1]$，采用 Minkowski 距离计算方法。

聚类算法种类繁多，包括基于划分的聚类、基于层次的聚类（Hierarchical Clustering）、基于密度的聚类（Density-based Clustering）、基于网格的聚类（Grid-based Clustering）、基于模型的聚类（Model-based Clustering）等，

以下重点介绍 5 种常用的聚类算法。

2.1.4.1　K- 均值聚类（K-Means Clustering）

K- 均值聚类算法是一种快速聚类的方法，但对于极值或异常值极其敏感，且稳定性差，因此该算法较适合运用于处理分布集中的大样本数据集。K- 均值聚类算法的思路是以随机选出的 K 个样本作为起始的质心，每个质心为一类，对其余的每个样本，依据它们分别到 K 个质心的距离，将它们聚类到最相似的簇（Cluster），然后重新计算每个类的质心，不断重复迭代上述步骤，直到质心不再发生变化或达到最大迭代次数。

2.1.4.2　K- 中心点聚类（K-Medoids Clustering）

K- 中心点聚类算法与 K- 均值聚类算法在原理上十分相近，由于 K- 均值聚类算法易受极值影响，K- 中心点聚类算法提出了质心选取的新方式。在 K- 中心点聚类算法中，每次迭代后质心不再选取样本均值点，而是从聚类的样本点中选取。

2.1.4.3　层次聚类算法（Hierachical Clustering）

层次聚类算法是将所有的样本点自上而下分裂成一个树状图层次结构或者自下而上合并成一个树状图层次结构的过程，这两种方式分别称为分裂和凝聚。传统的分裂层次聚类算法有 DIANA。DIANA 算法首先将所有对象初始化到一个类，根据某一距离原则将该类分裂，不断迭代直到达到预先指定的类数目或两类之间距离超过某一阈值。传统的凝聚层次聚类算法为 AGENES。AGENES 算法首先将每一对象作为一个类，计算类与类之间的距离，将最近的两个类合并为一个新类，根据新的类再计算彼此之间的距离，不断重复计算直到只剩下一个类。树状图记录下整个迭代过程，其中包含了所需的信息，根据所需类别数量剪断得到相应聚类结果。

2.1.4.4　基于密度的聚类算法（Density-based Clustering）

基于密度的聚类算法认为，在整个样本空间点中，各目标类簇是由一群稠密样本点组成的，而这些稠密样本点被低密度区域（噪声）分割，而算法的目的就是要过滤低密度区域，在有噪声的数据中发现各种形状和各种大小的簇（稠密样本点）。DBSCAN[①] 算法是基于密度的聚类方法中最常用的算法之一。基于密度的聚类方法还有 OPTICS 算法、DENCLUE 算法等。

2.1.4.5　基于网格的聚类算法（Grid-based Clustering）

基于网格的聚类算法采用空间驱动的方法，把数据空间划分成网格单元，将数据对象映射到网格单元（Cell）中，使用网格单元内数据的统计信息计算每一个单元的密度，并依据预设阈值判定每一个网格单元是否稠密，将相邻稠密的网格单元合并为一类。这种方法的主要优点是处理速度快，其处理时间独立于数据对象数，仅依赖于量化空间中的每一维的单元数。

2.1.5　判别分析（Discriminant Analysis）

判别分析，又称"分辨法"，是在分类确定的情况下，利用已知类别的样本建立的判别模型，对未知类别的样本进行分类的一种多变量统计分析方法。判别分析的基本原理是根据已掌握的每一类别的大量数据信息，总结客观事物分类的规律性，建立一个或多个判别函数及判别准则，当研究新对象时，只需根据总结出的判别函数和判别准则，即可确定某一样本属于何类。

根据判别准则的不同可分为：费希尔（Fisher）判别、贝叶斯（Bayes）判别和距离判别。

2.1.5.1　费希尔判别

费希尔判别，亦称典则判别（Canonical Discrimination），是根据线性 Fisher 函数值进行判别，使用此准则要求各组变量的均值有显著性差异。其基本思想是投

---

① Martin Ester, Hans-Peter Kriegel, Jörg Sander, and Xiaowei Xu. A density-based algorithm for discovering clusters in large spatial databases with noise. In Proceedings of the Second International Conference on Knowledge Discovery and Data Mining（KDD'96）. AAAI Press, 1996: 226-231.

影，将原来 R 维空间的自变量组合投影到较低维度的 D 维空间，然后在 D 维空间中再进行分类判别。在二类判别时，费希尔判别将多维问题简化为一维问题，通过选择一个适当的投影轴，使所有样本数据点都投影到这个轴上得到对应的投影值，投影的原则是使不同类样本点在这条轴上的投影尽量分离，同类样本点在轴上尽量紧凑，实现在空间中最佳的可分离性，以此获得较高的判别效果。费希尔判别的优势在于对分布、方差等都没有任何限制，应用范围比较广。

2.1.5.2　贝叶斯判别（Bayesian Discrimination）

贝叶斯判别是根据最小风险代价判决或最大似然比判决的一种方法，使误判的平均损失达到最小。其原理是假定对所研究对象已有所了解，如已知各个类别的先验概率，根据贝叶斯公式计算出其后验概率，选择具有最大后验概率的类作为该对象所属的类。贝叶斯判别的优势在于不怕噪声和无关变量。贝叶斯判别假设各特征属性之间是无关的。因此，当这个条件成立时，贝叶斯判别的正确率很高。但在现实世界中，各个特征属性间往往具有较强的相关性，这样就限制了贝叶斯判别的分析能力。

2.1.5.3　距离判别（Distance Discrimination）

距离判别的基本思想是根据待判定样本与已知类别样本间距离的远近做出判别。最常用的距离判别是采用马氏距离（Mahalanobis Distance），有时也采用欧式距离（Euclidean Distance）。距离判别的特点是直观和简单，适合于自变量均为连续变量的情况，且它对变量的分布类型无严格要求。

2.1.6　主成分分析（Principal Components Analysis）

城市是一个具有多要素的复杂系统。在实际的城市研究中，为了研究得更全面、详尽而不遗漏重要信息，总是选取尽可能多的指标，这就会带来一些问题：选取的指标过多，且众多的指标之间可能存在一定的相关性，造成信息的重叠，影响研究结果。

主成分分析（PCA）方法是一种分析、简化数据集的技术。主成分分析方法的原理是将原有所有变量中重复的变量或相关性紧密的变量去除，以此建立尽可能少的新变量，这些新变量两两不相关，且尽可能多地保留原有信息，即将一个高维向量 x，通过特征向量矩阵 U，映射到低维向量空间中，得到一个低维向量 y。通过降低数据集的维度，把多指标转化为少数几个综合指标（即主成分），同时保持数据集中对方差贡献最大的特征，其中每个主成分都能反映原始变量的大部分信息，且所含信息互不重复。主成分分析方法在引进多个变量的同时将复杂因素归纳总结为几个主成分，简化问题的同时能够得到更加科学有效的数据信息。

2.1.7　层次分析法（Analytic Hierarchy Process）

层次分析法（AHP）[①] 是一种定性与定量相结合的系统化、层次化的分析方法。人们在社会、经济以及科学领域常常面临由一个相互关联、相互制约的众多要素构成的复杂巨系统，并且这个系统中的要素并非都有定量数据，层次分析法为解决这类问题的决策与排序提供了一种简洁实用的建模方法，因此常常被运用于研究多目标、多准则、多要素、多层次的非结构化的复杂决策问题。层次分析法从 1982 年被引进我国以来，以其定性与定量相结合、系统灵活简洁的特点，广泛应用于城市规划、能源系统分析、经济管理、科研评价等领域。

层析分析法的基本思路是先分解后综合，其建模步骤大体可以分为 4 步：

（1）建立递阶层次结构模型；

（2）构造各层次的判断矩阵（成对比较）；

（3）层次单排序及一致性检验；

（4）层次总排序及一致性检验。

层次分析法决策的优势在于其思路简单明晰，将决策者的思维过程条理化和数量化，便于计算，对问题所涉及的因素及其内在关系分析得较为清楚和透彻。但该分析方法由于定性成分多，存在着较大的随意性。

---

① 由美国运筹学家 T. L. Saaty 教授于 1970 年代初期提出。

2.1.8　时间序列分析

　　时间序列，也叫时间数列或动态数列，是一个变量在不同时间点的值所组成的有序序列，它反映了变量随时间变化的过程，例如上海市 2018 年每日平均气温就构成了一个 365 个元素的时间序列。时间序列可以分为确定的和随机的两种，现实生活中常遇到的是掺杂了随机因素的时间序列，如空气质量、人口规模等。时间序列分析是依据客观事物发展的连续规律性，利用历史的时间序列数据，通过数理统计分析方法，挖掘时间序列中隐含的信息与模式，并对未来状态进行预测。

　　时间序列模型是把一个原始数列分解为若干个分量，并用这些分量从不同的方面反映时间数列的性质，本质上是一种复合型的模型。用数学描述时间序列模型特征：

$$Y = T \cdot S \cdot C \cdot I$$

　　一般而言，时间序列由 4 种成分所构成：

　　（1）长期趋势（T）：指由于受到某种根本性因素的影响，时间序列在长时期内呈现出来的持续向上或持续向下的变动。例如，GDP 总量的变化、人口总量的变化等。

　　（2）季节变动（S）：指时间序列在一年中或者某段特定时间内，重复出现具有周期性的波动。例如，气候条件、生产条件、节假日等各种因素影响的结果。

　　（3）循环变动（C）：指沿着趋势线如钟摆般地循环变动。例如，经济膨胀往往在循环的顶点，而经济萧条则在循环的谷底。

　　（4）随机变动（I）：指由于各种偶然因素而出现的随机性、无规律的变动。随机变动发生的原因可能是自然灾害、人为的因素以及政治形势的变化等。

　　时间序列的趋势分析方法主要包括：

　　（1）平滑法。过滤短期不规则的变化，从而寻找出较长时间段内变化的规律。平滑法主要有三类：滑动平均法、移动平均法和指数平滑法。

　　（2）趋势线法。用以概括地反映长期趋势的变化态势。趋势线有直线和曲线两种，其中最常用的有：直线型趋势线、抛物线型趋势线和指数型趋势线。

　　（3）自回归判断。当一个时间序列顺序排列具有自相关性时，就可以建立自回归模型，并据此对其发展变化趋势进行预测。

　　时间序列分析目前在城市规划分析中常用于城市人口、经济、环境以及城镇化水平预测等。

案例 2-1-1　我国城市用地扩张的驱动力分析

城市化是 21 世纪人类关注的热点问题。2025 年，全世界人口将增加到 83 亿，预计 2/3 的人口将生活在城市中。其中，绝大多数增长的城市人口将在发展中国家居住。随着中国经济的发展，城市化进程也将加快。人多地少是中国的基本国情，耕地保护与城市用地扩张之间的矛盾将更加突出。当前，城市用地扩张研究已成为学术界的研究焦点，它对促进城市土地集约利用、保护耕地具有重要意义。

研究对中国从 1984 到 2000 年这 15 年的城市土地扩张的基本态势及其三个影响因子，即人口、经济增长和城市环境改善的内在作用机制进行了分析。在这 15 年中，中国城市建成区土地面积年均扩张速度为 850km²。单因子回归分析表明，城市用地（城市建成区）扩张与城市人口和 GDP 皆呈高度正相关关系；但通过偏相关分析发现，GDP 增长更能解释城市用地的扩张，经济增长是城市用地扩展最重要、最根本的驱动因素。随着经济发展和收入的增加，人们对城市居住环境的要求提高，这也将刺激城市对土地的需求。

案例 2-1-2　City IQ 智能城市指标体系
[City Intelligence Quotient（City IQ）Evaluation System]

City IQ 智能城市指标体系对全球 38 组现有的智能城市评价指标体系进行系统的梳理分析，根据其体系建构、方法与指标选取等方面的特点，剖析 38 组现有系

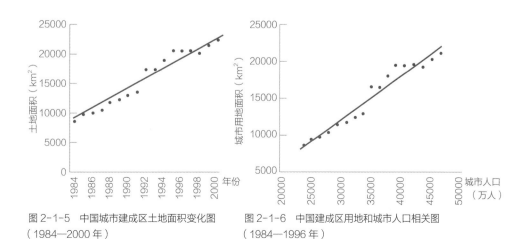

图 2-1-5　中国城市建成区土地面积变化图　　图 2-1-6　中国建成区用地和城市人口相关图
（1984—2000 年）　　　　　　　　　　　　（1984—1996 年）

资料来源：谈明洪，李秀彬，吕昌河. 我国城市用地扩张的驱动力分析 [J]. 经济地理，2003，23（5）：635-639.

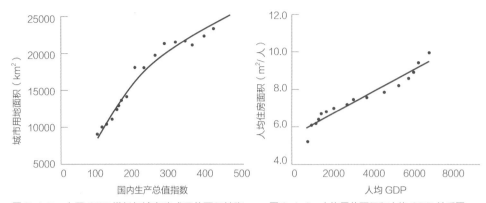

图 2-1-7 中国 GDP 增长与城市建成区总面积扩张
相关图（1984—1998 年）

图 2-1-8 人均居住房面积和人均 GDP 关系图
（1985—2000 年）

资料来源：谈明洪，李秀彬，吕昌河. 我国城市用地扩张的驱动力分析 [J]. 经济地理，2003，23（5）: 635-639.

统的二级指标和三级指标，归类分析后，确定 City IQ 智能城市评价指标体系的通用基础，并通过聚类分析得到 5 个维度。

依托中国工程院、德国国家科学与工程院、瑞典皇家工程院、住房和城乡建设部城乡规划管理中心、国务院发展研究中心等共 14 家单位的 275 位专家研究，通过指标筛选、指标调整和数据标准化处理，完成了智能城市指标体系基础版本（City IQ Evaluation System-1.0）的研制，通过对指标数据源更普适、开放、动态的调整，形成了改进后的智能城市指标体系 2.0 版本（City IQ Evaluation System-2.0），引入 IQ 测评的偏差测智法形成了智能城市指标体系 3.0 版本（City IQ Evaluation System-3.0）。研发团队应用该智能城市指标体系对全球 41 个智能城市进行了多轮测评。

City IQ 智能城市指标体系的特点包括：以智能生命体理论作支撑，以更普适、开放、动态的数据源形成指标，并以 IQ 测评的思想和方法提升智能城市指标体系的灵敏度和准确性。

智能城市评价指标类型 表 2-1-2

类别	指标	单位
建设与环境	城市 PM2.5/PM10 监测点密度	个 / km²
	城市网格化管理覆盖率	%
	市民智能交通工具使用率	%
	城市未来建设方案的网上公布水平	—

续表

类别	指标	单位
管理与服务	政府非涉密公文网上公开率	—
	网上公众参与比例	%
	市民健康电子档案使用水平	%
	突发事件智能应急水平	—
经济与产业	R&D 支出占 GDP 的比重	%
	城市劳动生产率	元
	城市产值密度	万元 / km²
	城市智能产业比重	%
信息化	公共空间免费网络覆盖率	%
	移动网络人均使用率	%
	楼宇自动系统普及率	%
	智能电网覆盖率	%
居民素养	城市网民比重	%
	信息从业人员比重	%
	大专及以上文化程度人口比重	%
	市民人均网购支出金额	元

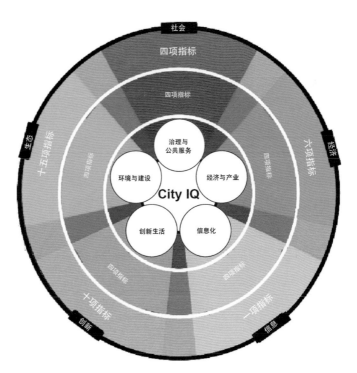

图 2-1-9　智能城市评价指标体系

资料来源：WU Zhiqiang，PAN Yunhe，YE Qiming，et al. The City Intelligence Quotient（City IQ）Evaluation System Conception and Evaluation[J]. Engineering，2016，2（2）：196-211.

2.2 定量分析的主流模型
Major Quantitative Analysis Models

上一节介绍了最基本的城市规划定量分析的科学方法后，本节向读者再推荐几种用以说明城市发展自然规律的数理模型，供空间规划师、设计师选择。

2.2.1 土地使用模型

这是一个考虑土地使用和交通的相互的综合性模拟关系的模型，其中以劳瑞（Lowry）模型最具代表性。劳瑞模型是把一个需要分析的空间地域上的生产和生活活动的总量分配到下一级空间地域去的模型。这个总量是受控制的，例如一个省一年的总量是分层落到各地市县的。模型先将产业分为基础（Basic）产业和非基础（Non-Basic）产业，所谓基础产业的空间布局是需求导向的，而非基础产业是市场导向的。基础产业的布局首先由该地域空间的外部主体决定，再决定职工居住用地及其配套的生活等的布局。

基础产业包含大规模制造业、批发业、党政机构、公益事业、研究所、大医院、郊区村镇和大规模农业等，这些产业的布局点是由先决的外部需求模型赋予的，而不是由对象城市的社会经济规模决定的。

非基础产业包含与城乡居民生活相关的事业和为基础产业提供服务的产业群落，由商业和服务业、城乡行政机构等14种行业组成。由于是以服务本地城乡居民为目的，所以其总数取决于城市人口规模，按照各方的潜力指数将总职工数分配到各个区。

模型的主要变量是城乡人口、就业人数及土地使用面积。人口和就业人数之间通过就业率、人口和土地使用面积、人口密度来实现相互转换。土地使用面积是主要制约条件，人口和就业人数通过解模型获得。

劳瑞模型是一个由等式和不等式构成的比较简单的方程式体系，是非常富有操作性的实用手法。

劳瑞模型在运用中有了不断的改进。比如，将对象地域视作一个开放的空间，考虑其与相邻区域的相互作用；又如，考虑时间变化的动态因素；再有，考虑土地市场的竞争机制，或设立土地供给方的行动假说等，使得模型更符合城市的实际。

图 2-2-1　模型的基本构造

资料来源：作者自制．

2.2.2　投入产出模型

城市的投入产出分析，是研究城乡的经济体系、国域经济、地域经济中各个部分之间投入与产出的相互依存关系的数量分析方法。将一系列内部部门在一定时间投入与产出的去向排成一张纵横交叉的投入产出表，根据此表建立数学模型，计算消耗系数，揭示各部门、产业结构之间的内在联系，并据此进行经济分析和预测。自 1960 年代以来，投入产出分析方法就被广泛地应用于资源利用与环境保护分析、区域产业构成分析、区域相互作用分析等各个方面。

投入产出表是投入产出分析的基础，是反映一个经济系统各部分之间的投入来源与去向的一种棋盘式表格，如部门联系平衡表或产业关联表，按计量单位的不同可分为价值型表和实物型表。

如表 2-2-1 所示，在表的横轴方向上列出的是某个产业部门的某种产品，有多少卖给了另一个产业部门（中间需求），有多少被最终消费，收回了多少投资（国内最终净需要）。在这个基础上，加上和国外的贸易量（输入和输出），就构成了该产品的"销路结构"。在表的纵方向列出的是一个产业部门购买了另一个产业部门的多少产品（中间投入），支付了员工多少工资，剩下了多少纯利润和设备更新的预备金（粗附加价值），这构成了一个产业的"费用结构"。

三部门投入产出表   表 2-2-1

一		中间需求			最终需求	总产值
		第一产业	第二产业	第三产业		
中间投入	第一产业	8	20	10	12	50
	第二产业	10	45	25	40	120
	第三产业	10	20	15	35	80
毛增加值		22	35	30		
总产值		50	120	80		

资料来源：作者自制．

2.2.3 离散选择模型（Discrete Choice Models，DCM）

离散选择模型，也称为基于选择的结合分析模型，该模型能够对理论上是连续的、但在现实中只能观察到离散取值的变量进行建模，如一个事件发生取 1，不发生取 0，其一般原理为随机效用理论（Random Utility Theory）。随着 1970 年代麻省理工学院（MIT）McFadden 等人在随机效用理论上的突破和离散模型方法的出现，离散选择模型的研究进入了一个全新的领域，McFadden 因此获得 2000 年诺贝尔经济学奖。常见的离散选择模型包括二项 Logit（Binary Logit）、多项 Logit（Multi-nominal Logit）、巢式 Logit（Nested Logit）、有序 Logit/Probit（Ordered Logit/Probit）、混合 Logit（Mixed Logit）等。目前用于拟合 DCM 的分析软件工具主要有 SAS、NLOGIT、Stata、Python、R、Matlab 等。

离散选择模型起源于对交通方式选择的分析和预测。基本假设是个体选择应使自己利益最大化，即选择对自己最有利的方案。如个体在权衡利弊之后选择公交车而不是出租车出行，选择购买离单位较近但价格较贵的住宅而不是离单位较远但价格较低的住宅等。个体之所以做出这些选择是因为他认为这样的选择会给他带来更大的综合效益，在离散选择模型中称为效用（Utility）。效用由一系列选项要素和个体要素组成，如选择公交车是考虑到费用低、环保、减少交通拥挤，但需付出较多时间和牺牲舒适度，这些都是选项要素；同时影响选择的还有个人年龄、收入、出行目的等，这些就是个体要素。这些要素构成效用函数，用 V 表示，V 经常被假定为这些变量的线性加和，即 $V_i = \sum \beta x$，其中 β 为模型所要估计和检验的变量参数。效用函数也可以采用其他形式，如乘积或混合。但为了方便模型拟合过程中的计算，研究者大多使用线性效用函数。McFadden 等人根据随机效用理论，证明了在一定假设前提下，个体从 j 个选项中选择 i 的概率为：

$$P_i = \exp(V_i) / \sum \exp(V_j)$$

这就是离散模型中最为常见的 Logit 基本形式——多项分对数模型（Multinomial Logit Model，MNL）。MNL 模型是整个离散选择模型体系的基础，也是在实践中运用最广泛的模型，它设定随机效用服从独立的极值分布。

在城市规划领域，该模型可以用来分析政策实施的效果，根据政策的力度改变模型的变量，所得到的个体行为变化就是政策实施后的效果。也可对规划方案进行比较，研究者只需改变变量值、约束条件以及评价标准，就可以对不同规划方案的实施效果进行比较。但无论计算机的工作何等精确，模型本身的假设、对不可知外在因素的假设都限制了模拟预测作为最终结果的准确性。

2.2.4　网络分析模型

　　网络分析，是运筹学的一个重要分支。它主要运用图论方法研究各类网络的结构及其优化问题，对于许多现实的城市规划问题，譬如城镇体系问题、城市地域结构问题、交通问题、商业网点布局问题、物流问题、管道运输问题、供电与通信线路问题等，都可以运用网络分析方法进行研究。"图"是空间分析的一个基本概念，这种"图"是从数学本质上揭示事物空间分布格局、要素之间的相互联系以及它们在地域空间上的运动形式、事件发生的先后顺序等。在现实城市系统中，对于位置、实体、区域以及它们之间的相互联系，可以经过一定的简化与抽象，将它们描述为图论意义下的网络。其中，位置、实体、区域，如车站、码头、村庄、城镇等，可以被抽象成点。而它们之间的相互联系，如河流、交通线、供电与通信线路、人口流、物质流、资金流、信息流等，则被抽象成点与点的连线。甚至对于一些复杂的系统，经过适当的简化、取舍，也可以将其抽象地描述为图。

　　对于这种网络，可以进一步定量化地测度其连通性和复杂性。目前，关于网络的拓扑研究，最多且最常见的是基于平面图描述的二维平面网络。平面图被规定为：各连线之间不能交叉，而且每一条连线除顶点以外，不能再有其他的公共点；而在非平面图中，这种限制则被打破。

　　许多城市规划中的问题，当它们被抽象为图论意义下的网络图时，问题的核心就变成了网络图上的优化计算问题。其中，最为常见的是关于路径和顶点的优选计算问题。在路径的优选计算问题中，最常见的是最短路径问题；而在顶点的优选计算问题中，最为常见的是中心点和中位点选址问题。

　　最短路径问题，是网络分析中的重要问题之一，这一问题的研究具有重要的应用价值。最短路径指以下三个方面的含义：

　　一、"纯距离"意义上的最短路径；

　　二、"经济距离"意义上的最短路径；

　　三、"时间"意义上的最短路径。

　　以上三类问题，都可以抽象为同一类问题，即赋权图上的最短路径问题。

　　选址问题是区位论研究的主要方向之一。选址问题涉及人类生产、生活、文化、娱乐等各个方面。选址问题的数学模型取决于可供选址的范围、条件，以及怎样判定选址的质量两个方面的要素。选址的质量判据，可以归纳为求网络图的中心点与中位点两类问题。中心点选址问题的质量判据为：使最佳选址位置所在的顶点的最大服务距离为最小。这类选址问题适宜于医院、消防站点等一类服务设施的布局问题。网络图的中位点选址问题的质量判据为：最佳选址位置所在的点到其他各点的最短路径长度的总和（或者以各点的载荷加权求和）为最小。

目前，ArcGIS 软件中的网络分析工具是实现城市规划中网络分析最为普遍的方法。

2.2.5 系统动力学模型（System Dynamics，SD）

系统动力学是由美国麻省理工学院 Jay W. Forrester 首次提出，最初用于分析生产管理及库存管理等企业问题的系统仿真方法。系统动力学将结构、功能与历史的方法进行统一，基于系统论，吸收了控制论、信息论的精髓，是一门分析研究信息反馈系统的综合交叉学科。基于"凡系统必有结构，系统结构决定系统功能"的思想，从系统内部结构出发，依据系统内部各组成要素互为因果的反馈特点，建立系统模拟模型，并对模型设置各种不同的政策方案，通过计算机模拟系统宏观行为，寻求解决问题的正确途径。系统动力学最有影响的成果于 1970 年代对全球人口、资源、粮食、环境等方面的未来发展研究，通过在全世界以多种文字发行的一本罗马俱乐部（Club of Rome）研究报告——《增长的极限》（*The Limits to Growth*）一书，提出了著名的世界动力学（World Dynamics）模型。

系统动力学可通过计算机仿真模拟所建立的系统运转，观察达到平衡状态的过程及在平衡状态下的各个要素量值。1990 年代，众多软件公司推出了相关系统动力学软件，其中，以美国 Ventana 公司的系统动力学专用软件包 Vensim 的使用较为普及，该软件可以对系统动力学模型进行构思、模拟、分析，并可对系统进行优化。

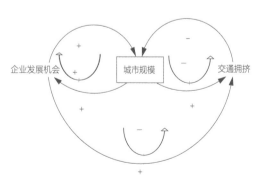

图 2-2-2　城市规模作用因素模型
资料来源：吴志强，李德华. 城市规划原理 [M]. 4 版. 北京：中国建筑工业出版社，2010：156.

2.3　1950 年代以来城市规划中的定量分析的发展
Quantitative Analysis in Urban Planning since 1950s

2.3.1　1950—1960 年代：计量革命引发定量分析热潮

在城市规划中应用定量分析方法可以追溯至"二战"结束之后，当时已有学者采用回归模型、方差分析等定量分析方法对规划做出分析和预测。随着 1960 年代计量革命的兴起，越来越多的规划师开始尝试运用数据模型，其中运用交通模型探索土地使用与交通的关系和城市空间引力模型等就是典型的案例。与此同时，电子管计算机的出现为定量分析提供了新的技术手段，从客观条件上推动了定量分析的热潮。

2.3.2　1970—1980 年代：停滞与反思阶段

定量分析热潮并没有持续很久。1970 年代，一系列事实证明通过定量分析和数学模型所得出的结果并不如预料。例如，1960 年代曾有预测，美国大城市的人口将持续增长，但事实却是中心城区的人口持续递减。一时间，规划学界对定量分析的质疑声不断，定量分析在规划中的应用和发展一度停滞。对此，也有规划学者认为阻碍定量分析发展的因素主要有以下三个方面：

一、缺乏能解释清楚作为一个复杂系统的城市中各种复杂因子之间的内在逻辑的相关理论；

二、缺乏可支撑定量分析和数据模型的计算需求的足够的数据样本，从而无法识别因子的重要性；

三、缺乏硬件的支持，由于计算机技术仍处于起步阶段，造价昂贵，普及率低，也无法处理大型数学模型的计算。

到 1980 年代，微电子技术有了巨大的突破，第一台个人电脑（PC）的问世和各种计算机软件的研发，为定量分析的发展注入了新的养分。

2.3.3 1990—2010 年代：定量分析方法更高效、理性

进入 1990 年代后，个人电脑的迅速普及激发了世界范围内的信息技术（IT）革命，由此也带动了定量分析在规划中新一轮的发展。

一、计算机的硬件开发成本逐步下降，软件的功能开发日趋完善，出现了许多专业的定量分析软件，例如 SAS 和 GIS 等；

二、数据的可获取性大大提高，一方面政府加强了对城市数据的统计，另一方面互联网的普及也拓宽了数据获得的渠道；

三、随着教育水平的不断提高，研究人员，包括规划者，对定量分析的认识和期望更趋于理性。数学模型被更多地应用于理解城市发展的各种因素及其作用机制，使城市规划决策更具科学理性。同时，通过模型和图表的演示，也能更好地说明规划的意图，促进政府与公众之间的沟通交流。

2010 年至今，智能规划的发展进入了新时代。

本章小结
Chapter Summary

传统的城市规划设计通过经验分析方法对数据进行定性分析，由于分析过程中掺杂过多的主观随意性，容易造成规划师对城市运行机制研究不足，对城市未来的发展方向预测失据。科学有效的定量分析能够有效地弥补原来城市规划中纯图形设计、纯文字分析造成的缺陷，可以说定量分析已经成为城市规划研究中不可或缺的方法。

本章着重介绍了城市规划中 8 个经典的定量分析方法和 5 个经典模型。定量分析方法包括：描述统计现象的概率分布；判别要素之间关联的相关分析和回归分析；用于分类评价的聚类分析、判别分析和主成分分析；优化规划决策的层次分析法以及对未来实现预测的时间序列分析。在城市规划定量分析模型的论述中，重点介绍了目前在西方发达国家进行城市规划研究中用到的主流模型，包括土地使用模型、投入产出模型、离散选择模型、网络分析模型和系统动力学模型。

参考文献

[1]　吴志强，李德华 . 城市规划原理 [M]. 4 版 . 北京：中国建筑工业出版社，2010.

[2]　WU Zhiqiang, PAN Yunhe, YE Qiming, et al. The City Intelligence Quotient（City IQ）Evaluation System Conception and Evaluation[J]. Engineering, 2016, 2（2）: 196-211.

[3]　徐建华 . 现代地理学中的数学方法 [M]. 北京：高等教育出版社，2002.

[4]　佟春生 . 系统工程的理论与方法概论 [M]. 北京：国防工业出版社，2005.

[5]　唐焕文，贺明峰 . 数学模型引论 [M]. 北京：高等教育出版社，2001.

[6]　杨公朴 . 产业经济学 [M]. 上海：复旦大学出版社，2005.

[7]　陈端吕 . 计量地理学方法与应用 [M]. 南京：南京大学出版社，2011.

[8]　江三宝，毛振鹏 . 信息分析与预测 [M]. 北京：清华大学出版社，2008.

[9]　谈明洪，李秀彬，吕昌河 . 我国城市用地扩张的驱动力分析 [J]. 经济地理，2003，23（5）: 635-639.

[10]　Martin Ester, Hans-Peter Kriegel, Jörg Sander, and Xiaowei Xu. A density-based algorithm for discovering clusters in large spatial databases with noise. In Proceedings of the Second International Conference on Knowledge Discovery and Data Mining（KDD'96）. AAAI Press,1996: 226-231.

[11]　程士宏 . 高等概率论 [M]. 北京：北京大学出版社，1996.

03

数据来源 | Date Source

广义上的数据是人类对任何事物或现象特征的模拟、记录和反映，具体表达为文字、数字、符号、声音、图示、影像等形式。它是人们约定的用以认知主观事物特征的媒介，是人的主观思维对所要认知的对象及其特征表现的反映。

城市规划涉及的数据有数量庞大、范围广泛与变化频繁等特点，需要在传统统计数据之外，采用各类先进的技术进行数据搜集与分析工作，以提高规划工作的质量与效率。数据的用途多种多样：比如使用航测照片与遥感技术准确地判断地面及地下资源，并得到城市建筑现状、环境污染程度与绿化率；计算机存储数据与分析数据的功能已经被广泛应用于估算人口增长、预测交通流量与评价土地使用效率等方面；这些技术大幅提高了城市规划方法的科学性。

根据城市规模和城市具体情况的不同，城市规划数据的收集应有所侧重，不同的城市规划对数据的工作深度也有不同的要求。按照数据来源的不同，数据可以分为以下 8 大类：统计数据、传感数据、视频数据、航拍影像、卫星图像、调研访谈数据、规划成果和政策法规。本章将对这 8 类数据分节进行介绍。

3.1 统计数据
Statistics Data

统计数据是通过统计活动获得的，用以表现研究现象特征的各种形式的数据。统计数据可以用来表示某一地理区域自然经济要素特征、规模、结构和水平等指标，是定性、定位和定量统计分析的基础数据。在城市规划过程中，统计数据是重要的工作基础。规划一个城市，不仅需要了解城市的过去与现状，也要做预测与分析，与城市相关的社会经济统计数据是重要的数据来源。

城市规划中，广义的统计数据包含实地调查统计得到的一手数据和从政府、相关组织机构等处获得的二手数据。本节所指的统计数据，主要指来自以政府为主的权威机构发布的官方数据资料。

3.1.1　统计数据收集口径

在收集来源上，各类统计数据应以官方公布的为主，主要包括：统计年鉴、统计公报、普查公报、抽样调查公报等，其他各部门提供的有关资料，可作为校核的依据和参考。

在空间范围上，应该区分区域与城区。现状城区或区域的空间范围，应与国家或地方的有关规定做好衔接，现阶段主要参考依据为《关于统计上划分城乡的暂行规定》（国统字〔2006〕60号文）。

在时间范围上，应选择最接近现状且具备官方公信力的统计数据的年份。

3.1.2　统计数据的主要内容

统计局作为最主要的统计数据生产部门，调查统计的数据涉及各个产业门类，包括国民经济核算、农业、工业、能源、投资、建筑业、房地产开发、批发零售、住宿餐饮业、部分服务业、人口、劳动、就业、居住、价格和科技等方面。

主要的统计领域与对应的统计指标，见表3-1-1。

国家统计局调查统计的主要指标　　　　　　表3-1-1

领域	主要统计调查指标
国民经济核算	国民生产总值（GNP）、国内生产总值（GDP）、总产出、中间投入、增加值、最终消费、资本形成总额、货物和服务净出口、劳动者报酬、生产税净额、营业盈余、初次分配收入、总储蓄、资本转移等
农业	农林牧渔业总产值、粮食产量、油料产量、水产品产量、猪牛羊肉产量、畜禽存栏头（只）数、耕地面积、作物播种面积、有效灌溉面积、农业机械总动力、农林牧渔劳动力等

续表

领域	主要统计调查指标
工业	工业总产值、工业增加值、工业销售产值、生产量、生产能力、销售量、库存量、实收资本、资产合计、负债合计、所有者权益、流动资产、产品销售收入、利润总额、成本费用利润率、工业增加值率、产品销售率、出口交货值等
能源	能源购进量、购进金额、能源消费量、工业生产能源消费、非工业能源消费、能源加工、转换投入、终端能源消费量、能源库存量等
固定资产投资	固定资产投资、房地产开发投资、资金来源、施工项目个数、本年投产项目个数、新增生产能力、房屋建筑面积、施工面积、竣工面积、新增固定资产投资等
房地产开发	计划总投资、本年完成投资、本年新增固定资产、资金来源、应付款、土地购置和开发情况、房屋建筑面积、住宅建筑面积、施工面积、商品房销售面积、商品房销售额、商品房待售面积等
建筑业	建筑业总产值、增加值、房屋建筑施工面积、竣工面积、自有机械设备年末总台数、工程结算收入、工程计算利润、企业总收入等
批发零售、住宿餐饮业	社会消费品零售总额、商品购进额、商品销售额、批发额、零售额、期末商品库存、消费品市场成交额等
劳动	单位数、单位从业人员、在岗职工、其他从业人员、离开本单位仍保留劳动关系的职工、城镇单位从业人员劳动报酬、在岗职工工资总额、本单位使用的劳务派遣工、年末人数、工资总额、年均工资等
价格	居民消费价格指数及食品等分类价值指数、商品零售价格指数及分类指数、农业生产资料价格指数及农用手工工具等分类指数、工业生产者购进价格指数、工业生产者出厂价格指数、固定资产投资价格指数及建筑安装等分类指数、70 个大中城市住宅销售价格指数
人口	总人口、出生人口、死亡人口、受教育程度、婚姻状况、生育状况、工作状况、户口性质等
城镇住户	城镇居民家庭成员基本情况、城镇居民总收入、可支配收入、消费支出等
农村住户	农村居民家庭概况、农村居民家庭收入与支出、农村劳动力就业与流动情况、农村家庭居住情况、人口与劳动力就业情况、农业生产结构及技术应用情况等

资料来源：国家统计局网站 http：//www.stats.gov.cn/tjzs/tjbk/201502/ t20150212_682790.html.

需要指出的是，不同行政层级、不同城市的统计部门，其工作重点与统计信息的发布程度会存在一定的差异。因此，除了在统计局网站、学术数据库等开放渠道的数据获取外，实际项目中往往也会向政府各专业部门进行统计数据资料的收集。

3.1.3 城市规划主要统计数据来源

城市是一个复杂的系统，各类统计数据都可能对城市规划过程产生影响，城市规划人员除了解统计数据的内容结构外，也应熟悉如何获取相关数据，以及时、完整地搜集数据，方便规划工作的进行。除了统计局发布的社会经济统计数据外，还会需要地质地貌、环境能源、气象气候以及城市内部的设施建设、投资布局等数据，这时候就需要分别向建设局、档案局、地质局、水利局、气象局、园林局、国土资源局、房管局和经信委等众多政府子系统进行数据的征求。

3.2　传感数据
Sensor Data

3.2.1　传感数据概述与特点

现代信息技术的三大基础是传感器技术、通信技术和计算机技术，分别对应了数据的采集、传输和处理环节。随着技术的不断升级，具有感知能力、计算能力和通信能力的微型传感器被普遍应用，数量庞大的传感器构成了传感器网络，这个网络可以实时监测、感知和采集网络分布区域内的各种监测对象相关的数据，同时对数据进行运算处理，并将数据或处理结果传送至相关的用户。传感器技术使人们实时、实地获取大量实证数据，信息相对翔实可靠，在国防、环境、交通、医疗和防灾等领域应用广泛。

在城市规划领域，无所不在的传感器构成的网络将现实世界关联起来，为计算机的自动化监测、分析与控制提供了可能。通过射频识别、红外感应器、全球定位系统和激光扫描器等信息传感设备，按约定的协议把各种物品与互联网连接起来进行信息交换和通信，以实现智能化识别、定位、跟踪、监控和管理的网络，即"物联网"。

3.2.2　传感数据的分类

广义的传感器也包括用于遥感技术的传感器，即传感器可以分为航空、航天和地面三种。由于城市规划对航拍、卫星图像的广泛、深入应用，本节介绍的传感数据，主要指位于地面的、移动或固定的、可实时数据观测的、面向城市空间研究的传感器及其网络所探测得到的数据。

从应用领域来看，城市传感数据可以分为大气、地震、水文、水质、交通、环保和食品安全等种类的数据；从观测测量角度，可以分为接触式传感数据和非接触式传感数据；从观测平台移动性角度，可以分为固定传感数据和移动传感数据，固定传感数据如风速、气温等气象监测数据，移动传感数据如车载、船载传感器返回的移动位置信息的数据。

3.2.3 传感数据在城市规划中的应用

3.2.3.1 城市应急事件观测

几乎所有的城市应急事件都需要实时观测，该观测具有特定的时间、空间与主题特征。1960 年代以来，美国为预防风暴和海浪袭击而建立了海浪检测系统；2005 年，在原有设备基础上又架设了大量新型海洋地理传感器，收集的大量数据被用来实时监测海浪情况。

3.2.3.2 城市交通监控

1995 年，美国交通部提出《国家智能交通系统项目规划》，将信息技术、数据通信技术、传感技术和计算机处理技术等进行集成，运用于地面交通的实时、精确和高效管理。这一系统的基础即为传感器网络，在此基础上进行交通管理，使汽车按照一定的速度行驶并保持合适的车间距；同时，该系统还能实时监测道路堵塞信息，计算并推荐最佳行车路线。此外，在道路发生紧急故障时，该系统还能发出警告，甚至直接与相应的应急、急救中心进行联系。

微软亚洲研究院在对智能交通的研究中，广泛采用了大量与交通相关的传感数据，包括出租车 GPS 轨迹、自行车租赁与移动信息等数据。通过对这些数据的分析，可以对城市路况和自行车租赁点附近人群的自行车需求量进行预测，有效平衡各类出行需求，倡导低碳出行。

3.2.3.3 环境科学研究

随着人们对环境问题的日益关注，环境科学在涉及范围、研究技术等方面也快速拓展，其中传感技术的应用是重要的一环。在生态气候变化领域，可应用于实时的监控管理，也可以基于历史传感数据，进行更深入的科学研究工作。

3.2.3.4　居民活动信息采集

随着智能手机的普及，以它为代表的移动信息设备能够提供数以百万计的居民通话或上网地点、流量、时间、频率等数据，出租车 GPS 实时记录乘客的上下车位置与移动轨迹信息，公交卡也在收集着乘客在公交站或地铁站的刷卡记录。这些对人的活动信息的收集与分析，将有助于"以人为本"的规划实施。

案例 3-2-1　人流联系和经济联系视角下区域城市关联比较

研究分别使用移动通信数据与企业关联数据测度城市关联，比较了江西省北部地区的两种城市关联的层级、结构与腹地。

模块度是网络或图形结构的一种度量，以网络中节点之间的关联强度划分成模块。研究以模块度来反映人流联系、经济联系的城市关联网络结构，运用 Gephi（0.9.1）软件，分辨率取值 0.5，结果如图 3-2-1 所示。

人流联系的城市关联网络呈现明显的块状组团结构，再次证明了人流联系随着空间距离增大而减弱；块状组团的划分与行政边界趋于一致，表明了人流联系受到行政边界的影响较大；每个地级市中心城区都形成了相对独立的组团，而上饶市东部的三个县和九江市西部的三个县形成了一个不属于任何地级市中心城区的独立组团，可能是由于远离大城市以及鄱阳湖等自然地理阻隔导致。

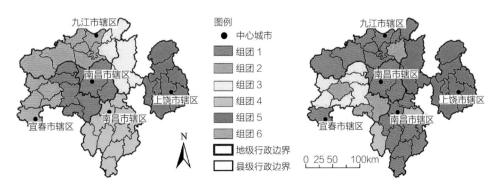

图 3-2-1　人流联系（左）和经济联系（右）的城市关联网络结构对比
资料来源：王垚，钮心毅，宋小冬，等．人流联系和经济联系视角下区域城市关联比较 [J]．人文地理，2018（2）：87-90．

经济联系的城市关联网络呈现相对分散的带状结构，形成了南北轴向结构，这与区域经济发展水平基本一致；除了上饶市在行政范围内形成组团外，其他地区形成的跨越分散的组团，表明了基于企业关联数据的经济联系具有跨越空间单元的特性。

郊区新城的职住空间（单位：%）　　　　　　　　表 3-2-1

	新城内居住者前往通勤去向比例			新城内就业者通勤来源比例			新城内职住平衡比
	本新城内	中心城	其他地区	本新城内	中心城	其他地区	
宝山	61.80	25.30	12.90	75.80	16.00	8.20	51.60
嘉定	85.30	2.90	11.80	83.60	5.00	11.40	73.10
城桥	90.00	0.10	10.00	89.90	0.10	10.00	81.70
金山	76.20	4.90	19.00	84.80	2.50	12.70	67.10
临港	92.80	0.50	6.70	86.60	3.40	10.00	81.10
青浦	81.30	1.50	17.20	76.20	2.50	21.40	64.80
松江	87.00	2.00	11.00	84.10	1.80	14.10	74.70
闵行	73.40	19.00	7.60	81.40	9.10	9.60	62.80

资料来源：钮心毅，丁亮. 利用手机数据分析上海市域的职住空间关系——若干结论和讨论 [J]. 上海城市规划，2015（2）：39-43.

案例 3-2-2　利用手机数据分析上海市域的职住空间关系

手机信令数据是手机用户在移动通信网中活动时手机与基站之间交换信息的记录。信令数据记录了手机用户在某一时刻的空间位置，实时反映了手机用户在城市中的空间位置。因此，可以使用手机信令数据计算城市居民的通勤数据。以上海市域城市居民手机信令数据为例，通过通勤信息，分析上海市域的职住空间关系。可以发现，中心城居民通勤范围集中在中心城及周边的通勤区内。中心城及通勤区内，超过 97% 的居民实现了职住平衡。在郊区新城中，宝山新城、闵行新城大都已经进入中心城通勤区。其余 7 个郊区新城居民至中心城通勤的比例均低于 5%。郊区新城中居民主体仍是在新城内部通勤，或者新城外部的本区域内通勤。并基于此发现，认为要优化上海市域居民职住空间关系，需要在中心城内合理布局就业次中心和安排居住人口，郊区新城应以增加就业岗位为主要目标。

图例　— 中心城　▨ 中心城就业者通勤范围　　　图例　— 中心城　▨ 中心城居住者通勤范围　　　图例　— 中心城　▨ 通勤区

中心城就业者通勤范围　　　　　　　中心城居住者通勤范围　　　　　　　中心城的通勤区

图 3-2-2　上海市域的职住空间关系

3.3　视频数据
Video Data

3.3.1　视频数据概述与特点

视频数据由在时间上连续的帧序列组成。视频数据内容丰富，数据量大且结构复杂。数据由大量相互关联的帧组成，同时帧与帧之间是连续的，所以视频数据中存在很多冗余帧。在进行视频数据检索时，为了提高检索效率，需要去除冗余帧，提取能代表视频内容的关键帧[①]。

视频数据可以直接通过视觉提供大量信息，通常比较容易理解，但是视频数据量大且结构复杂，内容不仅包含底层的视频信息，还包含顶层的语义信息，这使得视频数据与其他数据相比有很大不同，主要表现在：①数据量庞大；②内容丰富的多媒体资源；③具有时空特性；④数据结构复杂；⑤视频解释具有主观性。

图 3-3-1　视频文件播放场景
资料来源：https://www.bilibili.com/video/av9695381.

① 这里的"帧"是指视频数据中最底层且最小的组成单元。

图 3-3-2　实时监控场景
资料来源: http: //www.santaanita.com/press-releases/santa-anita-unveils-state-
of-the-art-stable-area-video-surveillance-system-establishing-the-most-
comprehensive-safety-integrity-monitoring-in-north-american-racing/.

3.3.2　视频数据类型

　　视频数据分视频文件与实时监控两种类型。视频文件是指使用摄像机或手机等
设备采集的数据，它真实地记录了现实世界的各类场景，是当前常见的视频数据来
源；但是由于其场景固定，观察者不能依照自身需要察看某一部分场景。实时监控
是指使用监测设备全时段地获取某一地点的实时状态，由于能获取该地点全方位的
实时场景，此类数据具备较好的同步性与全时性；更重要的是它能调整摄像头，从
而获取场景中局部清晰的图像。缺点是设备成本较高。这两种视频形式各有优缺点，
互为补充。

3.3.3　视频数据在城市规划领域的应用

　　当前，在实际应用中，视频数据主要被用在交通管理、城市安防等领域，在城
市规划方面的应用整体上仍处于探索阶段。主要原因在于视频数据的获取、分析、
存储、显示等环节都存在一定的门槛与技术要求。对于视频数据的研究分析流程，
具体可以参考图 3-3-3。

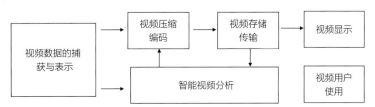

图 3-3-3　视频数据分析研究框架

资料来源：刘祥凯，张云，张欢，等 . 视频大数据研究综述 [J]. 集成技术，2016，5（2）：41-56.

3.3.3.1　智能交通

在"互联网 +"时代，交通大数据技术在智能交通领域发挥了不可替代的作用，它不仅大大提高了交通管理部门的管理与决策能力，还能通过大数据分析为管理违章行驶提供信息。智能交通管理系统具有集成性、预测性、主动性和实时性，并给予多样的监测信息与分析结果，实现了逆行主动性交通管理，从而解决了被动式适应性管理的滞后性问题。

3.3.3.2　平安城市

在平安城市的建设过程中，高清前端摄像机与公安智能化得到了广泛运用；用户的需求使得视频数据急速增加，这进一步促进了同时具备海量存储性能与高速读写性能的云存储系统的应用，以应对 PB 级的视频存储需求。

3.3.3.3　公安执法

新形势下的公安工作离不开大数据的支撑，公安基础信息化更是大数据的挖掘和深度应用。但随着"信息爆炸"时代的来临，数据采集不足、数据质量失真、数据关联孤岛和数据挖掘不够等问题，成为未来公安信息化建设中需要重点关注的问题。

随着视频数据的普及，公安执法工作也需要大数据的协助，公安基础信息化是一项典型的示例。

案例 3-3-1 实时视频监测技术在城市交通管理规划中的应用

在城市规划设计中，传统的交通规划和交通管理多是从交通运营组织结构优化、道路设施改进、交叉口渠化、信号配时方案设计和社会保障制度等城市道路设施设计和政策制定等方面入手来提高道路运输效率，解决城市交通的拥堵问题。但随着交通行为复杂化，传统静态规划方法已无法适应这种多变性，智能交通系统（ITS）开始得到更多的重视与应用。其中一种尝试是通过将先进的智能交通技术移植到城市交通管理规划设计中，实现对城市交通的实时动态管理，促进城市交通和谐发展。

交通领域的视频监测技术，是指用摄像机等视频采集设备获取交通流的实时视频信息，并通过视频和图像处理的方法来完成交通流检测或者目标跟踪和识别的技术。

交通管理的核心目的之一是消除或缓解交通拥堵，这离不开对交通流的合理管理和诱导。利用实时视频检测技术，根据当前交通流状况动态更新交通灯附近的动态信息指示牌，以标识当前道路交叉口各车道的渠化信息，实现"动态渠化"。

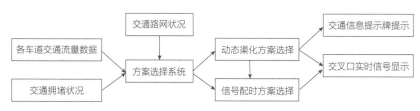

图 3-3-4 动态渠化方案流程图

资料来源：张盈盈.实时视频检测技术在城市交通管理规划中的应用[C].2008第四届中国智能交通年会，2009.

3.4 航拍影像
Aerial Photography

3.4.1 航拍影像概述

航拍，即航空摄影，是指在飞机或其他航空飞行器上利用航空摄影机摄取地面景物像片的技术。航拍一般选在白天进行，因光照较好，景物较清晰，影调效果较好。

现阶段，无人机在航拍领域的应用相当广泛。无人机可以追溯至1917年，最早主要在军事上作为靶机。1980年代以来，随着计算机技术、通信技术的迅速发展以及传感器的不断革新，无人机性能不断提高，其应用范围和领域迅速拓展。无人机航拍摄影是以无人驾驶飞机作为空中平台，以机载遥感设备，如轻型光学相机、激光扫描仪、红外扫描仪、高分辨率 CCD 数码相机和磁测仪等获取信息，用计算机对图像信息进行处理，并按照一定精度要求制作成图像。无人机航拍摄影系统在设计和最优组合方面具有突出特点，集成了高空拍摄、遥控、遥测、视频影像微波传输和计算机影像信息处理等新型应用技术。由于结构简单、使用成本低，无人机适用于进行有人飞机不宜执行的任务，如危险区域地质灾害调查、空中救援指挥等。

　　无人机遥感可快速对城市环境信息和 GIS 数据信息进行更新、修正和升级，为政府和相关部门的行政管理，土地、地质环境治理提供及时的数据支撑。特别是在城市迅猛发展时期，无人机遥感对城市数据的更新意义重大，被广泛应用于土地利用的动态监测、征迁拆违工作的调查以及衍生的各类最新时相的专题图，通过影像可及时修编和更新地图，建立最新的地理数据库。[①]

3.4.2　航拍影像的主要应用

3.4.2.1　航拍技术监测水体污染

　　水体反射率与空气有着明显的区别，分析水域的分布变化，可以选择多角度的航拍数据，对各种情况下的影像进行观测。在水体发生沼泽化时，航拍图像将显示为水体向边缘有规律地变化，水体面积缩小，显示出不同程度的植被特征。对水中悬浮泥沙，可以用航拍技术观测泥沙的粒径和浓度；对水域污染状况，可以用多光谱合成图像进行监测。

3.4.2.2　航拍技术监测大气环境

　　航拍技术可以轻易分辨植被受污染情况，通过其光谱反射率区别找到空气中的有害空气。同时，工业生产中的烟雾颗粒、森林大火中的浓烟、大气气溶胶在各地的分布和含量、沙尘暴造成的大规模沙尘污染等，都可以通过航拍影像进行发生时

---

①　资料来源：范祥玉，赵建 . 无人机测量技术在地形测量方面应用前景分析 [J]. 城市建设理论研究：电子版，2015（15）：710-711.

间、地点的监测。城市中的污染企业数量和分布，也可以用航拍图像来调查分析，通过排放的污染区域大小确定其污染情况。

3.4.2.3 航拍技术监测城市环境

城市地面覆盖与郊区、农村和自然区域有很大不同，它们对太阳辐射和其他热辐射的释放和吸收的特性有所区别。居民区呈灰色，平房呈密集排列的小长方形，绿地呈红色，水系呈浅蓝色，高层楼房带有宽长影。城市的热岛效应可利用热红外影像对城市地面进行分析得出。热红外影像可观测工业废水和废弃物的排放情况，热红外影像可观测固体废弃物引起的生态环境中的变化。航拍影像的信息对城市规划部门、管理部门在城市建设过程中的决策、应急等都有非常大的帮助。如对航拍图像中的建筑和道路等进行形状判别，可方便决策部门迅速检索。

3.5 卫星图像
Satellite Image

3.5.1 卫星遥感与遥感卫星

卫星遥感是指用卫星作为平台的遥感技术。在一定时间内，遥感卫星可以覆盖整个地球，也可以连续地对地球表面的指定地域进行周期性监测。

遥感卫星是对地球和大气的各种特征和现象进行遥感观测的人造地球卫星，具体包括侦察卫星、环境监测卫星、海洋观测卫星、地球资源卫星和气象卫星等。遥感卫星由信息传输设备、信息处理设备、遥感器和卫星平台组成，它利用遥感器收集监测目标的辐射或反射的电磁波信息，这些信息由传输设备发送回地面，实现对海陆空各类地理数据的搜集、整合与分析。

经过近二十年的发展，遥感卫星技术已经成为一项应用广泛的高科技，是各国政府的战略关注领域。遥感卫星按其应用领域，大体可以分为军用和民用两部分。民用遥感卫星按其工作方式分为 4 种类型：光学卫星、雷达卫星、激光测高卫星以及重力卫星。

3.5.2　主要卫星遥感数据

3.5.2.1　Landsat 系列

Landsat 系列陆地卫星是美国国家航空与航天局（National Aeronautics and Space Administration，NASA）和美国地质调查局（U. S. Geological Survey，USGS）共同管理的用于监测地球资源与环境的地球观测卫星系统。第一颗 Landsat 卫星发射于 1972 年。它所承担的主要任务为：水资源、矿藏资源的调查，农林畜牧业的监视管理，农作物、自然植物和地貌的监测，各种环境污染和自然灾害的监测与预报，以及对各种目标图像的拍摄并协助各类专题图的绘制。

目前，常用的是 Landsat-5、Landsat-7 和 Landsat-8 三颗卫星的数据。表 3-5-1 展示了这三颗卫星数据的基本信息。

美国陆地卫星 Landsat 系列基本信息表　　　　　　　　表 3-5-1

卫星及传感器	卫星	Landsat-5	Landsat-7	Landsat-8
	传感器	TM	ETM+	OLI/TIRS
发射时间		1984 年 3 月	1999 年 4 月	2013 年 2 月
波段数量	全色		1	1
	可见光	3	3	4
	近红外	1	1	1
	短波红外	2	2	3
	热红外	1	1	3
	雷达			
重访周期（天）	最小	16	16	16
	最大	16	16	16
分辨率（m）	最高	30	15	15
	最低	120	60	100
扫描幅宽（km）	垂直轨道方向	185	185	185

资料来源：李光耀，杨丽 . 城市发展的数据逻辑 [M]. 上海：上海科学技术出版社，2015.

3.5.2.2 Terra 卫星

Terra 卫星也称作 EOS-AM1 卫星，是地球观测系统计划（Earth Observation System，EOS）于 1999 年 12 月发射的第一颗卫星。Terra 上共装有 5 种传感器：对流层污染测量仪、先进星载热辐射与反射辐射计、多角度成像光谱仪、中分辨率成像光谱仪和云与地球辐射能量系统。它能同时进行大气、陆地、海洋和太阳能量平衡等信息的采集。Terra 是美国、加拿大和日本的联合项目，由美国提供卫星和 MODIS、MISR、CERES 三种仪器，日本提供 ASTER 装置，加拿大提供 MOPITT 装置。

Terra 的标准产品包括：MOD09A1（500m 地表反射率 8 天合成产品）、MOD09GA（500m 地表反射率）、MOD09GQ（250m 地表反射率）、MOD11A1（1km 地表温度 / 反射率 L3 产品）和 MOD13A1（500m 分辨率植被指数 16 天合成产品）。

MODIS 是先进的多光谱遥感传感器，具有 36 个观测通道，覆盖了当前主要遥感卫星的主要观测数据。利用它的卫星影像数据反演得到的多种数据产品，可以进行全球范围的遥感监测，例如，气溶胶光学厚度的空间分布与 PM2.5 实时监测数据之间建立相关模型，实现 PM2.5 的遥感探查。

目前，公开免费的遥感数据主要是 Landsat 系列和 MODIS 数据，有需要的读者可在 USGS 官方网站或者地理空间数据云网站进行选择下载。

3.5.2.3 SPOT 系列

SPOT 系列地球观测卫星由法国国家空间研究中心（Centre National d'd'Études Spatiales，CNES）研制，包括一系列卫星及用于卫星控制、数据处理和分发的地面系统。第一颗 SPOT 系列卫星发射于 1986 年，目前为止共发射了 5 颗。

SPOT 系列卫星有相同的卫星轨道和相似的传感器，在 27° 左右范围内侧视观测。SPOT 卫星分辨率适中，在资源调查、农业、林业、土地管理和大比例尺地形图测绘等方面都有十分广泛的应用。

SPOT-1/2/4/5/6 卫星及其传感器的基本信息见表 3-5-2。

法国 SPOT 卫星系列基本信息表　　　　表 3-5-2

卫星及传感器	卫星	SPOT-1		SPOT-2		SPOT-4		SPOT-5		SPOT-6
	传感器	HRV1	HRV2	HRV1	HRV2	HRVIR1	HRVIR2	HRG1	HRG2	NAOMI
发射时间		1986 年 2 月		1990 年 1 月		1998 年 3 月		2002 年 5 月		2012 年 9 月
波段数量	全色	1	1	1	1			2	2	1
	可见光	2	2	2	2	3	3	2	2	3
	近红外	1	1	1	1	1	1	1	1	1
	短波红外					1	1	1	1	0
	热红外									
	雷达									
重访周期（天）	最小	2	2	2	2	2	2	2	2	2
	最大	3	3	3	3	3	3	3	3	3
分辨率（m）	最高	10	10	10	10	10	10	2.5	2.5	1.5
	最低	20	20	20	20	20	20	10	10	6
扫描幅宽（km）	垂直轨道方向	60	60	60	60	60	60	60	60	60

资料来源：李光耀，杨丽 . 城市发展的数据逻辑 [M]. 上海：上海科学技术出版社，2015.

3.5.2.4　中国卫星

"资源三号"卫星

"资源三号"卫星是中国第一颗民用高分辨率光学传输型测绘卫星，发射于 2012 年 1 月，其主要任务是长期、连续、稳定、快速地获取覆盖全国的高分辨率立体影像和多光谱影像，为国家重大工程、城市规划与建设、生态环境、防灾减灾、农林水利、国土资源调查与监测和交通等领域的应用提供服务。

"高分一号"卫星

"高分一号"卫星是中国高分辨率对地系统的第一颗卫星，由中国航天集团研制，于 2013 年 4 月成功发射。它突破了高空间分辨率、多光谱与高时间分辨率结合的光学遥感技术，具有高精度、高稳定性。

3.6　调研访谈数据
Data from Investigation and Interview

　　调研访谈数据指规划人员在现场进行调查时，以做笔记、拍照片等形式，结合自身的规划经验，记录下来的反映城市发展问题与特征的资料。

3.6.1　现场勘查

　　在进行现场勘察时，规划人员需要将用图纸表达的资料，绘制到最新版本的地图上，如果相关部门提供的地图版本不是最新的，且与最新版地图差异较大时，则需要委托测绘部门进行修正测量。在勘测过程中，需要将实际建筑物与地图上的建筑物一一对应，并严格依据控制性详细规划展开勘察工作。

3.6.2　问卷调查

　　问卷调查的第一步是问卷设计。调查问卷应当包括：调查目的、调查对象、问题及选项和问卷说明等。在设置问卷问题的时候，需要考虑问题之间的关联性与互补性，使用最少的问题达到调查目的。在问卷发放的过程中，为了确保其有效性，需要充分考虑问卷发放的时间、数量与方式，以及问卷对象的性别、年龄与职业等属性，尽量扩大调查对象的覆盖面。

3.6.3　访谈

　　问卷以标准问题进行调查，而访谈则以扩散式思路进行调查。规划师通过针对某些问题的细致访谈获得关于这些问题更多的详细信息。访谈根据其形式分为两种类型，即自由式的"漫谈"和指导性的"采访"。

3.7　规划成果
Planning Results

　　我国的城市规划体系建立在区域规划、总体规划、分区规划、详细规划、工程设计五个层次基础之上，这五个层次层层衔接、逐层深入。

　　《中华人民共和国城乡规划法》中逐条列出了各层级规划之间的相互依据与限制的关系，例如：

　　"城市总体规划、镇总体规划以及乡规划和村庄规划的编制，应当依据国民经济和社会发展规划，并与土地利用总体规划相衔接。"

　　"城市、县人民政府城乡规划主管部门和镇人民政府可以组织编制重要地块的修建性详细规划。修建性详细规划应当符合控制性详细规划。"

　　"在城市总体规划、镇总体规划确定的建设用地范围以外，不得设立各类开发区和城市新区。"

　　"……控制性详细规划修改涉及城市总体规划、镇总体规划的强制性内容的，应当先修改总体规划。"

　　《城市规划编制办法》明确：

　　"城市人民政府应当依据城市总体规划，结合国民经济和社会发展规划以及土地利用总体规划，组织制定近期建设规划。"

　　"控制性详细规划由城市人民政府建设主管部门（城乡规划主管部门）依据已经批准的城市总体规划或者城市分区规划组织编制。"

　　"修建性详细规划可以由有关单位依据控制性详细规划及建设主管部门（城乡规划主管部门）提出的规划条件，委托城市规划编制单位编制。"

　　《城市规划基础资料搜集规范》指出，城市规划中要对规划成果资料进行搜集参考，不仅包含国家相关法规中提出的法定规划成果，也包括各种非法定层面的规划成果，甚至还可以根据实际需要搜集各行政机构部门制定的发展设想展望等具有一定前瞻性的规划资料，并且特别针对总体规划、控制性详细规划和修建性详细规划三个规划类型进行详细说明。

　　基于此，在规划工作的过程中，需要参考其他规划成果的资料，以达到城市经济、社会、环境的协调。对各层级规划中具体应参考的各类规划成果，《城市规划基础资料搜集规范》中给出了较为详细的阐述。

对主要的城乡规划成果数据及其数据来源，简要汇总在表 3-7-1 中，供读者参考。

主要城乡规划成果数据及其数据来源   表 3-7-1

数据类型	数据内容	数据来源
规划编制成果数据	总体规划	城乡规划设计部门
	分区规划	
	控制性详细规划	
城乡规划管理数据	道路红线	城乡规划设计部门
	修建性详细规划	建筑或城乡规划设计部门
	建筑工程方案	建筑设计部门
	市政交通工程方案	建筑及市政工程设计部门
	市政管线工程方案	建筑及市政工程设计部门
	各专题规划	城乡规划设计部门
土地规划数据	各级土地利用总体规划	国土资源部门

资料来源：高惠君．城市规划空间数据的多尺度处理与表达研究 [D]. 北京：中国矿业大学，2012.

3.8 政策法规
Policies and Regulations

在某种意义上，城市规划本身就是一种公共政策，在城市规划工作中会涉及城市中各种各样的政策，同时它本身又要在法规规范下操作实施。《城市规划基础资料搜集规范》中也将有关部门制定的法律、法规、规范、政策文件等规定为必须参考的综合性基础资料。因此，在城市规划工作中，必须参考相关的政策法规。

3.8.1 城市规划的政策依据

政策与城市规划联系紧密且互相影响。城市规划应当充分体现出相关政策。根据政府管理的领域，政策可以分为政治、经济、社会与文化四大领域，而每个领域的政策又可以分为更多部分，如经济领域政策包括产业、资源配置、财政金融、贸易外资、交通运输与能源水利等部分；社会领域政策包括人口移民、社会福利、就业劳工、生态保护、资源保护与卫生政策等部分；由于城市规划编制环节的复杂性，其受不同领域政策的影响程度互不相同，详见表 3-8-1。

影响城市规划编制的政策框架　　　　　　　　　　　　　表 3-8-1

政策类型	判别标准	政策属性	政策
最相关政策	刚性，要求规划编制时予以落实，影响规划空间方案制定	调控限制型政策	土地供给管制政策 生态林地保护政策 海洋湿地保护政策 河湖水源保护政策 风景名胜保护政策
次相关政策	具有一定的弹性，要求规划编制与其衔接，影响专项规划编制	调整引导型政策	产业发展政策 环境整治政策 交通发展政策 市政设施供应政策
一般相关政策	弹性较强，规划编制缺乏响应亦无负面影响，影响规划编制的片段环节	鼓励引导型政策	户籍管理政策 人才引进政策 产业创新政策 经营融资政策
地方特别政策	规划编制区所特有的	创新特许型政策	特区政策 综合配套改革试验区政策 乡统筹试验区政策 保税区政策 工业园区政策 直购电政策

资料来源：王登嵘，李樱，陈仪.政策与城市规划编制的互动影响 [J]. 城市规划，2007，239（11）：33-36.

3.8.2　城市规划的法规体系

城市规划的法规体系指国家调整城乡规划和规划管理方面所产生的法律及各种法规、规章的总合。我国的城市规划法规体系可大致分为四个层次：

一、城市规划的核心法——《中华人民共和国城乡规划法》；

二、国家城市规划部门法规、国家颁布的城市规划技术标准与技术规范、地方城市规划法规；

三、省、自治区、直辖市人民政府的城市规划主管部门颁布的准则、条例和技术规范；

四、市、县人民政府颁布的规章、条例和规范，以及城市总体规划、分区规划、详细规划和其他专项规划等。

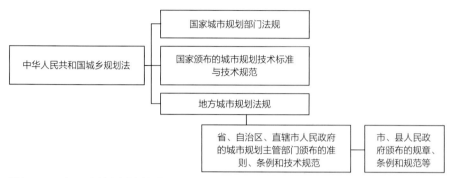

图 3-8-1　我国现行城市规划法规体系

资料来源：王登嵘，李樱，陈仪 . 政策与城市规划编制的互动影响 [J]. 城市规划，2007，239（11）：33-36.

本章小结
Chapter Summary

　　本章介绍了城市规划的 8 大数据来源：统计数据、传感数据、视频数据、航拍影像、卫星图像、调研访谈数据、规划成果和政策法规。传统统计数据在统计时空范围的局限性已逐渐无法适应当今日趋复杂的城市发展需求，城乡规划正在迎接大数据时代的便利性，寻求实时、实地、大量、多层、多元相关的规划数据来源的突破。但是，我们同时也必须看到以大数据为代表的新兴数据来源与技术的发展现状仍存在不足，特别是城市内部微观的、小尺度的数据来源不足，对于微观尺度的规划设计方案支撑不足。随着信息时代的来临，城市规划的数据来源将迎接三大发展趋势。

　　一、多源数据的融合，这将是规划方法的创新点，而以上 8 类数据的整合运用将是未来必然的发展趋势。

　　二、大数据统计将成为百姓日常生活常用的一部分，届时普通大众既是规划方案的评审者，又是规划数据的制造者与贡献者，对规划的实施管理有了更多的参与权和话语权。

　　三、随着"大智移云"，即大数据、人工智能、移动终端感知和云平台四大技术的发展，规划数据产生的来源与处理过程将使传统统计口径扩展到与这四大技术融为一体。在可以预见的未来，城市统计局与信息中心或将进行合并，甚至有可能导致城市统计主管部门的调整，以便于对更加精准的城市即时动态微观数据进行管理。

参考文献

[1]　江三宝，毛振鹏 . 信息分析与预测 [M]. 北京：清华大学出版社，2008.

[2]　伍业锋 . 统计数据的概念、范式及其角色 [J]. 统计与决策，2011（14）：7-9.

[3]　李金昌，苏为华 . 统计学（修订版）[M]. 北京：机械工业出版社，2009.

[4]　上海同济城市规划设计研究院院级技术规程控件，01 总 -6 基础资料汇编规程 .

[5]　国家统计局 . http：//www.stats.gov.cn/tjzs/tjbk/201502/t20150212_682790.html.

[6]　李建中，李金宝，石胜飞 . 传感器网络及其数据管理的概念、问题与进展 [J]. 软件学报，2003，
　　　14（10）：1717-1727.

[7]　李德仁，姚远，邵振峰 . 智慧城市中的大数据 [J].Science China Information Sciences，2015，
　　　58（10）：1-12.

[8]　胡楚丽，陈能成，关庆锋，等 . 面向智慧城市应急响应的异构传感器集成共享方法 [J].计算机研究
　　　与发展，2014，51（2）：260-277.

[9]　马奔，毛庆铎 . 大数据在应急管理中的应用 [J]. 中国行政管理，2015（3）：136-141，151.

[10]　钮心毅，丁亮 . 利用手机数据分析上海市域的职住空间关系——若干结论和讨论 [J]. 上海城市规划，
　　　2015（2）：39-43.

[11]　何志涛，田铁红，孙世臻，等 . 基于大数据技术的视频监控应用研究与探索 [J]. 数字技术与应用，
　　　2017（1）：95-96.

[12]　张盈盈 . 实时视频检测技术在城市交通管理规划中的应用 [C]. 青岛：2008 第四届中国智能交通年
　　　会，2009.

[13]　李光耀，杨丽 . 城市发展的数据逻辑 [M]. 上海：上海科学技术出版社，2015.

[14]　袁锦富，徐海贤，杨红平 . 把握共性、兼顾差异的基础资料搜集规范——《城市规划基础资料搜集
　　　规范》阐释 [J]. 城市规划，2014，38（4）：65-69.

[15]　中华人民共和国住房和城乡建设部 . 城市规划基础资料搜集规范 GB/T 50831—2012 [M]. 北京：
　　　中国计划出版社，2012.

[16]　中华人民共和国建设部城市规划编制办法 [J]. 中华人民共和国国务院公报，2006，9（3）：1-5.

[17]　王登嵘，李樱，陈仪 . 政策与城市规划编制的互动影响 [J]. 城市规划，2007，239（11）：33-36.

[18]　全国人大常委会法制工作委员会 . 中华人民共和国城乡规划法解说 [M]. 北京：知识产权出版社，
　　　2008.

[19]　范祥玉，赵建 . 无人机测量技术在地形测量方面应用前景分析 [J]. 城市建设理论研究：电子版，
　　　2015（15）.

[20]　刘祥凯，张云，张欢，等 . 视频大数据研究综述 [J]. 集成技术，2016，5（2）：41-56.

[21]　边步梅 . 视频数据存储与检索方法的研究与实现 [D]. 西安：长安大学，2015.

[22]　李伟 . 基于数字视频数据的地理信息提取与空间分析研究 [D]. 焦作：河南理工大学，2015.

[23]　王伟民 . 航拍图像基于 GPU 的聚类算法研究与实现 [D]. 成都：成都理工大学，2013.

[24]　高惠君 . 城市规划空间数据的多尺度处理与表达研究 [D]. 北京：中国矿业大学，2012.

城市规划中的 大数据方法 | Big Data Methods in Urban Planning

4.1 大数据让规划师看清城市
Big Data for Observing Cities

随着信息时代的到来以及各种智能设备的普及，人类的各项活动越来越多地需要依赖互联网，城市中各项活动可以被记录和量化，由此产生了大数据，这将城市研究带入了一个新的领域。城市规划与大数据之间是"天作之合"，城市规划的决策设计需要大量的数据作为支撑，而以往只能依靠传统的统计数据和调研数据，这些数据规模小且更新速度慢。大数据时代的到来带来了城市研究的新视角，并引发了城市规划方法的变革。本章将着重介绍大数据在城市规划中的应用方法，从数据获取、数据处理、数据分析到数据可视化，作为后续章节的基础知识。

4.1.1 大数据与城市规划是"天作之合"

大数据与城市规划之间有极高的契合度。一、城市规划需要大数据。规划师需要面对城市中复杂的环境、社会和经济系统，从城市整体到居民个体，都需进行详细的研究调查，以往这些数据只能依靠统计年鉴或是实地调查才能获取，更新频率慢且数据精度低。大数据的引入可以为城市规划提供更强大的数据支撑。二、城市又是大数据最大的应用场景，城市中复杂的系统关系正适合于大数据建立复杂模型的分析方式，最大化发挥大数据的应用价值。三、城市规划从应用需求的角度，提出新的数据获取、存储、处理和分析的需求，从而引导大数据技术的发展。

4.1.2　大数据是重要战略资源

大数据之于新时代，正如煤炭之于蒸汽技术革命，它将成为各个国家之间竞争的重要战略资源。随着多种多样的传感器的普及，城市物理空间中的活动被完整和精确地记录下来。互联网的蓬勃发展让城市中人类生活的活动，如社交、读书和购物等，从物理空间向虚拟的赛博（Cyber）空间转移。整合了物理空间与虚拟空间的数据源可以对城市进行完整的描绘，如阿里巴巴通过整合多源数据，对用户画像描绘以实现精准推送广告。历史积累的大数据将如第一次工业革命时期的煤炭一样产生巨大的经济价值。

4.1.3　大数据与城市规划实践需求的暂时错位

至今为止，大数据在城市规划中的应用大部分集中在城市的宏观的层面，主要原因为，尝试将大数据在规划中应用的人群没有能力为规划设计实践专门进行实验和数据挖掘设计。

城市规划中，关乎人的尺度的微观和中观层面的数据，对城市生活质量的提升至关重要。因此，城市规划需要大量针对规划设计实践专门设计的装置，而在一线规划院与设计院实践的过程中，却没有做大量的实践铺垫和精密设计，造成了城市规划大数据的能力与需求的错位。规划师虽然有项目实践和资金能力，但是由于缺乏专门的大数据挖掘实验装置设计，只能按照数据的供给条件进行分析。未来的城市规划与大数据的结合，更需要在从业前先练就了大数据应用技术的青年分析师走进规划设计实践的项目内部，利用城市规划与设计实践项目的资金、人员和现状条件等，专门为规划设计进行大数据搜集、分析、运用的全过程设计和实验，这将会对未来城市规划和设计实践做出历史性的贡献。

案例 4-1-1　城市规划需求与大数据源对应关系

按照信息流的不同层级，数据支持规划决策需求的过程可以被划分为"数据采集""数据分析"和"规划需求"三个阶段，而数据本身则可以根据其属性被划分为经济要素、社会要素和自然要素三个大类。

规划需求
Demand

数据化决策
Calculable-Decision

城镇群发展规划

规划需求	数据化决策
各城镇群之间的关系	城镇群的总体定位决策
确定自然、社会、经济综合目标	各城乡发展目标的配置
（市域）城乡统筹发展战略	区域城乡关系动态平衡
提出各城镇职能分工，重点发展定位	城镇群中间的定位
预测总人口及城镇化水平，确定人口规模	人口发展目标决策
建设用地控制范围，用地规模	城市用地发展总量
空间布局	区域布局决策
确定交通发展策略	交通模式选择

城市总体规划

规划需求	数据化决策
确定城市性质、职能和发展目标	城市多元目标平衡
预测城市人口规模	预测城市人口规模
预测城市经济规模	预测城市经济规模
确定生态环境保护与建设目标，提出污染控制与治理措施	生态足迹平衡
确定综合防灾与公共安全保障体系	地质自然条件用地布局决策
划定禁建区、限建区、适建区和已建区	城市总体布局决策
研究中心城区空间增长边界，确定建设用地规模，划定建设用地范围	城市总体布局决策
安排建设用地、农业用地、生态用地和其他用地	城市总体布局决策
确定建设用地的空间布局，提出土地使用强度管制区划	城市总体布局决策
确定市级和区级中心的位置和规模，提出主要的公共服务设施的布局	服务设施系统决策
确定交通发展战略和城市公共交通的总体布局	交通网络系统决策
确定绿地系统的发展目标及总体布局	生态环境系统决策
确定历史旧区范围，文化保护及地方传统特色保护和更新的内容和要求	文化遗产系统决策
研究住房需求，确定住房政策、建设标准和居住用地布局	生活居住系统决策
确定产业用地规模及布局	产业系统决策
确定电信、供水、排水、供电、燃气、供热、环卫发展目标及重大设施总布局	基础设施系统决策
提出地下空间开发利用的原则和建设方针	地下空间系统决策
确定空间发展时序，提出规划实施步骤、措施和政策建议	发展时序决策

控制性详细规划

规划需求	数据化决策
各类用地内适建、不适建或者有条件地允许建设的建筑类型	城市总体布局决策
确定规划范围内不同性质用地的界线	城市用地选址决策
确定地块控制指标、建筑体量	开发强度决策
公共设施配套	公建配置决策
地块内建筑体型	建筑美学决策
地块内建筑色彩引导	建筑美学决策
建筑后退红线距离	建筑间距决定
规定道路的级别、形式与走向，确定地块出入口、停车等交通设施	交通系统决策
确定市政工程管线位置、管径和工程设施的用地界线，进行管线综合	基础设施系统决策
确定地下空间开发利用具体要求	地下空间系统决策

修建性详细规划

规划需求	数据化决策
建设条件分析及综合技术经济论证	建设条件决策
建筑、道路和绿地等的空间布局和景观规划设计，布置总平面图	建筑空间布局决策
对住宅、医院、学校和托幼等建筑进行日照分析	微观人居环境自然要素配置
根据交通影响分析，提出交通组织方案和设计	微观交通环境决策
市政工程管线规划设计和管线综合	微观环境基础设施配置
竖向规划设计	微观环境的纵向综合决策
估算工程量、拆迁量	微观工程量决策
总造价、投资效益	投入产出平衡
建筑形态控制	建筑美学决策
居民评价	居民使用感受决策

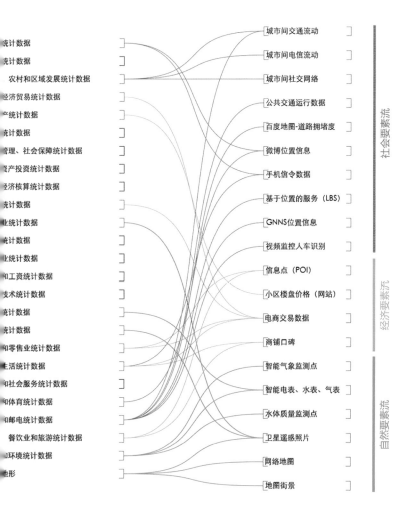

图 4-1-1　大数据源与规划需求的对应关系
资料来源：作者自制.

4.1.4　城市规划需求与大数据源对应关系

在传统规划建设中，城市发展建设的决策所依据的数据主要来自统计年鉴资料、遥感卫星航片和实地调查资料等。然而，传统数据在时间空间上的局限性导致了城市决策方面的 6 个"不见"，即不见民心、不见流动、不见动态、不见理性、不见关系和不见文脉。

4.1.4.1　显微镜

大数据的引入为规划师提供了显微镜，即精确诊断城市问题的工具。以往的规划工作中只能依靠调查数据或采样数据来对宏观整体的趋势进行判断。而大数据可以精确到每个人的个体行为、每条街道的交通流量以及每栋建筑的环境温度，提供更加细粒度的数据来源。这一方面使传统的分析结果更加准确，另一方面带来了观察城市的新的视角，将如显微镜对于生物学的推动一样，形成一批新的研究方法和理念，从而带动城市规划方法的新变革。

案例 4-1-2　基于手机数据识别上海中心城的城市空间结构

从行为活动出发研究城市空间结构，传统技术或是基于少量样本调查，或是基于人口普查等统计数据。由于手机定位数据记录了每一个用户的日常行为、对城市空间的使用方式，综合所有用户活动行为的时空规律，就能用于研究城市空间结构。与传统技术相比，一方面，手机定位数据覆盖了每一个手机持有者，不再依赖于小样本抽样，能更好地反映总体上的时空规律。另一方面，手机定位数据是动态数据，实时反映手机持有者的空间位置，为描述就业、游憩、居住等活动的时空动态提供了可能。

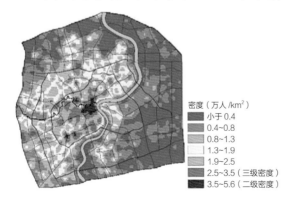

密度（万人 /km²）
- 小于 0.4
- 0.4~0.8
- 0.8~1.3
- 1.3~1.9
- 1.9~2.5
- 2.5~3.5（三级密度）
- 3.5~5.6（二级密度）

图 4-1-2　用户多日平均密度分布
资料来源：朱寿佳 . 基于智能手机移动调查的校园活动空间评价及更新策略 [D]. 南京：南京大学，2015.

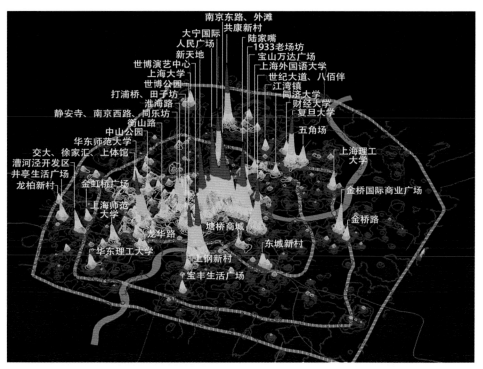

图 4-1-3　上海中心城双创人群空间分布精准识别
资料来源：作者自制．

4.1.4.2　透视镜

　　大数据的另一项突破是为规划师提供了透视镜，如医学的 X 射线技术，提供了人类肉眼所无法看到的细节。如风环境数据、空气在城市中的流动形成风场及其对人在城市中活动的感受的影响。在城市规划中，对于这种流动的数据的采集，传统方法难以做到。而通过大规模的布置传感器进行收集可以实时描绘城市中的风环境状态，以可视化的方式展示城市空间与风环境之间的关系，从而支撑规划方案。

案例 4-1-3　上海城市服务设施空间分布分析

　　作为城市政治、经济和文化活动中所产生的物质流、人口流、交通流和信息流的庞大载体，城市服务设施已成为当今城市赖以生存和发展的重要基础条件。城市服务设施数据 POI 涵盖了城市各类设施的位置信息与属性信息，在城市基础设施数据库中占有重要地位，利用城市空间分析方法研究这些数据点的地理分布特征，可以为城市规划、决策以及向社会提供社会经济、文化等统计数据分析服务方面发挥重要作用。

近年来，百度 POI 数据在微观城市研究中的应用逐渐增多，本章基于 Python 编写百度 POI 数据抓取程序，进而从百度地图位置服务动态读取接口采集包含地理坐标的上海市外环线内所有服务设施点数据。

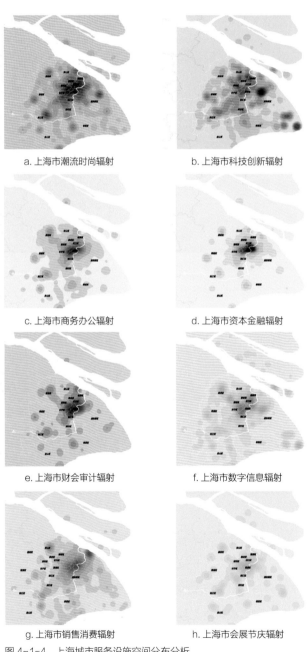

a. 上海市潮流时尚辐射　　　　　　b. 上海市科技创新辐射

c. 上海市商务办公辐射　　　　　　d. 上海市资本金融辐射

e. 上海市财会审计辐射　　　　　　f. 上海市数字信息辐射

g. 上海市销售消费辐射　　　　　　h. 上海市会展节庆辐射

图 4-1-4　上海城市服务设施空间分布分析

资料来源：作者自制 .

4.2　大数据的分析方法
Methods of Analyzing Big Data

4.2.1　问题提取与建模

数据分析的第一步是对于问题本身的概念提取与建模。需要通过专业知识和现实经验总结出与研究问题中因变量可能相关的自变量。要避免以数据为导向的误区。基于现有的数据来寻找问题的方法往往导致结果没有实用价值。

同时需要注意的是，对于研究问题的建模未必覆盖所有方面。受限于数据源和其他资源，只能尽量选取其中重要的影响因素纳入后续的数据分析中，需客观地认识到研究结果只能在一定程度上具有解释力。如研究城市房价影响因素，经验判断房价与区位、周边环境、房型和房龄等相关。实际分析中，房型的数据难以获取，但并不影响整体研究的建模，仍然可以建立其余各属性与房价相关性模型。

4.2.2　关联性分析

在大数据分析过程中，样本对象往往具有多重属性信息，这些属性未必全部与研究问题相关，因此需要通过关联性分析来进行特征提取。需要删除两类属性：

一、数学上不相关，即属性与因变量之间从数学分析上相关性极低；

二、数学上相关但逻辑概念上不相关，这是需要避免的陷阱，基于庞大的数据量，通过复杂的几何模型模拟，某两项属性可呈现极高的相关性，但通过经验判断此两种属性并不具有因果关系，此类属性也需要剔除。

逻辑层面的属性归纳。首先，使用关系数据库，查询收集案例相关的数据，通过考察任务相关数据对应属性的个数，进行数据的泛化，即通过数据属性的删除或属性的集聚得到泛化元组。此过程需要依据经验的判断，最终得到数据的逻辑层面的特征抽取。

统计层面的属性筛选。对于给定的类，如果某一属性可以用于将其与其他类区分开，则认为该属性有较高的解析特征。常用的方法是主成分分析法。

案例 4-2-1　房地产价格决定因素关联性分析

选择能够定量分析的因素并且能够找到官方标准数据的指标进行实证分析，参与模型建立的指标有：

需求方面	供给方面
1 地区人口数量 NP	1 城镇房屋竣工面积 CA
2 城镇居民年底存款余额 S	2 城镇房屋竣工价值 CP
3 城市化进程 U	3 土地购置费 LP
4 外资引入 FF	4 房地产开发企业数 NR
5 可支配收入 I	5 居民消费价格指数 CPI
6. 按行业分就业人数 JA	6 房地产开发投资 FI
7 普通高等学校在校学生数 HA	

灰色关联度分析方法与主成分分析法。根据结果可知，与房价关联按照密切程度排列依次为 NP 地区人口数量，I 可支配收入，FF 外资引入，JA 按行业分就业人数，CPI 居民消费价格指数，LP 土地购置费，FI 固定资产投资，S 城镇居民

指标间灰度分析相关性对照　　　　　　　　　　表 4-2-1

年份	CA	CP	LP	NR	CPI	FI	NP	S	U	FF	I	JA	HA
2003	1.0000	1.0000	0.5947	1.0000	0.6863	1.0000	1.0000	1.0000	1.0000	1.0000	1.0000	1.0000	1.0000
2004	0.3718	0.4400	0.5358	0.3518	0.6188	0.7074	0.7230	0.8534	0.8635	0.5356	0.8068	0.8704	0.4881
2005	0.3333	0.3333	1.0000	0.3333	0.6947	0.9286	0.9686	0.9693	0.3366	0.6161	0.9243	0.7013	0.3461
2006	0.4738	0.3844	0.4366	0.3765	1.0000	0.8083	0.9768	0.8470	0.3333	0.4743	0.9366	0.5623	0.3333
2007	0.8085	0.6708	0.3751	0.6194	0.7834	0.5886	0.4100	0.3703	0.4693	0.9680	0.5437	0.3954	0.4126
2008	0.7236	0.5874	0.7453	0.4448	0.8192	0.4094	0.6044	0.4710	0.4858	0.6413	0.5954	0.4256	0.4269
2009	0.9209	0.8991	0.4229	0.6115	0.3399	0.5674	0.6847	0.5320	0.6055	0.9024	0.5258	0.5325	0.5143
2010	0.4484	0.4411	0.8459	0.8670	0.8787	0.3333	0.3333	0.3333	0.9583	0.3333	0.3333	0.3333	0.9043
2011	0.5618	0.9310	0.4974	0.9469	0.6818	0.7026	0.7580	0.7501	0.6138	0.7176	0.6371	0.7658	0.7379
2012	0.3821	0.6448	0.7732	0.7995	0.4269	0.8696	0.7672	0.9001	0.7540	0.8684	0.7931	0.9874	0.8634
2013	0.4467	1.0000	0.6160	0.6495	0.3797	1.0000	1.0000	1.0000	1.0000	1.0000	1.0000	1.0000	1.0000
均值	0.5883	0.6665	0.6221	0.6364	0.6645	0.7196	0.7478	0.7297	0.6746	0.7325	0.7360	0.6886	0.6338

资料来源：贾曼莉. 我国城市房地产价格决定的经济学分析 [D]. 长春：吉林大学，2015.

年底存款余额，CA 城镇房屋竣工面积，NR 房地产开发企业数，CP 城镇房屋竣工价值，HA 普通高等学校在校学生数，U 城市化进程。在房价关联度由大到小的排序中，前五位有四个是需求方面的因素，其余因素穿插交替。所以在房价影响因素中，需求因素的影响占极大的比重。

4.2.3　分类分析

分类算法是大数据分析的基础，简要概括为通过样本数据的属性特征为其归类的过程。分类的过程分为三步：①建立模型，即对研究的问题进行抽象的数学建模，通过属性来描述分类信息；②样本训练，通过人工标注或其他方式得到小范围的训练样本，将样本输入模型中训练并得到模型参数；③应用分类，应用训练好的模型对未分类的数据进行分类。城市研究中的很多问题都可看作分类问题。如何判断某一建筑是否布局合理的依据为建筑物的属性，如高度、宽度、街道的距离和阴影面积等，使用一定数量的训练样本数据，可以快速地标注出更大范围内所有不合理的建筑。

分类分析的方法包括：

决策树：决策树由决策结点、分支和叶子构成。每个决策结点代表一个问题或决策，通常对应于待分类对象的属性，每个分支是一个新的决策结点，每一个叶子代表一种可能的分类结果。先根据训练集数据形成决策树，如果该树不能对所有对象给出正确的分类，那么选择一些例外加入到训练集数据中，重复该过程一直到形成正确的决策集。

贝叶斯分类：通过某对象的先验概率，利用贝叶斯公式计算出其后验概率，即该对象属于某一类的概率；选择具有最大后验概率的类作为该对象所属的类。具体分为贝叶斯网络和朴素贝叶斯。

神经网络：类似于大脑神经突触联接的结构，进行信息处理的数学模型。神经网络包含多层级结构，每层级包含多个节点，这些节点即对属性的判断，节点间有权重关系；层级越多神经网络越复杂。神经网络的分类方式具有较高的准确率和兼容性。

支持向量机：将分析对象按照属性总结为高维向量，支持向量机模型在高维空间中构建超平面或超曲面来完成分类。

案例 4-2-2　用遥感数据提取城市用地

快速获取城市信息对开展城市规划与建设、改善城市环境、规范城市管理等，都具有重要的理论和实践意义。传统的地面调查和测量方法费时、费力，遥感技术提供了一种快速、宏观、动态提取城市用地信息的方法。对城市用地信息提取来说，传统遥感图像分类的信息提取方法通常是不够精细。地物波谱研究表明各类地物都有自己的光谱反射和辐射特性，利用不同地物的光谱特征，可以实现对不同地物的区分。

高光谱遥感能提供丰富的光谱信息，可以弥补传统遥感数据源光谱分辨率方面的不足，实现对城市地物更精细的识别和分类。通过对 Hyperion 高光谱数据预处理、最佳波段选择以及地物识别与分类等技术，分析了九种城市地物的光谱可分性，并较好地实现了九种城市地物的识别与分类。表明利用高光谱遥感能更加快速且精细地实现城市信息的提取，为城市规划管理的实施提供合理的技术支撑和科学依据，也对城市相关领域研究产生一定的指导和借鉴。

4.2.4　聚类分析

聚类分析是指按照对象的属性特征，将数据集聚成几个不同类别的过程。不同于分类分析，聚类的过程是在不知道类别意义的前提下，仅通过数据样本所表现出的特征来进行聚类；即从大规模的样本寻找规律的过程。典型的应用有，从大规模的人群活动数据中，按照活动时间和出现的地点的特征进行聚类。可以总结归类出几种不同的人群。再通过观察，将这几种类别分辨为：工作的青年人、上学的儿童和在家的老人等。

具体的聚类方法可分如下几类：

划分：初始化一条分割线，评价分割线两侧对象的相似度，移动分割线再次评价相似度。如此反复迭代，直到相似度达到阈值为止，并记录分割线的位置。

层次：分为两层计算模型，第一层计算将每个对象与其最相近的对象进行合并重组。第二层在上一层计算的基础上，将每个样本与相邻值进行合并。如此反复迭代，直到满足某一条件为止。

密度：从某几个点出发，如果周边邻近区域的密度超过某个阈值则继续聚类，如此不断地扩展，最终形成几个分区。

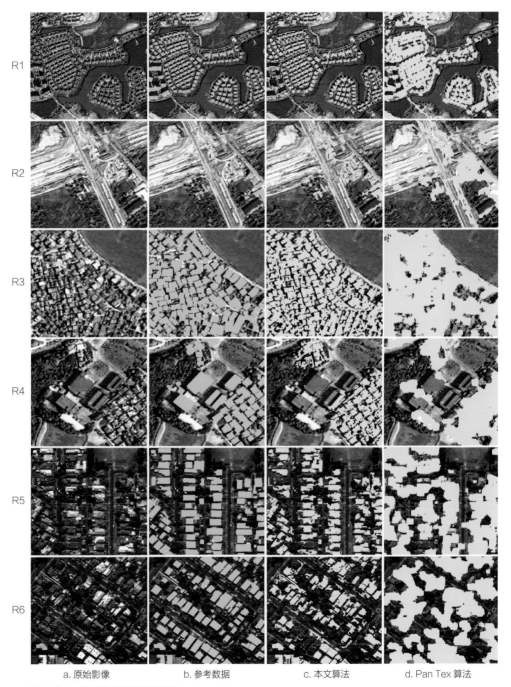

a. 原始影像　　　　　b. 参考数据　　　　　c. 本文算法　　　　　d. Pan Tex 算法

图 4-2-1　遥感数据提取城市用地

资料来源：游永发，王思远，王斌，马元旭，申明，刘卫华，肖琳. 高分辨率遥感影像建筑物分级提取 [J]. 遥感学报，2019，23（01）：125-136.

网格的方法：将空间量划为有限数目的单元格并形成一个网格结构，所有聚类操作都在这个网格结构上进行，因此它的处理速度较快并可快速查看数据结构。

案例 4-2-3 中国中部地区城市影响范围划分

城市之间的联系日益密切，分散的增长极逐步演化为城市组团，并向更高级形态演变。当前，城市群已经成为我国区域发展的主要承载形态，并被逐步纳入到国家各级发展战略规划之中，如长三角城市群、珠三角城市群及武汉城市圈等。由此，科学识别与培育城市群，分析城市之间、城市与区域之间的相互关系，因势利导地制定配套政策，成为有效利用中心城市的资源配置优势，促进城市之间通力合作、协同共进，进而提高区域竞争力的前提条件。

采用引力模型和改进场模型两种方法对中国中部地区的城市影响范围进行测度和比较研究，细致比较这两种基于不同视角的模型方法在识别城市影响范围中的优势与劣势，进而提出综合集成研究的基本框架，分析中国中部地区城市影响范围及其动态变化特征。

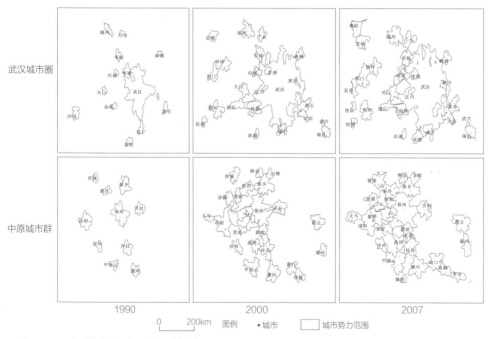

图 4-2-2　武汉城市圈与中原城市圈势力范围

资料来源：邓羽，刘盛和，蔡建明，等. 中国中部地区城市影响范围划分方法的比较 [J]. 地理研究，2013，(07): 1220-1230.

　　引力模型侧重于宏观的城市体系层级变化研究。改进场模型的研究重点可以延伸于城市集聚区、城市群，继而分析界定其内部的空间结构及演变特征。一方面，改进场模型中城市群内与核心城市联系得非常紧密的内圈城市，其城市实力层级的变化情况类似于引力模型中的与大城市"临近"的情形。另一方面，两种模型测度出的城市影响范围在空间覆盖特征及由层级特性所带来的空间格局方面具有显著的差异性。

4.2.5　预测分析

　　预测分析是指基于以现有经验总结出的规律对未知或未发生的事情做预测。城市规划编制的过程中包含预测分析，如需要确定未来城市的人口、用地规模和用地布局等。现有的方法大多基于经验的判断，有些预测的基础是前轮预测的结果，每一轮误差的反复迭代，会导致结果出现更大的偏差。如，设定城市未来人口规模，以决定城市的用地量及其他布局。人口规模预测错误会导致整个规划方案的错误。大数据的引入可以极大地提升城市规划在预测方面的能力。通过大量的数据、多维度地对未来的情景进行反复推演，形成网络状相互校核的预测关系，而不是以往线性串联式预测，具有较高兼容性和稳定性。

　　时间序列预测：通过对数据样本的时序演变分析，针对事件行为持续时间变化规律和趋势，建立回归模型，代入时间变量，预测对象未来的发展状态。回归模型主要分为线性模型与非线性模型。典型的线性回归模型包括 AR、MA 与 SARIMA 等，这些模型简单、易于操作，但不能用于复杂情况的预测。典型非线性模型包括 BM、SDM、NARMA 等，自然界中的四季气候变化呈现周期性、每天城市中的交通流呈现潮汐性等，需要应用非线性模型预测。

　　类比预测：通过对与研究目标对象具有相似属性的对象进行类比预测研究目标的值。其核心是分类算法，即认定具有相似属性的样本归于同一类，被划分到的类即为预测结果。这种预测方法在互联网络中典型的应用是推荐系统，通过匹配各用户购买书的种类和倾向，将用户划分为几种类型，相同类型的用户倾向于买同样的书籍，基于此模型，可以给用户推荐合适的图书。同样的方法可以拓展到城市规划中，例如要预测城市中新建商业中心的吸引力，可以建立全城商业中心的数据库，每个样本的属性包括该商业中心的区位、建设规模、业态类型和交通条件等。并按照吸引客流量划分为差、中、好三类，依次训练分类模型，将新建商业中心的上述属性输入模型，即得到该商业中心的分类。

案例 4-2-4：城镇化道路预测分析

案例基于对 2012 年世界各国或地区人均 GDP 和城镇化率关系研究，揭示城镇化率超过 50% 的国家或地区在走向稳定城镇化过程中，城镇化率 70% 以后，各国由于发展条件的差异，逐渐出现 "Y" 形道路分化趋势——"Stand" 道路和 "Lay" 道路。"Stand" 道路是城镇化率与人均 GDP 同时提升的健康之路，国家发展稳定，人民生活较为富裕，即依靠智力创新的 "智力城镇化" 道路。而 "Lay" 道路上，城镇化率不断提升，人民生活质量和经济能力却没有得到同样速度的提升，国家发展面临巨大的危机，即依靠资源环境、廉价劳动力的 "体力城镇化" 道路。研究构建了智力城镇化和体力城镇化区别的理论架构，指出城镇化率 65% 左右是决定城镇化道路向 "智力" 还是 "体力" 发展的关键点。

通过对 G20 国家 1960—2012 年间的城镇化率与国家智力产出、智力投入、智力主体要素的发展变化研究，实证了智力城镇化和体力城镇化道路的主要区别。最后，结合中国发展状况，指出智力城镇化道路是未来中国的必然选择。

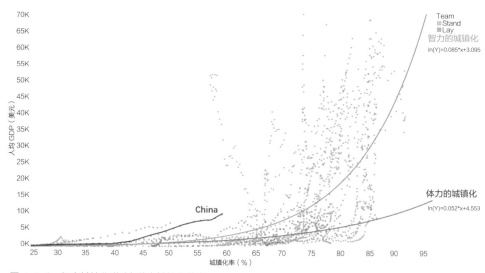

图 4-2-3 智力城镇化道路与体力城镇化道路
资料来源：吴志强，杨秀，刘伟. 智力城镇化还是体力城镇化——对中国城镇化的战略思考 [J]. 城市规划学刊，2015，(01)：15-23.

4.3　大数据的可视化方法
Methods of Visualizing Big Data

4.3.1　图表类可视化

　　D3（Data Driven Documents）是支持 SVG 渲染的一种 JavaScript 库。D3 能够提供大量线性图和条形图之外的复杂图表样式，例如 Voronoi 图、树形图、圆形集群和单词云等。

　　Google Chart API 工具集中取消了静态图片功能，目前只提供动态图表工具。能够在所有支持 SVG\Canvas 和 VML 的浏览器中使用。

　　Crossfilter 不仅能够创建静态的图表，也可以创建网页的交互图表，响应用户的操作。

　　Tableau 是本地生成可视化图表的首选工具，内置了丰富的图形模板和配色样式，可以快速导入 Excel 表格，通过简单的拖拽方式生成图表，支持大规模的数据导入且速度较快。

　　Plotly 提供在线和离线的编辑模式，内置多种模块可供选择。

　　ChartBlocks 是一款在线的图表编辑器，可以上传表格数据，进行简单的线图、饼图和柱状图的绘制，也可绘制信息图表。

4.3.2　关系网络类可视化

　　Gephi 是进行社交图谱数据可视化分析的工具，不但能处理大规模数据集并生成美观的可视化图形，还能对数据进行清洗和分类。

　　NodeXL 是一款基于 Excel 的插件，与 Excel 无缝连接，可以快速地导入和转换原始数据，从而形成网络并绘制图表。

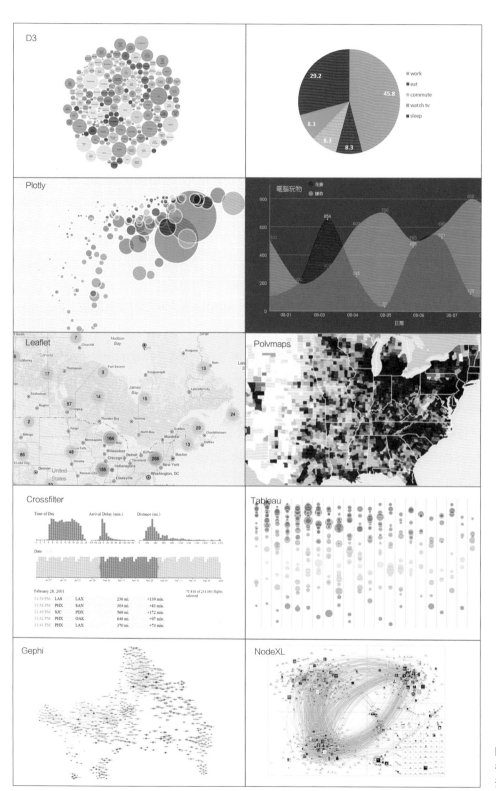

图 4-3-1　大数据可
视化工具一览
资料来源：各工具网站.

图 4-3-1　大数据可视化工具一览（续）
资料来源：各工具网站.

4.3.3　空间可视化

Leaflet 是一个开源的在线地图可视化工具，提供快速的多样可视化效果，同时开源社区中有多种程序包，是快速开发原型的首选。

Polymaps 地图库主要面向数据可视化用户。在地图风格化方面有独到之处，是类似 CSS 样式表的选择器。

CartoDB 与 MapBox 是两个类似在线地图库的工具，提供付费的在线可视化地图服务。可视化效果较好，同时可以链接本地的数据库或通过上传 GIS 文件生成地图。可视化样式可以通过在线编辑器的方式进行改变，没有对编程语言的要求。

4.4　大数据的获取与处理方法
Methods of Collecting and Processing Big Data

4.4.1　开源数据

互联网的精神内涵就是开放与共享。因此，互联网中有很多免费向用户开放查询下载和应用的开源数据库。这些数据库有着不同的数据类型和更新频次，是城市规划大数据研究的重要数据来源。

政府开放的数据源：由国家或地方城市的机构提供的官方数据源。此类数据集是基于统计机构的调查收集，在经过反复的校验、整合的基础上构建而成。因此数据质量好、数据连续性强、数据标准统一，具有权威性。最为典型的是美国 data.gov，内容覆盖农业、商业、气候、消费、教育、能源、健康等多个领域。其他如英国 data.gov.uk、世界银行 data.worldbank.org 等，均是查询宏观统计数据的重要数据源。

公司开放的数据源：以互联网公司为代表，开放自己平台中用户的行为记录数据，以优化自身产品和服务，包括社交网络数据和交通出行数据。例如，Uber 互联网出租车服务平台，从 2011 年上线至今积累了全球 450 个城市的超过 20 亿条行程数据。近期开放了的 Uber Movement 平台，共享部分城市 Uber 出租车出行数据，旨在通过此平台联合多方研究机构，共同解决城市交通拥堵问题。数据集中包括用户每次乘车时间、行走距离以及用户上下车地点，是很好的研究城市交通的数据集。

非营利组织数据源：由网友自发形成的组织，在某些专业领域形成专题性的数据集。一方面，依靠众多网友的力量可以得到大规模的数据；另一方面由于个体用户并非完全专业，数据集中可能存在偏差和错误。Open Street Map 是由网友编辑贡献的地图，包括道路、行政边界和水域水系等地理信息，并提供批量下载的接口。

4.4.2　网络爬虫

网络中有些数据并未整合成可供下载的数据集，因此需要借助网络爬虫工具来获取数据。其基本原理是通过爬虫工具模拟用户在网上的点击和复制等操作，抓取数据并进行标准化的归档存储。

案例 4-4-1　上海开源数据集

上海数据服务网（SODA）是由上海市经信委主导开发，汇聚上海市多个政府职能部门的数据集。其内容包括经济建设、资源环境、教育、科技、道路交通和社会发展等。提供数据查询和 Excel 格式数据下载，并且开放了部分 API 接口以方便数据的动态调用。2015 和 2016 年已经连续举办了 SODA 开放数据大赛，汇集多样的通过充分利用开放数据来解决城市问题的创意方案。

图 4-4-1　上海数据服务网界面

资料来源：上海数据服务网，http：//www.datashanghai.gov.cn/.

API：此类端口是由网站主动开放的接口，在申请账户和相应的权限之后，可以通过简单的代码访问该接口，得到返回的数据集。此种方式获取的数据质量较好，但受权限的限制，不能够实现全网站的抓取。

简单的爬虫工具：此类软件将网络爬虫进行模块化打包，通过可视化的简单拖拽、连接等操作，可以快速搭建属于自己的网络爬虫，而不需要复杂的编程基础。其内嵌的模块可以提供方便的换 IP 与去广告等功能。典型的工具有"火车头""八爪鱼"。

自行编写的爬虫程序：多基于 Python 语言，应用 scrapy 库实现全过程的定制化。用户可以根据自己的需求对其中的细节进行调整，该方法兼容性较强但需要较高的编程基础。

4.4.3　传感器

除了获取网络中已有的数据资源，我们也可以主动地使用传感器以获取数据。如发放给志愿者的自制传感器包，可以回传温度、湿度与 PM2.5 等环境参数，心率等身体参数，以及志愿者所在的地理位置。此种数据获取方式有较强的针对性，尤其在街区设计等小尺度上，可以在设计范围内进行详细的调研。得到的是第一手的数据，数据的质量有保证。但需要制作一批硬件设备，有一定的前期投入成本。

案例 4-4-2　基于智能手机移动调查的校园活动空间评价

设计智能手机软件，对校园学生进行活动行为和感知的调查，从活动、时间、空间和情绪四个要素对空间进行主观和客观评价。智能手机移动调查方法能很好地获取使用空间的群体活动行为和空间感知，从而能对社会群体的活动行为和活动空间进行分析评价。通过活动强度、活动空间评价、空间主观评价等方面对学生活动轨迹、活动内容和情绪数据进行分析处理。

召集志愿者为其手机安装定制的调查软件，该软件会实时记录用户的 GPS 定位坐标，当识别到用户处于某种静止状态时，会自动弹出对话框，询问用户当前的行为以及此时的心情，对用户的选择进行自动的记录。共进行持续一周的调查，共计 19 个样本 44 万条轨迹数据。

依据收集到的数据，首先，从活动强度时空间特征分析，分群体时空活动差异分析、活动内容和空间功能关系分析，识别出四类功能空间进行活动空间评价。且对学生活动积极性影响因素进行探讨，以针对群体提出相应策略。其次，根据校园学生情绪，通过情绪地图和时间窗格分析法，对校园空间进行主观感知评价。最后研究分析的结果结合实际问题，提出基于活动强度、活动空间评价和空间主观评价的更新策略。

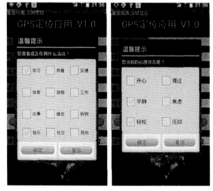

图 4-4-2　情绪评价手机端界面

图 4-4-3　仙林校区情绪空间地图

资料来源：朱寿佳.基于智能手机移动调查的校园活动空间评价及更新策略 [D].南京：南京大学，2015.

4.4.4　数据库

数据处理的基础是数据库，数据的存储、计算、查询和导出的工作都是建立在数据库基础上。大数据重要的特征就是数据量巨大，已经远超 Excel、SPSS 的处理能力，需要使用更高级的数据库来存储。良好的数据库设计可以极大地提高数据计算的效率。

关系型数据库：把复杂的数据结构归结为简单的二维表格形式。在关系型数据库中，对数据的操作几乎全部建立在一个或多个关系表格上，通过对这些关联的表格分类、合并、连接或选取等运算来实现数据库的管理，常用的有 Oracle 和 MySQL，通过 SQL 语言执行数据查询工作。

非关系型数据库：并非所有的数据都能划归为严格的二维表格式，因此需要存储于非关系型数据库中。此类数据库没有严格的数据格式，可以同时存储多种数据，而且由于其相对松散的布局，适用于分布式存储和分布式计算。典型的有 Hbase、MongoDB。

时空数据库：跟城市相关的数据多具有空间和时间的维度，针对此特点设计时空数据库，实现城市研究中涉及的基于空间位置和时间切片的数据筛选工作。

案例 4-4-3　时空数据库建构

城市中的数据多种多样，如何将不同的数据来源整合到相同的数据框架内，并进行数据融合，成为城市大数据研究的基本问题。微软亚洲研究院开展的城市计算研究中，构建了一套完整的通用的时空城市大数据库构架。将数据按照两个维度划分成六类：第一维度分点数据和网络数据，第二维度分静态的数据、空间静态时间动态的数据、时间静态空间动态的数据、时空都在变化的数据。在此基础上针对具体研究地区建立网格化的系统，将所有的数据按照网格进行归一，实现了多种数据的融合。形成了一个较为统一的计算框架，可以方便地调用后续的计算模型。

4.4.5　编程语言

在大数据处理分析的过程中掌握一门编程语言是必备的技能，常用的有

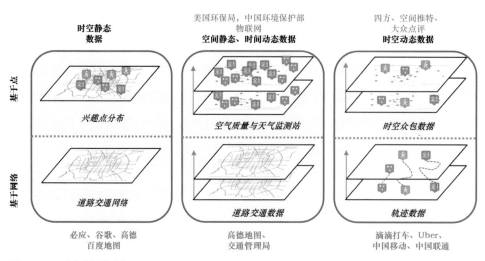

图 4-4-4　时空数据库建构

资料来源：郑宇，城市计算，https：//www.msra.cn/zh-cn/research/urban-computing.

Python 和 R 语言。

　　Python 简单易学，代码的可读性高且可扩展性强。有很多著名的库可以用于数据分析。

　　Numpy 用来存储和处理大型矩阵，比 Python 自身的嵌套列表高效。

　　Pandas 是为了解决数据分析任务而创建，纳入了大量的库和一些标准的数据模型，提供了高效地操作大型数据集所需的工具。

　　Matplotlib 是著名的绘图系统，可绘制多种图表。

　　R 语言是由统计学家创造的，因此它可以很轻易地管理基本的数据结构。给数据打标签，填充缺失值和筛选等操作在 R 语言中很容易实现。R 语言也更强调易于操作的数据统计分析和图形化模型工作。

4.4.6　数据预处理

　　大数据处理的数据源往往存在着数据的错误或者缺失，这将影响后续分析的精准度。因此需要对数据进行预处理，以得到具备准确性、完整性和一致性的数据。

　　缺失值的处理：

　　①忽略该条数据，在样本量巨大的前提下，可以对有缺失的数据的条目进行忽

略，而不影响整体采样构成；

②人工的补充录入，如果缺失值数量不多，可以通过其他数据源查找，人工录入；

③使用周围的平均值进行补充，如果数据之间存在联系，如某连续时间段内某一年数据缺失，可以通过对相邻年份求平均值的办法来进行补充。

噪声值的排除：

①概率分布筛选：自然条件下的数据基本呈现为正态分布的状态，可以按照一定的置信区间去掉两端过小或过大的值；

②分箱：通过考察周围相邻的数值来平滑数据，将数值序列平均分布到连续的"箱"中，每个箱中的数值等于该箱中所有数据的平均值或中位值，此种方法可以得到局部的数值平滑，虽有一定程度的信息损失，但保证了整体分析结果的一致性。

不一致值的校正：数据集中会出现用不同的表达方式来表达同一件事情，如同样代表一个人，出现拼音和中文两种方式，造成了数据库的冗余，而且容易出现计算错误。要避免数据的不一致，可以通过升级数据库结构，用唯一编码来代表每一个属性。

4.4.7　云计算

大数据的处理需要大规模的运算量，普通的计算机难以满足需求，因此需要用云计算技术提升运算效率。

本地的分布式计算：把一个大计算任务拆分成多个小计算任务分布到若干台机器上去计算，然后再进行结果汇总，目的在于分析计算海量的数据，例如 Hadoop 架构可快速搭建本地的计算集群来处理大数据。

在线的云计算服务：可以租用大型公司提供的虚拟服务资源进行运算。数据中心的服务器性能好，运算速度快，通过虚拟机的方式可以建立多层的分布式计算结构。具有较好的扩展性，可以实现即插即用，同时也具有很强的稳定性。可以将大规模的运算部署到云计算服务器集群中，得出结果后取回本地进行进一步的分析。著名的有亚马逊、微软和百度的云计算服务。

案例 4-4-4　阿里云计算

城市大脑的内核采用的阿里云 ET 人工智能技术飞天（Apsara）系统是由阿里

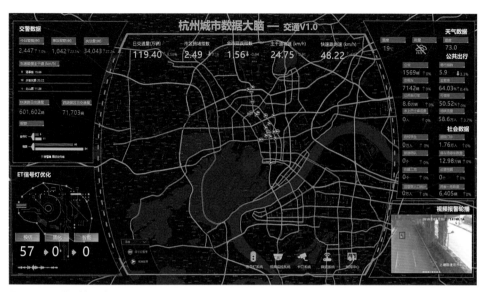

图 4-4-5 杭州城市数据大脑界面
资料来源：https://item.btime.com/m_9798aae60c2db8810?from=haoz1t1p1.

云自主研发的超大规模通用计算操作系统，它可以将百万级的服务器集结成群，深度连接成为一台超级计算机，以提供源源不断的计算能力。

城市大脑的愿景是让数据帮助城市来做思考和决策，将杭州打造成一座能够自我调节、与人类良性互动的城市。未来，这套智能决策体系的输出，将帮助更多的城市在旅游、城市规划、水利防汛和交通等综合领域达到全方位的智能升级。

4.5 大数据的思维方式
Thinking with Big Data

4.5.1 新视角感知

大数据的引入带来了新的数据种类，扩展了城市研究的新维度。如手机信令的数据，手机信号塔之间通信的位置信息可以被实时获取，可通过该位置来推测手机用户所在的位置及其全天的活动轨迹；再如，社交网络的数据，随着社交网络的兴起，互联网中产生了大量的数据，每个用户都是信息的传播者，也是信息的发起者。现实世界中人与人之间的关系被映射到互联网上，为城市社会学研究提供了新的视角。

新的数据来源，一方面补充了传统数据的不足，如可以通过手机系统的数据补充原有的交通调查数据和人口普查数据，使用原有的分析方法可以得出更加准确的结论；另一方面，新的数据也需要匹配新的研究方法，如虚拟空间的联系对于现实空间的影响的具体作用方式还需要进一步的研究。

4.5.2　全样本感知

大数据可以做到近乎全样本的感知。在以往的数据分析过程中，数据的来源是需要经过采样调查获取的样本，选取的过程具有随机性，因此容易产生样本的偏差，进而引起最终分析结果的错误。得益于互联网和智能设备的普及，用户的数据信息可以通过标准化的方式，实时快速地存储在互联网中，从而得到研究对象的全样本。全样本的优势在于对于研究问题对象的准确把握，可计算整体与部分之间的关系。劣势在于分析数据繁杂、数据量大和运算时间长，同时还容易受样本中噪声的影响，由于多因素混淆而理不清问题中的主要影响因素。同时，也要注意避免一味追求全样本的陷阱；有时，虽然数据集本身样本有偏差，但并不影响其在某些特定问题研究方面的准确性。应将精力集中于对问题的分析，而不是对数据的整理。

4.5.3　连续感知

智能时代的重要特征是信息产生之后很难消失。借助互联网分布式的特征，信息一旦被发布到互联网上传播出去，即使在本地删除，在互联网的其他位置也会被查询到。这可以形成对世界的连续感知，尤其在信息化建设较为发达的城市地区，几乎可以做到全范围全时间段的连续感知。

空间连续感知。城市中几乎所有地点都被传感器所覆盖。街道路口、园区的内部、建筑的入口甚至房间内都有视频监控，虽然这些视频监控分属不同的部门，但从信息采集的角度来讲，它们已经构成了一张连续不断的视频监控网络。

城市中每一个人在任何位置的行动都被记录，从而实现了对城市全空间范围的连续感知。

时间连续感知。很多传感器从被安装好开始就未停止过连续的数据采集，互联网设备和智能穿戴设备的普及，使每个人都有多种智能设备来记录信息。时间上的连续性带来城市研究的重要飞跃，不再如以往只有断断续续的时间片段，时间的连续感知可以发现城市运行的时间规律。

4.5.4 　整体感知

随着多种多样的新数据源的引入，终将实现对城市的整体感知。城乡规划学科一直在呼唤大数据，因为城市本身是一个复杂的系统，涉及的影响因素很多且因素间相互影响关系复杂。以往的研究由于缺乏数据，使得城市规划走向两个极端，一种是通过经验判断对城市问题进行高度的提炼和抽象，得出研究结论和规划决策，这种方法缺乏数据的科学性；另一种是对单一领域小范围的实证分析，这种方法缺乏系统性。城市的整体感知可以将两者进行搭接，顶层的概念和理论可以应用到具体的实践操作中；底层的实证研究可以扩展，以完善整个系统的构架，从而形成一个完整的城乡规划学科系统体系。

案例 4-5-1 　基于手机数据的深圳与周边城市的空间关联分析

研究以移动通信数据计算珠三角各城市之间的人流量，在此基础上分析区域内出行廊道的特征。此外，通过比较深圳市不同区域与其他城市的人流联系差异，分析深圳市不同区域与周边城市的空间关联。

深圳市关内（也称二线关内）是最早划定的深圳特区，2010 年关外的宝安区和龙岗区也划入深圳特区，尽管随后宝安区划分为宝安区、光明区、龙华区；龙岗区则被划分为龙岗区、坪山区和大鹏区，但整体上相互关联性很强，因而研究依然将宝安区—光明区—龙华区、龙岗区—坪山区—大鹏区作为整体考虑。

比较深圳市关内、关外与周边地区的人流联系，发现深圳市关外的人流联系强度远高于深圳市关内的人流联系和强度，特别是深圳市关外与东莞市、惠州市在人流联系方面有明显的优势；深圳市关内与广州市中心城区、深汕特别合作区的联系

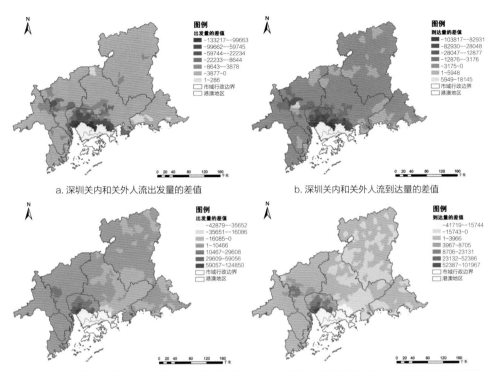

a. 深圳关内和关外人流出发量的差值　　　　　b. 深圳关内和关外人流到达量的差值

c. 宝安—光明—龙华和龙岗—坪山—大鹏人流出发量的差值　　d. 宝安—光明—龙华和龙岗—坪山—大鹏人流到达量的差值

图 4-5-1　深圳关内和关外、宝安—光明—龙华和龙岗—坪山—大鹏人流出发量与到达量的差值

资料来源：钮心毅，王垚，刘嘉伟. 基于手机数据的深圳与周边城市的空间关联分析 [J]. 城市建筑，2018（5）：34-38.

较强。宝安区—光明区—龙华区与龙岗区—坪山区—大鹏区的人流差异主要体现为区位差异，宝安区—光明区—龙华区与东莞区和广州市的联系相对紧密，而龙岗区—坪山区—大鹏区则与惠州市联系更为密切。

本章小结
Chapter Summary

　　本章首先阐述了大数据与城市规划的关系。二者是"天作之合"，城市规划需要大数据的支持，同时大数据也需要城市规划作为重要的应用方向来引导技术发展。大数据给规划师提供了城市物质空间分析的"透视镜"和"显微镜"，看到城市物质空间下大规模人群的时空运动轨迹和空间的定量精准数据，也看到了传统城市规划所强调的为人民服务中的个体的人的活动轨迹。大数据正日益成为城市分析和决策的重要战略资源。

　　城市规划中的大数据分析方法包括问题提取与建模、关联性分析、分类分析、聚类分析与预测分析等分析方法，在规划实践中往往需综合利用上述多种分析方法和工具。

大数据的获取来源包括开源数据、网络爬虫和传感器。具体的数据类型每天都在增长，需要善于收集与发现新的数据源。数据处理需要数据库、编程语言和云计算的基本知识。简单的编程与数学建模将成为城市规划的基本能力。

大数据的可视化方法包括图表类可视化、关系网络类可视化和空间可视化等。目前已有越来越多的软件和网页可视化模组将复杂的数据可视化过程变得简单有效。

本章最后从四个方面概括了大数据的思维方式，即新视角感知、全样本感知、连续感知和整体感知。在大数据环境下，规划师需要具备新的思维方式，以更好地分析解决城市问题。计算机技术日益成熟，新一代信息技术，如大数据、云计算和人工智能等的突破，势必将推动定量分析在城市规划研究中的应用进入大数据时代。大数据时代带来了丰富的城市运行状态数据，一方面越来越多的物理空间被数据化，另一方面城市规划更多的走向智能化。与之相对应的数据分析手段以及思维方法将深刻地改变城市规划本身，因此，城市规划迎来了大数据时代。

除了依靠书本，规划专业人员应该主动接触并及时更新知识，在实际项目中学习并应用新的定量分析技术和方法，使城市规划更趋于理性和科学。

参考文献

[1] 吴志强，杨秀，刘伟 . 智力城镇化还是体力城镇化——对中国城镇化的战略思考 [J]. 城市规划学刊，2015，(01)：15-23.

[2] 钮心毅，王垚，刘嘉伟 . 基于手机信令数据的深圳与周边城市的空间关联分析 [J]. 城市建筑，2018 (5)：34-38.

[3] 贾曼莉 . 我国城市房地产价格决定的经济学分析 [D]. 长春：吉林大学，2015.

[4] 游永发，王思远，王斌，马元旭，申明，刘卫华，肖琳 . 高分辨率遥感影像建筑物分级提取 [J]. 遥感学报，2019，23 (01)：125-136.

[5] 邓羽，刘盛和，蔡建明，等 . 中国中部地区城市影响范围划分方法的比较 [J]. 地理研究，2013，(07)：1220-1230.

[6] 上海数据服务网，http：//www.datashanghai.gov.cn/.

[7] 郑宇，城市计算，https：//www.msra.cn/zh-cn/research/urban-computing.

[8] 杭州城市大脑，https：//item.btime.com.

05

复杂性科学导入 城市规划 | Complexity Science in Urban Planning

5.1 复杂性科学视角下的城市规划探讨
Urban Planning from the Perspective of Complexity Science

复杂性科学兴起于 1980 年代，以复杂性系统为研究对象，是试图整合各个学科对复杂性和复杂现象的研究成就，进而建立一个新理论框架甚至研究范式的新兴横断学科。复杂性科学最重要的贡献在于方法论上的突破和创新，它促使人们在各方面的思维方式都发生了深刻转变，由线性转向非线性、由还原论转向整体论、由实体转向关系以及由静态转向动态。

本章对复杂性科学视角下的城市系统和相应城市规划方法进行了探讨，着重介绍了分形城市、元胞自动机和基于主体建模这三种复杂性规划方法。

5.1.1 复杂性科学

复杂性科学（Complexity Science）是一种新兴的边缘、交叉学科，它强调人类对于客观事物认识过程中非线性、非均衡性和复杂整体性的重要意义，极大地促进了科学的纵深发展。

从历史角度来看，复杂性科学的发展大体经历了三个阶段。

从 1920 年代到 1960 年代为第一阶段。贝塔朗菲提出了一般系统论，阐述适用于任何系统的研究理论和方法；维纳提出了控制论，探讨系统如何在动态变化过程中保持平衡；申农提出了信息论，研究信息的处理和传输；冯·诺依曼提出了元胞自动机，模拟基于规则设定的复杂系统时空演变。这些都是这个时期复杂性科学的代表性研究成果，标志着复杂性研究的起源和萌芽。其中又以一般系统论发展得最为充分，它的思维方式和科学方法论促成了复杂性科学的诞生，但之后一般系统论的发展一度进入停滞局面，控制论也转向工程技术层次，信息论和人工智能的内容却不断延伸扩展，并且一直到今天都是复杂性科学不可或缺的组成部分。

1960 年代到 1980 年代为第二阶段。科学界开始将复杂性科学与其他各种学科进行交叉和融合，掀起了一场挖掘和理解复杂性的热潮，这段时期出现了普里高津基于生物特征的耗散结构论，哈肯描述演化平衡的协同论，艾根研究进化现象的超循环论等一系列自组织理论，以及托姆讨论不连续突变现象的突变论、混沌学理论以及后来的分形论，这些都是这个阶段的代表性成果。可以看出，这些理论多从时间维度来研究系统的行为、性质和结构以及从无序到有序或者在有序之间的演变过程，而且采用的研究方法并不是还原分解的，而是利用物理模型、数学模型或计算机模拟等非还原论方法。

1980 年代至今为发展的第三阶段，复杂性科学在非线性和自组织科学理论基础上不断发展完善，标志着它的真正诞生。在诺贝尔奖得主普里高津的建议下，1984 年联合国大学在 Montpellier 举办了"复杂性科学与应用研讨会"，这极大地促进了复杂性问题的研究。也在这一年，诺贝尔物理学奖获得者盖尔曼和安德逊以及诺贝尔经济学奖获得者阿诺等人，召集了许多来自物理、经济、理论生物、计算机等不同学科的研究人员，创建了著名的圣塔菲研究所（Santa Fe Institute，SFI），专门从事复杂性科学研究。除此之外，从 1990 年代初开始，我国学者钱学森教授也投身复杂性科学，其领导的系统科学学派独立地进行了许多创造性的研究，并提出了"开放的复杂巨系统"这一研究概念及其研究方法，即"从定性到定量的综合集成法"，以及"从定性到定量的综合集成研究体系"。

从以上复杂性科学的发展历程可以看出，它并不是凭空产生的，而是现代科学发展基础上最前沿理论大融合的产物。这些理论包括但不限于分形理论、空间句法、元胞自动机、基于主体建模、耗散结构论、协同论、混沌理论、超循环论，以及最近发展迅猛的人工生命和复杂适应系统理论等。

5.1.2　复杂性城市

在城市系统中开展复杂性研究，需要针对城市系统在各个层级上的复杂构成，通过探寻微观层级机制作用下产生的宏观层级秩序和宏观秩序对微观层级元素的协同控制，来理解城市系统内部及城市系统与环境的相互影响和相互作用机制，最终解释城市系统演化动力、规律、过程及模式，从而为城市规划提供新的理论和新的方法。

随着复杂性科学研究理论的不断扩展，国外城市研究中出现了与之对应的复杂性城市理论，如基于耗散结构论的耗散城市、基于协同论的协同城市、基于混沌学理论的混沌城市和基于分形理论的分形城市，以及细胞城市、沙堆城市、FACS 和 IRN 城市模型等。尽管这些理论研究的侧重点及方法各不相同，但都将城市视作一个开放的自组织系统或混沌系统，并以空间复杂性作为研究核心。

从复杂性空间理论的研究中可以看出，城市是与生命体类似，在不断变化的环境中生存，并在一定条件下能够对环境变化做出反应的典型复杂自适应系统（CAS）：系统中低层级因素之间的相互影响会创造更复杂或更高层级的组成成分，从而使系统成为具有大生产力、稳定性和适应性的整体，进而具有更强的能力。复杂城市系统具有学习功能、自适应性和自组织性等特点，因而它是不可预测和不可控的，也意味着是不可规划的。这向传统城市规划和管理思想提出了前所未有的挑战。

在国内城市研究中，据《钱学森论山水城市》书中记载，钱学森院士早在 1985 年就提出要将城市作为一个整体来研究，建立城市学学科，并认为"城市是一个复杂的巨系统，要用系统科学的方法，科学系统地对城市进行研究"。仇保兴博士运用复杂性科学研究城市系统，分析了城市的形成与发展过程，认为城市存在从他组织向自组织发展的转变过程，尤其在我国，城市发展之初是他组织为主导作用，但当城市发展到一定阶段，其内部构成元素超越大数定理阈值时，城市会开始出现自组织机制，并逐步取代占主导作用的他组织，从而对外部发展因素产生约束和引导。周干峙院士在研究中指出城市及其区域构成典型的开放复杂巨系统，并对城市系统的复杂特征进行了八个方面的论述。

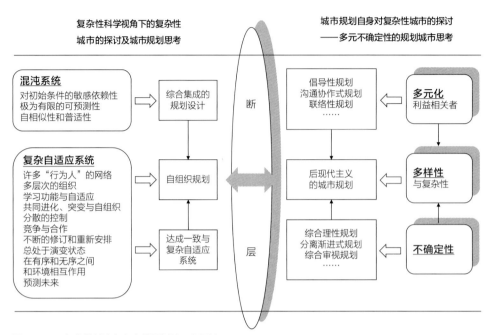

图 5-1-1　复杂性城市与复杂性规划的双向探讨

资料来源：辜桂英. 基于复杂性科学视角的城市规划思考 [J]. 建筑与环境，2011（3）：53-55.

5.1.3　复杂性规划

　　就目前来看，城市规划领域中有关复杂性科学的讨论还比较少。在国外，它主要表现为针对"自组织规划"的研究。例如，美国学者 Judith E. Innes 和 David E. Booher 应用复杂性科学的视角和思维，以联络性规划为基础，对协作性规划提出了评价框架，即与复杂自适应系统达成一致。

　　在国内，吴良镛院士从复杂性科学的视角出发，阐述了人居环境科学和"有机更新"等概念，力图以"融贯的综合研究""以问题为导向""庖丁解牛与牵牛鼻子"及"综合集成"等方法对城市这一开放的复杂巨系统进行求解，并归纳了复杂性科学下的城市规划和设计理念，对规划实践中需遵循的三项基本原则进行了完整论述，即：

　　（1）每一个具体地段的规划与设计（无论面积大小），要在上一层次即更大空间范围内，选择某些关键因素，作为前提，予以认真考虑。

　　（2）每一个具体地段的规划与设计，要在同级及相邻城镇之间、建筑群之间或建筑之间研究相互的关系，新的规划设计要重视已存在的条件，择其利而运用并发展之，见其有悖而避之。

（3）每一个具体地段的规划与设计，在可能的条件下要为下一个层次乃至今后的发展留有余地，在可能的条件下提出对未来的设想或建议。

同时，在城市规划和设计领域内，国内的研究者和规划师们也在多元和不确定视角下进行基于复杂性的城市规划和设计理论及方法探讨。面对城市规划过程中所涉及的多元利益主体问题，规划界先后提出了"倡导性规划""沟通协作式规划"和"联络性规划"等思想，试图通过辩护、谈判、协商和交流合作等一系列方式来解决城市规划过程中所涉及的复杂利益关系问题。而针对城市这一复杂巨系统的未来不确定性，规划界也经历综合理性规划、分离渐进式规划和综合审视规划的求索过程。

本章重点介绍分形理论、空间句法、元胞自动机和基于主体建模等复杂性科学视角下的规划应用方法。

5.2 分形城市与空间句法
Fractal Cities and Spatial Syntax

5.2.1 分形城市研究

分形是大自然对结构进行优化的结果，其基本特征是自相似，即没有特征尺度（Scale-free）或者特征规模（Characteristic Size）。分形城市来源于分形思想理论框架下对城市形态、结构的模拟以及实证研究，它最早出现在 20 世纪初有关城市的统计分析中。分形的出现，改变了以往对城市空间的形态描绘和理解方式。1991 年 Michael BATTY 发表的《作为分形的城市：模拟生长与形态》一文，是分形城市概念成熟的标志性事件。1994 年，BATTY 和 Paul LONGLEY 又出版了研究著作——《分形城市：形态与功能的几何学》，分别从城市边界线、城市土地利用形态和城市形态与增长等方面进行探讨。同年，FRANKHAUER 也发表了名为《城市结构的分形性质》的专题著作，深入地分析了城市系统的分形性质。

最初，分形城市主要用于分析和研究城市的形态和结构，但是随着相关研究领域的不断扩展，已经向内细化下沉到城市建筑尺度，向外扩展上升至区域城市体系层面。

（1）微观层次，即城市建筑分形。在 1996 年，美国马里兰大学建筑学院 Carl BOVILL 所著的《建设和设计中的分形几何学》面市。2001 年，英国学者 Andrew CROMPTOM 认为，在城市细部分形也是无所不在的，小到一个家居环境，大到社区公园，在某种程度上都具有自相似性。

（2）中观层次，即城市形态分形。在某些城市区域（sector）中，各种城市用地，如居住用地、工商业用地、开放空间和空闲地等，是同时存在的。同时，每种用地又不是单纯一类用地的组合，比如工商业用地为主的街区中，同样可以看到不同的用地类型，如住宅用地、工商业用地、开放空间和空闲地等。而从街区进入开放空间为主的场所时，依然是各种用地类型的组合。也就是说，相似的城市用地结构，在各种不同的空间尺度上，会不断地进行自我重现。

（3）宏观层次，即分形城市体系。分形城市体系包含了空间结构和等级结构两个方面，是人文地理系统中研究空间复杂性的重要领域。空间结构方面，以对中心地分形城市的研究为主，等级结构则以位序—规模分布研究为主要内容。1985 年，SL ARLINGHAUS 发现了中心地体系的织构分形（texture）。在此基础上，陈彦光揭示出，中心地 $k=3$ 的织构分形体系可以变化成为科赫雪花模型，从而将确定分形中心地模型进一步推广到随机分形领域。

从本质上看，分形城市的研究是对城市形态和结构的一种定量描述，虽然分形是大自然的优化结构，但目前对于产生这种分形结果出现的内在机制还缺乏深入理解。城市位序—规模分布所揭示的分形特征更多是一种统计规律，但这个规律背后的机制是什么，城市分形维数演变的动力是什么，城市最优分形维数的意义是什么，城市在何时何地才是分形的？ 这些问题是当前分形城市研究中亟待解决的主要问题。

5.2.2 空间句法

空间句法是由伦敦大学巴利特学院的 Bill HILLIER 等人发明的一种通过量化描述建筑、聚落、城市甚至景观在内的空间结构，来分析空间组织与人类社会活动交往之间关系的理论及方法，也是开展城市形态分析的有力工具。

HILLIER 认为建筑和城镇的空间布局对人类活动和社会交往的方式及强度有着不可替代的影响，在空间句法出现后，各国学者们也纷纷利用图论的思想方法，对空间网络拓扑特征、空间结构与人类活动间的关系等进行了一系列的创新研究。

在宏观层面，空间句法将城市空间之间的联系关系抽象为网络连接图，进而应用图论的基本原理对选取空间轴线或特征点的空间网络节点进行拓扑分析，计算一系列用于衡量空间特性的分析变量，包括连接值、控制值、深度值和集成度等，进而研究城市中特定空间与其他空间的聚集或离散程度。

在众多的空间句法分析计算的空间特性参数中，最常用和最有效的是集成度（Integration Index）。集成度的定义为，从某一点出发基于最短路径遍访空间网络中其他所有点所需的总步数，它体现了空间单元对拓扑网络中其他单元的可达性。在针对伦敦的研究中，HILLIER 发现，"半径 3 的集成度和车流量的相关值在 0.7 左右，而它和步行人流量的相关值大约是 0.6。我们发现不用考虑用地性质，城市空间结构作为单纯的几何对象就和人车流相关了，这才是真正对设计有重要意义的"。这些分析表明，城市形态基础上抽象出的空间拓扑结构可以决定人和车的流量，因此空间句法是城市形态研究的重要技术工具。

在微观层面，空间句法认为，在自然状态下人将选择前往有进一步行走空间的区域，而且通常是根据最直接的感觉来进行决定，典型的就是基于视域，也被称为视域法则。因此，如果能够预先计算个体在不同环境中的视域，那么就可以利用这些信息来判断个体的分析决策和运动行为。城市空间可视分析的有关研究表明，城市社会功能的方方面面都会受到空间布局的影响，尤其是城市行人和交通。在城市形态研究中，空间可视分析主要针对城市布局中的各种空间要素（如街道网）和人在其中的行为特性。通过构建城市重要空间的可视域，反映空间模式的连通性、通达性、分隔性、次序性、分组性以及空间内的运动趋势，考虑人类的感知和认知映射，将城市空间布局特征化，从而对人的行为进行分析预测，进而指导城市规划和设计。

空间句法在城市规划中有着广泛的应用场景，主要体现在：城市空间结构及演变研究、城市交通中人流与车流的流向流量分析预测、城市土地利用分析、城市犯罪空间制图、城市建筑空间布局与社会及文化关联等。

案例 5-2-1　道路网络结构对住宅价格的影响机制——基于"经典"拓扑的空间句法，以南京为例

近十年来，对住房房价和城市道路布局结构之间影响机制的研究，在西方学

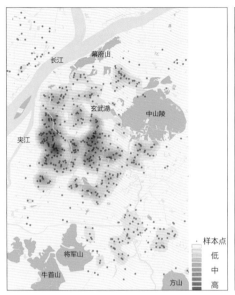
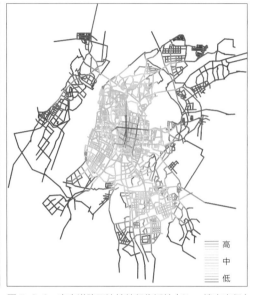

图 5-2-1 南京 2009 年住房均价分布图　　　图 5-2-2 南京道路可达性特征靠近性（8km 搜索半径）

资料来源：肖扬，李志刚，宋小冬.道路网络结构对住宅价格的影响机制——基于"经典"拓扑的空间句法，以南京为例 [J]. 城市发展研究，2015，22（09）：6-11.

界逐渐涌现，其理论框架主要基于公共产品揭示偏好（Revealed Preference）的基本思想，即道路布局和城市形态是一种公共产品，会影响消费者对住房价格的偏好。以此为背景，肖扬等（2015）选取南京作为研究对象，综合运用特征价格法和道路网络分析法，揭示了城市道路网络结构对于住宅价格的影响机制。研究结果显示，道路网络中同时存在两种不同的经济效应，即"接近性"（Closeness）正效应和"中间性"（Betweenness）负效应。和传统的城市规划与设计理论相比，此方法从市场经济角度评估街道布局特征的经济价值，并以此为政府的政策制定和规划实践提供科学依据，是对转型期中国城市规划的核心——"以人为本"的一种尝试和探索。

案例 5-2-2　新数据环境下的空间句法发展

空间句法和新涌现的各种数据相结合，其中主要分为两部分：一是基于签到数据的空间句法，或称为"功能连接度"（Shen and Karimi 2016）；二是基于轨迹数据的空间句法，或称为"功能共现强度"（Shen et al. 2018；2019）。前者是"功能句法"，

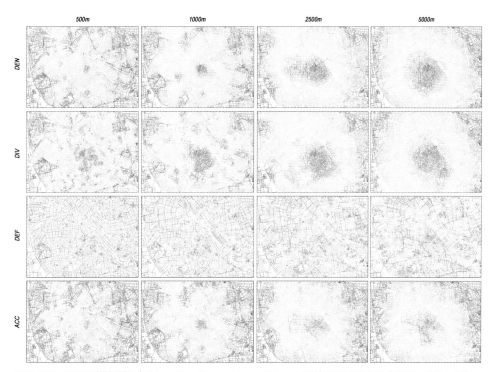

图 5-2-3　城市功能连接度（Urban Functional Connectivity，*UFC*）及其次级指标（*DEN*：密度；*DIV*：多样性；*DEF*：几何联系效率）

资料来源：Shen，Y.，Karimi，et al. Urban Function Connectivity：Characterisation of Functional Urban Streets with Social Media Check-in Data[J]. Cities，2016（55）：9-21.

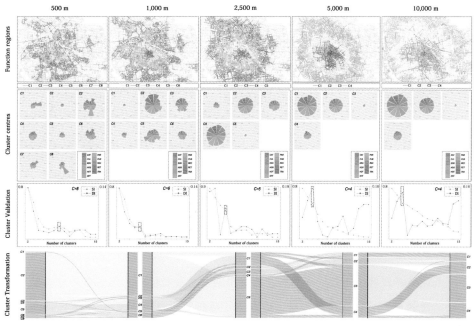

图 5-2-4　基于街道尺度、不同半径的城市功能区识别

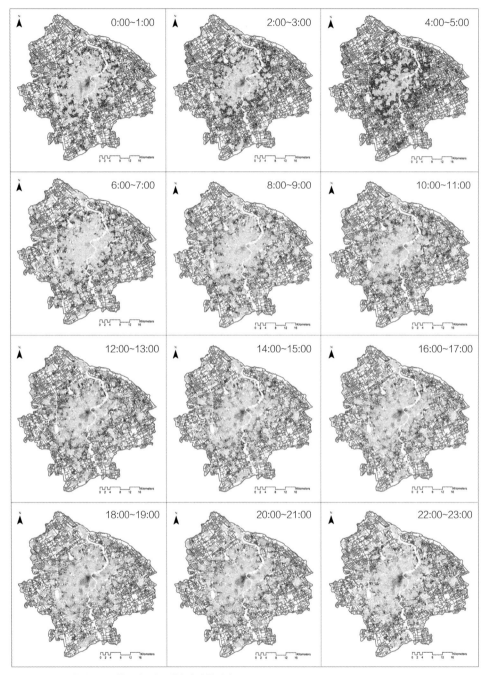

图 5-2-5　工作人不同时间段的共现潜力中心性分布

即将签到数据理解为一种城市形态，可用于判断功能之间的几何联系的中心性以及基于街道的城市功能区模式识别。后者是"动态空间句法"，即将轨迹数据理解为一种城市形态，可用于判断不同人们的活动轨迹之间的联系程度以及模式。

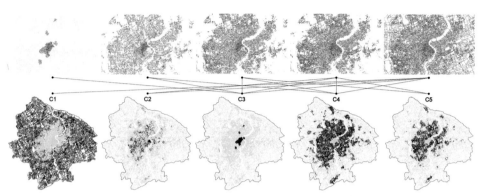

图 5-2-6　基于轨迹数据的人们在现实中共现潜力模式的识别
资料来源：Shen，Y.，Karimi，et al. Encounter and its configurational logic：Understanding spatiotemporal co-presence with road network and social media check-in data[C]. 11th International Space Syntax Symposium，2017.
Shen，Y.，Karimi，et al. Physical co-presence intensity：quantifying face-to-face interaction patterns in public space using social media check-in records[J]. Plos One，2018.

5.3　元胞自动机
Cellular Automata（CA）

5.3.1　元胞自动机模型概述

　　元胞自动机（Cellular Automata，CA）是在 1940 年代由 ULAM 和 Von NEUMANN 提出的，他们专注于研究模拟生物细胞的自我复制，以纯粹的数学公式来表达生命的逻辑基础。CA 是一种在时间、空间和状态上都离散，时间的因果关系和空间的相互作用都立足于局部的格网动力学模型，这种"自下而上"的研究范式充分体现了复杂系统所具有的局部和个体的行为产生全局有秩模式的理念。另外，元胞自动机具有强大的复杂计算功能、固有的并行计算能力、高度动态特征和先天的空间概念，这些特征使它极为适用于城市空间复杂系统时空演化的模拟。

　　CA 最基本的组成包括五个部分：元胞（Cell）、元胞空间（Lattice）、邻居（Neighbor）、规则（Rule）及时间（Time）。CA 模型的原理可以简单概括为：在一单位空间内（元胞系列），设定一系列转化规则，来控制随机设置的依赖于相邻元胞的元胞状态。反复运行元胞系列的转化过程，就可以利用产生的空间模式来预测城市的演化过程。

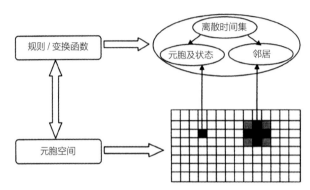

图 5-3-1　元胞自动机的组成
资料来源：网络．

CA 模型对城市规划有着内在的吸引力，主要源自三个特点：

（1）空间性。基于栅格单元空间定义的元胞自动机具有内在的空间性，能够很好地与许多空间数据集相互融合。

（2）开放性和灵活性。CA 模型不使用数学方程作为条件假设，而是采用"自下而上"的建模原则进行模型架构，可以根据不同领域应用场景来构筑相应的专业模型。这同运用微分方程或物理模型对空间现象从宏观上进行论述的传统方法是对立的，因此也更加符合人们认识和理解复杂事物的思维方式。而且，CA 模型中的元胞由转换规则控制，在行为空间中对时空测度产生影响，并没有比例尺概念，所以 CA 模型可以同时胜任局部、区域或大陆级演化过程的模拟。

（3）易用性。这些模型的使用不需要太多的专业知识，许多非专业学生在短短几天或几周里就能利用 Excel 开发各种 CA 模型。现在这一类"玩具问题"已经被正规化。

5.3.2　CA 在城市规划中的应用

BATTY 和 XIE 利用 CA 模型对美国纽约州布法罗地区 Amherst 镇郊区的城市扩展进行了模拟；WHITE 等人利用 CA 模拟了美国俄亥俄州辛辛那提市的土地利用变化；Keith CLARKE 等人也模拟了美国旧金山海湾地区的城市发展。然而，早期的 CA 城市模拟对于模型构建的精确细节过于关注，而忽视了建立模型的目的和应用范围（这也是在数量地理学研究中应用新技术时会经常出现的情况），使得 CA 城市模拟的适用性相对较差，以至于有人认为基于 CA 的城市模型只有教学价值而没有研究与应用价值。针对这一问题，国内外许多学者锐意进取，提出各种改进的方法。

　　Fulong WU 建立了 Simland,一个将 CA-GIS 二者松散结合的理论框架模型。BATTY 等人将 CA 与 GIS 紧密结合,采用面向对象的方法,建立系统来进行城市模拟。Ward D.P 在模拟时不再只把城市系统当作一个自组织系统,而是更多地考虑来自宏观外部因素的影响,把城市发展视作一个在大尺度因素限制和修改下的小尺度上的自组织过程。WU 在 CA 模型中引入各种约束因素建立多标准评价模型,尝试对我国广州市城市发展进行了模拟,其独特之处在于通过与土地发展相关的大量对比研究来确定权重,进而对那些利用神经网络和人工智能等技术的规则进行解释。周成虎在 CA 模型中融入地理事物和规律,构建了地理元胞自动机模型,并在此基础上,综合面向城市化土地单元的 CA 模型和面向空闲地的 CA 模型,建立了包含土地利用层面、交通层面和控制因素层面的,具有空间动态反馈机制(即空间个体行为共同创造空间过程,空间过程重塑空间格局,空间格局又反过来影响空间行为)的 GeoCA-Urban 模型。黎夏、叶嘉安深入探索了基于局部、区域和全局约束性的可持续发展城市形态 CA 模拟、基于神经网络的城市发展 CA 模拟以及应用主成分分析的空间决策和城市 CA 模拟。刘继生、陈彦光提出了 CA-GIS 智能化模拟开发方法的初步设想,陈彦光认为只有将 CA 模拟和地理分形基础理论结合起来探讨,才能推动相关研究走向规范化。

　　总的来看,元胞自动机模型结构简洁,表达自然,能够比较好地反映在城市演化过程中出现的自组织和突现等复杂空间特征。这些模型可以应用扩展到真实的城市模拟,但它们的价值并不在于推导城市发展的精确形式,而是体现在对城市发展过程中可能出现的各种形式的探寻。

案例 5-3-1　数据增强设计下的北京行政副中心评估

　　通州的定位为北京市行政副中心。北京将通州打造成独立、宜居宜业的新城,以期降低中心城区人口密度,改变北京单中心蔓延的发展模式,优化空间布局。北京行政副中心能否按照预期生长,还需客观分析与科学验证。

　　鉴于城市增长的复杂性,既有自然的约束,又有人类的扰动,需要在仅考虑邻域(Neighborhood)影响的简单 CA(Simple CA,Pure CA)模型的基础上,考虑其他影响城市增长的因素,称为约束性元胞自动机(Constraint CA)。约束性元胞自动机用于城市形态的模拟应用已经较为成熟。周垠和龙瀛(2016)基于约束性元胞自动机,采用北京城市发展模型(Beijing Urban Developing Model,BUDEM)对北

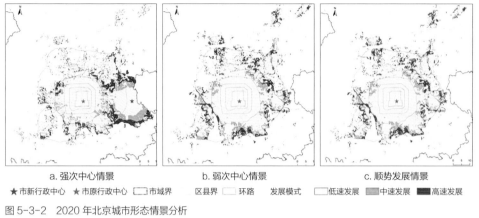

a. 强次中心情景　　　　　　b. 弱次中心情景　　　　　　c. 顺势发展情景

★ 市新行政中心　★ 市原行政中心　▢ 市域界　　　区县界　　　环路　　发展模式　▢ 低速发展　▨ 中速发展　■ 高速发展

图 5-3-2　2020 年北京城市形态情景分析
资料来源：周垠，龙瀛.数据增强设计下的北京行政副中心评估 [J].上海城市规划，2016（3）：1-8.

京行政副中心迁移至通州后三种不同政策情景下的未来北京城市形态展开模拟。

研究表明：①随着城市行政中心的迁移，土地城镇化明显，而充满活力、宜居宜业的新城建设是一个更为漫长的过程；②若北京行政副中心持续快速发展，可能突破第一、二绿化隔离带，与北京中心城区连片；③若北京行政副中心的影响与现有新城相同，北京依然呈单中心向外蔓延的发展趋势，城市形态与顺势发展并无太多差异。

5.4　基于主体建模
Agent-based Modeling（ABM）

5.4.1　ABM 模型概述

近年来，基于主体建模（Agent-based Modeling，ABM）的方法在社会科学研究中逐渐受到重视。这种自下而上的模型策略是复杂适应系统理论、人工生命以及分布式人工智能技术的融合，目前已经成为一种进行复杂系统分析与模拟的重要手段。

城市系统是一个涉及个人、社会团体、公共设施、政治政策、经济行为、文化活动、地理环境等组成元素的综合体，人类的群体活动创造并改变了城市，同时城市环境又无时无刻不在影响人类活动，人与环境处于互动的过程中。主体模型通过构造环境、对象集、主体集和关系集合能真实地反映城市社会体系中主体间交互作用的动态特性，这为城市模拟研究提供了新的思路与方法。

在城市方面，ABM 的雏形是 SCHELLING 提出的分隔模型（Segregation Model）。由棋盘模拟的"城市"经历了一个微观互动的自组织过程，充分表明了"从不稳定产生秩序"的原理。PORTUGALI 和 BENENSON 提出了用多自主体系统模拟的城市系统框架，他们把城市系统看成有空间特性的复杂系统，以人类个体作为空间中的基本单元来研究个人经济能力、文化取向和房地产价值在城市发展中的作用。

相比元胞自动机模型，多自主体模型具有以下优点：

一、元胞自动机模型以"元胞"取代真正具有能动性的人类个体，以演化规则取代多种主体的行为规律，以抽象的方式来研究城市系统，似乎隔靴搔痒，而多自主体模型以形成城市的真正主体为出发点，研究其对城市实体环境的适应与塑造。

二、元胞自动机模型只能反映邻域的空间相互作用，有的模型虽然引入局域和全局的控制因素层，但其空间层次仍显单调，其时间尺度的确定也带有随意性，且不能反映某一时刻不同时间尺度作用力的共同结果。而多自主体模型中的自主体依据其内在交互机制来传递信息，而不论信息交换所在的空间位置，因此能更为准确地反映空间相互作用，还可以反映不同主体的不同行为所具有的不同频率和时空跨度，更适合具有多尺度性和多层次性的城市地理空间系统。

三、城市地理空间系统中不仅有地理位置不变的实体，更多的实体是要在环境中迁移运动的，正是流动的主体改变了地理位置不变的实体的属性及其量值，元胞自动机中的"元胞"是不可移动的，且只能通过"元胞"的生死反映地理实体的属性改变，但不能反映其地理实体属性量值的变化；而多自主体模型中的人类个体自主体是可移动的。

5.4.2　ABM 在城市规划中的应用

目前，国外应用 ABM 在城市中的研究主要集中在以下方面：城镇体系研究；城市扩展模拟；城市交通模拟；城市规划和城市政策模拟；城市设计结果模拟；选址研究，包括居民选址、工业选址、商业设施等选址；建筑物人流同建筑空间关系的模拟等。国内在这方面的研究刚刚起步，已公布的研究成果只有北京大学的研究人员利用 MAS 技术，基于栅格数据设计了一个城市空间演化模拟模型。最著名的开展复杂适应系统研究的是美国的圣菲研究所（SFI），开发了基于智能体的建模开放平台 Swarm。Swarm 实际上是一组类库，研究人员在此基础上可以开发出适用于不同领域的模型。除了 Swarm，目前国外可以用于进行 MAS 研究的软件平台还有 Ascape、RePast、Agent Farms、MASON 等。

在城市方面，从 ABM 模型的角度来看，城市的动态变化都是多自主体行为的结果，但又反过来影响个体的特征和行为。

BENENSON 从人的经济地位和文化身份角度，研究城市的人口动态。模型中自治智能体的经济地位用定量的一维数据表示，而文化身份用多维的定量数据表示，且尤为重视这些特征交互结果的比较。根据居民智能体的经济状况、房产价值变动以及文化认同性等模拟了城市空间演化的自组织现象。这一工作具有启发意义，但模型比较简单，并不能完全体现复杂空间系统演化的本质内涵。

BURA 等人直接将区域划分成若干网格，每一个子区域构建为独立的主体，它们之间依据内置的经济和空间规则，通过区域合作和竞争模拟了城市的起源和等级体系的发展。美国 Sandia 国家实验室开发完成了一套基于多智能体的宏观经济模拟系统 ASPEN（Basu，1998），但该系统忽略了地理空间的重要意义。

LIGTENBERG（2001）利用多智能体与元胞自动机建立土地利用模型，通过智能体定义空间规划的目标和规划因素的相关决策。在指定区域，使用元胞自动机推断智能体决策未来空间组合需要的相关信息。

BROWN（2003）对城郊边缘地区的居住区开发建模，评价位于开发区附近绿地带阻止其向外蔓延的有效性，协助政策制定，使土地利用变化对生态环境的影响最小化。在基于智能体模型中，智能体可以有异种倾向，景观环境也可以有异种属性。模型中有两类智能体，居民与服务中心。环境的属性唯一，是审美质量。结果显示了绿地的宽度和位置是如何影响绿地阻止城市蔓延的有效性。需要在某种程度上管理大量智能体相互作用产生集合的效果时，基于智能体模型评价政策很有价值。

案例 5-4-1 基于多代理人的零售业空间结构模拟

中心地理论的提出由来已久，但对现实中多种因素复杂作用下的中心地体系进行实证研究并指导规划实践一直难以开展。传统模拟研究方法采用数学线性规划的思路，通过优化目标函数来实现对中心地体系的还原与考察，但复杂程度有限，难以用于实证研究和实践。

多代理人技术的出现提供了新的研究思路。朱玮和王德（2011）开发了一个建立在 NetLogo 多代理人平台上的零售业空间结构模拟系统。该系统以多代理人技术为基础，通过模拟商业中心和消费者两类代理人的行为，得出商业中心结构分布。商业中心被分为三个等级，可以根据经营收入调整空间位置和自身服务等级；消费者以一定的频率产生不同等级的购物需求，并以距离为指标选择商业中心作为出行目的地。模拟过程从产生一定数量的一级商业中心开始，经过循环模拟消费者选择行为和商业中心的位置等级调整，最终达到商业中心等级和空间分布的平衡状态。作为对这个模拟系统的检验，分别对 5 种典型的消费者空间分布场景进行模拟，包括：均匀分布、单中心、卫星城、分散组团、带形组团。结果表明这个系统的模拟性能稳定，生成的商业中心结构合理。

　　该模拟系统仅考虑一些最基本的要素，却构建出一个相对简单但并非脱离实际的模拟框架。当这一简单的框架被验证具有一定的合理性后，可以逐渐增加它的复杂度和真实度。

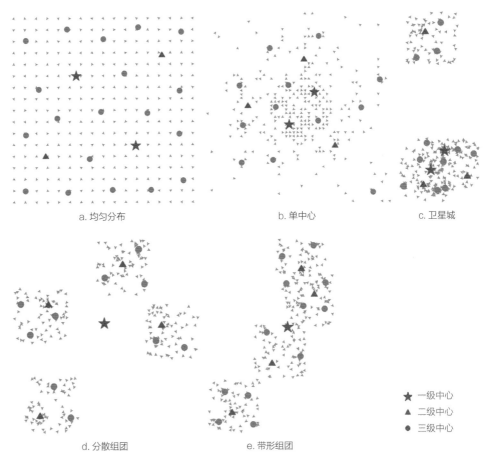

a. 均匀分布　　　　　　　　b. 单中心　　　　　　　　c. 卫星城

d. 分散组团　　　　　　　　e. 带形组团

★ 一级中心
▲ 二级中心
● 三级中心

图 5-4-1　模拟商业中心空间结构
资料来源：朱玮，王德 . 基于多代理人的零售业空间结构模拟 [J]. 地理学报，2011，66（6）：796-804.

5.5 其他复杂模型
Other Complex Models

5.5.1 耗散城市

耗散城市是由艾伦和其合作者共同发展起来的，在城市及城市体系方面应用普利高津耗散结构（Dissipative Structure）理论的成果。普利高津的耗散结构理论中指出：一个处于非平衡态的开放系统，通过与外界环境不断进行物质、能量与信息交换，当外在条件超越一定阈值时，就有可能从之前的混乱无序状态转变为一种在时间和空间上都有序的状态。这种在非平衡态的条件下，系统经由自组织而建立的有序结构，即耗散结构。

系统的开放性和非均衡性是耗散结构的理论前提，而城市系统恰恰拥有这样的特点，进而能够在自组织作用下不断地进行自身演化和发展。首先，城市系统的开放性是城市在自组织作用下实现发展的基础；其次，城市系统的非均衡性使城市状态产生涨落，创造了自组织非线性作用发挥的条件；最后，不同城市系统之间协同和竞争进一步加速了城市的发展。

5.5.2 协同城市

协同城市的概念来源于自协同理论在城市地理学范畴的应用。协同学主要考察个体或子系统共同工作的原理和规律。

德国物理学家翰肯创建的自组织理论重点关注一个系统内部各个组成部分的相互关系、相互作用和整合效果（Synergy）以及系统的宏观结构和整体行为。

总体而言，协同学的核心思想就是"寻找宏观尺度的性质变化"。如果用快过程和慢过程划分城市和城市化过程，那么快过程就是局部城市在微观尺度上建设的建筑场所、街道、地铁等，而慢过程则代表宏观尺度上的整个区域，一般体现为城市体系。快过程和慢过程的相互关系可以依据伺服原理进行分析和描述：一方面，区域系统是局部城市微观尺度下结构演化的所处环境和边界设定；另一方面，区域系统的宏观结构又是局部城市结构整合的总体结果。在这种局部与整体因果循环的大前提下，研究整体区域系统需要在快的局部过程适应慢的区域过程的假定下开展，同样，研究局部城市过程也要将整个区域视为给定的背景条件（Context）。只有这样，才能更好地理解和研究城市局部与整体的相互关系和作用。

5.5.3　混沌城市

混沌思想最初由邓德里诺（D.S.DENDRINOS）等学者引入城市研究领域，他们对于城市就是混沌吸引子（Chaotic Attrictor）的洞见，为后继者在研究城市和城市化过程中更精确地运用混沌思想奠定了坚实基础。

混沌城市理论有三个中心原则：一、简单与复杂关系原则，即简单的确定性系统能够产生复杂的行为，而且这种行为一般是不可预见的；二、条件与结果关系原则，即混沌系统对于初始条件具有敏感依赖性，也被形象地称为"蝴蝶效应"；三、有序与无序关系原则，即无序之中隐含有序，有序的结构在空间中可以表现出来。

混沌研究是耗散结构论和协同学的重要内容，前者认为耗散造就有序化过程，而后者认为系统组成部分的相互协作和作用实现了有序化过程。不同之处在于，耗散结构理论和协同学的研究重点在于微观混沌，而传统混沌理论则重点关注确定型混沌。

本章小结
Chapter Summary

复杂性科学是整合诸多新兴学科已取得的对复杂现象的研究成就，建立一个新理论的新兴横断学科。复杂性科学最重要的贡献在于它使人们的思维方式发生了转变，由线性转向非线性、由还原论转向整体论、由实体转向关系、由静态转向动态。这些与中国传统的思维模式具有高度的相似性。

城市的存在和运行方式都具有典型的复杂系统特征，可以说城市本身就是一个具有生命力和高度智能的开放复杂巨系统。伴随着对城市复杂性的认识和研究以及计算机技术的日趋成熟，城市复杂系统理论和建模的引入为城市规划研究人员更深入地分析城市问题、理解城市现象，开辟了一条崭新的研究思路。

本章对复杂性科学视角下的城市系统和城市规划方法进行了探讨，着重介绍了分形城市与空间句法、元胞自动机和基于主体建模这三种复杂科学建模方法，以及耗散城市、协同城市和混沌城市这三个复杂系统的理论。目前，在国内城市规划学术圈，以复杂系统理论为基础的城市规划学术思想还处于探索起步阶段，但笔者相信其在城市规划研究领域的应用将具有广阔的前景。

参考文献

[1] 辜桂英. 基于复杂性科学视角的城市规划思考 [J]. 建筑与环境，2011（3）: 53-55.

[2] 肖扬，李志刚，宋小冬. 道路网络结构对住宅价格的影响机制——基于"经典"拓扑的空间句法，以南京为例 [J]. 城市发展研究，2015，22（09）: 6-11.

[3] 周垠，龙瀛. 数据增强设计下的北京行政副中心评估 [J]. 上海城市规划，2016（03）: 1-8.

[4] 朱玮，王德. 基于多代理人的零售业空间结构模拟 [J]. 地理学报，2011，66（6）: 796-804.

[5] 吴良镛. 面对城市规划"第三个春天"的冷静思考 [J]. 城市规划，2002（02）: 9-14+89.

[6] 吴晨. 城市复兴中的城市设计 [J]. 城市规划，2003（03）: 58-62.

[7] 赵珂，赵钢. 复杂性科学思想与城市总体规划方法探索 [J]. 重庆大学学报（社会科学版），2006（04）: 12-17.

[8] 吴良镛. 系统的分析 统筹的战略——人居环境科学与新发展观 [J]. 城市规划，2005（02）: 15-17.

[9] 陈彦光. 分形城市与城市规划 [J]. 城市规划，2005（02）: 33-40+51.

[10] 陈彦光. 自组织与自组织城市 [J]. 城市规划，2003（10）: 17-22.

[11] 陈佳强. 大都市发展之现代版 [M]. 北京: 经济科学出版社，2004.

[12] 黄欣荣. 复杂性科学与哲学 [M]. 北京: 中央编译出版社，2007.

[13] Shen，Y.，Karimi，et al. Urban Function Connectivity: Characterisation of Functional Urban Streets with Social Media Check-in Data[J]. Cities，2016（55）: 9-21.

[14] Shen，Y.，Karimi，et al. Encounter and its configurational logic: Understanding spatiotemporal co-presence with road network and social media check-in data[C]. 11th International Space Syntax Symposium，2017.

[15] Shen，Y.，Karimi，et al. Physical co-presence intensity: quantifying face-to-face interaction patterns in public space using social media check-in records[J]. Plos One，2018.

[16] 鲍世行. 钱学森论山水城市 [M]. 北京: 中国建筑工业出版社，2010.

[17] 仇保兴. 基于复杂适应理论的韧性城市设计原则 [J]. 现代城市，2018，13（3）: 6.

[18] 仇保兴. 复杂科学与城市规划变革 [J]. 城市规划，2009（4）: 11-26.

06

人工智能导入城市推演 | Urban Planning with Artificial Intelligence

6.1 人工智能自主阅读城市
City Reading Autonomousl

6.1.1 传统城市认知地图

1960 年代，Kevin LYNCH 通过市民的心理地图以及访谈等调研方法，归纳总结出一系列城市意象规律，其研究所得出的城市五要素等理论的核心观点对今天的城市设计依然具有积极的指导意义，同时 LYNCH 所采用的认知地图研究方法是其对空间研究的最主要贡献。LYNCH 的研究只限于三个城市，并且样本量很小，后续的大量相关研究大多沿袭同样的方式进行检验性实验，但是在理论研究上并未取得实质性突破。

LYNCH 的研究最主要的贡献在于建立了基于心理地图联系城市空间系统的方法论，其对于研究空间与人之间的互动关系具有普世价值。然而在实践操作层面，以调查和访谈为主的研究方法也受到了类似其他传统社会学研究方法在高昂的时间和人力成本等方面的制约。该方法不仅在前期的调研走访、后期的数据整理均费时费力，而且该方法所得的研究结论也并不能很好地普及到具有独立性的不同城市。

过去的研究中，在城市空间认知领域也出现了不少其他版本的"城市认知地图"。比如，1970 年代心理学家 Stanley MILGRAM 提出的巴黎的心理地图。这一调研过程与 LYNCH 的大致相同，但不一样的是，他们在调研的过程中增加了让受访者定位城市中的照片以及在地图中寻找最易于遇见朋友的地方，使提问变得更易于回答。

6.1.2　机器眼中的城市认知地图

与传统基于访谈所获得的城市认知地图不同，由影像所得的地图在信息表达中更为客观与真实，且具备大规模收集数据和普及的基本优势，更重要的是影像信息研究为整个研究提供了稳定性与丰富性。一方面，图像的真实性，如未经加工处理的城市影像，及可比性比每个人的访谈记录更为可信。另一方面，采用影像作为城市认知空间的记录元素，可以最大化地消除由于实验操作者个人记录不慎导致的数据记录失实。此外，另一个根本性的差异来自于这两种方法所采用信息的差别，即访谈的内容主要基于个体的记忆，而影像资料则记录着当时的现实。

案例 6-1-1　C-IMAGE

C-IMAGE 项目是一项基于 VGI 照片识别的城市研究。其原理是利用互联网社交媒体的用户上传照片（比如 Flickr、Panoramio、微博、微信等），分析每个人对于城市空间的感知，从而针对城市不同内容进行分析与研究。

该研究最早在 2013 年由当时就读于麻省理工学院城市规划系的刘浏，以及人工智能实验室的周博磊发起。他们通过搜集来自 Panoramio 的带有地理坐标信息的

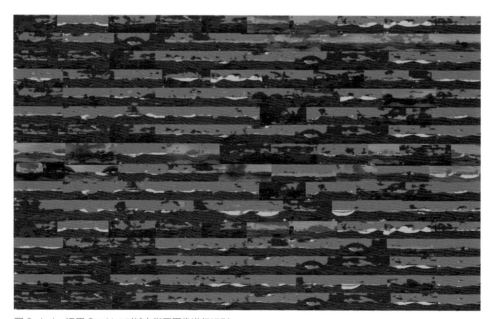

图 6-1-1　运用 SegNet 对城市街景图像进行识别
资料来源：作者自制．

数百万张城市照片，对其所拍摄内容利用深度学习技术进行内容标定，加以研究。通过对于拍摄照片内容的识别，将人们在城市中所看到的意象归纳为：绿色意象、水意象、古建意象、高楼意象、道路意象、社交意象、运动意象7大类型，并利用这些意象将不同城市的空间风貌通过城市意象地图的形式归纳与概括出来。

他们的研究成果增加了城市中以人为本的视角，通过理解人们的主观感知，在相同的地方，不同的感知会形成不同的城市地图。比如，在同为高密度居住的东京和上海两个城市中，城市的公共绿地均为严重的稀缺资源，城市绿化率也均低于5%。可有趣的是，东京的城市感知地图却有着丰富的绿色意象，但上海的感知地图除了密布的高楼意象之外，并没有很多的绿色意象。顺着这一研究发现，可推测出两个城市对于城市公园的建设策略的差异：东京的公园绿地建设以方便人们的活动、使用为目的的，其在设计上更容易为市民所亲近；但上海的公园建设则以完成建设指标为控制手段，导致不少绿地建设了也鲜有人光顾。

2016年，他们又将这一方法应用在了国内200多万张城市照片中，并将成果公布于"城室"（http：//www.citory.net/cimage/）。

资料来源：城室科技 C-Image. http://www.citory.net/cimage/.

6.2　机器学习发现城市规律
Discovering City Laws with Machine Learning

6.2.1　支持向量机

分类是数据挖掘领域中一项非常重要的任务，它的目的是学会一个分类函数或分类模型（或分类器），而支持向量机（SVM）本身便是一种监督式学习方法，它被广泛应用于统计分类以及回归分析中。

支持向量机是 1990 年代中期发展起来的基于统计学习理论的一种机器学习方法，通过寻求最小结构化风险来提高学习机泛化

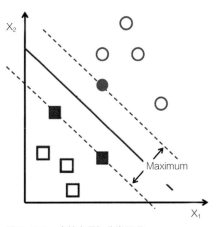

图6-2-1　支持向量机分类原理

能力，实现经验风险和置信范围的最小化。在城市研究过程中，可供训练的城市样例较少，而特征维度较高。此时，用神经网络的方法建模，会产生低泛化性、低鲁棒性甚至过拟合的风险，而支持向量机在统计样本量较少的情况下，亦能达到良好统计效果。

支持向量机与神经网络有个共性，即针对相同问题选择不同的模型，效果差异巨大，但城市研究人员通常无法深入了解不同模型之间的理论差异，因此传统的机器学习在城市研究中的应用仍以调试模型和参数为主要目的，这也偏离了城市规划本身发现城市规律与纠正城市问题的出发点。

6.2.2　决策树

决策树是一种分而治之（Divide and Conquer）的决策过程。一个困难的预测问题，通过树的分支节点，被划分成两个或多个较为简单的子集，即从结构上划分为不同的子问题，将依规则分割数据集的过程不断递归下去（Recursive Partitioning）。随着树的深度不断增加，分支节点的子集越来越小，所需要提的问题也会逐渐简化。当分支节点的深度或者问题的简单程度满足一定的停止规则（Stopping Rule）时，该分支节点会停止劈分，此为自上而下的停止阈值（Cutoff Threshold）法，有些决策树也使用自下而上的剪枝（Pruning）法。

决策树含义直观，容易解释，实际应用决策树还有其他算法难以比肩的速度优势，这使得决策树一方面能够有效地进行大规模数据的处理和学习；另一方面可以在测试／预测阶段满足实时或者更高的速度要求。然而，由于决策树的预测结果方差大且容易过拟合，曾经一度被学术界冷落。但是在近十年，随着集成学习（Ensemble Learning）的发展和大数据时代的到来，决策树的缺点被逐渐克服，同时其优点也得到了更好地发挥。在工业界，决策树以及对应的集成学习算法（如Boosting、随机森林）已经成为解决实际问题的重要工具，成功应用于包括人脸检测和人体动作识别（Body Tracking）等。

对于城市问题，决策树算法通常能够从信息含量的角度挖掘目标问题中最明显的特征。不同于神经网络的不可解释性，经过决策树算法建立的模型都有很强的可读性。但当目标问题是类似于城市分类这种少样本多特征的问题时，决策树算法通常会表现出过拟合的特征。

6.2.3　神经网络

计算机神经网络模型最早是由心理学家和神经学家开创的，旨在通过计算机模拟开发和测试人类神经系统。简单地说，神经网络是一组连接的输入／输出单元，其中每个连接都与一个权重相关联。在学习阶段，通过调整这些权重，能够预测输入元组的正确类标号。由于其实质为单元之间的连接，神经网络学习又称连接者学习（Connectionist Learning）。

神经网络的优点包括对噪声数据的高承受能力，以及对未经训练的数据模式分类能力，在缺乏属性和类之间的联系的知识时就可以使用它们；但缺点在于求解时容易陷入局部最优。

2006 年，加拿大多伦多大学教授 Geoffrey HINTON 提出深度学习概念并且通过对模型训练方法的改进打破了 BP 神经网络发展的瓶颈。Hinton 发表在《科学》上的一篇论文中提出了两个重要的观点：①多层人工神经网络模型有很强的特征学习能力，深度学习模型学习得到的特征数据对原始数据有更本质的代表性，这将大大有利于分类和可视化问题；②对于深度神经网络很难训练达到最优的问题，可以采用逐层训练的方法解决。将上层训练好的结果作为下层训练过程中的初始化参数。

深度学习作为机器学习算法研究中的一个新的技术，其动机在于建立模拟人脑进行分析学习的神经网络。深度学习可以简单理解为传统神经网络的拓展，将特征和分类器结合到一个框架中，用数据去学习特征，在使用中减少了手工设计特征的巨大工作量。深度学习通过学习一种深层非线性网络结构，只需简单的网络结构即可实现复杂函数的逼近，并展现了强大的从大量无标注样本集中学习数据集本质特征的能力。深度学习能够更好地表示数据的特征，同时由于模型的层次深、表达能力强，因此有能力表示大规模数据。特别是对于图像、语音等特征不明显的数据，深度模型能够在大规模训练数据上取得更好的效果。

不同规划设计应用背景下城市图像深度学习的基本工作原理是相通的，就是从输入的城市原始图像中一层层抽取、剥离对于城市生活高层语义的特征。也就是说，对城市图像的深度学习，主要取决于两个方面：一、对城市图像的高层语义与规划目标的高度锁定，以避免方向性的错误；二、对深度学习模型的把握，模型的选择和架构都会影响城市图像的学习效率。如果在方向和模型两个方面做得过硬，城市规划的学习成果就会给我们带来新的惊喜。

6.2.4　城市规划的图像深度学习使用的开源框架

作为城市规划师，我们在选择规划图像深度学习的开源软件时，特别需要注意规划适用的针对性。有不少开源软件，可能对其他专业适用，而对于城市规划是功能多余和过多表达的。

Caffe 系列　Caffe 是第一个主流的工业级深度学习工具，由加州伯克利分校（UC Berkeley）的贾扬清领衔开发，Caffe 有很多应用扩展，但现在由于一些遗留的架构问题已经显得比较陈旧，不够灵活，而且对递归神经网络和语言建模的支持很差。

Tensorflow　Tensorflow 是谷歌基于 DistBelief 进行研发的第二代开源人工智能学习系统，其命名来源于本身的运行原理。它是采用数据流图（Data Flow Graphs）用于数值计算的开源软件库，其影响力一直在扩大。

Torch　Facebook 力推的深度学习框架，主要开发语言是 C 和 Lua，有较好的灵活性和速度。它实现并且优化了基本的计算单元，使用者可以很简单地在此基础上实现自己的算法，不用浪费精力在计算优化上面。核心的计算单元使用 C 或者 cuda 做了很好的优化。在此基础之上，使用 Lua 构建了常见的模型。缺点是接口为 Lua 语言，需要一点时间来学习。在此基础上，现已推出结合 Torch 和 Caffe2 优点的基于 Python 的 PyTorch1.0。

PaddlePaddle　是百度研发的国内唯一一家有平台并开源的深度学习框架，由于百度自身在搜索、图像识别、语音语义识别理解、情感分析、机器翻译、用户画像推荐等多领域的业务和技术方向，使得 PaddlePaddle 成为相对完整的深度学习框架。2016 年，PaddlePaddle 已实现 CPU/GPU 单机和分布式模式，同时支持海量数据训练、数百台机器并行运算，轻松应对大规模的数据训练。

Theano　Theano 是在 BSD 许可证下发布的一个开源项目，由 LISA 集团（现 MILA）在加拿大魁北克的蒙特利尔大学开发。Theano 可以在 CPU 或 GPU 上运行快速数值计算，也可以直接用它来创建深度学习模型或包装库，大大简化了程序。

MatConvNet 系列　MatConvNet 由 VGG 提供，是一个用于实现卷积神经网络计算机视觉应用的 Matlab 工具。它简单有效，而且能够学习最先进的 CNNs。有许多可用的预先训练好的图像分类、图像分割、人脸识别与文本检测的 CNNs。

MXNet　是李沐和陈天奇等机器学习专家打造的开源深度学习框架，是分布式机器学习通用工具包 DMLC 的重要组成部分。它注重灵活性和效率，文档也非常详细，同时强调提高内存使用的效率，甚至能在智能手机上运行诸如图像识别等任务。

CNTK　是微软研发的深度学习计算框架，通用性好。Microsoft 计算网络工具包（CNTK）是一个非常强大的命令行系统，可以创建神经网络预测系统。CNTK 的性能比 Caffe、Theano、TensoFlow 等主流工具都要强。

案例 6-2-1　基于大数据和人工智能预测城市人流量

对于城市管理者来说，如果能提前预知城市的人流动向，并及时做出相关疏导措施，会大大降低发生交通拥堵、踩踏等公众事件的可能性。随着云计算、大数据和人工智能的发展，研究者们提出了更为精准的预测人流的智能模型，为提前预知并采取措施提供了可能性。

微软亚洲研究院城市计算主管研究员郑宇和他的同事以贵阳出租车的实时数据作为样本，基于云计算、大数据和人工智能技术构架了实时的人流量预测系统。该系统把城市划成 1km×1km 的格子，预测每个格子里未来会有多少出租车的进和出。传统人流预测通常采取预测个人行为的方法，需要统计某个区域里的每个人的出发地和目的地，进而测算该区域的人流进出状况。但是，这样的统计本身有很大的困难，准确性很难保证，并且涉及隐私。同时，由于受到区域之间人流的相互关系、人的时空属性以及一些外部条件等因素的影响，人流数据的模拟和验证相比于其他数据也更加困难。为了应对上述的困难，郑宇使用的解决方法并不是传统的深度学习方法，而是时空深度残差网络。

不用传统的深度学习进行融合是因为，如果希望数据里面包含周期性和趋势性，那就意味着输入的数据必须来自很长的时段。如果只用最近两个小时的数据作为输入，则不可能体现周期性，也不可能体现趋势性。这样一来，如果用传统深度学习方法，这个模型会做得非常大、非常复杂，最后变得很难训练，且效果也不好。

相对地，郑宇的模型只抽取几十帧关键帧作为输入来表现数据在几个月中所包含的周期性和趋势性，使得网络结构大大简化，也提高了训练的质量和效果。与此同时，郑宇的研究还将各个区域的相关性利用卷积神经网络并入融合，并在加入外部因素的基础上，做了二次融合，使得模型更为精确。

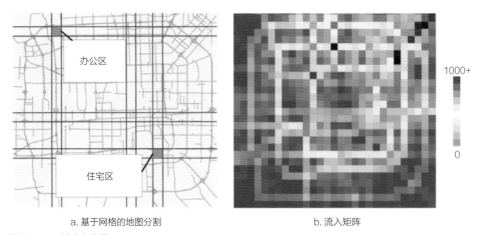

| a. 基于网格的地图分割 | b. 流入矩阵 |

图 6-2-2　城市人流量
资料来源: Zhang, J., Zheng, Y., & Qi, D.. Deep spatio-temporal residual networks for citywide crowd flows prediction. In Thirty-first AAAI conference on artificial intelligence, San Francisco, California : 2017, February.

　　除了出租车的数据外, 手机信号、地铁刷卡记录等都可以在未来通过该系统模型进行运算, 并预测未来十几个小时的城市人流情况。就像郑宇所说, "现在贵阳市的数据是实时输入的, 这个系统是真实在运转的。我们希望能够预测整个城市, 每一个区域里面在未来这个时刻会有多少人进, 以及多少人出。所以我们并不是预测每个人的线路, 我们关心的是最后每个区域里面会有多少人。现在, 这个模型预测未来十几个小时的人流情况不是问题, 更关键的是未来 3-5 个小时的人流情况, 这段时间对于城市管理者的决策影响更为关键, 但要准确预测也面临许多困难"。

6.3　人工智能 2.0 对城市规律的探索
Exploring City Laws with AI 2.0

6.3.1　跨媒体空间分析

　　1976 年, Harry McGurk 等人验证了人类对外界信息的认知是基于不同感官信息而形成的整体性理解, 任何感官信息的缺乏或不准确都将导致大脑对外界信息的理解产生偏差, 这个现象被称为 "McGurk 现象"。McGurk 现象揭示了人脑在进行感知时, 不同感官所接受的信息被无意识和自动地结合到了一起进行处理。

城市信息不仅规模巨大，而且存在十分广泛、错综复杂的 4 种交叉关联：

（1）不同类型城市设备之间的交叉关联：设备之内或者之间所包含的地理位置、时间、主题和事件等实体对象与实体对象的交叉关联。

（2）不同类型多媒体数据之间的交叉关联：图像、音频和视频等不同类型多媒体数据以及其包含的前景、背景、音乐、语音和镜头、关键帧等结构化对象之间的交叉关联。

（3）市民生活中交互信息之间的交叉关联：基于各种城市传感器与应用的设备，产生了大量市民提供的标注、评价和日志等隐性和显性交互信息，这些交互信息存在复杂关联。

（4）不同类型城市设备、不同类型多媒体数据和市民交互信息之间也存在广泛与深层的交叉关联。上述这些交叉关联使得城市数据呈现跨媒体特性，即城市设备、多媒体数据和市民交互信息之间存在着或强或弱的内容跨越和语义关联。

城市信息多媒体表达，如网页文档、图像和视频等的处理一直是关键而又棘手的问题，是下一代智慧城市迫切需要解决的。其内容主要包括以下 7 个方面：

（1）跨媒体统一表征理论与模型。我们试图为异构的城市数据建立一个统一的空间，在这个空间中，系统可以通过数据之间的欧氏距离或是余弦距离来度量相似性。

（2）跨媒体关联理解与深度挖掘。关联理解现有的跨媒体相关挖掘方法主要集中在寻找不同数据模式具有语义相关性的共同子空间。

（3）跨媒体知识图谱构建与学习。构建跨媒体知识图谱的目的是为了表达框架的规则、价值观、经验、情境、本能以及实体和从一般到特定领域的关系的见解。

（4）跨媒体知识演化与推理。早期的人工智能系统大多取义于文本，在规则的限定下进行推理。而城市信息显然不仅限于文本，一些类似强化学习和迁移学习的学习机制可以有助于接收跨媒体信息，构建更复杂的智能推理系统。

（5）跨媒体描述与生成。跨媒体描述和生成旨在实现文本、图像、视频和音频信息之间的交叉翻译，并将多模态理解与自然语言描述相关联。

（6）跨媒体智能引擎。基于对大数据的高效索引，城市信息智能搜索尝试实现智能化和管理信息化的服务，使用户能够以自然语言形式重新输入任何想要的内容。

（7）跨媒体智能应用。大量可用的跨媒体城市信息正逐步改变各行各业的运行方式，其中在城市规划中对城市数据的融合与推理，将对城市的运行机制与规划模拟产生重要影响，也为其他领域应用跨媒体数据分析提供重要的模式与示范意义。

案例 6-3-1　城市智能模型 CIM

　　CIM（City Intelligent Modeling）是一种依据城市空间数据模拟城市未来发展趋势的系统和方法。更具体地说，CIM 提供了一个系统性的架构及核心方法，可以作为城市规划设计和城市发展决策走向人工智能手段的基础方法。这种方法要求综合应用智能化技术建立高效的数据计算及反馈机制，并在设计过程中进行城市空间的信息整合及动态推延，通过人机交互实现设计项目的渐进优化。

　　CIM 引入了智能信息建模的系统方法，以及城市实时计算反馈技术。这要求在设计建模的过程中，能够快速进行反馈分析和模拟结果。从传统的三维建模到 CIM 在功能上有明显的演进，即新一代的城市建模技术不仅仅可以读取特定场地环境在地理信息系统（GIS）平台上的数据信息，还可以实时地更新数据、分析数据并生成不同的设计方案模型。在 2010 年上海世博会规划实践中，同济大学团队就为未来更美好的城市专门设计了动态城市信息模型。CIM 区别于 1988 年提出的 BIM（Building Information Modeling）建筑信息模型就是基于大数据实时监测监控技术的动态特征。

　　城市智能模型的关键保障是智能化技术自身的创新和发展。未来的智能化技术应当使计算机可以快速、准确地从输入模型中提取信息并且分析、反馈信息，才能有效地引导循序渐进的方案优化。因此，CIM 提供的方法不是单一技术，而是多项关键技术的集成，包括：

　　（1）城市建模技术。重点解决建立方案模型并且从模型中提取数据的问题。应

图 6-3-1　CIM 使用界面
资料来源：作者自制.

用三维建模技术、参数化建模技术、实体模型传感技术等，从模型精度、建模范围、模型体块、模型细节、模型数据、层级结构、命名方式、材质贴图、渲染规程 9 个方面提出建模标准。

（2）城市计算技术。重点解决城市信息计算、互动界面与数据信息发布的问题。应用人机交互技术、数据可视化技术、信息系统技术等，提供一种反馈方法作为城市智能模型基本计算模块，其本质是人与计算机的智能交互。在智能模型平台中，用户对城市规划进行干预，计算机对于用户的干预行为可以做出智能反应，对调整后的设计方案进行快速评价和判断，并将分析结果反馈给用户，从而完成一个基本循环。

（3）城市预测技术。重点解决对城市方案的评价或是对未来影响效益的预测。应用城市分析技术、城市模拟技术、虚拟现实技术等，在软件中整合城市数据，建立虚拟的方案模型，并且在建模的过程中由计算机同步完成分析、模拟并实现反馈。

6.3.2　群体智能探索城市规律

6.3.2.1　群体智能的定义

群体智能（Swarm Intelligence），起源于群居性动物群体的集体行为对分布式问题的解决方式，主要由众包（Crowdsourcing）以及人本计算（Human-Centered Computing）两个概念叠加组成。群体智能以其分布性、简单性、灵活性和健壮性在组合优化问题、知识发现、通信网络、机器人等研究领域显示出潜力和优势。群体智能是利用人或计算单体的感知、思考，在计算网络中以计算节点的主观选择表达个体的主观能动性；但通过整个网络的计算后，又能够对整体结果进行客观评价。现实中许多问题无法精确求解，但群体智能通过个体的协作表现出群体对问题的理解，从而逼近最优解，因此，群体智能是建立在大数据之上的一个协同网络优化过程。

6.3.2.2　公众参与中的群体智能

城市的地理地图一般包括城市的街道与建筑物，是客观性的代表。意象地图则是主观性的表现，是城市居民对他们所居住城市的映像。通常，旅游者刚到一个陌生的城市，会先记住几个参考点，如，他们居住的酒店、主要的广场和街道等，然后，再扩展这个城市在他们脑海中的图像。简而言之，他们慢慢地在脑海中给这个城市画图，人们通常会在那些容易辨认的城市中找到家的感觉。对于当地的居民而言，平时生活中一点一滴累积起来的印象会让城市充满家的意向。例如，每个上海人都对上海的某些地方有着深远的情愫，这也是为什么这么多年来，上海一直都保持着人们认为其本来应该有的样子。

凯文·林奇是第一位正式研究这种意象地图的研究者，他通过采访波士顿居民创造出了波士顿地区的心像地图。基于波士顿参与者手绘出的波士顿的样子，他发现只有一些中心地区是被所有波士顿居民所熟知的，其他很多地区都不是。十年以后，Stanley MILGRAM 重复做了这项实验，并扩展到其他地区和国家，如巴黎和纽约等。

但是手绘地图的缺陷在于需要花大量的时间，并且有些时候不能很清楚地将地图的布局组合在一起。一种解决方案是在参与者们出图的时候给予一些限制条件。参与者可以寻找认识采样点的居民来衡量城市意象。即，参与者向他们展示城市的样貌，看他们是否可以认识出这些地方是哪里。MILGRAM 确实成功地在各演讲厅里建立并且进行了这样的实验。每位参与者大概要花 90 分钟的时间参与，然后 MILGRAM 会收集这些信息。

6.3.2.3　群体智能空间分析方法

城市公共设施，如医院、车站、消防站、学校、公园等，作为城市空间的基本要素之一，是保证城市功能正常有序运行的必要条件。在公共设施布局中，如何选择合理的区位无疑具有重要的意义。它不仅关系到居民享有设施服务的公平性，更重要的是，在政府投资有限的情况下，将其服务的效用最大化，尽量使最多的居民受益。

根据选址问题最优解搜索方式的不同，现有的设施选址方法分为两类，一类是传统的规划方法，包括模糊动态规划法、匈牙利决策法等执行简单且速度快的方法；另一类是启发式搜索方法，包括遗传算法和差分进化等搜索问题最优解的方法，其中一种基于粒子群优化算法的群体智能选址算法在理论和实践方面都已取得很多成就。根据应用背景的不同，主要集中在配送中心选址、电力设施选址、水质监测点选址和多目标选址等问题上。

案例 6-3-2　StreetScore

　　MIT 的研究人员开发了一款名为 StreetScore 的评分平台，此平台基于 Google 街景照片的安全感知大数据平台，旨在量化街道的安全性，评判者就是民众，而这些量化的数据又同时为政府、学者提供了良好的工具。目前，MIT 的一个项目正在使用一种算法来预测街道的安全性，以帮助研究人员和城市规划师更好地了解城市。

　　2011 年，MIT 的一个研究小组请网民们玩一个游戏。他们从 Google 街景中挑选出两张具有地理标签的不同街道的照片，并把它们放在一起。然后，他们问用户："哪一张照片看起来更安全？更生活化？更令人沮丧？"一旦用户回答了，新的一

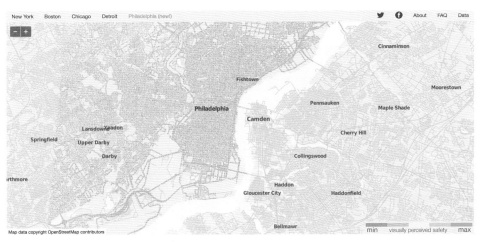

图 6-3-2　街道评分 StreetScore 平台

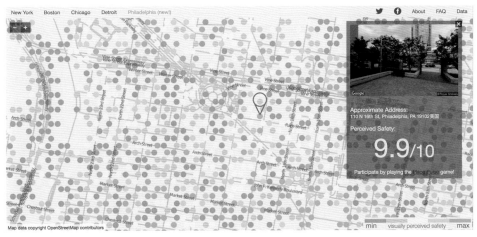

图 6-3-3　某街道得到了安全指数总分为 10 分中的 9.9 分
资料来源：MIT Place Pulse.

组照片将出现。这个项目，被称为"场所脉搏"（Place Pulse，http：//pulse.media.
mit.edu/），它被用于研究人们是如何基于建筑物的外观、树木绿化和人行道的风貌
来感知街道的安全性。目前，全世界已有超过 80000 人参与，10 万多张照片产生了
超过 130 万的点击量。

　　MIT 的另一组研究人员使用全部的上述数据建立了一种算法，这种算法基
于每张照片里所展现出的颜色、结构和形状来计算街道的安全指数。该算法考虑
了每张照片里的四种成分：建筑物、树木、土地和天空。作为被称作"街道评分
StreetScore"项目的一部分，这些地图由绿色（被认为是最安全的）、黄色、橘黄色
和红色（被认为是最不安全的）的散点组成。

　　像其他所列城市的地图一样，费城的地图显示，公路和河滨通常被认为是最不
安全的地方。通常来说，建筑物的外观会产生很大影响。例如，照片中有光鲜摩登
建筑物的街道会比那些有古老砖木房屋的街道安全指数来得高。同时，树荫成排的
街道往往会比空空如也的道路安全指数高。

　　至今，这个团队的成果已覆盖美国 25 座城市，并且正致力于扩展该项目的用途，
不仅用于分析安全感知，并用此分析全球范围内城市的魅力值与活力度。

6.3.3　人机合智推演城市规律

6.3.3.1　混合增强智能

　　近半个多世纪的人工智能研究表明，机器在搜索、计算、存储、优化等方面
具有人类无法比拟的优势，然而在感知、推理、归纳和学习等方面尚无法与人类智
能相匹敌。鉴于机器智能与人类智能的互补性，混合智能（Cyborg Intelligence，
CI）的研究新思路被提出，即，将智能研究扩展到生物智能和机器智能的互联互通，
融合各自所长，创造出性能更强的智能形态。混合智能是以生物智能和机器智能的
深度融合为目标，通过相互连接通道，建立兼具生物（人类）智能体的环境感知、
记忆、推理、学习能力和机器智能体的信息整合、搜索、计算能力的新型智能系统。

　　比传统的仿生学（Bionic）或生物机器人（Biorobot）更进一步，混合智能系
统要构建一个双向闭环的既包含生物体，又有人工智能电子组件的有机系统。其中，
生物体组织可以接受人工智能体的信息，人工智能体可以读取生物体组织的信息，

两者信息无缝交互。同时，生物体组织对人工智能体的改变可实时反馈，反之亦然。混合智能系统不再仅仅是生物与机械的融合体，而是同时融合生物、机械、电子、信息等多领域因素的有机整体，实现系统的行为、感知、认知等能力的增强。

6.3.3.2　认知计算

认知科学是包含了心理学、语言学、神经科学和脑科学、计算机科学，以及哲学、教育学、人类学等许多不同领域学科的一门广泛的综合性科学。其中，认知计算是认知科学的子领域之一，也是认知科学的核心技术领域，认知计算对于未来信息技术、人工智能等领域均有着十分重要的影响。

认知计算最简单的工作是说、听、看、写，复杂的工作是辅助、理解、决策和发现，认知计算是一种自上而下的、全局性的统一理论研究，旨在解释观察到的认知现象（思维），符合已知的自下而上的神经生物学事实（脑），可以进行计算，也可以用数学原理解释。认知计算的一个目标是让计算机系统能够像人的大脑一样学习、思考，并做出正确的决策。人脑与电脑各有所长，认知计算系统可以成为一个很好的辅助工具，配合人类进行工作,解决人脑所不擅长解决的问题。人机交互能力，以数据为中心的体系设计，以及类似人脑的自主学习能力，这为人类应对大数据挑战开启了新方向。

理想状态下，认知计算系统应具备以下四个特性。

一、辅助（Assistance）功能。认知计算系统可以提供百科全书式的信息辅助和支撑能力，让人类利用广泛而深入的信息，轻松成为各个领域的"资深专家"。

二、理解（Understanding）能力。认知计算系统应该具有卓越的观察力和理解能力，能够帮助人类在纷繁的数据中发现不同信息之间的内在联系。

三、决策（Decision）能力。认知计算系统必须具备快速的决策能力，能够帮助人类定量地分析影响决策的方方面面的因素，从而保障决策的精准性。认知计算系统可以用来解决大数据的相关问题，比如通过对大量交通数据的分析，找出解决交通拥堵的办法。

四、洞察与发现（Discovery）。认知计算系统的真正价值在于，可以从大量数据和信息中归纳出人们所需要的内容和知识，让计算系统具备类似人脑的认知能力，从而帮助人类更快地发现新问题、新机遇以及新价值。

6.3.3.3　生成对抗网络

卷积网络之父 Yann LeCun 曾说："对抗训练是切片面包发明以来最令人激动的事情。"GAN 启发自博弈论中的二人零和博弈,由 Goodfellow 开创性地提出。这些网络的要点为: 有两个模型,一个是判别模型(Discriminative model),另一个是生成模型(Generative Model)。判别模型的任务是判断给定的图像看起来是自然的还是人为伪造的(图像来源于数据集)。判别模型是一个二分类器,判别输入是真实数据还是生成的样本。这个模型的优化过程是一个"二元极小极大博弈(minimax two-player game)"的问题,训练时固定一方,更新另一个模型的参数,交替迭代,使得对方的错误最大化,最终估测出样本数据的分布。生成模型的任务是生成看起来自然真实的、和原始数据相似的图像。生成模型捕捉样本数据的分布,像"一个试图生产和使用假币的造假团伙",而判别模型像"检测假币的警察"。生成器(Generator)试图欺骗判别器(Discriminator),判别器则努力不被生成器欺骗。模型经过交替优化训练,两种模型都能得到提升,直到到达一个"假冒产品和真实产品无法区分"的点。

案例 6-3-3　Unanimous AI

Louis ROSENBERG 认为人类能够进行集群化,但必须提供一些技术去填补那些进化尚未提供的空白区域,因此他创建了 Unanimous AI。更具体地说,当那些被互联网连接在"闭环"(Closing the Loop)内的在线用户表现得像一个实时同步的系统时,群体智能就出现了。这就是 Unanimous AI 一直在做的事情,结果非常令人兴奋。

在 UNU 的平台上,大量在线用户可以通过协作移动冰球图形,从一组可能的答案中进行选择,回答问题并做出决定。冰球由中央服务器产生,并被建模为具有定义质量、阻尼和摩擦力的真实世界物理系统。群中的每个参与者连接到服务器后,被提供为一个可控制的磁体图形,其允许用户实时地、自由地将压力矢量施加在冰球上。冰球受到群体的影响而移动,不仅是基于任何参与者个体的输入,而是动态地基于所有群组成员闭环循环反馈。分布式的网络用户集群系统可以用这种方式实现实时同步控制。

通过实时对冰球的协同控制,联网成员之间实现了物理意义上的协商。所有参与的用户都能够同时推动冰球,共同探索决策空间并合成最合适的答案。但答案真的有价值吗?

为了测试答案的价值，Unanimous AI 的研究人员邀请了一组新用户，要求他们执行一些可验证的智力任务。例如，这些团体被要求对 NFL 季后赛、金球奖、超级碗、2015 年奥斯卡、斯坦利杯、NBA 总决赛以及最近的女子世界杯的获胜者做出预测。在所有案例中，群体所作的预测比个体预测更准确。事实上，这些群体甚至比每个群体中最专业的人都表现得更好。群体的表现也超过了群众简单"投票"统计的结果，胜过了统计分布特征的传统方法。简而言之，初步测试表明，人类群体不仅仅揭示了"群体的智慧（Wisdom of the Crowd）"，而且可以解锁人类的集体智慧（the Collective Intelligence of Populations）。

资料来源：https：//unanimous.ai/.

6.4　城市规划中的博弈论
Game Theory in Urban Planning

6.4.1　为什么使用博弈论

决策者，即城市土地利用利益相关者，在土地使用过程中做出的决策行为直接或间接地影响了土地资源的结构空间布局与质量。土地使用决策是决策行为的一种，从决策理论的角度来看，也存在着目标是否合理、方案是否可行、代价是否最小、副作用是否最小的问题，而博弈论是解决决策问题的方法之一。因此，土地使用决策行为可以尝试用博弈论的方法来进行研究。

与传统的经济学中分析个人决策相比，博弈论的优势是将他人的选择作为一个变量加入到分析个人选择的效用函数里，同时考虑个人的选择行为对这个变量的影响。因此，博弈论在分析现实的土地利用决策问题时，更加符合实际情况。

6.4.2　城市空间博弈的主客体

根据利益相关者理论，城市空间的利益相关者是与土地资源的开发与利用有联系的个人、团体或组织，包含政府、规划师、市民及社会团体（简称市民）、资本等不同的利益群体。政府主要包括中央政府、省、市、县等各级地方政府及相关部门，他们是城市空间政策的决策者、组织者与执行者；规划师包括规划设计单位以及规划管理部门，他们是研究城市空间政策、城市的未来发展、城市的合理布局和综合安排城市各项工程建设的具体执行者；市民及社会团体包括农民、城市居民、企业以及非营利组织等，其生活和生产方式与城市政策的制定与调整、土地资源的分配与利用等方面的问题密切相关；资本则是在城市建设过程中的主要资金来源，享受城市发展带来的资本红利。

城市空间主要包括住宅区、工业区和商业区，并且具备行政管辖功能。这也是城市空间博弈的客体。各利益相关者掌握的资源是有限的，而各方博弈是为了在城市发展的共同利益下，尽量争取己方的最大利益。比如，政府希望在短期内获得最大的 GDP 提升，其重心会以工业与商业为主；规划师希望城市长期地健康发展，以各种用地的平衡作为其博弈策略；资本以资本回报为博弈目标，对空间的需求更多与政府相似，以工业、商业以及居住用地的房地产开发为主；市民及社会团体代表了广大市民的利益，他们更多需求更便捷的基础设施，更健康的生活环境，因此他们在博弈中会争取更多的绿地、更多的公共服务设施。

6.4.3 城市空间博弈策略

6.4.3.1 政府控制型土地利用规划模式

政府控制型土地使用规划模式是一种传统的土地使用规划模式，它是计划经济体制下的规划产物，是在国民经济和社会发展长期计划的指导下，在全国经济区划的基础上开展的。

6.4.3.2 政府主导型土地使用规划模式

政府主导型土地使用规划模式也是以政府的土地使用主张为土地使用规划决策的主要参考依据，但是与政府控制型土地使用规划模式不同，政府在规划过程中会向公众宣传土地使用规划，引导公众参与土地利用规划与管理，并在一定程度上听取公众的意见。

6.4.3.3　公众政府共同参与型土地使用规划模式

要保障社会公平和效率兼得，就必须在规划过程中引入公众参与机制，重视规划中公众参与与政治参与的有机协调。公众政府共同参与型土地使用规划模式与政府主导型土地使用规划模式相比，无论在公众参与的方式上，还是参与的范围上，都向前更进了一步。

案例 6-4-1　CityGo 城市推演系统

CityGo 城市推演系统的原型由同济大学吴志强院士首先提出。CityGo 的设想源于围棋。根据城市发展的理论，城市的发展演进是一种多方博弈的结果。因此，将城市的发展过程抽象总结为"四人下六子"的模式。四"人"包括：政府、规划、资本、市民，六种棋子包括：商业、居住、工业、绿地、交通、服务。

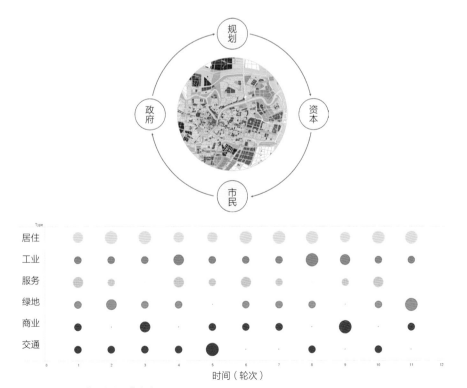

图 6-4-1　CityGo"四人六子"框架
资料来源：作者自制．

　　CityGo 对于城市中多种变化的发生进行了高度的概括与凝练，可基本反映城市发展的过程。它将复杂的城市变化总结为几种基本的类型，建立数学模型，并借助计算机的强大计算能力对这一过程进行模拟仿真。通过输入大量的现实数据，系统可以修改调校模型中的参数，从而不断逼近现实状况。基于上述训练的模型可实现对于城市发展的推演。系统综合了城市诊断、城市模拟和城市推演的三个过程，是城市空间决策的很好的理性支撑。

本章小结
Chapter Summary

　　在人工智能如火如荼发展的今天，传统的城市规划行业也将借助人工智能技术，快速、准确地理解城市空间，诊断城市问题，优化规划方案，模拟城市未来。

　　人类对空间的理解主要依靠眼睛的感知，机器对城市空间的理解大多来源于图像。街景图像与卫星影像分别从人与鸟瞰的视角描述城市的空间结构与发展轨迹。理解这些图像的共性与差异，可使规划师更深刻地理解城市空间。除图像以外，城市空间与虚拟空间每天都会产生海量的数据，如何将不同类别的数据赋予对应城市空间维度中的意义，也是新型城市规划师在城市数据跨媒体空间理解领域需要攻克的难题。

　　飞速发展的机器学习领域是人工智能中发展较为成熟的分支，现已有规划师利用机器学习算法构建城市问题诊断模型，从大量的数据中发现规划师凭经验无法意识到的城市规律。但当前的模型仍偏重于安全、能耗等单一指标的评价，无法揭示作为一个整体的城市空间在空间形态与政策支持方面如何进行改善。

　　市民群体产生的群体行为对城市运行产生了巨大的影响。市民移动数据结合群体计算、多代理人模型等算法框架，能够对市民群体状态进行模拟，以此评价规划方案是否合理。另外，政府、规划师、资本等不同城市运行主体与市民的群体行为共同基于各自利益，对城市空间场所的偏好选择产生影响。

参考文献

[1]　http：//www.citory.net/cimage/. 基于图片的城市感知.

[2]　https：//unanimous.ai/. 群体智能平台.

[3]　http：//pulse.media.mit.edu/. 街道评分 StreetScore 平台.

[4]　董超，毕晓君. 认知计算的发展综述 [J]. 电子世界，2014（15）：200-201.

[5]　凯文·林奇. 城市意象 [M]. 方益萍，何晓军，译. 北京：华夏出版社，2001.

[6]　城室科技 C-Image.http：//www.citory.net/cimage/.

[7]　Zhang, J., Zheng, Y., & Qi, D.. Deep spatio-temporal residual networks for citywide crowd flows prediction. In Thirty-first AAAI conference on artificial intelligence, San Francisco, California：2017.

[8]　Place Pulse. MIT.

城市规划方法

第 二 篇

城市规律认知方法

PART 2

Cognitive Methods of City Laws

07

回归模型 | Regression Models

7.1 回归模型介绍
An Introduction to Regression Models

7.1.1 线性回归模型

"回归"的概念由遗传学家弗朗西斯·高尔顿（Francis GALTON）最先提出。他在寻找遗传算法时发现，高个子父亲倾向于有高个子儿子，但儿子身高仍略矮于父亲，矮个子父亲倾向于有矮个子儿子，而儿子身高却略高于父亲。高尔顿称这种现象为"向平均水平回归"，并基于此提出了回归分析的方法。

回归模型是数理统计中最常用的数据分析模型之一，用来处理两个及两个以上变量间的相依存关系。该方法依据事物之间的因果关系，在大量原始观测数据的基础上，建立自变量与因变量的函数表达式，确定回归方程，预测事物今后的发展趋势。

利用回归模型对城市某一要素进行预测分析，是城市规划工作在科学定量分析技术上的一大步，也是目前为止在城市规划领域应用最广泛的定量分析工具，被大量用来预测、模拟城市未来的人口、用地、经济等的变化与发展。

回归分析中，当研究的因果关系只涉及因变量和一个自变量时，叫作一元回归分析；当研究的因果关系涉及因变量和两个或两个以上自变量时，叫作多元回归分析。此外，又依据回归分析中描述自变量与因变量之间因果关系的函数表达式是线性的还是非线性的，分为线性回归分析和非线性回归分析。线性回归分析法是最基本的分析方法，遇到非线性回归问题可以借助数学手段化为线性回归问题处理。

7.1.1.1　一元线性回归模型

一元线性回归模型描述两个变量之间的线性相关关系。假设有两个变量 x 和 y，x 为自变量，y 为因变量。则一元线性回归模型的函数表达式为：

$$y=a+bx$$

式中，a 和 b 为待定的参数，亦可称 a 为截距，b 为斜率；图 7-1-1 中斜线称为回归线。

（1）最小二乘法

建立一元线性回归模型的关键是确定参数 a 和 b。在此引入最小二乘法的概念。

在实际观测值 y 与回归估计值 $\hat{y}$ 之间，存在偏离，这个偏离即实际观测值与回归估计值之间的误差大小。根据最小二乘法原理，误差的平方和越小，估计值与观察值越逼近，使误差的平方和最小的 a 与 b 即为参数 a 和 b 的拟合值。

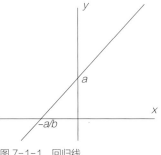

图 7-1-1　回归线

现在的统计分析软件，Excel、Spss 等都提供了便捷的回归分析工具，用户不需要了解模型的详细推导计算过程，只需要了解模型本身含义与关键指标意义，即可进行应用分析。读者可查阅相关的计量书籍学习了解复杂而详细的推导过程。

（2）回归检验

回归模型建立以后，需要对模型的质量进行检验，主要有 5 种检验方法：

相关系数 R

相关系数 R 主要用于检验拟合模型的线性关系的显著性程度，其平方称为测定系数（或判定系数、拟合优度）。测定系数反映了自变量对因变量的解释程度，例如，$R^2=0.9$，即表示自变量对因变量有 90% 的解释能力。

相关系数的变化范围为 [-1，1]，其统计学意义如下：

相关系数 R 统计学意义　　　　　　　　　　表 7-1-1

$R<0$	$R>0$	$R=0$	$R=1$
负相关	正相关	不相关	完全相关

标准差检验

用于检验回归模型的拟合精度，拟合精度越高，则其预测的精度越高。标准差 s 的计算公式如下：

$$s=\sqrt{\frac{1}{n-k-1}\sum_{n=1}^{n}(y_i-\hat{y}_i)^2}$$

它反映了预测值与实际值的平均误差总和的统计平均结果，因此标准差越小，模型的精度就越高。

F 检验

用来检验 x 与 y 之间的总体相关性，即 x 与 y 之间的线性关系在统计学上是否可以被接受。F 的计算公式如下：

$$F=\frac{\frac{1}{k}\sum(\hat{y}_i-\bar{y})^2}{\frac{1}{n-k-1}\sum(y_i-\hat{y}_i)^2}$$

F 值越大则模型效果越佳。统计量 F 服从于自由度 $f1=n-2$ 的 F 分布，在显著性水平 α 下，若 $F>$ 临界值 $F\alpha$，k、n，则认为回归方程在此水平上显著（回归的关系显著），检验通过。

t 检验

用于检验回归系数 a 和 b 是否具有统计学意义，特别是对截距 b 的检验，若 b 无意义，取值为 0，则模型的回归函数变为 $y=a$，失去了原本的作用。t 统计量越大越好，在某一显著性水平下，如果 $|t|$ 不小于临界值，则说明 b 具有统计意义。

DW 检验

DW 检验又叫序列相关检验，检验同一变量前后之间的相关关系。实测函数

$$y=a+bx+\varepsilon$$

ε 称为随机误差项，它包含默认的假设，即随机误差项之间互不相关，也就是不存在序列相关。

在对城市和人文地理的研究中，序列相关现象比较常见，例如，现在的经济总量与过去的经济总量相关。因此，对于社会经济人口的回归预测，有必要进行 DW 检测。

如果存在序列相关，当采用最小二乘法来计算一元线性回归的参数 a 和 b 时，a、b 的估计值不会再具有最小方差，即它们不再是有效的估计量，有可能造成预测失效。

d_L、d_U 分别临界为 DW 的左右值（d_L 和 d_U 为查表得到的临界值）　表 7-1-2

DW 值	检验结果
$(4-d_L) \leq DW < 4$	负序列相关
$0 < DW \leq d_L$	正序列相关
$d_U < DW < (4-d_U)$	无序列相关
$d_L < DW \leq d_U$	检验无结论
$(4-d_U) \leq DW < (4-d_L)$	检验无结论

资料来源：作者自制．

7.1.1.2　多元线性回归模型

现实的分析对象，如人口、GDP、城市用地扩张，都不是单一因素作用的结果，而是多要素之间环环相关的。因此，多元线性回归的模型更有普遍意义。

假设因变量 y 受 k 个自变量 x_1，x_2，…，x_k 的影响，那么，多元线性回归模型的函数可以写作：

$$y = b_0 + b_1 x_1 + b_2 x_2 + \cdots + b_k x_k$$

其中，b_0、b_1、b_2 为待定的偏回归系数。

（1）最小二乘法

采用最小二乘法原理，偏回归系数的估值，要满足

$$min \sum_{i=1}^{n} (y_i - \hat{y}_i)^2$$

即，实际观测值 y 与回归估计值 $\hat{y}$ 之间的误差的平方和最小。

（2）回归检验

多元线性回归模型分析结果检验方法，与上节所述的一元线性回归模型的检验方法相似，包括相关系数检验、剩余标准误差检验、F 检验、t 检验和 DW 检验。多元回归分析的结果检验比一元回归分析的情况复杂。一元回归的检验中，相关系数、F 检验和 t 检验可以等价，而多元回归模型中，这些检验方法各有侧重，无法等价。

相关系数

在多元回归模型中，由于自变量常常较多，容易出现将伪相关甚至不相关因素纳入分析的情况，因此，需要多种相关系数联合检验。

对总体相关效果检验的复相关系数公式为:

$$R= \sqrt{\frac{\sum (\hat{y}_i - \bar{y})^2}{\sum (y_i - \bar{y}_i)^2}}, \ 0 \leqslant R \leqslant 1$$

复相关系数包含了所有自变量与因变量的相关信息, 类似于一元线性回归中的相关系数。

检查变量之间的两两线性关系, 可以使用偏相关系数, 它是排除了其他相关因素影响后, 单纯反映某个自变量与因变量之间的密切程度的一个参数。计算方法如下:

$$R_{x,y}= \frac{R_{yx_1} - R_{yx_2} R_{x_1 x_2}}{\sqrt{(1 - R_{yx_2}^2)(1 - R_{x_1 x_2}^2)}}$$

剩余标准误差

剩余标准误差检验等同于一元线性回归中的标准误差检验, 用来考察模型拟合精度, 方法、意义和流程上与一元线性回归模型相似。

F 检验、*t* 检验、*DW* 检验

整体来说 *F* 检验、*t* 检验和 *DW* 检验的计算逻辑与方法和一元线性回归模型中介绍的类似, 在此不做赘述。需要补充的是, *t* 检验用于对回归系数的检验, 因此多元线性回归中, 每个回归系数都对应一个 *t* 值, 需要一一检验。

(3)多重共线性

多元回归模型较一元回归模型, 更需要考虑共线性的问题。进行回归分析的时候, 隐含一个默认假设, 即自变量之间线性无关。如果两个自变量之间存在高度的线性相关(相关系数很高), 则表示一个变量蕴含了另一个变量的大量信息, 类似于重复引入了解释因素。此外, 如果解释变量之间存在线性相关, 最小二乘法也不适用。例如, 在对某一地区人口做回归预测时, 同时引入女性人口占比和男性人口占比作为解释变量, 很可能导致模型错误, 因为本质上这两个变量提供同一种信息。

判断多重共线性是否存在, 可以利用不包含某个变量的复相关系数来检验, 复相关系数越大, 则该变量与其他变量发生共线性的程度越严重。

消除共线性的方法可以归结为以下 3 点: ①去掉不必要的解释变量; ②增加观测值; ③采用逐步回归方法以减小共线性影响。

7.1.2 非线性回归模型

在作为分析预测对象的现实世界中，大量的规律都是非线性的。非线性回归是线性回归的延伸，通过变量代换可将很多复杂的非线性模型转换为线性回归，因此可运用建立线性回归模型的方法，采用最小二乘法进行回归运算，以认识现实要素之间的非线性关系。选择适合的曲线需要依靠专业知识与经验，常见的曲线类型包括：幂函数、指数函数、抛物线函数、对数函数以及"S"形曲线等。本书对常用的几种模型的函数表达式、函数图像、线性变化方法和一些应用实例做了简单汇总，具体见表7-1-3。

常用模型函数表达及应用汇总表　　　　　　表7-1-3

模型类型	函数表达式	函数图像	线性变化方法	应用举例
指数模型	$y=ae^{bx}$		$\ln y=\ln a+bx$ $y'=a'+bx$	Clark模型
对数模型	$y=a+b\ln x$		$x'=\ln x$ $y=a+bx'$	住宅价格空间分异
幂函数模型	$y=ax^b$		$\ln y=\ln a+b\ln x$ $y'=\ln y,\ a'=\ln a,\ x'=\ln x$ $y'=a'+bx'$	城市人口 - 空间异速生长
正态模型（高斯函数）	广义函数：$y=ae^{bx^2}$ 标准函数： $f(x)=\dfrac{1}{\sqrt{2\pi}\sigma}e^{-\frac{(x-\mu)^2}{2\sigma^2}}$		$\ln y=\ln a+bx^2$ $y'=\ln y,\ a'=\ln a,\ x'=x^2$ $y'=a'+bx'$	轨道交通客流分配
对数正态模型	$y=ae^{b(\ln x)^2}$, $(a>0)$		$\ln y=\ln a+b(\ln x)^2$ $y'=\ln y,\ a'=\ln a,$ $x'=(\ln x)^2$ $y'=a'+bx'$	城市或非城市的夜间灯光概率密度分布

续表

模型类型	函数表达式	函数图像	线性变化方法	应用举例
双倒数模型	$\frac{1}{y}=a+b\frac{1}{x}$，（$a>0$）		$y'=\frac{1}{y}$，$x'=\frac{1}{x}$ $y'=a+bx'$	城市化水平
Logistic 模型	$y=\frac{k}{1+ae^{-bx}}$，（$a>0$，$b>0$，$k>0$）		$\ln(\frac{1}{y}-1)=\ln a-bx$ $y'=\ln(\frac{1}{y}-1)$，$a'=\ln a$ $y'=a'+bx$	城镇化过程模拟
生产函数模型	$y=ax_1^{b1}x_2^{b2}$，（$a>0$）	三维乃至多维	$\ln y=\ln a+b_1\ln x_1+b_2\ln x_2$ $y'=\ln y$，$a'=\ln a$， $x_1'=\ln x_1$，$x_2'=\ln x_2$ $y'=a'+b_1x_1'+b_2x_2'$	城市引力模型
多项式模型	$y=a_0+a_1x+a_2x^2+\cdots+a_nx^n$		$x_n'=x^n$ $y=a_0+a_1x+a_2x_2'+\cdots+a_nx_n'$	城市蓄水量预测

资料来源：作者自制．

7.2　回归模型在城市规划中的应用
The Application of Regression Models in Urban Planning

7.2.1　城市人口预测

城市人口的预测是一项政策性和科学性很强的工作，要确定城市人口的发展规模，需要对城市人口的历史变化轨迹、现状人口特征、城市发展条件与限制、未来的社会经济发展目标等进行统筹的考量。

由于受到众多因素影响，以及未来事件发展的不确定性，城市人口的预测需要采用多方法、多参数、多情境等设计多套预测方案。另外，各城市基础资料的完善度不同，对人口预测的方法和精度也有不同的限制。因此，城市人口的预测方法的采用要因地制宜、灵活多变，可以制定若干主要方法和辅助方法，综合考量城市的环境承载力、环境容量，以确定未来的人口规模。

目前，城市人口预测的模型主要仍为回归模型，包括一元线性回归模型、指数模型、双曲线模型等。

7.2.1.1 时间序列法：一元线性回归的人口预测模型

时间序列法是基于城市历史人口数据变化推测未来人口规模趋势的一种方法，是一种相对简单的一元回归模型。

它以城市人口为因变量，年份为自变量，通过探索两者之间的关系，建立人口预测模型，模型的函数表达式如下。

$$P_t = a + bY_t$$

其中，P_t 表示目标年末城市人口的规模，Y_t 表示目标年份，a 和 b 分别为截距与系数。

由一组人口与年份的历史数据拟合得到 a、b 参数的拟合值，对模型进行回归检验判定模型是否成立。一般来说，对人口的预测中，拟合优度 $R2$ 应该在 0.7 以上，否则应考虑扩大样本量或者更换模型进行优化。

时间序列法隐含了一个假设，即城市人口的变化较为规律平稳，未来不会有重要事件引起人口突变。同时，这种方法对城市的历史人口数据基础的要求也较高，若历史数据较少，回归结果的可信度将大打折扣。

案例 7-2-1 某城市 2020 年人口预测实例

从某城市 1996—2005 年城市人口数据（表 7-2-1），以时间序列法预测其 2020 年城市人口的方法是根据前 10 年的城市人口数据，建立城市人口与时间的线性回归模型，根据拟合出的方程，$R2$ 值达到 0.8757，可以进行预测。预测城市 2020 年城市人口 $y=0.9382 \times 2020 - 1842 = 53.16$ 万人。

某城市 1996—2005 年城市人口数据 表 7-2-1

年份	城市人口（万人）	年份	城市人口（万人）
1996	29	2001	36.4
1997	31	2002	35.1
1998	33.5	2003	37.5
1999	34	2004	37.9
2000	36	2005	38.2

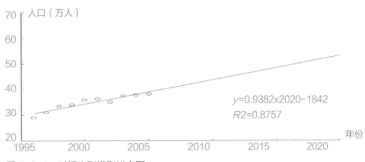

图 7-2-1　时间序列模型拟合图
资料来源：吴志强，李德华 . 城市规划原理 [M]. 4 版 . 北京：中国建筑工业出版社，2010.

7.2.1.2　综合增长率法：指数函数的人口预测模型

综合增长率法与时间序列法都是基于历史人口数据进行的未来人口预测推导。但是综合增长率法引入了增长率的概念，根据人口的综合年均增长率来预测未来的人口发展情况，其模型函数如下：

$$P_t = P_0 \left(1+r \right)^{n}$$

其中，P_t 表示目标年末的人口规模，P_0 表示基准年的人口规模，r 表示人口的年均增长率，n 表示距离基准年的年限（$t_n - t_0$）。

综合增长率法可以同时考量城市的经济发展、资源环境等各方面的因素，参考同类城市的发展路径，确定多个综合年均增长率 r，以形成多个人口预测方案。

与时间序列法类似，综合增长率主要适用于人口发展相对稳定的城市，对于新建或发展受外部条件影响较大的城镇不适用。综合增长率法的优势在于，提供了一种参照同类城市人口增长率的可能性。

案例 7-2-2　某城市 2020 年人口综合增长率法预测

某城市 1995—2000 年城市人口年均增长 25.7‰，其中自然增长率为 9.6‰，机械增长率为 16.1‰，而 2001—2005 年，人口年均增长率提高到 30.9‰，但其中自然增长率 6.6‰，机械增长率提高到 24.3‰。2005 年的人口达到 88.72 万人。因此对 2020 年的城市人口预测计算如下：

高方案：从人口年龄构成上可以看出，育龄妇女年龄段人口正步入高峰期，在今后 10 年将面临生育高峰，自然增长率会有所上升，参照前 10 年的自然增长率，取后 15 年的自然增长率为 7‰。而由于铁路干线建成，国家对开发中西部地区的政策倾斜，人口机械增长率还将保持 24.0‰ 的水平。因此形成人口预测的高方案：

$$r_{高} = 7‰ + 24‰ = 31‰。$$

中方案：按照 10 年的平均年综合增长率形成人口预测的中方案：

$$r_{中} = （25.7‰ + 30.9‰）/2 = 28.3‰。$$

低方案：考虑随着计划生育政策继续落实，人口素质提高，生育率将持续下降，尽管未来存在一个生育高峰，自然增长率在未来 15 年仍然可能维持在 6‰ 这个较低的水平上。而因为该城市的城市化水平已经超过了 50%，城市化过程将进一步放缓，综合考虑中西部政策倾斜，其未来 15 年人口机械增长率能保持在 1995—2000 的水平 16‰。因此，形成人口预测的低方案：

$$r_{低} = 6‰ + 16‰ = 22‰。$$

因此，根据综合增长率法预测 2020 年城市人口规模如下：

高方案：城市人口规模 = 88.72（1+31‰）^{15} = 140.25 万人；

中方案：城市人口规模 = 88.72（1+28.3‰）^{15} = 134.84 万人；

低方案：城市人口规模 = 88.72（1+22‰）^{15} = 122.97 万人。

资料来源：吴志强，李德华. 城市规划原理 [M]. 4 版. 北京：中国建筑工业出版社，2010.

7.2.1.3　增长曲线法：曲线函数的人口预测模型

增长曲线法也是基于历史人口变化的建模预测方法，其本质是非线性回归模型中的曲线模型，根据不同的人口增长特质，可以是急速增长的指数型增长曲线、变化波动的多项式曲线，也可以是 "S" 形增长的 Logistic 生长曲线等。较时间序列法和综合增长率法，增长曲线法，特别是 "S" 形特征的曲线模型，更符合现实的人口变化特征，主要原因为：①存在极值，反映城市发展存在人口的极限规模；②存在拐点，可反映城市人口增长并不是匀速这一阶段性特征。

以《城市规划原理》（第四版）中介绍的增长曲线法的计算函数为例：

$$P_t = P_m /（1 + aP_m b^n）$$

其中，P_t 表示目标年末的人口规模，P_m 表示最大人口容量，n 表示预测目标年份至预测基准年份的年限差。

对于城市最大人口容量 P_m 的确定，需要综合考量城市的自然承载力、环境容量和未来社会经济发展政策等的影响因素，也可以借鉴同类城市的发展经验，这也是增长曲线法操作过程中的技术难点。

案例 7-2-3：某城市 2020 年人口增长曲线方法预测

以时间序列法中案例 7-2-1 的数据为基础，该市城市人口容量为 60 万，同时根据该市的资源环境条件等相关研究成果，利用软件对城市 10 年人口数据进行增长曲线拟合，得到 R_2=0.881，a=0.017，b=0.938。

则：该城市 2020 年城市人口 =60/（1+0.017×60×0.938^{25}）=49.76 万人

资料来源：吴志强，李德华 . 城市规划原理 [M]. 4 版 . 北京：中国建筑工业出版社，2010.

7.2.1.4　城市人口空间结构演变

城市人口空间结构是指人口在城市内部的空间分布特征，包括人口密度、人口按各种属性在空间上的分布情况等。城市发展伴随着城市人口空间结构的重构，城市人口空间结构的变化一方面反映城市内部空间结构的变化，另一方面也影响着城市的社会经济等诸多要素结构布局的变化。一般城市中心区、旧城区人口密度较高，而城区边缘人口密度较低。通过人口密度模型对人口分布规律进行定量描述，可以理解为城市某地的城市人口密度是城市中心人口密度和该地距城市中心距离的函数，即描述人口密度随距城市中心距离变化而变化的规律。较为常见的人口密度模型有 Clark 模型、Sherratt 模型、Newling 模型。以 Clark 模型为例，其函数形式为：

$$D_d=D_0*e^{-bd}$$

其中，D_d 表示城市某地的人口密度，D_0 表示城市中心的人口密度，d 为该地距城市中心的距离。它反映了城市人口密度在城市中心最高，随着离市中心的距离增加，人口密度起初快速递减，然后平缓递减的城市人口密度分布形态。

城市人口空间的变化影响城市居住、业产、商业、教育、交通等各类用地和设施的规划布局。城市规划应调研城市人口空间结构的现状及存在的问题，预测人口空间结构的变化趋势，制定人口空间结构调整的目标，配合以相应的用地、设施和政策的规划安排。

7.2.2　城市社会经济发展

7.2.2.1　住宅价格与城市中心距离关系

一元线性回归模型描述两个要素之间的线性关系，以表 7-2-2 为例，城市要素变量 X 代表离市中心距离，是模型中的自变量，Y 代表房价，是因变量，则一元线性回归模型的结构形式为：

$$Y=a+bX$$

a 和 b 为参数拟合值，可通过对 X 与 Y 的一系列观察值做统计分析获得。具体步骤与原理请参考相关专业书籍。

某市住宅单价与住宅离中心距离相关系数计算　　　　　表 7-2-2

住宅编号	单价（千元）Y	离市中心距离（公里）X	Y^2	X^2	XY
1	12	1	144	1	12
2	6	10	36	100	60
3	9	6	81	36	54
4	4	15	16	225	60
5	10	3	100	9	30
6	7	10	49	100	70
7	6	14	36	196	84
8	5	9	25	81	45
9	7	9	49	81	63
10	8	4	64	16	32
合计	74	81	600	845	510

资料来源：吴志强，李德华．城市规划原理 [M]．4 版．北京：中国建筑工业出版社，2010．

7.2.2.2　数据驱动的城市设计本地效应识别

数据驱动的城市设计本地效应识别采用一个具体回归分析的路径，以推导针对房价控制的"因地制宜"的城市设计策略。其主要手段是构建一种基于路网距离的地理加权回归模型，识别整体和局部因子，将局部因子的决定系数分布进行聚类分析，以拟合优度损失最小为原则选择合适的分区。

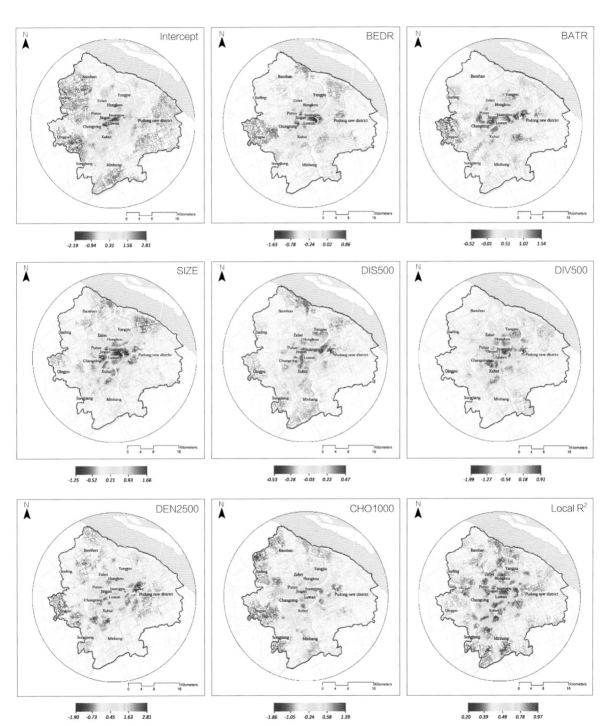

图 7-2-2　基于路网的各个局部因子对房价影响的判别系数分布

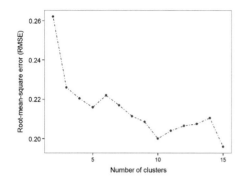

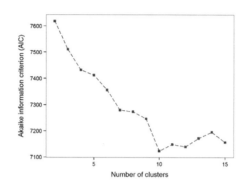

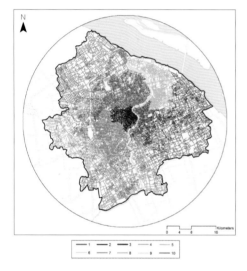

图 7-2-3　基于路网的房价次级市场识别
资料来源: Shen, Y. and Karimi, K., 2017. The
economic value of streets: mix-scale spatio-
functional interaction and housing price patterns.
Applied Geography, 79, pp.187-202.

7.2.2.3　投入产出模型

　　投入产出分析是分析经济系统各部门间平衡关系的经济数量方法。该方法将区域经济看作一个由不同经济成分相互依存所组成的网络，从区域内部和外部研究购买或销售产品与服务。经济成分可以划分为 10 至 500 个甚至更多的部门，具体的划分数量和标准根据当地经济的表现特征、经济研究的目的、数据的有效性、时间以及计算能力等因素确定。

　　投入产出分析与经济基数理论乘数方法相比具有一个显著的优点，即经济基数只计算一个乘数，而投入产出分析则对每个经济部门对其他经济部门的影响均要计算出乘数，以此追踪一个经济部门的增长或衰退对其他部门的不同影响。如果规划师要了解一个特定经济部门预期增长的影响，可以运用投入产出分析，找出哪些部门会增长、如何增长，以满足特定部门初始增长的预计需求。投入产出分析方法详

细展示了一个研究区域的各经济部门之间是如何联系的，并揭示了地方经济中一些
特定经济部门的相对重要性。

具体分析方法如下：

设定 j 产业的产值为 X_j，对于 i 产品的最终需求为 Y_i，j 产业购买的 i 产品量为
x_{ij}。根据投入产出表的概念，"投入系数"可以反映产业的固有技术，它指每生产
1 个单位的产品 j 时所需要产品 i 的数量，即 $a_{ij}=x_{ij}/X_j$。在投入产出分析中的计算是
矩阵运算。为了进行这样的运算，需要得到生产量 X_j，最终需要 Y_i，投入系数 a_{ij}
的向量数据，构成矩阵 X，Y 和 A。那么：

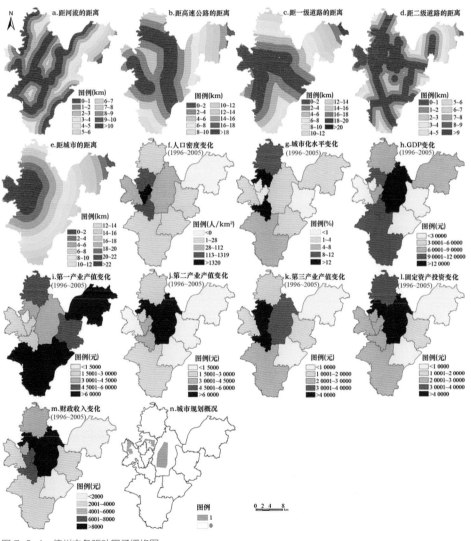

图 7-2-4　德州市各驱动因子栅格图

$$AX+Y=X$$

代表各部门生产量由最终需求量与生产过程的中间需求量构成。因而可以用下面这个算式求为了达到最终需要 Y 所需的 X：

$$X=（I-A）-1Y$$

在这里，（$I-A$）-1 被称为莱昂契夫逆行列式，用来表现乘数效果。如果在当前计划的基础上追加了 Δr 的投资，那么将会诱发 $\Delta X=$（$I-A$）-1 Δr 的生产量，这个数额可以用来评价该计划在生产方面的效果。

德州市城市建设用地变化驱动因子模型估算结果 表 7-2-3

驱动因素	归回系数	标准误差	Wald 统计量	自由度	显著性水平	发生比率	发生比率 95% 置信区间	
							下限	上限
x_2	−0.00005	0	26.929	1	0	1	1	1
x_4	−0.00010	0	136.814	1	0	1	1	1
x_5	−0.00005	0	50.449	1	0	1	1	1
x_6	−0.00200	0	109.396	1	0	0.998	0.997	0.998
x_7	−0.00400	0.001	10.447	1	0.001	0.996	0.993	0.998
x_8	0.00001	0	161.926	1	0	1	1	1
x_9	−0.00100	0	1185.780	1	0	0.999	0.999	0.999
x_{10}	0.00002	0	75.904	1	0	1	1	1
x_{11}	0.00002	0	17.000	1	0	1	1	1
x_{12}	0.00001	0	5.373	1	0.020	1	1	1
x_{14}	1.89200	0.037	2626.016	1	0	6.630	6.167	7.127
Constant	0.62500	1.81	11.878	1	0.001	1.868		
ROC								0.937

资料来源：刘瑞,朱道林,朱战强,等．基于 Logistic 回归模型的德州市城市建设用地扩张驱动力分析 [J]. 资源科学，2009，31（11）：1919-1926.

7.2.2.4　城市间的经济联系度

对城市之间经济联系的准确判断是制定城市和区域发展战略的基本依据。国际上普遍认为经济联系是普遍存在的、客观的。以量化的方式研究城市的经济联系，具有急迫感和深刻的实践意义（ROBERTS，2005）。著名地理学家塔费（E.F.TAAFFE）认为，经济联系强度与它们的人口成正比，与它们之间距离的平方成反比 [2]。计算两个城市经济联系的典型公式为：

$$P_{ij}=k\frac{\sqrt{P_i \times V_i} \times \sqrt{P_j \times V_j}}{D_{ij}^2}$$

P_i、P_j 是两城市的人口指标，通常为市区非农人口数，V_i、V_j 是两城市的经济指标，通常为城市（或市区）的 GDP 或工业总产值，D_{ij} 是两城市的距离，k 为常数 [3]。这一经济联系的量化模型建立于诸多假设之上，例如，各城市经济活动类同，城市辖区内的经济现象集中于代表该城市的那个点上，城市间联系方式相同且无其他障碍等（王德忠，1996）。

7.2.3　城市建设用地发展

用地扩张驱动力分析

城市建设用地发展是一个长期且复杂的过程，在其发展过程中存在一些主要影响因素对城市扩张的速度与方向产生重要影响。用地扩张驱动力分析选取城市用地扩张驱动力因子，利用 Logistic 回归模型对城市建设用地变化的驱动力进行定量分析，从空间角度确定城市扩张的主要影响因子，发掘城市扩张驱动机制。

根据 Logistic 回归建模的要求，某事件在一组自变量 x_n 作用下所发生的结果用指示变量 Y 表示。这里 Y 表示城市建设用地是否发生变化，其赋值规则为：

$$Y=\begin{cases} 1（城市建设用地发生变化） \\ 0（城市建设用地没有发生变化） \end{cases}$$

城市建设用地发生变化的概率为 P，设没有发生变化的概率为（$1-P$），相应的回归模型为：

$$\ln\left[\frac{P}{1-P}\right]=\alpha+\beta_1 x_1+\beta_2 x_2+,\cdots,+\beta_n x_n$$

式中，x_1，x_2，$\cdots$，x_n 表示对结果 y 的 n 个影响因素；α 为常数项；β_1，β_2，$\cdots$，β_n 为 Logistic 回归的偏回归系数。

发生事件的概率是一个由解释变量 x_n 构成的非线性函数，表达式为：

$$P=\frac{\exp(\alpha+\beta_1 x_1+\beta_2 x_2+,\cdots,+\beta_n x_n)}{1+\exp(\alpha+\beta_1 x_1+\beta_2 x_2+,\cdots,+\beta_n x_n)}$$

发生比率（Odd ratio）是用来解答各自变量的 Logistic 回归系数的。发生比率用参数估计值的指数来计算，公式如下（刘瑞，2009）：

$$odd(p)=\exp(\alpha+\beta_1x_1+\beta_2x_2+,\cdots,+\beta_nx_n)$$

基于以上的计算原理，可以得到各驱动因子的模拟结果。

7.2.4　城镇化发展阶段判断

NORTHAM 关于城镇化发展的"S"形曲线及其三阶段划分思想在城镇化研究中被广泛引用。他认为城镇化发展过程近似一条"S"形曲线，城镇发展在这条曲线上经历了三个阶段，分别为：城镇化水平较低且发展缓慢的初始阶段、城镇化水平急剧上升的加速阶段和城镇化水平较高且发展平缓的最终阶段。然而，NORTHAM 并未给出具体的数学模型和明确的分界点指标。

Logistic 模型隐含了发展的上下限的假设条件，其函数曲线近似"S"形。长期以来，被广泛应用于生态学、流行病学、人口学以及空间扩散等众多领域，适用于在资源限定情况下"S"形生长过程的模拟。

结合 NORTHAM 对城镇化发展的研究与三阶段划分思想，Logistic 模型在解释或演绎城镇化发展"S"形增长及阶段划分思想方面，具有很大的潜力。

基于此，对 Logistic 模型进行推演，可以得出城镇化水平关于时间变量 t 的函数表达式与特征点，同时结合 NORTHAM 城镇化发展阶段划分的思想，可以支持城镇化阶段的进一步研究。

KEYFITZ 给出了人口增长的 Logistic 发展模型的一般形式：

$$\frac{dP(t)}{dt}=rP(t)\left[1-\frac{P(t)}{a}\right]$$

其中，a 为人口上限，r 为增长参数。结合 NORTHAM 理论，提出城镇化水平 U 的表达式：

$$\frac{dU(t)}{dt}=bU(t)\left[1-\frac{U(t)}{C}\right]$$

其中，C 为城镇化水平的饱和值，$0<C\leqslant 1$，b 为增长参数。

对上式进行积分转换，得到

$$U(t)=\frac{C}{1+e^{a-bt}}\in C^{\infty}(\mathscr{R})$$

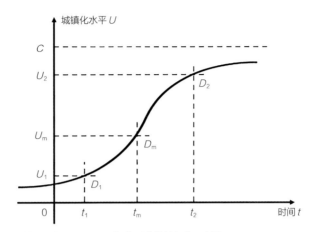

图 7-2-5　城镇化发展 Logistic "S" 形曲线特征点示意图
资料来源：王建军，吴志强. 城镇化发展阶段划分 [J]. 地理学报，2009，64（2）：177-188.

即城镇化水平 U 关于时间 t 的 Logistic 发展模型。同时，可以绘制出城镇化发展 Logistic "S" 形曲线图。

从图 7-2-5 可见城镇化发展在起始时速度很低（趋近于零），加速度很小（同样趋近于零）。随着时间的推移，城镇化发展的加速度逐渐增大，速度逐渐提高。而城镇化发展的后期，城镇化水平逐渐向饱和值逼近，城镇化发展的速度越来越小，逐渐趋近于零，说明这期间城镇化发展的加速度为负值，且加速度的绝对值越来越小，逐渐趋近于零。同时，通过求导可以求出图 7-2-5 中 $D1$、$D2$ 和 $D3$ 对应的城镇化水平和发展速度，这三个点也是 Logistic 曲线的三个特征点，具体见表 7-2-4。

城镇化特征点公式对应表　　　　　　表 7-2-4

	t	U	V	Z
D_m	a/b	$c/2$	$bc/4$	0
D_1	$[a-\ln(2+\sqrt{3})]/b$	$\dfrac{3-\sqrt{3}}{6}c$	$\dfrac{bc}{6}$	$\dfrac{\sqrt{3}}{18}b^2c$
D_2	$[a-\ln(2-\sqrt{3})]/b$	$\dfrac{3+\sqrt{3}}{6}c$	$\dfrac{bc}{6}$	$-\dfrac{\sqrt{3}}{18}b^2c$

D_m 表示该点处城镇化水平增长的速度最大、加速度为零。此点之前，加速度为正，速度递增；此点之后，加速度为负，速度递减。NORTHAM 划分的城镇化发展第二阶段以 D_m 为界，分为加速期和减速期。由于该点前后城镇化发展的速度仍然很快，对社会的影响大致相同，不宜过分强调，所以可将二者合成第二阶段——

快速发展阶段。在 D_1 点之前，城镇化发展逐渐提速，到达该点后加速度达到最大，但速度并不大。D_1 点后，虽然加速度逐渐减小，但速度仍然在增加，即城镇化水平保持较快的速度发展。在 D_2 点之前，城镇化发展的速度已经开始减小，到达该点后速度的减量最大。之后，城镇化水平的发展速度继续减小，由于速度已经较低，所以减速的效果更加明显（加速度与速度之比的绝对值较大），城镇化将长期以较低的速度发展，并且逐渐趋近于静止。因此，可将 D_1、D_2 点作为 NORTHAM 划分的城镇化发展第一、第二、第三阶段的分界点。

根据城镇化发展阶段划分点的数值特性，得出以下推论：

（1）数值 a/b 的大小决定了城镇化进入第二阶段、第三阶段以及加速减速转变点的早晚。

（2）第二阶段历时的长短 T 为：

$$T = t_2 - t_1 = \frac{2\ln\left(2+\sqrt{3}\right)}{b}$$

（3）饱和值 c 决定了速度最大点和阶段分界点的城镇化水平值，饱和值越小，城镇化进入第二、第三阶段以及到达加速减速转折点的城镇化水平门槛越低。

需要指出的是，Logistic 模型分析方法隐含了发展上限这一假设条件，对应着一定的自然经济社会条件，如果在未来外部条件发生重大变化，则其上限必定发生变化，因此该方法在长期预测方面有一定的局限性，更适合对已发生过程的归纳和总结，进而进行跨国或地区的比较研究。这就要求研究的基础数据有一定的历史长度、延续一致性和覆盖面。对于目前仍然处于城镇化第一阶段或第二阶段初期的国家（如大多数的非洲国家）以及处于第二阶段中期且超速发展的国家（如一些亚洲国家），虽然可以采用人为设定多个上限值的办法进行数据分析比较，进而作为一种动态的检测手段指导实践活动，但结果的科学性大大降低。

另一方面，应重视拟合结果中的上限 C。各国的自然与社会条件不同，特别是各国划分城乡的标准差异较大，而且在长远的未来可能还会发生变化，各国城镇化发展的上限 C 可比性较差，但是，在分析国家内部城镇化发展在特定时期的地区差异时，由于其条件和标准的一致性，上限 C 仍是一个重要的研究指标。

总之，对城镇化发展过程进行 Logistic 拟合分析，准确划分不同的发展阶段，是城镇化研究中一个重要的分析方法，有着广阔的研究前景和实践意义。读者们在使用时需考虑该方法对基础数据的要求。

本章小结
Chapter Summary

本章介绍了回归模型的基本概念、类型、统计学含义及其在城市规划领域最常用的几种应用。回归模型作为定量分析的最基本方法，是一种简单易操作的分析工具，可以对现实进行快速和抽象的预测分析。回归分析是每个城市规划工作者应该掌握的定量分析技术。

回归模型中的线性模型是基础，虽然现实世界的规律更贴近于非线性模型，但大部分的非线性回归模型都可以转化为线性模型。因此应该理解线性模型方法的基本原理，在此基础上了解非线性模型及其相适于应用的现实规律，并根据需要进行进一步的自学与拓展。

在城市规划过程中，面临复杂的城市系统，回归模型对现实的模拟与预测也存在一些限制：一，我们无法了解对被解释的变量有重要影响的全部因素；二，被认为是重要而应该引进的变量在实际中并不存在现成的统计数据，或数据的样本容量不够支撑最小二乘法；三，回归模型无法支撑复杂网络、动态预测等更高层次的分析需求。

回归模型的建构、运算与结果检验都可以借助相应成熟的数学分析，如 Excel、SPSS、SAS 等。本书中不具体介绍针对某种工具的分析操作方法，感兴趣的读者可以自行查找相关书籍与资料进行学习。城市规划若要从过去传统的经验工作发展为科学，建构自身完整的理论体系，定量化是一个基本前提。

参考文献

[1]　吴志强，李德华．城市规划原理 [M]. 4 版．北京：中国建筑工业出版社，2010.

[2]　Shen，Y.，Karimi，K. The economic value of streets: mix-scale spatio-functional interaction and housing price patterns[J]. Applied Geography, 2017, 79: 187-202.

[3]　Bryan. R Roberts. Globalization and Latin American Cities [J]. Globalization and Latin American Cities, 2005, 29 (1): 110-123.

[4]　塔费（Taaffe. E. J.）．城市等级——飞机乘客的限界 [J]. 经济地理（英文版），1962: 1-14.

[5]　王德忠．区域经济联系定量分析初探 [J]. 地理科学，1996, 16 (1): 51-57.

[6]　刘瑞，朱道林，朱战强，等．基于 Logistic 回归模型的德州市城市建设用地扩张驱动力分析 [J]. 资源科学，2009, 31 (11): 1919-1926.

[7]　王建军，吴志强．城镇化发展阶段划分 [J]. 地理学报，2009, 64 (2): 177-188.

[8]　张翰良．基于旅行时间分布的城市轨道交通客流分配模型研究 [D]. 北京：北京交通大学，2016.

[9]　彭晨．夜间灯光概率密度分布模型研究及应用 [D]. 上海：华东师范大学，2016.

城市生命生长 | City-being: The Laws of City Growth

8.1 城市生命成长理论基础
The Basic Theory of City-being

8.1.1 城市是个生命体

20 世纪后期开始，微观生物学领域的发展给了宏观生命现象全新的解释。这也直接引起了哲学认知领域的变革，并逐渐引起科学各个领域认知思想的变化。在城市研究领域，人们开始认识到城市和生命在很多方面都具有相似性，如它们都具有复杂、自组织、主体性等基本特性，奠定了两个概念相连接的基础。借助生物学对生命现象的解释及其研究方法为城市研究提供了一个新的视角，也为新的城市发展理论奠定了新的认识基础。

本章对城市生命周期视角下的城市研究和城市思维方法进行探讨，着重介绍城市生命的概念与理论研究、城市生命阶段的界定方法以及城市生命七阶段模型三方面内容。

城市是一个具有生命力和高度智能的开放复杂巨系统。这体现在：

一、城市具有生命体的子系统。构成城市的土地、人、交通、建筑、能源、信息、资源等多要素，可以借鉴类比医学中的生命体组成部分。生命体子系统的良好运转，支撑了城市整体的健康发展。

二、城市具有在时间和空间上的生长消亡和自我更新的演化过程，并能进行自我调控。城市的发展、突变和更新、衰退、进化四种空间现象均可以从生命特征的视角进行理解。

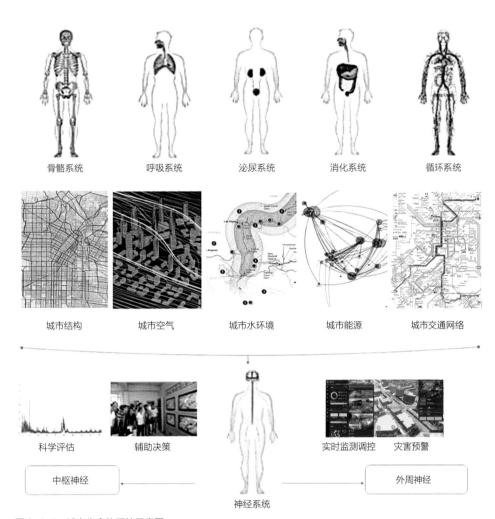

图 8-1-1　城市生命体系统示意图
资料来源：姜仁荣，刘成明.城市生命体的概念和理论研究 [J].现代城市研究，2015（4）：112-117.

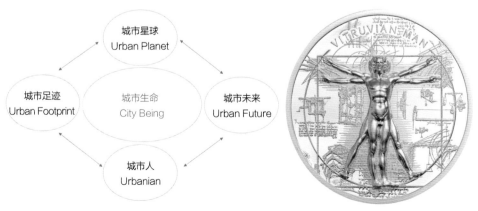

图 8-1-2　城市生命体（City-being）诠释
资料来源：https://baijiahao.baidu.com/s?id=1690548618288485039&wfr=spider&for=pc.

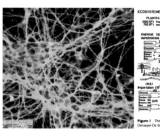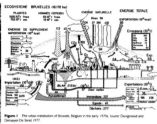

生命体有不同的细胞
城市中多种多样的建筑物、构筑物

不同的细胞之间存在物质传导系统
城市中存在可见的流（基础设施）：交通流、水流、电流、固废等

不同细胞之间产生了信息传递，神经系统
城市中存在不可见的流：人流、信息流、资金流等

生命体每天变化
相比建筑建成后稳定的运营过程，城市每天都在变化，城市是漫长的、新老叠置的建设过程，城市的蓝图每天都在更新

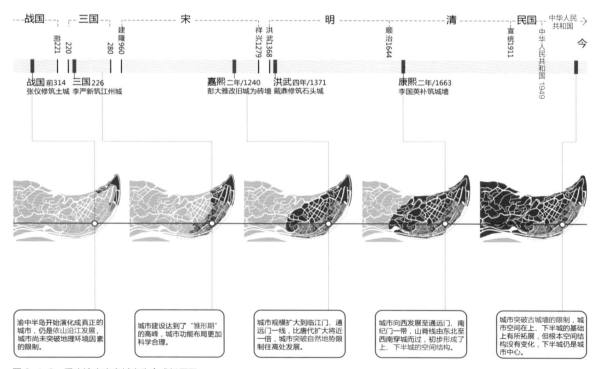

图 8-1-3　重庆渝中半岛城市生命成长历程
资料来源：2016 年城乡规划专业六校联合毕业设计作品集.

　　三、未来城市具有生命"活体"的特征。这并不是指生理意义上，即生物自然属性的存在，而意味着生命的内在规律以及价值观、精神、文化意识方面的存在。

　　城市是一个复杂而有机运转的整体，像人体有经络、脉搏、肌理一样，城市是由土地、人、交通、建筑、能源、信息、资源等多要素组成，具有在时间和空间上生长消亡和自我更新的演化过程，并能进行自我调控。

　　未来城市也将会拥有两套神经控制系统：一套城市可自行针对反馈数据进行系统调控以及即时灾害预警；另一套可应用大数据对城市各个系统进行评估，辅助决策。

8.1.2　城市生命在时间维度的成长

　　城市是复杂的经济社会综合体，不是在某一天突然出现的，而是有个逐渐的演进过程，必须经过一段漫长的历史发展时期。非农业产业和非农业人口集聚，形成城市最初的萌芽。随着时间的推移，受自然、地理、经济、社会、政治、文化等诸方面因素的影响，城市生命在不断地进化和成长，随着生产力增强，人口不断集聚，城市规模不断扩张，区域功能与影响力不断提升。

　　然而，当城市的发展动力遭遇瓶颈时，城市发展受阻，一系列经济、社会、环境问题突显，城市逐渐衰落。如果城市未能及时转型找到新的发展动力，持续衰落将会导致城市死亡。如果有新的发展动力注入，城市将获得新生。城市在周而复始的生命周期中不断传承发展。

　　世界上的城市，尽管历经战争、瘟疫和变迁等因素的影响，但都或多或少地保留传承了其特色文明和文化痕迹。在现代国际化大都市北京可看到元、明、清等历史风韵，在埃及开罗也可感受到数千年前的金字塔和尼罗河的神秘。

8.1.3　城市生命在空间维度的成长

　　城市生命生长不仅在时间相位上存在阶段划分，也在空间结构上体现出阶段变化。城市成长不应是单细胞体的简单扩大。一个城市在生长的过程中，其

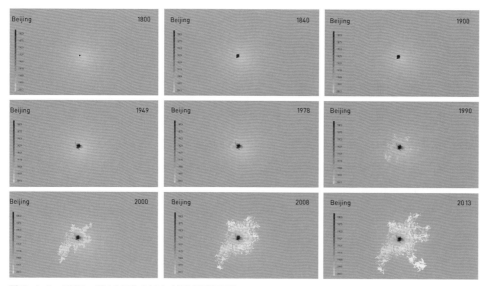

图 8-1-4　1800—2013 年北京城市空间扩张示意图
资料来源：ATLAS OF URBAN EXPANSION http：//atlasofurbanexpan sion. org/historical-data.

空间形态会发生结构性的质变。为什么北京会这么拥堵，就是因为其城市单中心结构的空间不断扩张，一直在"摊大饼"，而忽视了重要的议题，即当人口增长到一定规模，城市空间结构会发生改变，"细胞"应该开始分裂。而北京现有的状态仅仅是单"细胞"不停地扩大，缺少了分裂与变化，城市生命停留在低级阶段。要认识到，大城市生命成长，除了时间的分段、功能的变化，更反映在空间结构的变化上，城市生命各个阶段空间结构各不相同。因此，进行城市规划时，要使城市生命的各阶段城市规模与空间结构得到充分契合，才能有效避免城市病。

8.1.4　从生命周期视角研究城市发展的理论

较有代表性地将城市作为生命来分析其运行特点的理论模型有城市发展阶段理论和差异城市化理论。城市发展阶段模型是由 Peter HALL 在 1971 年提出的，他认为城市发展具有生命周期的特点，并将城市发展分为四个阶段：即城市化、郊区化、逆城市化和再城市化。差异城市化理论由盖伊尔和康图利于 1993 年提出，他们引入极化逆转理论，将城市分为大城市、中等城市和小城市三类，并认为大、中、

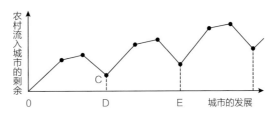

图 8-1-5　农业社会城市发展的周期示意图
资料来源：何一民 . 城市发展周期初探 [J]. 西南民族大学学报
（人文社科版），2006，3（175）：61-69.

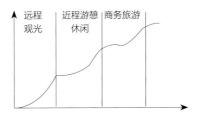

图 8-1-6　城市旅游地生命周期的基本模式
资料来源：徐红罡，龙江智 . 城市旅游地生命周期
的模式研究，城市规划学刊，2005（2）：70-74.

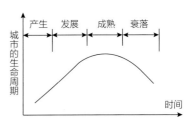

图 8-1-7　城市生命周期的基本模式
资料来源：曹禺 . 上海城市更新问题研究 [D].
上海：上海财经大学，2004.

小城市的净迁移量的大小随时间而变化，进而根据这种变化将城市的发展分为三个阶段：第一个阶段是在大城市阶段，也叫作"城市化"阶段，在这一阶段里大城市的净迁移量最大，大多数移民向大城市集中，大城市增长最快；第二个阶段是"过渡阶段"，即"极化逆转阶段"，在这一阶段里中等规模的城市由迁移引起的人口增长率超过了大城市由迁移引起的人口增长率；第三个阶段是"逆城市化阶段"，在这一阶段里小城市的迁移增长超过了中等城市的迁移增长。在完成这样一个城市发展周期后，迁移人口再一次向大城市集中。

何一民（2006）研究了农业时代和工业时代城市发展的周期，同时提出了工业时代城市发展周期的三个特点：一、城市发展的速度加快，变数增大，城市发展的周期缩短；二、城市的类型增多，不同的城市有不同的发展周期；三、城市发展周期受外部的影响越来越大。

徐红罡、龙江智在《城市旅游地生命周期的模式研究》中通过对旅游地一般演变规律的研究，提出"完整的城市旅游地演变模式"应包括三个阶段：远程观光、近程游憩休闲和商务旅游，三个阶段可能存在交叉和重叠。要求新的城市旅游地（UTD）把握城市旅游发展的脉络，在其生命周期各个阶段及时调整旅游的产品结构，以实现可持续发展，否则，就会"发展到第一或第二阶段就停滞，甚至衰落"。

曹禺在《上海城市更新问题研究》中将城市称为"生命机体"，并描述了城市的生命周期现象。

Lewis MUMFORD 把城市的发展概括为 6 个阶段：①原始城市阶段；②城邦阶段；③中心城市阶段；④巨型城市阶段；⑤专制城市阶段；⑥死城阶段。芝加哥社会学家将城市看作是生态过程的产物，城市生态过程包括人口的集中与扩散，功能的中心化与去中心化，分异、侵入和接替等过程。这种生态过程有着明显的周期性特征。在这一过程中，有着一系列的空间的功能和社会的功能，并由此可以发展出一种研究城市社区的比较形态学。Robert Ezra PARK（1864—1944）是芝加哥学派的代表人物之一，"人类生态学"的创始者，他把城市看作一个有机体，城市发展过程如同一切生物为生存而适应或改变环境的生态过程。另一方面，在扩展的过程中，城市又出现了分化，形成了不同的自然区域。自然区域是由自然力量与社会力量相互作用产生的，彼此的关系也是研究的对象。

美国学者 Luis SUAZERVILLA 将工业生产周期的理论应用在城市空间上，用城市经济活动的周期性来解释工业社会城市发展的阶段性特点，提出了城市生命周期论。他认为城市有如生物有机体一样，经历出生、发育、发展、衰弱等过程，城市发展具有不同的生命阶段特征，城市要素在城市各个阶段具有不同的表现，可作为城市出生、发育、发展、演化的标志，这些发展阶段被称为城市生命周期。

城市生命周期理论研究在我国还处于初级阶段，对生命周期各阶段的特征和阶段划分方法各有不同，但有两点是一致的：一、城市的发展是存在周期性的，即城市生命周期是存在的；二、城市生命周期中各阶段是有规律可循的。城市生命周期理论提出，城市研究的一个基本出发点是对城市所处生命周期阶段的判识，这一观点将动态过程作为认识城市的基点，有着积极的意义。

案例 8-1-1　城市生命——通州

方案特点：提出千年城市有机生命体，建构世界未来城市新范式，形成文化创新、组团复合、永续生长、自我完善的城市生长模式。

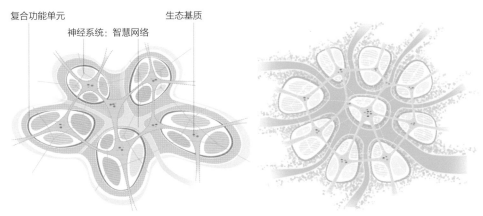

复合功能单元   生态基质
神经系统：智慧网络

图 8-1-8 链接及文化系统   图 8-1-9 城市有机生命体

器官组团——   给养网络——   弹性生长——
多样复合的自组织细胞组团   物质信息的高速交通流通通道   不断生长完善的有机生命体

图 8-1-10 北京副中心总体城市设计
资料来源：北京城市副中心总体城市设计．

8.2 城市生命阶段模型
City-being Growth Stage Model

8.2.1 城市生命阶段的界定

迄今为止的研究文献，从不同学科角度出发，为描述和解释城市发展的时间表现形式，提供了一系列重要的局部分析。由于研究对象的复杂特性，也由于解释的过程由越来越多元的相互依赖的关系构成，至今仍未能形成一个全面的完整的城市发展理论。表8-2-1为至今国际城市学界按照不同的指标参照提出过的最重要的城市发展阶段模型。

可以肯定，所有这些局部分析都从不同角度加深了对城市发展的理解。它们的区别在于划分城市发展阶段的指标和标准，指标不同，得出的结论也不同。迄今为止的城市发展阶段模型的基础都是社会科学对于社会发展进程阶段的思考，其中最具影响力的理论有：

（1）马克思的生产关系和阶段斗争的变化理论；

（2）A.COMTE 的三阶段规律；

（3）D.BELL 的社会发展至工业后社会的理论；

（4）J.A.SCHUMPETER 的经济发展循环理论。

它们以社会变化的某些指标揭示社会发展的一种内在的联系。

深受社会发展理论影响的城市发展阶段模型的主要问题在于，都试图证明其所定义的城市发展阶段遵循一定的普遍的顺序，试图对不同时间点的城市进行比较，并将所有城市的历史发展概括成单一轨道上发展的几个前后阶段，而且企图以此来预言未来的城市发展，并有意地甚至是强制地实现所预言的发展阶段，这是极其危险的。对迄今为止的城市发展阶段模型的整理表明，所有企图将城市发展归入一个单一的统一顺序的尝试，都是受到了 BERRY 定义的第一种观点的指导。

由此产生的理论限制是明显的。城市被作为独立的单个实体进行深入的分析和比较，而同时期不同发展阶段的城市间的相互影响却被忽略。人们因而容易对一个重要的事实视而不见：一个城市的发展可能影响另一个相对较落后的城市的发展。人们试图把不同城市的发展套入同一标准，却忘了由于先进城市的影响，可能产生了另一种适合相对落后城市的标准。此外，相对落后城市的作用也可能为发达社会

城市发展的阶段模型   表 8-2-1

城市发展阶段模型名称 提出作者（年代）	划分的城市发展阶段	参照指标
1. "二阶段模型" SJOBERG（1996）	1. 工业前城市 （PreindustrialCity） 2. 工业城市 （IndustrialCity）	1. 工艺技术 2. 人口增长 3. 生产组织 4. 家庭组织 5. 管理组织 6. 社会空间划分
2. "三阶段模型" ABU—LUGHOD（1969）	1. 前工业城市 2. 工业城市 3. 后工业城市 （Post—industrialCity）	1. 城市功能 2. 空间延伸 3. 市民联系形式 4. 社会空间划分
3. "出口模型" THOMPSON（1969）	1. 专项出口 2. 全面出口 3. 经济成熟 4. 地区中心 5. 职业性高技巧	1. 工业数字 2. 城市出口比重
4. "运输模型" ADAMS（1970）	1. 步行—马车时代 2. 电车时代 3. 汽车时代 4. 高速公路时代	运输技术
5. "年代模型" DUNN（1980）	1. —1780 2. 1780—1840 3. 1840—1870 4. 1870—1910 5. 1910—1940 6. 1940—1970 7. 1970—2000	1. 工艺技术变化 2. 活动网络 3. 城市供给及排除功能专门化
6. "城市模型" KLAASEN（1982）	1. 城市化 2. 郊迁化（Suburbanization） 3. 非城市化（Deurbanization）	1. 人口差额 2. 移居差额
7. "双转变模型" PRIEDRICHS（1985）	1. 前经济结构＋前人口结构 2. 前经济结构＋转变人口结构 3. 转变经济结构＋前人口结构 4. 前经济结构＋转变人口结构 5. 转变经济结构＋转变人口结构 6. 转变经济结构＋后人口结构 7. 后经济结构＋转变人口结构 8. 后经济结构＋后人口结构	1. 人口 2. 经济结构

资料来源：吴志强．"扩展模型"：全球化理论的城市发展模型 [J]. 城市规划学刊，1998（5）：1-8.

的城市的新阶段创造条件。

    由于这类理论上的探索，是一种简单地从发达社会的经验对落后社会未来发展的预测，在社会活动及城市建设发展的实践中造成了灾难性的后果，在 20 世纪的全球各地都有发生。

　　另一方面，也不能完全陷入 BERRY 所述的第二种观点中，我们在理论探讨中强调的，是根据城市发展的时间和空间类型辨识和建立城市化模型，而不是制定一个适用于所有城市的普遍模型。从这个角度来讲，STEWIG 的城市发展模型比前面所介绍的阶段模型更进了一步。

　　STEWIG 建立的城市发展模型是以 LICHTEN BERGER 的欧洲城市模型，HOLZNER 的北美城市模型，SEGER 的伊斯兰城市模型和 BAHR 的拉丁美洲模型为基础的。这四个局部模型吸取了 E.W.BURGESS，H.HOYT 和 HARRIS/ULLMAN 的经典城市结构模型为元素。STEWIG 这样解释他总结的模型："以唯一的城市结构模型来描述城市结构，证明是有困难的。鉴于此，应当构造四个城市结构模型。"要注意的是，4 个城市模型的提出并不是因为本书上节提到的出于对城市发展过程中相互影响的理论上的忽视的纠正，而是由于构造一个适用于不同城市的模型有技术上的困难。STEWIG 用四个变量提供了四个大洲的城市模型（图 8-2-1）。

　　前两个变量描述的是工业国的城市结构，后两个变量描述的是发展中国家的城市结构，这些变量显示了城市的多样性：

　　（1）欧洲城市的城市结构模型（图 8-2-1a）：空间顺序反映了中层和高层的优势，低层住宅区位于工业区附近及外城，第二产业在城市边缘环形分布，在主要交通线上线性分布，在市中心核心区分布；此外，在市中心以外有零售业的次中心。

　　（2）北美城市的城市结构模型（图 8-2-1b）：种族隔离的低层围绕市中心呈环形分布，市郊化的中层处于外城。第二产业在主要交通线上线性分布，在城市边缘环形分布。第三产业集中在市中心，零售业的次中心的位置安排显不出很强的面向社会性。

　　（3）伊斯兰城市的城市结构模型（图 8-2-1c）：中层和高层居于内城区，低层居于边缘地区。第二产业分布于较老和较新的市郊以及主要交通干道。第三产业集中在市中心。

　　（4）拉丁美洲城市的城市结构模型（图 8-2-1d）：空间安排显示环形和产业的结构元素。第二产业在主要交通干道线性延伸。第三产业在市中心以外的内城和外城的次中心出现。

　　STEWIG 的城市结构模型最重要的理论贡献在于，通过建立对应于不同历史渊源和不同文化发展背景下的不同城市模型，冲破了在城市研究中长期占统治地位的思想，即建立一个普遍适用的城市结构模型，如同 BURGESS，HOYR，HARRIS/ULLMAN 等人的模型。国际城市比较研究现在需要充分注意这种城市研

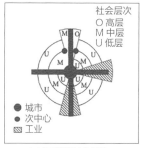

图 8-2-1　STEWIG 的四大洲城市模型

资料来源：吴志强 ."扩展模型"：全球化理论的城市发展模型 [J]. 城市规划学刊，1998（5）：1-8.

a. 欧洲城市结构　　　b. 北美城市结构　　　c. 伊斯兰城市结构　　　d. 拉丁美洲城市结构

究中的多元模型的理论贡献。

具有讽刺意义的是，STEWIG 并不是因为考虑到统一模型的局限，在理论思考的基础上建立了他的模型，而是如前面所说的，由于用一个单一的城市结构模型来反映不同城市的结构有技术上的困难，他才构造了不同的模型，而在四个不同模型的各种联系和相互影响方面欠缺考虑这一局限正证明了这一点，这四个城市结构模型与其说是相互依赖的，不如说是各自独立的。

STEWIG 早在十几年前，尽管有构造技术的困难，但还是突破占统治地位的第一种观点，那么在全球化的今天，人们就更应该有意识地集中精力，在目前突出的大城市全球化的研究范围内，研究地区模型之间的紧密联系。本书介绍的"扩展模型"，以经济与社会的结构变化为背景，与城市的功能空间或者说城市的有效控制功能空间的演变相一致。

8.2.2　城市生命阶段模型的四项要素

城市发展的阶段是以其服务和作用的外部地域空间的大小规模为特征的，而城市发展阶段的划分则是以城市内部为不同大小规模的地域空间服务的主体功能为其依据的。这就是"扩展模型"对城市发展阶段划分的哲学基础。

本书将大城市的发展置于全球化框架内观察，提出了一个基本准则，即：在城市的发展过程中，某一受到其影响的特定空间在扩展和延伸。我们称之为"功能空间标志（Merkmal Funktionsraum）"。假设这一影响城市的功能空间标志（S_i），随着城市发展在不同的时间点（t_i）而变化，那么就得出城市发展阶段（P_i）：

$$P_1(S_1t_1) \rightarrow P_2(S_2t_2) \rightarrow \cdots P_i(S_it_i) \cdots \rightarrow P_n(S_nt_n)$$

根据上述的原理，下面专门讨论作为一个城市发展阶段模型，包含的 4 项要素。

8.2.2.1　阶段性标志

城市发展的每个阶段都应该表现出特定时期内城市发展的特定的阶段性标志。鉴于大城市在全球化时代的双元发展趋势，即：发达工业国家的大都市全球化时代的非工业化发展趋势和 NIC 国家在大都市全球化时代的工业化发展趋势，我们认为，对模型除主要标志功能空间（A）以外补充第二阶段性标志（B）是有意义的。根据双元发展趋势，第二阶段性标志（B）采用工业化。由此，"扩展模型"的阶段性标志由两个组成：

阶段性标志（A）：功能空间，一个城市的社会经济直接影响作用功能空间，这个标志通过城市的空间联系，表现为四个阶段：城镇、地区、国家和全球。

阶段性标志（B）：工业化，根据 SJOBERG（1960）和 ABU-LUGHOD（1968）的理论所说的城市经济变化，表现为三个阶段：工业前、工业和非工业。

8.2.2.2　阶段分界值

城市发展不同阶段之间的过渡是由上述两个标志的组合值来描述的。阶段分界值数值的大小取决于所选的两个标志的变化，也取决于被观察的整个城市发展时间段上的城市发展阶段性表达特征的标志从量变到质变的过程。

8.2.2.3　阶段划分的数量

"扩展模型"将城市的发展划分为四个阶段中的多种可能的城市类型。城市发展阶段划分的数量和城市发展过程中可能出现的城市类型数量，取决于所选的两个城市发展标志的特征性阶段的数量。两个城市发展的阶段性标志（A）和（B）在此组成了一个城市发展过程中理论上可能的类型矩阵。

8.2.2.4　阶段顺序

城市发展的"扩展模型"将城市发展阶段规定为 4 个阶段：

阶段 1：镇城（Town-City）；

阶段 2：地区城（Region-City）；

阶段 3：国家城（Nation-City）；

阶段 4：全球城（Global-City）；

城市按照其作用不同大小的功能空间划分，城市发展处于两个阶段之间存在一个过渡。其阶段顺序为：

镇城→地区城→国家城→全球城

这个发展顺序被视为"积极的发展（Positive Entwicklung）"。其中，只有全球城达到了最高阶段。

在区域城镇居民点结构内部竞争的基础上，城市的等级在历史发展过程中可能发生变更，因此，"扩展模型"也包含城市由较高阶段倒退至较低阶段的可能性：

全球城→国家城→地区城→镇城

这个发展顺序被视为"消极的发展（Negative Entwicklung）"。从理论上说，城市是可能在其发展历史中衰退的。在与其他城市竞争的过程中，一个城市是可能从一个区域城镇体系中较高的地位上被其他城市竞争下来，到次一级的地位。"扩展模型"对于衰退的理论定义，也构成了其区别于其他城市发展模型的一个重要特征。

8.2.3　阶段标志 A：功能空间

一个城市在城镇体系中作用的功能空间变化，包括扩展或者缩小，都是通过内部功能的变化和地域城镇体系结构的演变而发生改变的。城市的"积极的发展"按照 4 个阶段的顺序，空间的作用功能显示如下特征：

（1）功能空间为城镇：城镇的社会经济功能以服务于城市本身及该城镇的居民为主体。

（2）功能空间为地区：城市的社会经济功能不仅服务于城市本身，更以满足所在的周边地区的需求为其功能主体。

（3）功能空间为国家：城市的社会经济作用涉及该城市所在的整个国家，并以此项功能为城市的功能主体。

（4）功能空间为全球：城市的社会经济作用通过它与各大洲城市广泛的紧密联系波及全球范围，而且，该城市的内部结构中的功能主体发生了全球化的转变。

城市的功能空间作为标志，可以通过一个城市内部结构围绕上述 4 个范围的城市社会经济活动的比重指标来进行定量分析和表达说明。假设一个城市的全部社会经济作用为 100%，那么，这个城市内为这 4 个功能空间服务的社会经济总和为 100%。在一定时刻，城市以上述 4 个功能空间中的一个功能空间的功能为主体，则这个城市的发展阶段就以这一主体功能空间为特征，"扩展模型"就以这个主体功能空间来命名这个城市发展的阶段。

城市发展的阶段是以其服务和作用的外部地域空间的大小规模为其特征的，而城市发展阶段的划分则是以城市内部为不同大小规模的地域空间服务的主体功能为

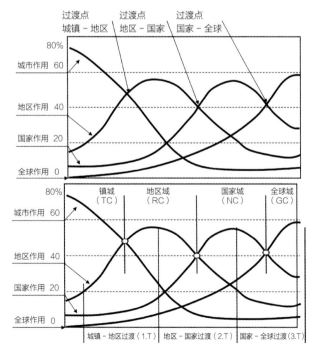

图 8-2-2　城市对于四个不同的功能空间范围的内部功能度的递进发展过程

资料来源：吴志强．"扩展模型"：全球化理论的城市发展模型 [J]. 城市规划学刊，1998（5）：1-8.

其依据的。这就是"扩展模型"对城市发展阶段划分的哲学基础。

须注意的是，在一个城市发展过程中的任何一个发展阶段，这个城市的主体功能并不等于这个城市在该发展阶段的所有功能。一般而论，一个城市在其任何一个发展阶段，除了为其主要服务的地域空间服务之外，同时还兼有为其他更小或更大的空间服务的功能。"扩展模型"对于城市发展阶段的划分，只是深入到城市内部功能中不同作用服务的功能空间的分析，抓住其每一个发展阶段的主体功能作为其各个阶段的特征。

"扩展模型"认为，城市在每两个阶段之间经历一个过渡期，在其作用空间迅速变化的过程中，一种新的内部功能结构呼之欲出。从镇城阶段发展为地区城阶段的过渡期为"第一过渡"，从地区城阶段发展为国家城阶段的过渡期为"第二过渡"，从国家城阶段发展为全球城阶段的过渡期为"第三过渡"。

8.2.4 阶段标志 B：工业化

工业化不仅是一个城市社会经济增长或萎缩过程的看得见的结果，"扩展模型"相信，它还是这种过程的起因。在"扩展模型"中，工业化作为城市发展的阶段划分中除了城市作用功能空间标志外的第二个标志。

因此，"扩展模型"不仅在划分城市发展阶段时多了一个依据指标，更重要的是，这两个标志指标从结构上构成了一个两维的矩阵，从根本上避免了本章开篇提出的城市发展划分中存在的理论问题：在此之前的所有城市发展阶段模型，城市的发展都是沿着单轨的唯一方向发展的一维模型。

从模型的发展阶段划分的依据来分析，"扩展模型"的第一个划分标志，"作用功能空间"提供了城市发展的经济作用和影响的空间依据，而第二个划分标志，"工业化"提供了城市发展的经济结构变化的依据。"扩展模型"的构建过程中，受到了马克思关于经济基础决定论的影响。

"扩展模型"把城市经济结构变化作为城市发展中工业化标志的指标，即根据所收集的统计比较数据，以城市的国民经济生产总值中的三个产业的比例的变化为指标。经济领域的分类以 CLAKK 和 FOURASTIE 的研究为理论基础。

FOURASTIE 的过渡模型首先涉及产业由一个领域转向另一个领域所带来的经济后果。"扩展模型"对 FOURASTIE 模型做出了两点调整：

（1）为了使全球城跨地区的比较成为可能，测度调整为大城市的三个产业在城市经济中的份额比例。

（2）鉴于工业国家的大城市的非工业化过程，过渡期（FOURASTIE的初级到第三产业文明）采用"前工业城市""工业城市"和"非工业城市"三种类型来描述。

根据实证研究，城市的工业化阶段可以根据下列分界值划分：

① "前工业城市"：第二产业<48%；

② "工业城市"：第二产业>48%；

③ "非工业城市"：第三产业>48%。

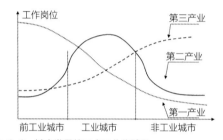

图8-2-3　城市发展的三个工业化阶段
资料来源：吴志强．"扩展模型"：全球化理论的城市发展模型[J].
城市规划学刊，1998（5）：1-8.

8.2.5　可能的城市类型和阶段顺序

"扩展模型"的出发点是为"全球化理论"中关于大城市的全球化发展阶段寻求城市发展的历史渊源，从城市的功能作用空间范围来界定城市不同发展阶段的基本特征。在理论上，"全球化理论"的"扩展模型"的建构过程，始终非常理性地在寻求打破所有重要的城市发展理论的单向单轨的二维发展模式，且始终不能用一个现有的城市发展模型来解释城市的全球化的发展过程。

"扩展模型"理论构筑过程的第一步是抓住城市全球化的本质的两个方面：

（1）城市的外围辐射范围：城市在其全球化过程中，其在空间城镇体系中的作用功能的空间范围开始扩展至全球范围。

（2）城市的内部社会经济结构：城市在其全球化过程中，随着其外围辐射范围扩大，即其作用功能的空间范围开始扩展至全球范围，其内部社会经济结构也平行地在发生演变。

以城市的外围辐射的作用功能空间范围为标准，即按城市发展历史过程中其作用功能空间的大小，可将其发展过程自然划分为四个阶段：城镇→地区→国家→全球。

如果"扩展模型"停留在这个层面上，其在理论意义上还是继承了现有的 7 个重要的城市发展模型的单向单轨的理论问题。因此，经过一段思考后，作者决定将城市全球化的第二个本质方面参与模型的构成：将城市内部的社会经济结构中的重要标志——工业化列为第二个方向上的矢量。这样，作为"全球化理论"的重要基础组成部分的"扩展模型"，在其构筑过程中，迈出了关键的第二步。正是由于这第二步的构筑，使"扩展模型"成为一个双向位的城市发展模型，解决了原有的城市发展模型中长期存在的单轨发展的理论困惑。最终，"扩展模型"的横向发展标志是城市的外围辐射作用功能的空间范围大小，而纵向发展标志是城市的内部社会结构中的工业化发展变化。

表 8-2-2 的"扩展模型"展示了由这两个标志轴产生的理论上可能的 12 种城市发展的阶段类型。"—"表示在实证研究中，此类城市不能找到案例的状态，这种城市发展的阶段类型有 4 种，即：

（1）在城市的作用功能空间还仅处于本身范围的时候，城市的内部社会经济已经处于工业化阶段。

（2）在城市的作用功能空间还仅处于本身范围的时候，城市的内部社会经济已经处于非工业化阶段。

（3）在城市的作用功能空间还仅处于地区范围的时候，城市的内部社会经济已经处于非工业化阶段。

（4）在城市的作用功能空间已处于全球化范围的时候，城市的内部社会经济结构还处于前工业阶段。

这样，"扩展模型"实际列出城市发展过程中 8 种典型的城市发展模型。

两个城市发展标志和可能的城市发展阶段类型　　　　　表 8-2-2

发展阶段名称	镇城	地区城	国家城	全球城
作用功能空间 工业化	城镇 T	地区 R	国家 N	全球 G
前工业（p）	Tp	Rp	Np	—
工业（I）	—	Ri	Ni	Gi
非工业（d）	—	—	Nd	Gd

资料来源：吴志强."扩展模型"：全球化理论的城市发展模型 [J]. 城市规划学刊，1998（5）：1-8.

8.3 城市生命七阶段与城市诊断
7 stages of City-being and Urban diagnosis

8.3.1 城市生命七阶段

8.3.1.1 城市生命阶段 1：孕育期

城市生命阶段的孕育期，并不是指城市规模特别小。古代长安、1949 年的北京，它们规模不一定小，但作为大城市正是处在现代城市的孕育期，因为它们集中了周边的消费，缺少城市的现代意识、创新意识；还处在求大的阶段，城市缺乏现代创新、带动产业，即便有再大规模，都还不是现代城市。

8.3.1.2 城市生命阶段 2：幼儿期

特征：特种产品输出（Export Specialization）

当城市中的一个工厂或企业决定了该城市发展的经济命脉，随着城市逐步发展，这个企业开始带动整个城市，现代城市就诞生了。1990 年代末到 2000 年代初的攀枝花就是典型的案例，工厂车间主任可以当市委书记。其他案例如河南新乡的冰箱厂、红塔山的烟厂，它们带动了整个城市的发展。这些城市尽管规模不大，但比老北京、老长安更现代。

容易得的城市病：

但幼儿期的城市以一种城市特色的产品为骄傲，忘记该产品的核心技术来

图 8-3-1　1949 年以前的北京（左）和 1990 年代的攀枝花市（右）
资料来源: https://panzhihua.focus.cn/zixun/af9dee9a36f8a0f2, html https://image.baidu.com.

源、资本和市场都掌握在外部，一旦产品缺少及时的更新，城市的支柱企业发生坍塌，整个城市经济和就业岗位问题在一日之间爆发，城市重新回到农业社会的消费城市。

8.3.1.3　城市生命阶段 3：少儿期

特征：多种产品输出（Export Complex）

城市带领下级的县进入了第 3 阶段少儿期。这一阶段的城市特征为：

1）由多家企业构成城市经济；

2）各企业在历史上有继承关系，由上一阶段过渡而来；

3）城市的产业占有本地市场。

容易得的城市病：

少儿期城市的带动企业虽然已从一个企业发育到上下游产业的不同企业，但很容易出现城市转型困难的问题。一方面，现代产业带来就业功能，另一方面，农业社会也在都市工业区内掺杂，城市发展战略缺乏明确的路线，城市面貌混杂，城市环境出现点状污染集聚。

8.3.1.4　城市生命阶段 4：青年期

特征：城市经济成熟（Economic Maturity）

以当地市场为目标的新兴工业产业出现，带来更大规模工业和就业岗位，带动当地市场规模；城市的基础工业技术得到不断提升。

青年期是城市站起来的阶段。城市进入青年期，开始具有最重要的支柱产业研发力和创新力，诞生一代一代产品；支柱产业的研发非常强劲；这个时候城市就站起来了。城市经济已经成熟，城市支柱产业具有研发和创新能力，具有独立的生命延续能力，产品代际不断更新。以本市主流产品为基础，形成产品研发创新中心，通过创新带动青年人才资本和新兴产业的集聚。这个阶段核心诞生了，同时具有辐射力。

容易得的城市病：

城市充满了创业的机会，集聚了大量的创新创业的青年，但城市缺少都市社区的城市管理体系，城市安全，尤其是社区安全，受到重大挑战。

图 8-3-2　南充市桑蚕养殖（上左）、炼油厂（上右）和南充市全景（下）
资料来源：https://kuaibao.qq.com/s/20200528A0IKDV00?refer=spider），https://
www.163.com/dy/article/DT4QSOU10525U48L.html），https://www.sohu.com/
a/463274999_120279609）.

8.3.1.5　城市生命阶段 5：壮年期

特征：区域中心城市（Regional Metropolis）

原有和新兴工业的市场不断向外围地区扩展；城市输出产品多元化；城市的资本和工业带来新的引力。

壮年期的城市进入了领地不断滚动扩张的状态。城市领地不一定和行政区划范围重合，如苏州、无锡、常熟与上海的经济联络远远密集于和南京的。城市联系网络有一个分界线，如从经济、技术角度来说，南京的领地是安徽。上海辐射苏州、无锡、常熟等地，其经济领地、技术领地不断扩张，原有、新兴产业不断扩大，不仅只有某一种产品，城市资本和劳动力自身就会被吸引，反过来吸纳大量的资金、人才。沈阳、成都也是非常典型的案例。

容易得的城市病：

城市不断卷入新的资本时，城市高度集聚，城市要素不断增多，诞生了城市多元混居，也出现了多元文化的冲突。新型产业区和老城的距离，远则造成单摆交通，近则造成空气和水的污染。更严重的问题是，城市在不断长大、长高、长密的时候，其自我管理、自组织能力和未来新生命力的诞生失去了长远的谋划。

8.3.1.6　城市生命阶段 6：老年期

特征：世界级城市（Technical and Professional Virtuosity）

老年衰弱期的城市中，专业技术生产和服务在国家或国际上取得垄断地位，然而原有功能被其他城市争夺去，原有统治地位被动摇，而新功能尚未注入。这类城市开始老了。

容易得的城市病：

老年期的城市以历史的辉煌为骄傲；地下基础设施日益衰败，甚至出现基础设施衰竭的现象；城市的集中奢华区与斑块式的衰弱之间的差距日益加大；对于城市中的创业者，生产成本和生活成本急剧上升；城市生态环境出现群落性的恶化，城市抗击经济自然社会的冲击力越发脆弱。

8.3.1.7　城市生命阶段 7：城市衰亡与再生

城市的老旧空间效率低下，新生的城市功能得不到应有的区位场所。在一个城市生命体内，两种生命力相互交织，既要保护城市原有的生命基因，又要维护新生命的成长。对于城市政府、已有企业和城市市民都会进行两者之间的平衡和站队，站到任何一面都会造成城市的动荡。

城市一旦注入了新的城市功能，尤其是在产业革命先导性技术带动新兴产业、创造性产业的时候，城市会发生生命再生的现象，即在原有城市上诞生新的生命。比如，纽约、伦敦、利物浦、杭州等。

图 8-3-3　成都城市扩张
资料来源：网络.

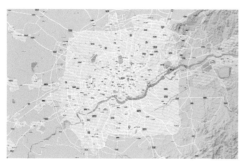

图 8-3-4 沈阳城市扩张
资料来源：网络.

图 8-3-5 1980 年代的纽约、伦敦、上海
资料来源：网络.

案例 8-3-1 杭州城市再生

《杭州市城市总体规划（1996—2010 年）》对 1990 年代至 21 世纪初的杭州城市发展起到了重要的规划指导作用，引导城市空间有序拓展，奠定杭州未来发展的主基调。

城市性质上，开始通过分层次确定城市的主导功能，较好地解决了发展旅游和发展工业的关系。城市布局上，开始向沿江、跨江多核组团式发展，特别是城市新中心即后来的钱江新城核心区的建设，奠定了从西湖时代向钱塘江时代转变的基础。

余杭、萧山撤市建区后，杭州的市域面积扩大了 5 倍，"钱塘江时代"最显著的两大特征，是钱江新城的崛起和萧山江东工业区的开园。前者将成为杭州新的城市中心，后者则将成为中国最大的工业制造业基地。"大杭州"的格局使杭州的管理者和建设者们有了施展才华的空间。

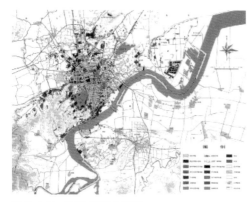

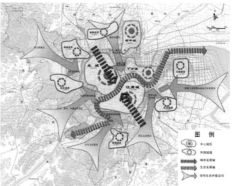

图 8-3-6 杭州城市总体规划
资料来源：《杭州市城市总体规划（1996—2010 年）》.

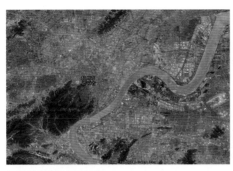

1996 年杭州市卫星影像

2006 年杭州市卫星影像

2016 年杭州市卫星影像

图 8-3-7　杭州市 1996、2006、2016 年卫星影像和城市实景

资料来源: https://tieba.baidu.com/p/5034049326，http://www.baiqi008.com/b2bpic/clcgnhlv.html，https://zhuanlan.zhihu.com/p/398735529.

案例 8-3-2　影像城市生命阶段"城市树"——7 种城市发展类型

　　计算机图像识别技术与深度学习算法、城市大数据，为定量研究城镇化进程中城市发展的时空规律提供了新的途径。吴志强院士团队首创"城市树"的分析方法，通过 30m×30m 精度网格在 40 年时间跨度内对全球所有城市的卫片进行智能动态识别，并将每一个城市的识别数据进行时空多维度集合建构，挖掘城市形态演变的相似性特征，以形探律，跨越时空，发掘城市不同生命阶段的生长规律。

以机器挖掘的全球建成区 1km^2 及以上的 13810 个全城市样板图为基础，通过 3000 个城市数据人工标定样本，基于深度学习框架，采用 CNN 卷积神经网络算法，训练城市发展类型分类模型，进行自动分类识别，并采用卷积神经网络提取每一个城市多维时空数据特征，通过 t-SNE 映射至二维空间，实现全球 13810 个城市时空发展规律认知。首次发现并定义 7 大城市发展类型：萌芽型城市、佝偻型城市、成长型城市、发育型城市、成熟型城市、区域型城市、衰退型城市。其中，佝偻型城市，即过去 40 年内始终保持在 10km^2 以下没有增长的城市，共计 3601 个，约占 26%；成长型城市，即持续保持一定正常增长率的城市，共计 2365 个，约占 17%。

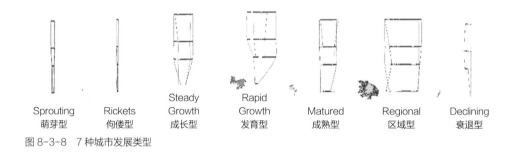

图 8-3-8　7 种城市发展类型

根据这些城市的空间分布进行观察和统计发现，德国、英国和法国等发达国家中，60%~80% 的城镇属于成长型城市。中国、巴西和印度等发展中国家中，佝偻型小城市占据了约 20%~30%。中国的城市中，发育型和成熟型的大城市占据了约 30%。

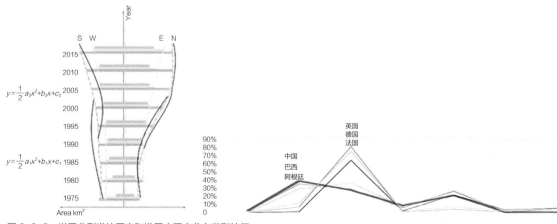

图 8-3-9　世界典型发达国家和发展中国家分布类型特征

8.3.2　城市生命研究对城市研究和规划思维方法的启示

只有掌握城市的发展规律，才能知道一个城市所在的生命阶段。按照城市所处的不同生命阶段，可以知道城市在本阶段中最需要的生命力营养补充、最容易出现的生命问题，才有可能制定最精准的规划和战略。

我们对于城市和地段的研究，多数是建立在实证归纳的基础上的，根据现象出现的重复性归纳出城市的经验规律。由于城市个体及发展背景千差万别，城市现象很少会完全重复地出现，甚至很多现象仅仅一次性出现，很难按经验归纳方法总结出规律，因此，城市研究和城市规划至今为止多是沿用社会学的研究方法，属于"人文科学"的范围。而在社会学研究中，经济现象、产业结构特征和空间结构等往往被看作是两种社会存在加以分析，研究者会较为注重它们对于社会发展的意义，而较少去讨论经济、社会和空间的互动及内在的耦合关系及作用机制。

然而经验规律和科学规律是有着明显的差异的。经验规律根据表象的重复性作出归纳，并不解释其深层次的发生机制，"知其然而不知其所以然"；而科学规律不仅强调以经验事实为依据，还要进行其深层的因果分析，并要通过实践来检验分析出的"因"和"果"是否确实存在着因果必然性的联系，"知其然又知其所以然"。当我们能把城市中不重复或不相似的现象都纳入同一个因果必然性的科学规律去解释，就意味着他们的存在、发展和演变都是有其因果必然性的，只是因为他们各自的特殊"经历"或不同"境遇"，即城市主体性的差异，从而形成现象上的特殊性。

城市认识方式的改变给我们传统的规划方法带来了根本性的冲击。它打破了把规划过程中的主体（人）和客体（城市）作为实体性存在的规划研究模式，而把主体和客体都看成是功能性的存在，以功能性的研究方法替代实体性的研究方法，而且把"活动"的概念引入规划的全过程。这一研究方法是建立在微观的、相对性的思维方法上的，更强调城市这一复杂系统内的相互关系，城市规划研究方法体系也将由自上而下（由宏观到微观）转变为自下而上（由微观到宏观）。这一根本性的转变要求我们更多地关注对城市自身运转规律的研究，更尊重不同城市的地域、经济、政治和文化的不同需求和运行特点，深入城市研究之后才能着手规划，并且要谨慎地观察规划实施后产生的各种现象和问题，不断地调整、更新规划和政策，使规划真正成为适合于城市，增强城市生命力，帮助城市健康发展的一种手段。在当今分散、多阶层的社会和意识结构以及快速变化的信息社会背景下，城市规划作为一种公共政策和干预手段，要有利于社会各利益集团达成统一的理念和认同，解决"城市冲突"；在规划的行为方式上更强调可持续性，强调相互协作（Collaborative）和自我组织（Self—organizing）。学者和规划的决策者们越来越清楚地意识到城市规划的根基在于对城市自身内部系统的研究，城市发展的动力更多地取决于城市内生式的需求及其与外部环境的关系。

在城市生命特征的认识方法上，城市研究可以借鉴自然科学的研究方法，逐渐从宏观研究走向微观研究，从表象的认识和总结走向城市系统构成和运转规律的研究。而城市规划作为对城市运转过程的一种介入和引导，应该顺应城市在特定阶段的生命力需求，对城市生命内部存在的各种复杂系统进行整合和调整，使其运转更为顺畅，产生更强大的生命力。城市规划更应作为一种城市内部复杂矛盾的有效控制和利用手段，根据不同对象、不同时间城市所存在的矛盾的特殊性，制定出有针对性的、特色鲜明的城市规划和公共政策。城市规划的根本目的就在于通过有效的方法维护城市内部各构成要素和系统的异质性并加强其相互间的固有联系，控制并适度引导这些异质性因素所产生的矛盾，鼓励可增强城市生命力的矛盾运动，控制和减少削弱城市生命力的矛盾运动，并在这一过程中不断调适与外界的关系。城市规划工作的核心是维护和壮大城市的生命力，围绕这一核心的城市规划才会是科学的、有效的和丰富多彩的，才能真正推动城市健康发展和人类文明的和谐进步。

本章小结
Chapter Summary

城市与生命在很多方面具有相似性，如它们都具有复杂性、自组织、主体性、成长性等基本特征。随着当代城市研究的发展，对城市生命过程的发展规律有了较为完整的理论体系。对城市研究的思维方式与城市系统组织模式的研究，具有重要的时代意义。本章从城市生命体的视角对城市进行解读分析。

城市在空间维度、时间维度均存在生长发育的现象，两个维度是同时相互融合的关系，共同描绘了城市发展变化的过程，以此构成城市生命成长的理论基础。

现有的著名城市发展阶段模型都试图证明所定义的城市发展阶段遵循一定的普遍顺序，试图对不同时间点上的城市进行比较，将所有城市的历史发展概括成单一轨道上发展的几个前后阶段，而且企图以此来预言未来的城市发展，难以达到很好的效果。

本章提出的城市生命阶段模型包含四项要素：阶段性标志、阶段分界值、阶段划分的数量、阶段顺序。两个重要的阶段标志为：阶段标志 A：功能空间；阶段标志 B：工业化。

进一步提出城市生命的 7 个阶段，包括孕育期、幼儿期、少儿期、青年期、壮年期、老年期、城市衰亡与再生，并列出了每个阶段容易发生的城市问题。从生命体的视角解读城市规律，把握城市所处生命阶段，及其容易发生的城市问题，便于把握城市规律，做出有针对性的城市决策，确定城市的策略方向。

参考文献

[1]　吴志强，李德华 . 城市规划原理 [M]. 4 版 . 北京：中国建筑工业出版社，2010.

[2]　Bryan R Roberts.Globalization and Latin Ameri can Cities[J]. Globalization and Latin American Cities，2005，29（1）：110-123.

[3]　塔费（Taaffe. E. J.）. 城市等级——飞机乘客的限界 [J]. 经济地理（英文版），1962：1-14.

[4]　王德忠 . 区域经济联系定量分析初探 [J]. 地理科学，1996，16（1）：51-57.

[5]　刘瑞，朱道林，朱战强 . 基于 Logistic 回归模型的德州市城市建设用地扩张驱动力分析 [J]. 资源科学，2009，31（11）：1919-1926.

[6]　王建军，吴志强 . 城镇化发展阶段划分 [J]. 地理学报，2009，64（2）：177-188.

[7]　姜仁荣，刘成明 . 城市生命体的概念和理论研究 [J]. 现代城市研究，2015（4）：112-117.

[8]　王放 . 中国城市化与可持续发展 [M]. 北京：科学出版社，2000.

[9]　徐红罡，龙江智 . 城市旅游地生命周期的模式研究 [J]. 城市规划学刊，2005（2）：70-74.

[10]　何一民 . 城市发展周期初探 [J]. 西南民族大学学报，2006，27（3）：61-69.

[11]　吴志强 . "扩展模型"：全球化理论的城市发展模型 [J]. 城市规划学刊，1998（5）：1-8.

[12]　ATLAS OF URBAN EXPANSION，http：//atlasofurbanexpan sion. org/historical-data.

[13]　重庆大学建筑城规学院，等 . 更好的社区生活：重庆渝中区下半城城市更新规划——2016 年城市规划专业六校联合毕业设计作品集 [M]. 北京：中国建筑工业出版社，2016.

[14]　曹禺 . 上海城市更新问题研究 [D]. 上海：上海财经大学，2004.

城市动力学 | Urban Dynamics

9.1 城市动力学概述
Overview of Urban Dynamic

1950 年代后期，系统动力学逐步发展成为一门新的学科，其研究在初期主要应用于工业企业管理；1960 年代，随着系统动力学研究的逐步成熟，其应用范围也不断扩大，并逐步进入城市研究领域。J.W. FORRESTER 教授所著《城市动力学》（Urban Dynamics，1969）中最先利用系统动力学原理和方法，研究了在城市的兴衰过程中自然资源、地理位置、交通条件、人口迁移、环境容量、投资与贸易等相互关联的复杂系统问题。

系统动力学一般以反馈控制理论为基础，以计算机仿真技术为手段，主要用于研究复杂系统的结构、功能与动态行为之间的关系。其强调整体上考虑系统的组成及各部分的相互作用，并能对系统进行动态仿真实验，进而考察系统在不同参数或不同策略因素输入时的系统动态变化行为和趋势，使决策者可借由尝试各种情境下采取的不同措施来观察模拟结果。这一研究方法也打破了从事社会科学实验必须付出高成本的条件限制。

系统动力学模型是一种因果机理性模型，强调系统行为由系统内部的机制决定，擅长处理长期性和周期性的问题，特别是在数据不足及某些参量难以量化时，其以反馈环为基础依然可以做一些研究；并擅长处理高阶次、非线性、时变的复杂问题。

弗里德曼将 MIT 在 1956 年提出的系统动力学的方法应用于城市区域自身的生命循环，提出了一种模拟城市结构与内部联系的模型。模型从大量备选因素中选取了与城市生长、衰老和复兴相关的变量。该城市模型完整地阐述了城市从无到有，

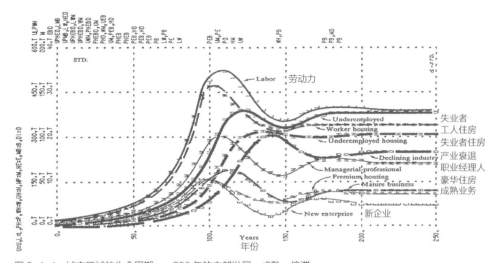

图 9-1-1　城市区域的生命周期——250 年的内部发展，成熟，停滞

资料来源：Forrester J W. Urban dynamics [J]. IMR；Industrial Mana-gement Review（pre-1986），1970，11（3）：67.

直至繁荣的全生命周期。模型的分异从城市生命周期达到均衡状态时开始。均衡状态下的模型被用来研究政策上的不同将如何影响城市未来五十年内的状况。通过模拟运行不同的城市管理项目，模型证明了很多用以改善城市状况的项目事实上使状况恶化。进一步以不同的城市项目为例，针对城市衰退的原因，而不是表象，提供了多种改善方案。城市动力学在此提供的是分析方法而不是政策建议。研究模型必须针对特定情况下的条件进行检验后，才能将得出的结论用于实际操作。

9.1.1　城市动力学模型

9.1.1.1　选址理论

地理学理论遵循了自然科学的主流。从 19 世纪开始，选址理论主要应用于寻求定居点、土地利用、设施和人群等的均衡空间分布。传统选址理论由冯·图恩在 1826 年创立。冯·图恩提出，现有的城市结构为整个系统提供了最有效的功能组织。从此一百多年来直到 1950 年代，城市系统的地理学阐释面向最优化和总体上稳定的结构。

基于对于经济意义上最优性的理解，我们发现了几条关于稳定和最优化的设置方式和土地利用的基础地理规律。特别是三条对于理解城市系统至关重要的规律：

1）中心地理论（Weber，1909；Christaller，1933，1966）；

2）能级分布理论（Allen，1954；Clark，1967）；

3）城市地租与商业中心距离相关分布关系（Alonso，1964）。

1960 年代初，Ira Lowry 的大都市圈模型也尝试对现代城市区划联系度进行定量测算（Lowry，1964）。

城市的均衡与最优化模式模型研究对象是城市土地利用和土地价格。但许多城市要素——人口、就业、服务和运输网络仍然在这些模式的框架之外。

9.1.1.2　创新扩散模型

哈格斯特兰德的模式引用了地球模拟。他提出的模拟模型是动态的、高分辨率的，建立在总体的系统理论上，即考虑到集体程序的结果，并受到自组织的影响。这些模型在二维细胞网格的基础上实现，技术上与现在的元胞自动机和多代理系统非常接近。哈格斯特兰德的模型提出的时间非常早，不符合 1970 年代城市建模的主流思想，十年后才得到了普遍的欣赏。

哈格斯特兰德提出将有意义的社会信息组织在三个层次上。"创新"向其他地区的扩展，取决于通过媒体或人群本身全球传播的"公共信息"；以及来源于社会特定成员的"私人信息"。他所提出的模型 I、II、III 分别说明了创新在人群中传播的可重复性、过程、转译与衰减。

1950—1960 年代，个体要素集合背景下的地理系统观点远远超出了相关领域这个时期普遍的科研思路。1967 年,地理学接受了哈格斯特兰德成果中的动态部分,

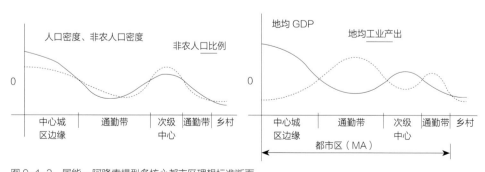

图 9-1-2　屠能 - 阿隆索模型多核心都市区理想标准断面
资料来源：韦亚平，赵民，汪劲柏. 紧凑城市发展与土地利用绩效的测度——"屠能 - 阿隆索"模型的扩展与应用 [J].
城市规划学刊，2008（3）：32-40.

但忽略了一个部分：将创新的动力作为集体性的动力。

从此，城市动力学建模成为城市模型的代名词。动力学建模的前期——地理模拟阶段通常被称为区域模型或存量与流量模型，并在1970年代发展兴盛。

9.1.1.3　福瑞斯特城市动力学模型

福瑞斯特所著《城市动力学》（*Urban Dynamics*）于1969年出版后引发了大量讨论，但大部分持消极态度。无论如何，福瑞斯特的著作揭开了城市建模的新时代；他总结了当时系统科学对城市系统的基础认识，并提出了让地理学者所关注的思想。

福瑞斯特将正反馈视为自然系统，尤其是城市系统中复杂而又违反直觉行为的主要来源。他认为一次正反馈会主导系统一段时间，之后主导权又转移到另一次反馈上，以控制系统的其他部分。因此，系统行为的大幅变化似乎显示这两种体制间没有关联。同时，其中一种反馈占主导地位，系统保持对另一个反馈的抵制，从而导致边际的变化。

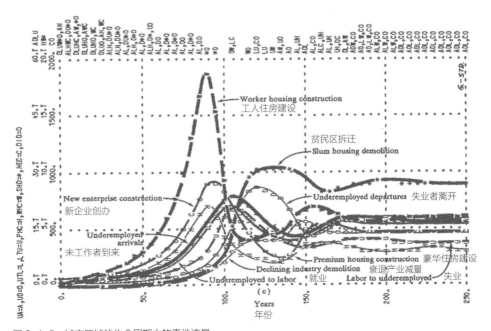

图 9-1-3　城市区域的生命周期中的事件流量

资料来源：Forrester J W. Urban dynamics[J]. IMR；Industrial Mana-gement Review（pre-1986），1970，11（3）：67.

福瑞斯特的工业动力学模型基于非空间性的存量与流量，他在城市动力学模型建模时采用相同方法将住房、工作和人口分为三类以定义存量。每类的特点是收入水平不同，同类存量直接相互作用，即低收入家庭被低收入住房所吸引，反之亦然。其他部分不直接相关，即低收入家庭对高收入住房的可用性并不感兴趣。

衰退理论是福瑞斯特城市动力学的重要基础。衰退的结果是定性的——在衰退期间，系统可继续以先前的方向发展，这可能会使系统稳定性与正反馈相似。福瑞斯特把城市考虑为抽象体，因此大多数模型参数缺乏证明。但福瑞斯特认为合适的模型结构更为重要，他所选择的参数需要收敛到稳定的均衡状态，而衰退会产生非单调收敛，反映为城市出现一定的过渡发展时期。参数变化仅导致稳态的变化，结论直观简洁。

9.1.1.4　区域模型

系统理论的关键是将尽量少的变量纳入模型，以减少可能性数量，便于模型的分析研究。根据这种观点，我们可以在概念性和总体水平上尝试理解城市动力学。另一种极端的做法就是忽略复杂性，直观反映出模型中的城市系统，并借助正确的情景设计和计算机模拟帮助我们了解真实的城市动力学。1960 年代和 1970 年代，有两种方法分别用于研究概念模型和对现实城市进行建模。

（1）城市现象的聚合模型

概念城市模型遵循数学生态学和经济学的传统，并常以生态学形式进行模拟，如对社会群体或经济部门间空间竞争的研究，对新兴城市层次结构的阐释。对一个或两个相互作用的群体的动力学研究是数学生态学和经济学中最精细的模型之一，对城市有直接的阐释。

现在大多数情况下，经济学家支持总体趋势，有大量论文从经济学方面讨论针对不同城市现状的模型。其中一些阐释了模型对现实的合理适用性，从而证明要诠释复杂系统动力学的基本内容并不一定需要复杂模型。

（2）存量和流量整合区域模型

将一组相关的空间单元组合起来的区域模型出现于 1960 年代，结合了存量、流量和重力模型，成为城市动力学建模的主流。

区域模型基于用几种存量如人口、土地、工作、住宅、服务等，以描述的区域及这些存量之间的交换来表征地理系统。几种存量作为社会经济和基础设施指标，可描述区域的特征。任何聚合模型，包括福瑞斯特的动力学模型，都可以被认为是区域模型的简单情况，其中城市作为单一地区存在。

根据流量的形式，区域模型的动力学可能非常复杂，可以展现从稳定到混乱的所有可能。区域模型的过度概括化与模型中的参数有关：其变化间隔越窄，城市动力学可能的选择余地就越少。不过地理学家也从未期望能够对流量进行完美的阐述与分析。

9.1.2　城市动力学诊断

动力学诊断的基本目的是通过对客体的群落判断其是否处于发展的正常和健康状况后，对城市的发展动力因素进行全面的评估，从而为客体的未来发展提供有效性的内部或者外部的干预，并确定建设性的干预方式。

动力学诊断的基础是对客体群落状态的规律性作出现状是否健康的综合评估。

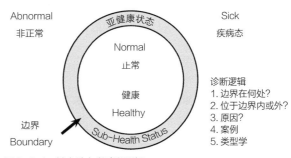

图 9-1-4　城市动力学诊断逻辑

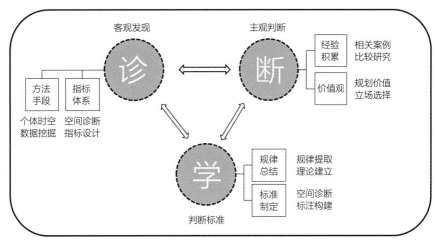

图 9-1-5　城市动力学诊断框架

而对状态的把握需要大规模的观察、统计和规律判断。

20世纪初，GEDDES 提出"生活图式"，从地理学、经济学、人类学的观点，就人、地、工作关系来综合分析城市。他的名言"调查先于规划，诊断先于治疗"已成为城市规划工作的座右铭。这种调查—分析—规划的工作程序一直被广泛采用。

动力学诊断是在规划的编制与实施过程中，对城市进行健康检查与动力学分析，发现并分析现存的问题，提出建议和改善策略。它的主要目的在于，使城市管理者在决策时能够注意到这些问题，及时调整思路、控制局面、把握城市发展方向，并且将城市发展动力作为考虑要素纳入下一轮规划。

9.1.3　城市动力学四大原理

第一原理

城市发展动力诊断对城市的街区、城区、城市、区域等不同层面都需要进行总体动力诊断。城市发展动力总量是否足够，是否有动力不足的问题，这是规划考虑的首要方面。动力的总量大小也决定了能够带动的区域范围。

第二原理

动力的相互传递链条要连贯。即使动力总量足够大，但传递不连贯，跳跃性大，传递链易断裂，反而会造成"灯下黑"的现象。而动力传递均匀则会带动整个区域协同发展。

第三原理

动力源要以群落形式多元分布，而不是简单的中心边缘模式，才能更好地激发创造性。为城市创造多点动力是规划需要关注的方面，而不只是聚焦于空间设计。

第四原理

城市发展动力要有可持续性，不只是一代人的发展动力，而是能够持续多代、共同享有的发展动力。

9.1.4　城市动力内涵

城市发展动力从根本上来源于人民对美好生活的追求。就市民对城市发展的企盼而言，共有六大着眼点：

（1）首要是改善生活，实现富裕的愿望，即迁至城市，在城市工作可使收入巨幅提升；

（2）对和谐幸福的追求；

（3）对文化教育的需求；

这三点是城市发展动力内涵最重要的三大着眼点，此外还有对生态、健康、流动性三方面的追求。

城市动力的内在逻辑是城市发展的本质问题，所有城市问题剖析到最根本都可解释为发展动力问题，其内涵是人民的基本欲望。

图 9-1-6　城市动力四大原理

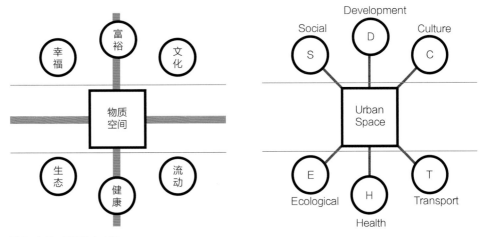

图 9-1-7　城市动力内涵

资料来源：作者自制．

9.2 城市动力总量原理
The Principle of Urban Dynamics Gross

9.2.1 城市产业动力

城市是一个开放的复杂巨系统，它的发展是社会、经济、文化、科技等内在因素和外部条件综合作用的结果。动力是城市发展的源头、城市力量的核心。城市动力代表着城市通过获取来自外界与内部发展机遇，实现自身后续发展的能力、效率等方面。对城市动力的研究与培育是任何规划的根本出发点与落脚点。

经过改革开放 40 多年的高速发展，我国的城市化已进入由数量扩张向质量提升的关键发展阶段。这一时期的城市发展将从重视快速增长向关注城市化健康发展转变，从倚重效率向追求社会和谐转变，城市发展将不再是简单的经济增长，而是经济、环境、社会的全方位发展。

城市发展研究在街区、城区、城市、区域等不同层面都需要对其总体动力进行诊断。在对城市动力总量的研究中，人口和经济规模也是决定未来城市化发展的最基本标杆，人口和经济指标对于城乡人口和经济动态模型的构建非常重要。其中，具体有三个维度的要素与城市发展动力关系特别密切：规模、结构和空间分布。对这些要素的测度为规划提供了重要的背景，并将转化为城市对土地、基础设施、公共设施和自然资源等方面的相应需求，为城市动力模型建构了高质量的基础。

9.2.1.1 投入产出分析

投入产出分析是以瓦尔拉斯的一般均衡理论为基础，分析特定经济系统内投入与产出间数量相依关系的方法，是一种基于构成的经济分析方法，多应用于评价经济影响。该方法将区域经济看作不同经济成分相互联系组成的网络，从区域内外部研究购买或销售的产品与服务。其中，经济成分可以划分为 10—500 个甚至更多部门，具体划分数量、标准根据当地经济表现特征、研究目的、数据有效性、时间以及计算能力等因素确定。

投入产出分析与经济基数理论乘数方法相比具有一个显著的优点，即经济基础只计算一个乘数。而投入产出分析对每个经济部门对其他经济部门的影响均要计算出乘数，以便追踪一个经济部门的增长或衰退对其他部门的不同影响。投入产出分析方法详细展示了一个研究区域的各经济部门之间是如何联系的，并揭示了地方经济中一些特定经济部门的相对重要性。

9.2.1.2　趋势外推法

趋势外推法是确定发展趋势并将其外推至未来的方法。趋势外推法可直接应用于总人口或就业水平分析、总量中各部分总数的分析（如老年人口或者基本就业），还可以用于确定某些更为复杂模型的输入项，如对生育率和迁移率进行外推并输入群体生存模型，或者对特定产业就业乘数进行外推并输入投入产出模型。外推法隐含的假设前提为：时间有效地代表了基本影响变量的累积效果。这些影响要素包括出生、死亡、企业开业以及经济结构转变等。

外推法常常通过描述增长或衰退曲线的数学公式来表达，将历史数据标注在图形中来观察曲线的轨迹及其随时间变化的连续变化，表达直观简明。通常可用四种数学模式来描述历史上的人口和经济增长并将这种发展趋势外推至未来：线性模型、几何模型，有时又称为指数模型、修正指数模型、多项式模型。

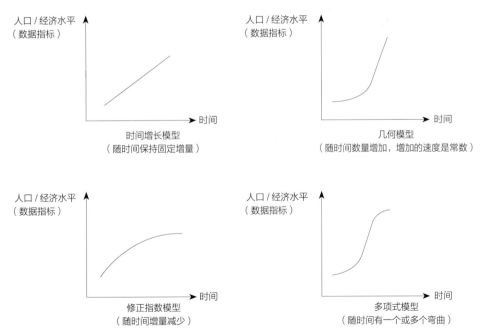

图 9-2-1　趋势外推模型

资料来源：吴志强，李德华．城市规划原理 [M]．4 版．北京：中国建筑工业出版社，2010．

趋势外推法用简单易行的方法，依据历史数据预测未来人口数量、就业岗位以及其他人口和经济指标。影响人口和经济变化的众多要素都可以沿时间线进行表达。因此，趋势模型需要吻合历史上的时间、人口和经济指标。分析中有如下两点假定：

（1）曲线越吻合历史数据，模型越能反映内在要素的影响。

（2）同样的作用力将持续到未来。当然，对趋势模型需要进行判断和必要修正，包括允许时间、人口和就业数据与曲线有一些偏离。

9.2.1.3　基础与非基础产业分析

（1）区位商分析

对基础产业和非基础产业进行分类，最普遍的方法就是区位商（Location Quotient，LQs）分析。区位商有多种描述方式，常用的方式是城市或区域中某一产业的就业份额相对于该产业在国家就业份额的比例。由此，一个区域的区位商（LQ_s）可定义为：在给定的区域 r 中部门 j 的区域就业比率 E，相对于在国家同一部门 n 的就业比率。这样，一个区域的区位商可以用下式表达：

$$LQ_s = (E_{jr} / E_r) / (E_{jn} / E_n)$$

（2）最小需求法

区位商的分析存在着两个隐含的假设，即不同城市和区域的生产部门的生产效率是一样的，生产同种产品所需要的要素投入是一样的；不同城市和区域的家庭消费同样种类和数量的商品。而实际上，各城市和区域的生产部门的生产效率及家庭的消费函数并不一致。

针对这个问题，最小需求法将城市或区域的就业结构与类似规模的其他区域相比，而不是与全国的就业结构相比。对于规模相似的区域，可以在另一城市中找出最小的部门就业份额来代表该类规模城市的部门性消费需求。所有大于这个数值的生产部门的就业份额被假定为代表在城市出口产业中的就业。依据这个论点，最小需求区位商可用下式表达：

$$MRLQ_{jr} = (E_{jr} / E_r) / (E_m / E_{jm})$$

这里，m 代表部门就业份额最小的地区。这个表达式看起来与区位商分析的方式相似，但内涵有所不同。

9.2.2　城市人口动力

人口的密度效益与人口的规模效益推动着城市的发展壮大。城市人口的增多与规模的扩大，意味着更完善的交通体系和更多企业的建立，以及各种人才的汇聚。城市人口共同使用公共设施，也降低了人均使用成本。

人口结构的相关数据揭示了城市人口的就业情况、劳动力潜力、老龄化水平、人口发展趋势等重要内容，是城市动力研究不可或缺的方面。

9.2.2.1　城市人口规模动力

（1）综合增长率法

综合增长率法是以计算基准年上溯多年的历史平均增长率为基础，预测规划目标年城市人口的方法。根据人口综合年均增长率预测人口规模，可按下式计算：

$$P_t = P_0 \, (1+r)^n$$

式中，P_t 代表预测目标年末人口规模；P_0 代表预测基准年人口规模；r 代表人口综合年均增长率；n 代表预测年限（$t_n - t_0$）。

人口综合年均增长率 r 应根据多年城市人口规模数据确定，同时考虑城市经济发展的趋势、机遇和资源环境等各方面的条件，参考可比城市同样发展阶段的人口增长情况，形成多个人口预测方案。

综合增长率法主要适用于人口增长率相对稳定的城市，对于新建或发展受外部条件影响较大的城市则不适用。

（2）时间序列法

时间序列法是对一个城市的历史城市人口数据的发展变化进行趋势分析，预测规划期城市人口规模的方法。它通过建立城市人口与年份之间的相关关系预测未来人口规模。这种相关关系一般包括线性和非线性的，在城市规划人口预测中，多以年份作为时间单位，一般采用线性相关模型，按下式计算：

$$P_t = a + bY_t$$

式中，P_t 表示预测目标年末城市人口规模；Y_t 表示预测目标年份；a、b 表示参数。

通过一组年份与城市人口的历史数据，拟合上述回归模型，如回归模型通过统计检验，则视为有效模型可以进行预测；否则，应视为不相关或相关不密切，不能用该方法进行预测。

时间序列法适用于城市人口有长时间的统计，人口数量起伏不大，未来发展趋势不会有较大变化的城市。

（3）增长曲线法

增长曲线模型用来描述变量随时间变化的规律性，需要在以往数据中找出这种规律性。增长曲线模型包含多种形式，用以描述社会生活中各种事物的发展规律，常见的有多项式增长曲线、指数型增长曲线、逻辑（Logistic）增长曲线和龚珀兹（Gompertz）增长曲线。逻辑增长曲线和龚珀兹增长曲线存在极值和增长率拐点的特点基本符合城市人口的变化过程，因此城市规划中用增长曲线法进行城市人口预测时，一般使用逻辑增长曲线。其计算公式为：

$$P_t = P_m / (1+aP_m b^n)$$

式中，P_m 代表城市最大人口容量；n 代表预测年限。

参数 a 和 b 可利用软件从历史数据回归中求得。曲线中人口容量 P_m 一般需结合城市的资源承载力、生态环境容量、经济发展潜力等来确定，也可以直接借用各个角度对城市极限人口规模的研究结论。

增长曲线法适合于较为成熟的城市的人口预测，并不适用于新建城市或者发展存在较大不确定性的城市。在该方法的应用过程中，人口极限规模往往难以确定或有一定的不确定性，给该方法的应用带来了一定的困难。

9.2.2.2　城市人口结构动力

（1）年龄结构

年龄结构是指城市人口各年龄组的人数占总人数的比例。一般按年龄分成托儿组、幼儿组、小学组、中学组、成年组和老年组，常根据年龄统计作百岁图和年龄构成图。

（2）职业结构

城市人口的职业结构是指将城市人口中的社会劳动者按其从事劳动的行业性质（即职业类型）划分，各占总就业人口的比例。产业结构与职业构成的分析可以反映城市性质、经济结构、现代化水平、城市设施的社会化程度、社会结构的合理协调程度。

（3）家庭结构

家庭结构反映城市人口的家庭人口数量、性别、辈分等组合情况。它与城市住宅类型的选择、城市生活和文化设施的配置、城市生活居住区的组织等都有密切联系。

（4）空间结构

城市人口空间结构是指人口在城市内部的空间分布特征。人口密度模型可以理解为城市某地的人口密度是城市中心人口密度和该地距城市

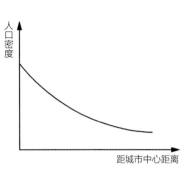

图 9-2-2　人口密度 Clark 模型
资料来源：吴志强，李德华. 城市规划原理[M].
4 版 . 北京：中国建筑工业出版社，2010.

中心距离的函数，可用来描述人口密度随与城市中心距离变化而变化的规律。较为常见的人口密度模型有 Clark 模型、Sherratt 模型、Newling 模型。以 Clark 模型为例，其函数形式为：

$$D_d = D_0 \times e^{-bd}$$

式中，D_d 为城市某地的人口密度；D_0 为城市中心的人口密度；d 为该地与城市中心的距离。

案例 9-2-1　Michael BATTY 的人口研究

近代以来，地球人口一直呈超指数型增长态势。考虑到人口的激增正在减缓至稳定状态，城市人口在将来某一时刻会达到一个极点。在这一极点范围内，城市人口还会不断增加。

随着城市规模的扩大，它们在质量上也发生了改变。如通过将上海与苏州相比，伦敦与卡迪夫相比，可以发现大城市可以更好地产生集聚经济。对美国 356 个大都市统计区（MSA，United States Metropolitan Statistical Areas）居民收入与城市人口的回归统计可以发现，在其他条件不变的情况下，城市的扩张与城市的富有程度成正比例增加。

然而，对这个观点也有争议，因为它将城市的边界视为封闭系统，如果改变了这个系统的定义，那么结果也会随之改变。比如，对于英国城市的相似研究，就得到了与美国城市截然相反的结果。实际中，是城市不应再被视为封闭存在，未来人们也不会都生活在一个巨大的城市中，可以看到，大城市所占比例不断递减，小一点的大城市会更多。

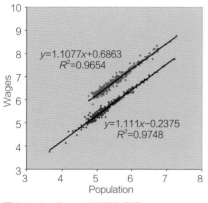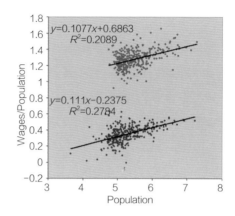

图 9-2-3 人口 - 工资回归曲线

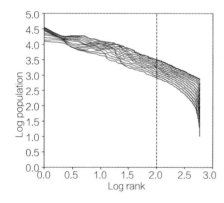

图 9-2-4 1950—2010 年人口超过 75 万人的
城市的等级规模分布
资料来源：Micheal Batty. A Science of Cities in an
Interconnected World [R]. 上海：长三角城市群智能
规划协同创新中心，2016.

案例 9-2-2 章丘市新城区发展概念规划

章丘距离济南市区 12km，其所在的半岛城市群进入空间竞争链接阶段，同时处于济南大城市区的东拓之机。章丘作为大城市周边的中小城市，自身发展动力总量不足。

同时章丘面临难以吸引投资、资金短缺、与济南联系不畅等困境，竞争优势驱动力量急需提升，需要变初级要素驱动为投资驱动。

针对城市动力总量不足的问题，战略规划采取"成本领先"和"多元化发展"并重的战略，主旨是打通城市的三条"脉"：

一、依托山脉，规划区域主体布局。

二、贯通泉脉。规划开始时百脉泉泉群已经干涸，贯通泉脉、恢复百脉泉区域的风貌作为主题。拆除泉群旁边不该有的建筑，恢复其秀丽的自然风貌，泉水回来了，生气也就来了。

　　三、也是最重要的一笔是连通城市名泉的经济血脉——规划了城市名泉到济南高新区的连接线。

　　三条"脉"的全线贯通，实现了由封闭式建设向开放式发展的战略突围，实现了章丘与济南的无缝对接，联通了经济血脉，实现了明水、章丘新城区发展与济南的基础设施、城市、产业、科技和人才等全方位对接。同时，依托山脉，贯通泉脉，提升了城市形象优势。百脉泉也在干涸了909天后苏醒过来。

　　项目捕捉了城市外部环境为章丘发展提供的转折点和章丘本身发展的转折点。通过引入外部动力，激发自身动力源，实现了城市动力总量的提升。

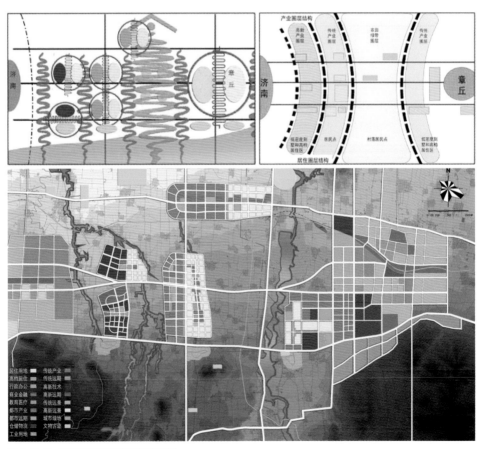

图 9-2-5　章丘市新城区发展概念规划
资料来源：作者实践项目．

9.3　城市动力传递原理
The Principle of Urban Dynamics Transmission

　　动力的相互传递链条要连贯。动力即使总量足够大，但传递不连贯，跳跃性大，传递链易断裂，反而会造成"灯下黑"的现象。而动力传递均匀则会带动整个区域协同发展。

　　城市要素的流通带来了区域空间范围内城市间的联系。城市间存在的差异造成了区域不均衡增长这一普遍现象。对于区域中的城市间差异与联系，地理学家和经济学家提出了中心地理论、首位分布模型和首位优势生长模型等经典模型，并总结了增长极模式、点轴开发模式、梯度模式与反梯度模式等城市经济产业发展模式。

　　对城市动力传递的描述，就是在区域不均衡发展的基础上，对区域整体发展以及区域对城市发展的支撑作用的研究。城市与区域的发展使这两个领域的界限逐渐模糊。城市逐渐成了城市区域，而区域也日益成为城市化的区域。在动力总量的基础上，动力传递扩散的顺畅与否，决定着城市间能否形成平等互利的关系。

　　在经济全球化时代，城市所在的区域联盟决定了该城市的发展机遇，城市的发展依托于区域的整体竞争水平。在城市之间合作与竞争并存的时代，城市群体联盟上升为国家战略。

　　在全新的全球经济背景下，单个城市无力在全球范围内具备足够的竞争力，而城市群将成为经济竞争的基本单位，是组织社会经济生活与参与全球竞争的最优形式。

9.3.1　边界：经济空间范围的界定

　　从区域的视角出发，研究发展动力传递的一项前提工作是界定经济空间范围。区域的基本特征之一是其人口特征，主要包括人口质量与人口密度两部分；本章选取区域内各行业就业人数的空间分布与其占总就业人数的比例作为指标，探索区域经济的空间结构特征，进而判断该区域的空间类型。

　　（1）将区域划分为以区县为单位的地理单元，这些地理单元将被视为均值区域；

（2）根据各个地理单元各行业就业人口的空间分布密度与其占总就业人数的比例，构建区域就业人口结构矩阵，采用主成分分析与聚类分析等方法对各地理单元的空间结构进行分类。需要注意的是，所选行业必须全面反映区域内各地理单元的一、二、三产业结构。

（3）判断该区域的结构类型，包括空间结构类型（核心地带、外围地带和边缘地带）和经济结构类型（服务业密集型、制造业密集型、旅游密集型与农业密集型），在此基础上，根据区域空间组织关系分析都市圈区域与城镇密集轴。

9.3.2　重心：区域均衡格局的表征

随着区域经济空间结构的变化，区域空间发展的方向也在不断改变，具体表现为城市之间的分工合作日益强化。使用重心指标对区域空间发展趋势进行分析，有助于了解区域发展的均衡状态。

空间均值是样本平均数在二维空间上的延伸，它指示的是空间现象属性数据"重心"的空间位置。设 z_i 为第 i 个平面空间单元的属性值，给定其重心的直角坐标（x_i，y_i），则由 n 个平面空间单元组成的区域的空间均值被定义为一个坐标点（x，y）。

若上述属性值为平面空间的面积，则空间均值为区域的集合中心；当某一属性的空间均值明显偏离区域的几何中心时，表示该属性的空间分布不均衡，或称该属性存在"重心偏离"，偏离的方向指向该属性高密度分布区域，偏移的距离则表示该属性的空间分布均衡程度。

在具体实践中，通常将区域中的各个空间单元抽象为点，并选择人口、城镇化率与生产总值等指标以重心公式计算，得到区域各类指标的空间分布。此外，对各指标的移动距离、移动速度等指标进行分析，能够得到重心移动轨迹的特征，从而更加全面地反映区域经济发展的均衡性。

9.3.3　结构：功能分工组合的联系

影响城市群经济发展的两大结构性因素为空间结构与产业结构，且两者相互影响。城市群的空间结构处于不断的演变过程中，该演变过程与城市的社会、经济与环境等特征存在着紧密的联系，同时还决定了城市群空间的扩展模式与路径。

城市群内各城市的空间联系主要体现为经济联系。由于科学技术的推动，以产业区位重组为主要内容的区域空间组织变迁反映了经济增长水平，而空间结构则指示了社会经济客体在空间中相互作用所形成的空间集聚程度及形态。

区域经济增长及竞争力的核心产业的空间布局。主导着区域未来发展动力的传递与分布。通过计算区域内不同城市核心产业的结构相似系数，能够分析区域产业竞争和分工基础，为分析动力传递的连贯性或跳跃性提供依据。

9.3.4　联系度：网络中的位置和地位

联系度体现区域对城市的动力支持，由网络中心性和网络控制力两个指标描述。区别于"中心"或"核心"等概念，中心性和控制力主要反映城市在网络中的地位和作用。网络中心性表示城市集聚（扩散）资源的能力；网络控制力表示城市控制资源集聚（扩散）的能力。

可用联系强度和节点关系判断区域功能多中心结构的特征与动力演化趋势。城市在网络中的地位不仅取决于与其他对象的直接联系，还来取决于联系对象之间的直接联系。基于此，提出了测度网络中城市的中心性、控制力的方法：

$$RC_i = \sum_{j=1}^{n} R_{ij} \times DC_j$$

（j=1，2，3，⋯，n 且 $i \neq j$）

RC_i 表示城市在网络中的中心性，R_{ij} 表示城市 i 和城市 j 之间的联系，DC_j 表示城市 j 的度中心。

案例 9-3-1　长三角边界、重心与结构的变化及联系度特征

通过对长三角边界、重心与结构变化的具体测算，可以发现一体化发展中机遇与瓶颈并存。空间结构上的演变特征与趋势都体现出行政区经济影响在空间结构上的反应。

（1）边界研究发现：核心极化板块出现，但两者之间仍显孤立。

（2）重心研究发现：重心变动，区域竞合态势明显，但核心—外围格局依旧。

（3）结构研究发现：功能分 T 网络逐渐链接，但同构性风险尚存。

以上海为龙头的长三角城市群体正在形成结构有序、互补协作的团队整体。而有序务实的区域整合，使其在不断融入世界城市体系的进程中占据更有利的位置，发挥更重要的作用。

资料来源：罗震东，何鹤鸣，耿磊. 基于客运交通流的长江三角洲功能多中心结构研究 [J]. 城市规划学刊，2011（2）：20-27.

朱查松，王德，罗震东. 中心性与控制力：长三角城市网络结构的组织特征及演化——企业联系的视角 [J]. 城市规划学刊，2014（4）：24-30.

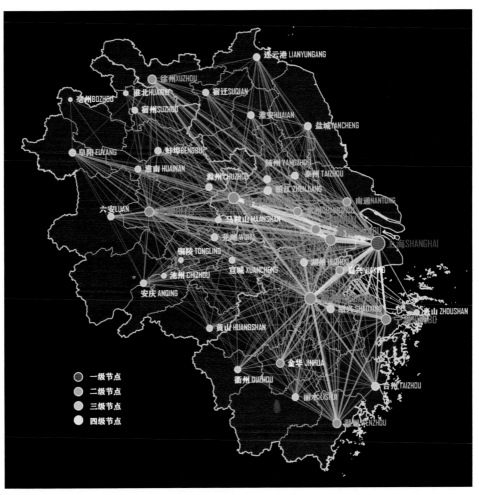

图 9-3-1　2020 年长三角城镇群一体化协同综合网络
资料来源：作者自制.

9.4　城市动力分布原理
The Principle of Urban Dynamics Distribution

城市动力源需要以群落形式多元分布，而不是简单的中心边缘模式，才能更好地激发创造性。为城市创造多点动力是规划需要关注的方面，而不应只聚焦于空间设计。

9.4.1　城市发展理论

经济地理学对城市发展动力理论的研究，从 Johann von THÜNEN 提出的同心圆式的生产分布区位理论，到 Paul R. KRUGMAN 在中心—外围模型中总结得到的空间聚集规律，都针对城市经济活动对空间区位的选择、优化组合以及城市发展动力源的分布进行了阐述。

虽然城市的社会经济系统随着社会发展发生了巨大改变，但马克思和恩格斯提出的"生产力是城市产生和发展的基本动力并决定着城市发展的内容和形式"这一论述依然准确。

动力源需要以群落形式多元分布，而不是简单的中心边缘模式，城市的活力和发展动力取决于城市综合功能的协调。对城市功能的认识，从《雅典宪章》中提出的"居住、工作、游憩和交通"四大功能分区的设想，到《马丘比丘宪章》主张"不应把城市当作一系列孤立的组成部分拼凑在一起，必须创造一个综合的多功能环境"，再到将城市视为具有复杂自适应系统的生命体的认识，体现了社会不断发展进步的过程。

城市功能是城市发展的本质主导因素。城市功能的不断创新助推了城市发展的动力，功能的不断完善又进一步吸引人才、产业的到来，激发了城市的创造性。城市功能的多元化是城市发展的基础，也是城市发展的重要特征。城市对居民在经济、社会、文化、生态、健康与流动等 6 方面追求的满足，是城市动力均衡性的保障。

9.4.2　劳动力与城市发展

传统的城市经济学研究多强调企业的选址原则对城市生长发展的影响，并且假设人口不受现实条件的约束，这实际上并不符合城市发展的现实。个人对居住地的选择对于城市的发展也有着重要的影响。甚至有观点认为，推动城市发展的根本动力是个人对特定生活和消费方式的偏好。

生活质量是影响人们，尤其是高素质高技能人群，定居与否的重要因素。这也成为今天许多地方政府竭力实现的目标。

工业革命以来，集聚经济产生的主要原因包括 3 部分：①地理集中共享具有专业技能的地方劳动力市场；②专业化的中间产品提供商的规模经济；③行业和人群地理集中能够共享的知识外溢和信息传播。

随着社会向知识型经济过渡，智力劳动和创造力正在成为关键的生产要素，因此劳动力在特定空间区位的聚集，越来越成为企业选址与城市发展的关键因素。

总之，城市的技术水平和规模成为一种积极因素，劳动力和企业的追求相互影响，在动力源分布原理的基础上，推动形成更为集聚的城市。

案例 9-4-1　武汉汉江湾城市设计

作为武汉市城市发展的重要项目，武汉市汉江湾城市设计的亮点主要体现在以"都市新生"为概念指导，形成了"多元""自然""精致""智慧"的四大核心理念。通过汉江湾项目促进武汉城市发展动力源的多元分布，是武汉城市发展战略规划的重要组成部分。

策划全时段的活动，为场地带来繁华的感觉；多样的功能布局，满足不同人群的不同需求，形成混合的"生活之环"与"功能之环"。

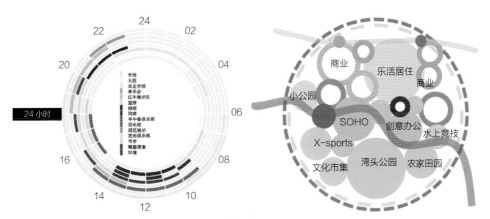

图 9-4-1　武汉汉江湾"生活之环"与"功能之环"概念设计

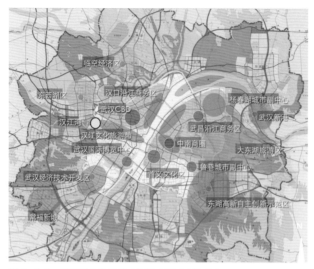

图 9-4-2　武汉城市发展战略规划空间动力源分布

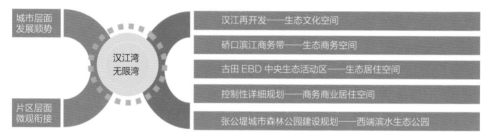

图 9-4-3　武汉城市发展战略规划项目落实
资料来源：作者实践项目．

案例 9-4-2　兰溪市战略规划

　　兰溪作为兰江的门户城市，在历史上一直是区域内最重要的城市。依托水运经济繁荣起来的兰溪老城，一直到陆运经济和海运经济时代来临前，都处于区域城市体系的顶端部位，其区位优势远远优于区域内的其他城市。

　　陆运兴盛，公路和铁路运输逐步成为城市间命脉连接的主要通道。在这一历史演进的背景下，兰溪的城市格局从"黄金门户"变成了"兜底兜边"，临近的金华和义乌则被推到了"门户"的位置，成了时代赢家。在陆运时代，兰溪抛弃了"水"这一在城市发展中具有重要地位的要素，城市不再依水发展，反而借由公路向山地盲目扩张，城市竞争力逐渐丧失。城市遭遇了动力困境。

　　重新建立城市发展动力的传递路径成为兰溪打破发展困境的必由之路。针对这一情况，规划提出了兰溪"曾经因水而兴，而后水衰城颓，未来要得水而美、缘水而盛"的主旨，以兰溪三江六岸城市设计和兰湖旅游度假区概念规划两个项目为抓手，将城市的发展重心与水脉重新建立起联系。

　　兰溪三江六岸现存的自然和人为挑战可以归纳为：堤岸断裂、河岸隔阻、空间失序和雨洪灾害。项目团队针对基地四大挑战，以治水活水为关键策略，以三江六岸核心绿环的建设为突破口，实现三江六岸的功能提升，塑造城市核心区，并以三江六岸的核心带动辐射周边三大片区——云山片区、兰江片区以及上华片区的发展。

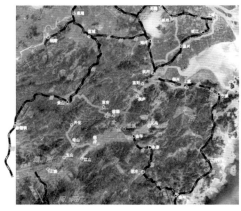

图 9-4-4　兰溪陆路体系现状

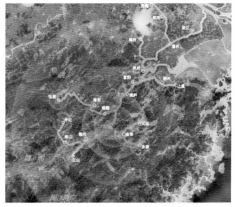

图 9-4-7　三江六岸与兰溪共同作为城市复兴抓手

图 9-4-5　三江六岸设计理念图

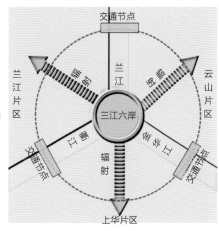

图 9-4-6　三江六岸概念演绎图

9.5　城市动力可持续原理
The Principles of Urban Dynamics Sustainability

9.5.1　动力内核：智力城镇化还是体力城镇化

　　城镇化率超过 50% 的国家在走向稳定城镇化过程中，逐渐出现"Y"形道路分化趋势——"Stand"道路和"Lay"道路，即依靠智力创新的"智力城镇化"道路和依靠资源环境、廉价劳动力的"体力城镇化"道路。城镇化率 65% 左右是决定城镇化道路是向"智力"还是"体力"发展的关键点。

　　"Stand"道路国家经济增长主要靠智力化、资本化的产业为支撑，走创新、科技的高附加值经济发展道路，在全球化经济网络中占据中心或关键节点位置；而"Lay"道路国家经济增长则是依靠能源、资源、廉价劳动力为主的产业，其劳动附加值低，在全球化经济网络发展中处于劣势地位。

9.5.2　动力可持续性

　　我国传统的发展方式依靠高消耗、高投入、高排放并伴随资源的严重浪费，动力缺乏可持续性。我国单位 GDP 能耗是发达国家的 3~4 倍，限制、低效用地问题突出，工业用地开发强度偏低，矿产资源总回收率和共伴生矿产资源综合利用率大幅低于发达国家。资源密集型产业所占比重较大，由此导致了以下问题：

　　1）以资源高投入为特点的经济增长方式不利于科研投入积极性的提升。

　　2）以消耗能源、牺牲环境为代价的低利润加工生产不利于国际竞争。

　　3）资源的严重浪费加剧了资源紧缺和环境恶化，并形成恶性循环。

9.5.3　城市创新力

　　在知识经济时代，创新将成为区域与城市增长的关键动力，因此许多国家、区域及城市纷纷制定创新系统及发展战略。在此背景下，城市的职能也在发生重大

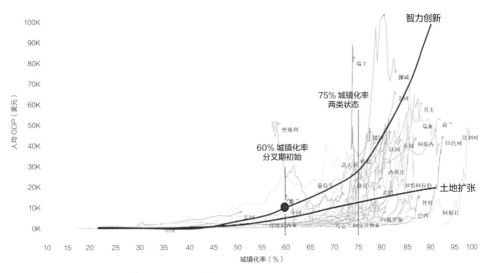

图 9-5-1　世界城镇化进程（1960—2019 年）

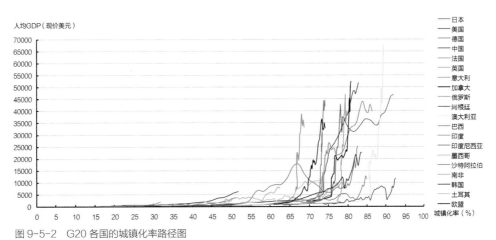

图 9-5-2　G20 各国的城镇化率路径图

资料来源：吴志强，杨秀，刘伟 . 智力城镇化还是体力城镇化——对中国城镇化的战略思考 [J]. 城市规划学刊，2015
（1）：15-23.

的变化，由工业社会的生产与交换中心、后工业社会的服务与管理中心逐渐向知识
经济下的创新与创意中心转变，并出现了创新城市、创意城市、智慧城市等概念。
在全球及区域的发展中，各城市在不同尺度的城市空间体系中的创新地位决定了其
空间创新格局，该创新格局是城市发展可持续性的重要保证。

　　创新基尼系数用于衡量创新活动空间均衡性，可表示为：

$$G=\frac{1}{2n^2\bar{x}}\sum_{i=1}^{n}\sum_{j=1}^{n}|x_i-x_j|$$

n 表示区域内地区数量；x 表示区域创新活动平均数；x_i、x_j 表示 i、j 地区创新要素占区域创新要素份额。

创新首位度用于测度创新活动在首位地区的聚集程度，表示为"R_s"

$$R_s = \frac{Y_1}{Y_2}$$

R_s 表示创新首位度；Y_1 表示首位地区创新活动量；Y_2 表示第二位地区的创新活动量。

Moran's I 用于检验创新活动空间聚集是随机的还是存在一定规律，可识别创新活动空间聚集程度，公式为：

$$Moran's\ I = \frac{\sum_{i=1}^{n}\sum_{j=1}^{n}W_{ij}(Y_i-\bar{Y})(Y_j-\bar{Y})}{S^2\sum_{i=1}^{n}\sum_{j=1}^{n}W_{ij}}$$

Y_i 表示第 i 个地区创新活动量；n 表示地区总数；W_{ij} 表示二进制的邻近标准或距离标准的权重矩阵。

案例 9-5-1　铁门关市战略规划

铁门关作为 2012 年成立的兵团城市，期待在历史与现实背景下实现跨越发展；培育城市的内生动力和创新能力，加强兵团城市市民生活与文化活动建设，建立健全科学公正的管理机制。

但铁门关的诸多劣势严重制约着城市的发展，这些不利因素是铁门关战略规划中不可忽视且不能回避的问题。动力可持续性的塑造是城市战略规划的根本任务。

通常，城市战略规划着眼于本地区的资源优势，充分考虑并发挥优势资源，将其转化为可大力发展的特色优势产业。而铁门关市条件有限且资源优势不明显，制约城市发展的因素较多，要实现跨越式发展与动力可持续，必须突破传统的思维模式，采用新观念、新意识、新方法、新制度与新政策，将劣势转化为发展机遇。

正视制约铁门关城市发展的劣势，挖掘其中隐含的机遇，将不利转化为有利，将劣势转化为铁门关跨越式发展的机遇资源和不竭动力。

（1）将缺水型城市转化为节水生态型城市

铁门关定位为世界新一代节水生态城市的示范，体现城、水、人三者互生关系，从建城出发，以水为核心，有效破解铁门关水资源困境。

（2）将经济落后城市转化为区域引领城市

铁门关以城市建设为契机，积极发展铁门关都市服务业体系，重点发展商业服务业、绿色地产业、现代物流业，完成产业升级，改变原本落后的城市面貌。

（3）将戍边城市转化为宜居文明城市

铁门关市将"师市合一"制度的制约转化为充分发挥集中力量办大事的制度优势，在强化维稳戍边坚强堡垒作用的基础上，大力完善市民生活、文化活动、社会生活。营造愉悦舒适的市民生活以及以人为本的都市氛围。通过多重功能叠加互补化解矛盾，维护稳定，促进发展。

图 9-5-3　节水生态城市发展构想
资料来源：作者实践项目.

图 9-5-4　铁门关节庆活动
资料来源：作者实践项目.

案例 9-5-2　长三角创新活动空间格局

创新型区域是实施创新驱动战略、建设创新型国家的重要基地。案例以中国长三角和美国湾区两个创新型区域为例，以授权专利数据作为创新活动衡量指标，运用创新基尼系数、创新首位度、创新 Moran's I 指数等定量分析方法，重点从空间分异、空间聚集和空间关联三个方面比较长三角和美国湾区创新活动的空间分布特征。

创新基尼系数用来衡量创新活动空间均衡性，其取值范围为 [0, 1]，数值越小，说明创新活动在区域分布越均衡；反之，说明创新活动在区域分布越不均衡。

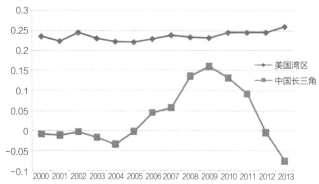

图 9-5-5　美国湾区与中国长三角地区创新活动 Moran's I 比较

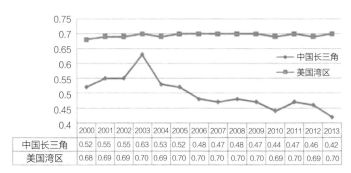

图 9-5-6　美国湾区与中国长三角地区创新基尼系数比较

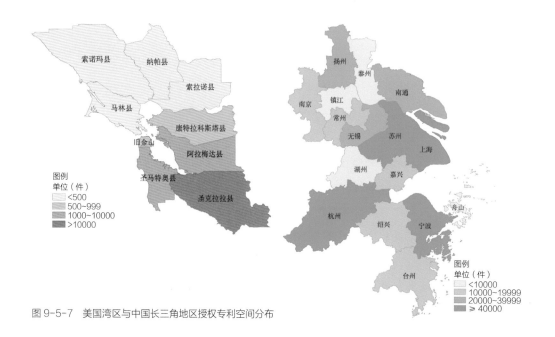

图 9-5-7　美国湾区与中国长三角地区授权专利空间分布

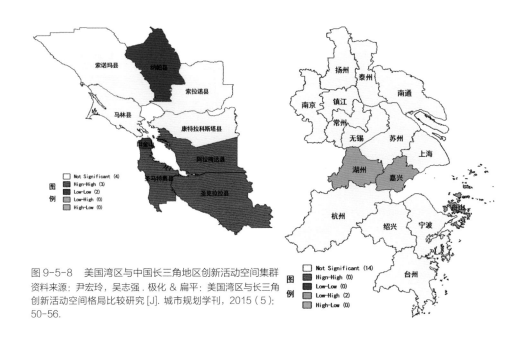

图 9-5-8　美国湾区与中国长三角地区创新活动空间集群
资料来源：尹宏玲，吴志强．极化 & 扁平：美国湾区与长三角创新活动空间格局比较研究 [J]. 城市规划学刊，2015（5）：50-56.

创新首位度用来测度创新活动在首位地区的聚集程度，创新首位度在一定程度上代表了创新活动在首位地区的集中程度。

创新 *Moran's I* 指数可以检验创新活动空间聚集是随机的还是存在一定规律或内在关系，以此识别创新活动空间聚集模式及其相关性。创新 *Moran's I* 指数取值范围为 [-1，1]，当创新 *Moran's I* 指数为正，表明创新活动呈现空间正相关；当创新 *Moran's I* 指数为负，表明创新活动呈现空间负相关；当创新 *Moran's I* 指数为零时，说明创新活动在空间上随机分布，不存在明显的空间相关性。

研究发现，美国湾区的创新活动呈现出单中心极化空间模式、中国长三角创新活动则是多中心扁平化空间模式。

9.6　城市发展战略规划
The Principle of Urban Dynamics Sustainability Development Strategic Planning

城市发展战略是城市发展动力机制的具体演绎，其核心是确定一定时期内城市发展的目标与实现该目标的途径。在战略性研究的初始阶段，需要建立具备存在内在逻辑关联的总体研究框架。

"战略脸"是一种典型的研究模式，该模式以问题诊断与初始目标确立为起点，构建发展战略框架，同时建立战略的返回检验机制，进而推出关键问题的实施策略及保障措施，该技术路线需要大量的科学方法保障其合理性。

随着数据科学的发展以及理性规划认知的推进，"战略脸"的研究框架以"以数凝律，以流定形"的主题进一步推进：

（1）通过智慧城市硬件建设及与相关数据提供商合作，设立城市大数据库（City Big Data Base，CBDB），作为理性规划的基石。

（2）通过复杂科学算法，将曾经对城市现象不成熟的认知凝结在城市发展运行规律中；通过城市大数据的搜集分析，将长久以来对城市感性的判断总结为理性的认知。

（3）将对城市现象的规律性阐释应用于对城市发展现状的科学诊断中，结合城市规划的学科理想共同确定规划方案的具体形式与战略机制。

（4）全方位应用 VR、AR 技术直观形象地展示规划方案。

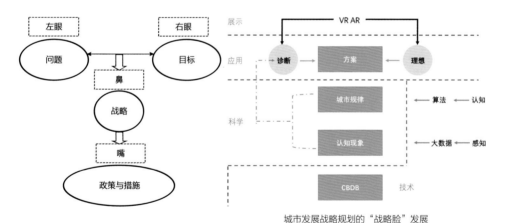

城市发展战略规划的"战略脸"发展

图 9-6-1 "战略脸"研究模式框架的形成
资料来源：吴志强，于泓，姜楠. 论城市发展战略规划研究的整体方法——沈阳实例中的理性思维的导入 [J]. 城市规划，2003，27（1）：38-42.

9.6.1 问题存真法

解决城市问题是战略研究的根本目的，城市系统的复杂性使得城市问题具有分散性、多样性与矛盾性。现状问题的调查分析是规划人员进行战略规划的重要手段，同时也是一大难点。"问题存真法"是一套完整的研究方法，通过对城市存在的问题进行分析，建立一系列问题链并确定关键问题。

　　问题存真法的研究路线为：首先对城市各系统进行广泛细致的调查，构建城市当前的"问题仓库"。有些问题只是表象层面的，通过定量研究与深入分析，表象问题由深层次问题替代，具有相关性的多个问题被归纳为一个代表性问题；部分问题是阶段性的，是城市良性发展过程中的必然现象。在反复归纳提炼的过程中，大量表象性问题被解构为一条网络状的问题链，并总结为少数相互独立的根本性问题，这些问题即为城市的"真问题"。

9.6.2　目标去伪法

　　"战略脸"研究体系中的"右眼"是城市发展目标，它是城市居民对未来城市的期望，与城市问题之间存在联系。城市各子系统与顶层控制系统的预期与计划共同构成了城市的"目标仓库"。"目标去伪法"在对各种目标进行甄别的基础上确定核心目标，进而构建城市发展目标体系。

　　目标去伪法的研究路线为：首先搜集各类目标以构建一个原始的"目标仓库"，这些目标来自"真问题"、城市职能部门的计划、城市居民对城市数发展的预期和研究机构的研究成果。运用现有基本数据对这个数量巨大的目标组中的每个目标的可实现性进行评价，筛除明显没有实施可能的"伪目标"，修正过于消极的"低级目标"，合并相关性较高的目标，从而形成相互独立且可实现性较高的目标组。最后，将这些目标归纳到一个系统的层级结构中，形成城市发展目标体系。

"真问题"与可达目标示例　　　　　　　　　　　　表 9-6-1

主要问题	外向竞争意识与行动的缺位	战略目标	有凝聚力的城市
	令人振奋的总体空间发展战略的缺位		创新的城市
	正气中轴的缺位		可生长的城市
	良好城市环境的缺位		生态的城市
	快速有效的工业产权改造方案的缺位		效率的城市
	国际化生活和环境气氛的缺位		宜居的城市

资料来源：作者自制．

9.6.3 多场景方案决策法

多场景方案是一种对城市的不同发展模式、方向和手段的全面模拟。由于战略规划决定的是城市整体在未来相当长的一段时间内的范式，有必要针对不同的发展场景做全面的衡量，避免单方案可能会造成的疏漏和片面，也给城市发展的决策者提供多样的选择，以应对变化日益激烈的市场。

多场景方案决策法的技术方法包括以下部分：

（1）针对城市的现状，结合几种典型的、不同理论指导下的且以不同的目标为导向的发展模式，勾勒几种城市可能的不同发展模式，其前提是各种模式在特定条件下都是合理的。

（2）对各种模式所代表的价值取向、形式判断、优势条件和缺陷做全面而客观的评述。但多场景的模拟不同于传统的方案比选，这些模式在特定的条件下都可能成为一种现实，在推荐最理想状态的同时，也必须承认在某些难以抗拒的因素下，其他发展模式也可能成为一种现实，所以对这些方案的实现手段和优化途径都需要做相应的研究，以保证城市在面临变化的时候有调整的空间和时间。

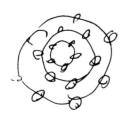
圈层式发展场景

沿河东西轴向发展场景
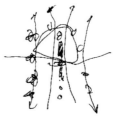
南北轴向发展场景

图 9-6-2 多场景方案决策法构思草图

资料来源：吴志强，于泓，姜楠.论城市发展战略规划研究的整体方法——沈阳实例中的理性思维的导入 [J]. 城市规划，2003，27（1）：38-42.

9.6.4 "战略包"方法

如何在宏观决策与具体"点子"之间找到平衡是城市发展战略研究中的一个重要课题。"战略包"方法是其中一个高效的研究模式。以沈阳城市战略规划为例，在"真问题""可达目标"与城市空间发展的理想化选择这个严密的研究流程下，将沈阳城市发展的战略选择分解为 8 个相对独立的子战略，每一个子战略都不是孤立的一条措施，它们代表了城市发展的几个重要结点或几个对象，相互之间可能产生交集。

每个子战略之下都包含了相应的措施、手段或具体形象特征。这些措施构成了一个针对子战略的战略包，而8个子战略又构成了总战略选择的战略包。"战略包"的模式既强化了各个战略的操作性和实施性，保证了总战略可以有计划、有步骤、有成效地逐步实施，也摒弃了"点子集锦"式的编制方法，有效地强化了各种创造性思维火花之间的内在逻辑关系，将它们组织成有力的工具，具有明确的事务导向性和清晰的目标。同时，"战略包"模式清晰的结构以及上下贯通的线索对研究者而言，也是检验自身的研究内容是否全面与科学的重要手段。

沈阳城市战略规划框架战略包　　　　　表 9-6-2

	1	2	3	4	5	6	7	8
战略包	区域中心 内联外争 东北亚枢纽 东北中心 辽中核心 城市 ……	市域整合一 城四星 大沈阳都市圈 强化分工 区域协作分工 ……	情形发展 模块空间 北依南进 模块拓展 交通设施 ……	南北金廊 区域中枢 中央金廊 辐射东北 产业提升 ……	北环优质 中心疏解 旧城改造 中心疏解 铁西改造 ……	重申浑南 远提沈南 土地调控 储备 土地运作 交通先行 ……	东山西水 森林城市 自然生态 山水入城 辉山、团 结湖 ……	形象重塑 再造辉煌 城市形象 品牌 历史文化 重点节点 ……

资料来源：吴志强，于泓，姜楠. 论城市发展战略规划研究的整体方法——沈阳实例中的理性思维的导入 [J]. 城市规划，2003，27（1）: 38-42.

本章小结
Chapter Summary

城市动力学将系统动力学的研究方法应用于城市生命的分析，剖析城市内部结构的动力学网络关系。

城市动力总量原理指导通过人口与经济指标构建城市产业动力与人口动力模型，分析城市能够带动的区域范围。城市动力传递原理指导通过描述区域范围内城市经济边界、城市经济重心以及城市联系度，衡量区域空间范围内城市发展的均衡程度。城市动力分布原理描述城市内部以群落形式存在的动力源的空间分布，而城市的活力和发展动力取决于城市综合功能的协调。城市动力可持续原理揭示城市健康发展的动力内核，据此剖析城市高附加值的智力化科技创新产业。

在规划的编制和实施过程中，通过城市动力学的四大原理，可以对城市客体的群落性状态作出现状是否健康的判断，并对城市的发展动力因素进行全面的评估，从而为客体的未来发展提供有效的内部或外部的干预。

参考文献

[1] 吴志强，李德华. 城市规划原理 [M]. 4 版. 北京：中国建筑工业出版社，2010.

[2] 吴志强，王伟，李红卫. 长三角整合及其未来发展趋势 20 年长三角边界、重心结构的变化 [J]. 城市规划学刊，2008（2）：1-10.

[3] 吴志强，杨秀，刘伟. 智力城镇化还是体力城镇化——对中国城镇化的战略思考 [J]. 城市规划学刊，2015（1）：15-23.

[4] 尹宏玲，吴志强. 极化＆扁平：美国湾区与长三角创新活动空间格局比较研究 [J]. 城市规划学刊，2015（5）：50-56.

[5] 吴志强，于泓，姜楠. 论城市发展战略规划研究的整体方法——沈阳实例中的理性思维的导入 [J]. 城市规划，2003，27（1）：38-42.

[6] FORRESTER, J W. Urban dynamics[J]. IMR; Industrial Mana-gement Review（pre-1986），1970，11（3）：67.

[7] 中心地理论（Weber，1909；Christaller，1933，1966）.

[8] 能级分布理论（Allen，1954；Clark，1967）.

[9] 城市地租与商业中心距离相关分布关系（Alonso，1964）.

[10] Ira Lowry 大都市圈模型（Lowry，1964）.

[11] Micheal Batty. A Science of Cities in an Interconnected World[R]. 上海：长三角城市群智能规划协同创新中心，2016.

[12] 朱查松，王德，罗震东. 中心性与控制力：长三角城市网络结构的组织特征及演化——企业联系的视角 [J]. 城市规划学刊，2014（4）：24-30.

[13] 罗震东，何鹤鸣，耿磊. 基于客运交通流的长江三角洲功能多中心结构研究 [J]. 城市规划学刊，2011（2）：20-27.

[14] 韦亚平，赵民，汪劲柏. 紧凑城市发展与土地利用绩效的测度——"屠能 - 阿隆索" [J]. 城市规划学刊，2008（3）：32-40.

城市交通流动 | Urban Transportation Flows

10.1 交通流动类别及模式
Transportation Flow Models

城市是人类及其生活、生产高度集聚的产物。时至今日，城市的集聚进程依然远没有终止甚至减缓。无论是集聚效应的原动力还是今天世界面临的能源短缺与环境恶化等新问题，都将城市向着更为紧缩高效的方向推动。与此同时，集聚带来的高密度使城市内部的流动面临极大的挑战。广义的城市流动性包括城市中所有人员、车辆、物品、信息、财富等的流动状态，其中城市交通网络的通畅性和便捷程度是体现城市流动性的最核心要素，也是通常用以衡量城市流动性的主要指标。在我国，交通拥堵成为困扰所有大城市以及大部分中等城市的难题，进而引发许多次生的城市问题。如何让城市在高集聚的状态下保持良好的流动性，到达"通则不痛"的状态，是现代城市规划研究的重要课题。

10.1.1 慢行交通流

慢行交通流一般指速度在 15km/h 以下的交通流，主要由步行交通和非机动车交通两部分构成。

步行交通流是最基础的城市交通流动形式，它不仅是大部分人交通出行的重要组成部分，同时也是人们感受生活、感知城市、社会交流的重要活动载体。城市中步行环境的质量是城市空间品质的重要体现。

非机动车交通最常见的是自行车交通，自行车交通由于其点到点的出行特征以及使用便利、经济实惠、停放方便等特点，曾经在较长一段时间内是我国城市交通出行的重要形式。随着小汽车的发展，自行车交通的发展空间逐渐受到机动车交通的挤压，比例有显著的下降。但近年来，受到西方发达国家的理念影响，自行车交通在节能减排、节省路面空间、绿色健康等方面的优点再次得到重视。2016 年开始在北京、上海等城市逐渐盛行的无桩共享单车模式更有效提升了自行车的灵活性，从而大幅促进了自行车交通在城市交通中的占比。

慢行交通体现了以人为本、公平和谐和永续发展的理念，相对于机动交通，慢行交通能提升短程出行效率、填补公交服务的空白和保障弱势群体的出行便利。此外，它还能与公共交通和个体机动化交通相互合作，共同构成城市高效的交通网络。

10.1.2　轨道交通流

轨道交通具体可以细分为地铁、轻轨、市郊铁路、有轨电车以及悬浮列车等多种类型。轨道交通流最大的特点体现在流量大、运行独立、与其他交通工具互不干扰、安全快捷、资源集约、环保舒适等方面。近年来，轨道交通已经逐渐成为解决大城市，尤其是特大城市，日益突出的交通拥挤问题，以及实现城市交通可持续发展的重要战略选择。

我国主要城市轨道交通建设情况（2016 年）　　　　　　表 10-1-1

城市	通车年份	线路数量	车站数量	总里程（km）
上海	1993	16	389	672
北京	1971	22	370	609
广州	1997	13	167	390
南京	2005	10	174	377
深圳	2002	8	199	285
重庆	2004	7	154	264
武汉	2004	7	167	237
香港	1979	11	93	228
成都	2010	6	133	196
天津	1984	6	112	166
大连	2002	4	68	154
台北	1996	7	121	137

资料来源：叶锺楠.城市流动性量化与诊断——以上海中心城区为例 [J]. 南方建筑，2016（S1）.

同时，轨道交通对沿线城市用地具有显著的影响。世界轨道交通的实践经验表明，轨道交通的建设可以提升站点周边的可达性，改善土地区位，促进站点附近的土地开发，甚至对城市的整体空间结构产生重大的影响。因此，加强城市轨道交通沿线土地利用、空间布局等方面的研究对于协调城市土地与交通设施关系，以及实现城市用地可持续发展有着重要的意义。

案例 10-1-1　STRAVA 都市行踪轨迹图

STRAVA 允许用户跟踪其自己的骑行和跑步路线，并推出了交互式的地图显示界面，展示世界范围内所有用户的移动，这就是 STRAVA 都市项目。STRAVA 都市项目是一个数据服务提供者，主要为那些骑行和步行用户提供路面真实状况的信息。每周全球范围内数以百万计的基于 GPS 轨迹的出行活动上传到 STRAVA。在高密度的都市区域内，这类活动接近一半是通勤出行。这些活动创造了数十亿的数据点，通过聚合分析、数据挖掘尝试帮助城市的管理者更好地理解现实世界中自行车和行人的路径选择。

图 10-1-1　STRAVA 都市行踪轨迹图
资料来源: 城市数据派 . 行踪轨迹图 STRAVA 推出都市项目 . 2014.

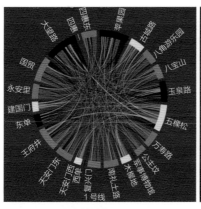
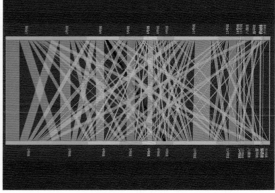

图 10-1-2　北京地铁数据可视化
资料来源: 城市数据派 . 王静远 . 乘客去哪儿——北京地铁系统的客流数据可视化 . 2014.

案例 10-1-2　基于公交 IC 卡与 GPS 数据的公交客流可视化分析

案例使用公交刷卡数据与公交 GPS 定位数据，将两种数据进行匹配之后，从早晚高峰客流热力分布、客流 OD 分布与候车时长分布等方面进行了客流分析。通过早晚客流分布特征可以发现厦门市岛内与岛外之间潮汐交通特征；客流 OD 分布可以展现任何两个站点之间的流量；而候车时间分布可以为车辆调度提供参考。

资料来源：李文峰，林艳玲，程远．基于公交 IC 卡与 GPS 数据的公交客流可视化分析 [J]．交通科技与经济，2018，20（5）：55-59，80．

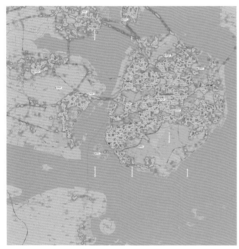

早高峰热力分布　　　　　　　　　　　　晚高峰热力分布

图 10-1-3　厦门市热力分布特征
资料来源：百度热力．

10.1.3　常规公共交通流

常规公共交通指轨道交通之外的公共交通，最常见的形式为地面巴士及电车，还包括出租车、摆渡船、缆车等。常规公共交通流的单线流量一般远小于轨道交通，并且多位于城市地面道路，与私人小汽车交通、非机动车交通等存在一定的互相干扰。但常规公共交通线路数量多，线网密度高，覆盖面广，几乎遍及城市每一个角落，同时运营灵活、成本较低，是中小城市公共交通的最佳选择，也是大城市和特大城市公共交通网络的毛细血管，是目前城市交通体系中不可或缺的部分。

一些城市为了提高常规公共交通的运输能力和效率，给部分地面公交车辆赋予了更多的道路优先权，形成中运量交通或快速公交系统（Bus Rapid Transit，BRT）系统，使得这类公共交通流的运量显著增加，成为流量介于轨道交通和常规公共交通之间的一种交通流。

各类公共交通主要特点比较　　　　　表 10-1-2

	公共汽车	无轨电车	有轨电车	轻轨	地铁
运送速度（km/h）	16~25	15~20	14~18	20~35	30~40
发车频率（车次/h）	60~90	50~60	40~60	40~60	20~30
单向客运能力（千人次/h）	8~12	8~10	10~15	15~30	30~60
适宜出行距离（km）	1~10			3~30	5~50
适宜出行时间（min）	8~30			10~60	1~50
优点	机动灵活 投入低 开辟线路容易			可靠性较高 运量较大	可靠性高 准点省时 舒适 运量大 安全
缺点	运量低 污染严重			造价较高	造价高 工期长

资料来源：作者自制.

10.1.4　小汽车交通流

小汽车交通是以私家车为主体的交通形式，其主要优点在于舒适便捷，能够实现门到门和全天候的出行，在道路不拥堵的情况下具有较快的速度；其主要缺点在于受道路拥堵情况影响显著，出行和维护的经济成本较高，并且存在能耗过大和污染严重等问题。

城市小汽车交通流的特点为：①大量占用地面道路资源；②流量、流向较为随机，可预判性较低；③流速非常不稳定，受道路拥堵影响明显。因而，小汽车交通流往往成为城市交通拥堵的主要因素。从大部分城市的交通发展方向来看，通常采取各种手段来限制小汽车发展，鼓励公共交通、慢行交通等出行方式。同时，小汽车的技术发展在一定程度上弥补了它的劣势，如基于 GPS 大数据的交通预测、基于网络地图的出行路线规划、新能源汽车技术以及无人驾驶技术等。

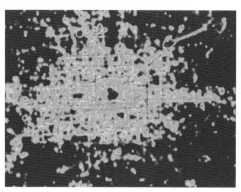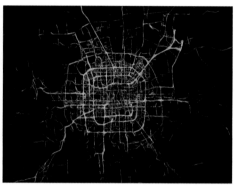

图 10-1-4 出租车大数据的可视化

资料来源：城市数据派．清华同衡．出租车数据的可视化分析．2014.

案例 10-1-3 基于手机基站数据的城市交通流量模拟

针对话单日记录中 453.54 万次基站间的移动，通过抽样的方式，选取记录的一部分进行模拟，选择系统抽样，抽样间距为 100。对于 MC 方法生成的 400 多万次移动的起始终止点，其本质是一个离散的地理空间对象集合，它的分布疏密程度反映的是研究区内不同基站区域的人类活动程度的高低。

在数据来源方面，与 GPS 定位数据相比，手机基站数据的优点在于数据获得的便捷性和代表性。通过匿名化预处理将属性信息剔除，只采用了当地规模最大的手机运营商数据，与所有手机数据相比，此运营商服务的个体在城市空间分布上可能存在一定程度的聚集，从而对当地所有个体的代表性存在偏差，这需要在进一步的研究中通过其他运营商的数据进行修正。

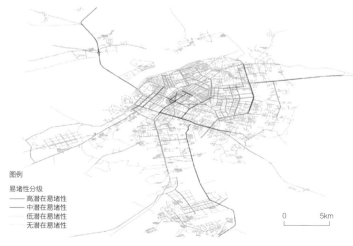

图例

易堵性分级

—— 高潜在易堵性
—— 中潜在易堵性
　　 低潜在易堵性
　　 无潜在易堵性

0　　5km

图 10-1-5 基于手机基站数据的城市交通流量模拟

资料来源：吴健生，黄力，刘瑜，等．基于手机基站数据的城市交通流量模拟 [J]．地理学报，2012, 67（12）: 1657-1665.

10.1.5　交通方式结构

交通方式结构是城市交通系统中不同交通方式所承担的交通量的比例关系。这种比例关系反映了不同交通方式在交通系统中的地位与作用，更重要的是标志了城市交通系统中交通需求与供给是否相对平衡的本质特征，且与城市用地空间布局、产业经济、交通设施水平、政策体制等密切相关。交通方式结构常用来表征城市交通发展的整体水平和特点，也经常作为城市交通系统的发展目标，对城市交通规划、建设、运营和管理具有非常重要的指导作用。

案例 10-1-4　天津市职住分布与轨道交通网络耦合分析

案例使用移动通信数据识别天津市手机用户的居住地与工作地，并分别从通勤圈的面积、半径与方向三个方面，分析天津市常住人口的职住特征：

（1）从通勤圈的面积来看，中心城区远大于滨海新区核心区，表明双核结构中中心城区是主核，滨海新区核心区是副核；

（2）从通勤半径看，中心城区平均通勤半径约 27km，滨海新区核心区通勤半径约 20km，通勤半径均较小；

（3）从通勤方向看，不管是通勤范围还是通勤量，双核由内至外出行均大于由外至内出行，中心城区进出比为 1：1.87，滨海新区核心区为 1：1.08，表明现阶段天津市作为工业城市，至外围二产岗位的通勤量大于至双城三产岗位的通勤量。

案例还分析了通勤圈与轨道交通网络的耦合关系，轨道交通覆盖了外围与双城区之间通勤联系较强的主要组团（通勤率大于 30%），但也存在不足：

（1）对部分强通勤联系的组团覆盖不足，如中心城区西侧组团；

（2）市域轨道交通线路的建设时机与功能定位有待进一步研究，例如，南北向 Z4 线北侧汉沽与滨海新区核心区通勤功能较弱，该段轨道交通线路建设时机有待商

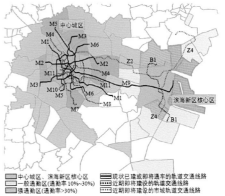

图 10-1-6　双城通勤圈与近期建设轨道交通网络耦合关系

资料来源：蒋寅，郑海星，于士元. 天津市职住空间分布与轨道交通网络耦合关系——基于手机信令数据分析 [J]. 城市交通，2018，16（6）：26-35.

榷；东西向 Z2 线从双城北侧外围通过，主要服务双城间产业区的通勤，从双城需要换乘才能进入城市中心区，不是一般市域轨道交通线路主要服务中心城区通勤的功能，其功能定位有待进一步研究。

10.2 交通流的量化与预测
Quantitation and Prediction of Transportation Flows

10.2.1 步行交通流的量化与模拟

步行交通是城市交通的重要组成，也是短距离出行最主要的方式。随着社会和经济的发展，人们对于步行交通的要求已经不仅局限于交通可达，而是越来越强调起讫点之间全过程的安全与舒适。特别对于人群密集的场所以及城市活动、事件所形成的瞬时人流，安全性尤为重要，因此人群高密度聚集场所的人流紧急疏散预案制订成为城市管理中一项必不可少的工作。

城市研究者对于步行交通流的定量研究最早通过现场观测、行人通行能力的估算以及交通设施服务水平的测算为规划和设计提供依据。目前，步行交通流的研究主要分为解析方法、实验方法和仿真方法三类，其中仿真方法最适宜描述大规模、复杂的行人流动，近年来被广泛运用。行人交通仿真模型根据模拟的范围一般可以分为宏观模型、中观模型和微观模型三类。

10.2.1.1 宏观模型

宏观模型将人流近似地看作流体，并运用流体力学的方法来建立人流的仿真。其重要特点是可以对大量人群的宏观趋势进行预测；但该仿真模型模拟的精度比较低，且无法考虑行人个体之间的差异和相互作用。

10.2.1.2 中观模型

中观模型融合了宏观模型与微观模型，以格子模型为代表，将行人置于格子中，依照运动方向来建立人群流动的模型。这类模型从行人的个体出发，但是对于行人之间的相互作用还是缺少考虑。

10.2.1.3　微观模型

微观模型从行人个体出发建模，同时对于行人之间的互动有所考虑，是目前行人交通仿真的主流模型，能够反映比较复杂的步行行为。常见的微观模型包括元胞自动机模型、社会力模型、磁力模型、移动效益模型等。

随着大数据的普及，个体时空数据为行人交通流的研究提供了新的视角，手机信令数据和部分网络APP 的定位数据使得接近全样本的人流信息数据的获得成为可能，这将极大地促进研究者进一步掌握人群步行活动的规律和特征，从而更好地对步行交通流进行模拟和预测，此外，高时间精度的实时个体时空数据与即时反映的智能交通管理系统相结合，可能会使有些情境下的人流预测变得不再必要。

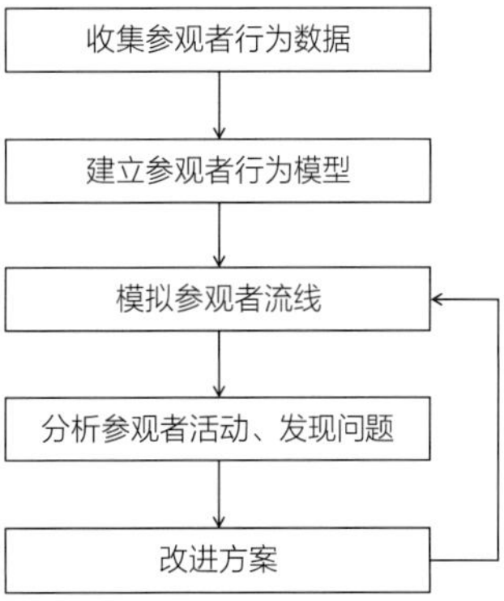

收集参观者行为数据

↓

建立参观者行为模型

↓

模拟参观者流线

↓

分析参观者活动、发现问题

↓

改进方案

图 10-2-1　上海世博会参观者人流预测流程
资料来源：2010 上海世博会园区规划.

基于人流动态模拟的重要场馆布局调整
基于人流分布模拟的危险区域预警

流　　　　　→　　　　形
■ 人流动　　　　　　　■ 场馆布局
　　　　　　　　　　　　■ 危险区预警

图 10-2-2　基于人流分析的上海世博会规划方案评价与调整
资料来源：2010 上海世博会园区规划.

10.2.2 路网效率与交通拥堵

城市路网的工作效率是城市通畅性的重要体现，随着城市规模的扩大和开发强度的增加，交通拥堵问题正日益成为影响路网效率的最大因素。城市路网拥堵的情况可以用高峰延时指数来衡量，即车辆在交通拥堵时所花费的时间与畅通时所花费时间的比值。

根据高德地图 2017 年发布的交通报告，2017 年第一季度中国交通最为拥堵的10 个城市分别为：济南、哈尔滨、呼和浩特、北京、佛山、重庆、昆明、郑州、合肥以及南宁。其中最拥堵的城市济南的高峰时段平均车速仅为 20.18km/h，高峰拥堵延时指数为 2.136，即高峰时段济南市民要花费畅通时两倍多的时间才能到达目的地。

图 10-2-3 高德地图交通拥堵实时显示与预测
资料来源：网络.

10.2.3 公交 IC 卡与公共交通流

公交 IC 卡是非接触式的预储值支付卡，在国内外大城市的公共交通运营系统中应用广泛。2015 年 1 月 15 日，我国交通运输部出台《关于全面深化交通运输改革的意见》，研究制定智慧交通发展框架，实现 ETC、公共交通一卡通等全国联网。

　　随着公交 IC 卡日益普及，公交刷卡数据（Smart Card Data，SCD）逐渐实现了对公共交通系统运行情况的精准记录，同时也为城市研究提供了宝贵的数据，SUN 根据新加坡的公交刷卡数据分析了乘客的时空密度以及活动轨迹；JOH 和 HWANG 根据首尔大都市区超过 1000 万条的刷卡数据对持卡人的出行轨迹及城市用地特征进行了研究；龙瀛等利用北京公交刷卡数据对北京的职住关系和通勤出行进行了探索；韩昊英等基于北京连续一周的 7000 余万条刷卡数据以及 POI 数据，构建了城市功能区识别模型。

　　公交卡的刷卡数据（SCD）包含了卡号、卡类别、每次刷卡时间、刷卡位置等信息，能够十分有效地记录常规公共交通流和地铁交通流的流量和流向情况。一般短途公交车的刷卡数据能够记录上车时间、地点，但无法追踪下车信息；轨道交通的进站出站两次刷卡机制使其数据能够有效地记录每张 IC 卡的完整时空轨迹，进而统计出站点不同时间段的进出站人数。在上海等大城市，由于公交刷卡支付方式占所有支付方式的 90% 以上，因此，根据公交卡数据统计的轨道交通站点客流量与实际情况具有很高的符合度。

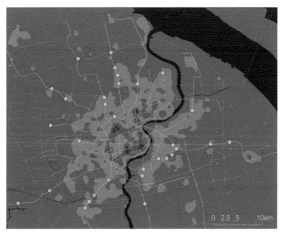

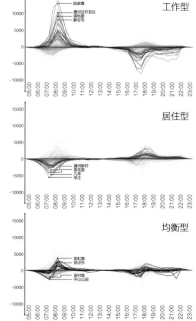

图 10-2-4　城市脉搏：基于公交 IC 刷卡数据的上海地铁客流分析

资料来源：智能城镇化协同创新中心 . 城市脉搏：基于公交 IC 刷卡数据的上海地铁客流分析 . 2015.

10.2.4　城市流动性诊断模型

10.2.4.1　城市流动性诊断

城市流动性诊断的主要对象是城市物质交换和新陈代谢的健康状态，广义的城市流动性一般包括城市中所有人员、车辆、物品、信息、财富等的流动状态，而大部分城市诊断的实践中，一般以城市交通网络的通畅性和便捷程度来衡量城市的流动性。

10.2.4.2　诊断指标及其量化

在当今大数据时代和移动互联网时代的信息背景下，城市流动性诊断指标包括：针对城市整体流动性的交通源诊断指标、绩效诊断指标和子系统诊断指标。其中，交通源诊断指标指城市交通的产生和吸引情况；绩效指标主要从使用者的角度出发，对城市交通系统的服务效果进行诊断；子系统指标主要以构成城市交通系统的各个组成部分为考察对象，对交通系统的软、硬件构成进行诊断。

10.2.4.3　诊断模型设计

（1）总体设计思路

本书以时间成本作为主要因素建立量化模型。城市内部某一个特点节点与城市内其他所有节点之间的流动所需时间成本的集合构成了该节点的可达性。因此，可以用城市内各个节点的可达性的总合或均值来衡量城市的整体流动性。

（2）传统模型分析

从可达性的量化方法上来看，现有研究常用的模型包括距离模型、机会模型、潜能模型、效用模型和时空棱柱模型等。传统模型由于受到数据来源和运算条件的限制，缺乏对城市整体流动性的量化描述。

（3）标准模型与参照系模型

标准模型

本书以传统潜能模型为基础，利用互联网大数据和算法程序，建立城市整体流动性的计算模型。该模型优点在于覆盖了所有节点两两之间的流动关系，具有很强的整体性和精确性；而不足之处在于涉及大量参数设置和运算工作，对于数据获取、生成以及运算工具的依赖度较高，适用于数据充足且面积较小的研究对象。其公式表达如下：

$$F = \sum A_i, \ A_i = \sum_{j=1}^{n} \frac{R_{ij}}{C_{ij}^b}$$

其中，F 为城市整体流动性；A_i 为目标节点 i 的可达性；R_{ij} 为节点 j 与目标点 i 之间的吸引力；C_{ij} 为目标节点 i 与节点 j 之间的交通成本；b 为距离摩擦系数；j=1，2，3，…，n；n 为节点个数。

参照系模型

仅用城市中吸引力最强的部分节点建立参照系来计算目标节点的可达性，并由此建立城市流动性的参照系模型。在本书中，考虑城市大部分节点和人群的日常流动需求，主要采用城市中心、最近商业中心、最近公园以及各对外交通设施来建立参照系，并在计算时间成本时同时考虑小汽车和公共交通两种交通方式的时耗。可表述为公式：

$$F = \sum A_i, \ A_i = \frac{(w_1 R_1 + w_2 R_2 + w_3 R_3 + w_4 R_4)}{(\alpha s_{ij}^b + \beta t_{ij}^c)/(\alpha + \beta)}$$

其中，F 为城市整体流动性；A_i 为目标点 i 的可达性；w_1、w_2、w_3、w_4 为参照点类型判断系数，w_1 对应是否城市中心，若判断为是则 w_1=1，为否，则 w_1=0，w_2、w_3、w_4 分别对应最近商业中心、最近公园和对外交通；R_1、R_2、

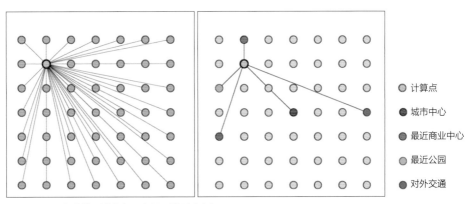

图 10-2-5　标准模型（左）和参照系模型（右）
资料来源：叶锺楠 . 城市流动性量化与诊断——以上海中心城区为例 [J]. 南方建筑，2016（S1）.

R_3、R_4 则为不同类别参照点的吸引力（参照权重）；s_{ij} 为从目标点 i 到参照点 j 的公共交通时间成本；t_{ij} 为从目标点 i 到参照点 j 的小汽车交通时间成本；b、c 为距离摩擦系数；α 为公共交通时间权重系数；β 为小汽车交通时间权重系数。

模型所反映的是城市各类交通、道路资源的组合效果及其在空间上的配置情况，不仅有助于方便直观地找到城市交通资源供给的薄弱环节，还可以与城市的总体空间结构、土地价值、用地类型、开发强度等进行比较和匹配分析，为城市的用地规划布局和开发控制提供理性依据。

案例 10-2-1　网络地图数据上海中心城流动性诊断

1. 研究对象及参照系建立

上海市中心城区范围为外环线以内区域，面积约 660km² ，是上海市的政治、经济、文化中心。在此范围内，参照相应的各级规划及官方发布的网络数据，构建以城市中心、商业中心、对外交通设施和公园设施所组成的上海中心城流动性参照体系。

（1）城市中心

根据《上海市城市总体规划（1999—2020 年）》，上海中心城区的结构为"多心、开放"。市级中心以人民广场为中心；中央商务区由浦东小陆家嘴和外滩地区组成；城市副中心分别为徐家汇、花木、江湾五角场和真如。

（2）商业中心

根据《上海市商业网点布局规划（2013—2020 年）》，在外环线范围内的市级商业中心为南京东路商业中心、南京西路商业中心、四川北路商业中心等 14 个；地区级商业中心为控江路商业中心、打浦桥商业中心、共康商业中心、长寿商业中心等 22 个。

（3）对外交通设施

上海目前以客运为主的对外交通设施包括两大空港，"三主两辅"铁路客运站体系，以及国际航运港等。研究从平衡模型准确性与计算量的角度出发，选择虹桥综合交通枢纽、浦东国际机场、上海火车站以及上海南站作为对外交通设施参照点。

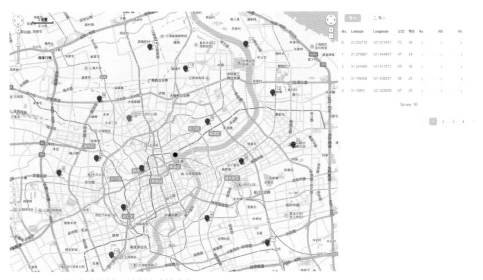

图 10-2-6　上海中心城区总体流动性分布

资料来源：叶锺楠．城市流动性量化与诊断——以上海中心城区为例 [J]．南方建筑，2016（S1）.

（4）公园设施

以上海中心城区范围内 129 个开放城市公园（截至 2011 年）作为参照对象；小型社区公园、街头绿地等不计算在内。

2. 数据来源

近年来，网络地图交通查询功能的出现为城市中任意两点之间不同交通方式的交通时耗提供了便捷的数据获取途径，部分网络地图在计算交通时间成本时还考虑了路网的实时拥堵情况，使数据的精确度大大提高。研究以百度地图提供的交通查询为基础，通过自行开发的数据获取程序，实现点到点之间交通时耗的批量获取、权重赋值和城市内各节点流动性评价，进而合成上海市中心城区的总体流动性分布数据。

3. 流动性分布情况

为获取上海中心城区的总体城市流动性分布情况，研究使用 R 语言在中心城区范围内随机选择了 18000 个目标 POI 点，经过坐标去重后对这些点相对于前文所建立的参照体系的可达性进行了计算和评价，最后根据 GIS 插值完成城市总体流动性分布的诊断。在各目标点的可达性评价过程中，对采取公共交通方式的可达性和采取小汽车方式的可达性进行了分别计算，并在此基础上计算了可达性的综合评分，考虑到城市公共交通主导的趋势和需求，对公交可达性给予了较高的权重。

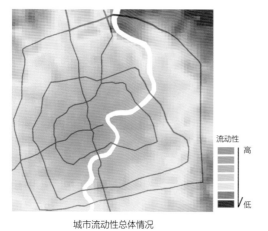

流动性

高

低

城市流动性总体情况

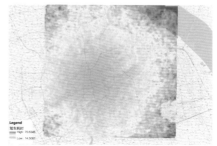

基于小汽车的城市流动性

基于公共交通的城市流动性

图 10-2-7　上海中心城流动情况

10.3　城市交通的主流规划策略

Planning Strategies of Urban Transportation

10.3.1　公共交通优先策略

　　世界先进国家在城市交通的宏观策略上，大都经过了从发展小汽车到控制小汽车，最终选择优先发展公共交通的历程。公交优先是指大城市的市内客运以容量大、速度稳定的综合公共交通系统为主体，以其他交通工具为辅助的城市交通发展策略。国内外大量实践证明，以公共交通主导的交通策略能够较为有效地解决大部分大城市以及中型城市的两大问题：一、车多路少、道路拥堵、停车困难等城市流动性问题；二、能源紧张、污染严重等环境问题。因此公共交通是整体效率最高的宏观交通模式。同时，由于公共交通的出行经济成本较低，因此，优先发展公共交通也是城市公平和正义的体现。

　　实行公交优先的方式有政策支持、基础设施建设、改善技术装备、企业改革、交通管理等，具体包括发展轨道交通、设置公交专用道、建设 BRT 系统 、科学布局线网、公交财政补贴、智能化公共交通管理等。公交优先策略的实行还往往伴随着限制小汽车的政策和措施，例如收取小汽车拥堵费、增加停车价格、车牌发放的限制政策以及小汽车上路的限制政策等。

大部分大城市中，城市轨道交通由于其运量大、速度快、安全、准时、环保、节能、节约土地等特点，近年来已经逐渐成为解决日益突出的交通拥挤问题，以及实现城市交通可持续发展的重要战略选择。同时，轨道交通对沿线城市用地具有显著的影响，因此加强对城市轨道交通沿线土地使用、空间布局等方面的研究，对于协调城市土地与交通设施关系、减少城市交通需求以及实现城市用地可持续发展有着重要的意义。

在众多关于公共交通或轨道交通与城市发展关系的研究和探索中，以公共交通为导向的开发（Transit-Oriented Development，TOD）无疑是最为主流且系统完整的发展理论，同时也是被世界各国采纳及实践应用最多的发展模式。TOD 发展模式旨在通过采取公共交通导向的发展模式，整合公共交通与城市开发，集约土地使用，优化城市功能结构；鼓励公共交通使用，减少小汽车在交通结构中的比例；并通过围绕轨道交通站点的一系列设计手段来优化步行环境，营造社区氛围。

图 10-3-1   小汽车、公共交通、自行车占用道路资源比较
资料来源：德国明斯特市政府网站原始链接：https：//www.muenster.de/，2016.09.09 版本：https://www.muenster.de/stadt/stadtplanung/pdf/Nur_mal_nachdenken2.pdf.

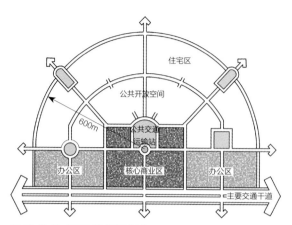

图 10-3-2　TOD 模式空间结构

资料来源: Peter Calthorpe. The Next American Metropolis:
Ecology, Community and the AmericanDream[M]. New York:
Princeton Architectural Press, 1993.

案例 10-3-1　"轨道上"的副中心——通州区

高效出行，公共交通通勤时间 7km<15min，5km<30min，30km<45min（达到东京水平）。

优化轨道格局，便捷联系东部地区。

增加轨道线网，设置滨河有轨电车，形成轨道双环。优化轨道格局。

尽端——区域"中心"。

增加轨道线网：规划北线支线、7 号线支线、内环线。开辟地面有轨电车。

大客流（环球影城）快速疏解。利用轨道站点设置的组团中心。组团间便捷的轨道联系。

组团内部的公交接驳。

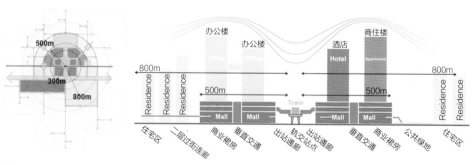

图 10-3-3　通州副中心轨道交通
资料来源：作者实践项目.

图 10-3-3 通州副中心轨道交通（续）
资料来源：作者实践项目．

10.3.2 密路网小街坊

2016 年《中共中央国务院关于进一步加强城市规划建设管理工作的若干意见》提出，我国城市规划设计要树立"窄马路、密路网"的城市道路布局理念，原则上不再建设封闭小区。这一意见从中央层面指出了城市路网向窄街密路方向发展的要求，也反映了国内、国际的城市道路规划实践的这一发展方向。

"窄马路、密路网"的概念是相对于许多城市在历史建设中采用的"大街坊、宽马路"而言。从欧美许多国家的实践来看，小街区和密路网是破解城市中心地段封闭拥堵、还公众地面步行空间的良药。城市的街区不能大到影响整体的道路系统。通过控制街区的尺度，能够畅通城市毛细血管，使城市路网稠密且四通八达，从而对城市拥堵起到缓解作用，实现"通则不痛"的效果。

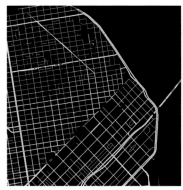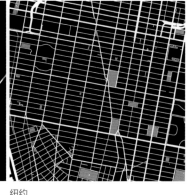

图 10-3-4　密路网示例
资料来源：阿兰·B·雅各布斯.伟大的街道[M].王又佳，金秋野，译.北京：中国建筑工业出版社，2009.

旧金山
街廓尺寸：90m×110m

纽约
街廓尺寸：64m×282m

10.3.3　富有活力的街道

　　街道不仅是一个三维的物理空间，其作为城市最重要的公共空间，还是居民活动、城市历史和文化的重要空间载体。然而，目前大部分城市道路的建设主要关注系统性的交通功能，往往对以服务街区为主的慢行交通以及沿街功能和活动关注不足。随着现代城市中人们对生活品质需求的提高，对步行环境的主要载体——街道的环境品质要求也将日益提高。

　　如果城市中的街道看起来很有趣，城市就有趣。如果它看起来很单调呆板，那么城市也就没有了生机。当我们想到一个城市时，首先出现在脑海里的就是街道。街道有生气，城市就有生气；街道沉闷，城市就会沉闷。

——简·雅各布斯[1]

　　街道不会存在于什么都没有的地方，亦即不可能同周围环境分开。换句话说，街道必定伴随着那里的建筑而存在。街道是母体，是城市的房间，是丰沃的土壤，也是培育的温床。

——B·RUDOFSKY[2]

①　简·雅各布斯.美国大城市的死与生[M].南京：译林出版社，2005.
②　B. Rudofsky. Streets for People [M]. New York：Doubleday & Company，1969.

　　从道路到街道要实现理念、技术、评价等要素的一系列转变，主要体现在以下四个方面：从"主要重视机动车通行"向"全面关注人的交流和生活方式"转变；从"道路红线管控"向"街道空间管控"转变；从"工程性设计"向"整体空间环境设计"转变；从"强调交通功能"向"促进城市街区发展"转变。

——上海市街道设计导则 [1]

案例 10-3-2　上海市街道设计导则

　　加强街道设计与建设是一项从观念到实践的系统性工作。《上海市街道设计导则》旨在明确街道的概念和基本设计要求，形成全社会对街道的理解与共识，统筹协调各类相关要素，促进所有相关者的通力合作，对规划、设计、建设与管理进行指导，推动街道的"人性化"转型。

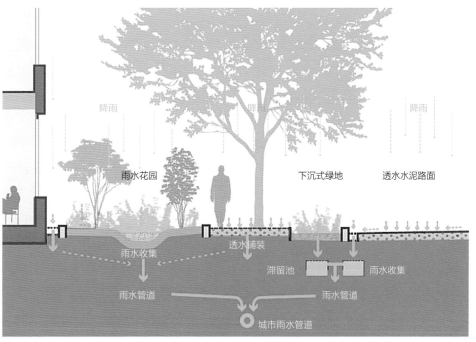

图 10-3-5　上海街道设计示例
资料来源：上海市规划和国土资源管理局.上海市街道设计导则 [R].上海：上海市规划和国土资源管理局，2016.

---

① 上海市规划和国土资源管理局.上海市街道设计导则 [R].上海：上海市规划和国土资源管理局，2016.

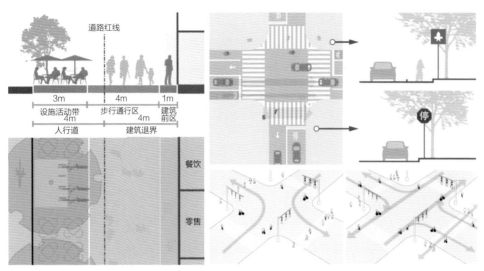

图 10-3-5　上海街道设计示例（续）

资料来源：上海市规划和国土资源管理局 . 上海市街道设计导则 [R]. 上海：上海市规划和国土资源管理局，2016.

案例 10-3-3　密路活街——北京通州副中心规划

1.“传统道路”向“绿色街道”转变

规划采用“小街区、密路网”的路网布局形式，使老城区完善微循环体系，优化升级次支路系统，充分提高城市副中心内部出行的可达性及便捷性。

结合绿地、园林、公园、水系等打造自行车专用的“绿道”系统，延伸或穿过用地内，以此形成以自行车出行为核心的设施布局。

2. 小街区、密路网、窄马路

新建区路网密度达到 9km/km^2（建成区 6km/km^2），开放街区比例达到 100%，有独立路权的自行车道 / 步道比例达 100%。

新建地块划分原则上不超过 200m，增加路网密度，缩小道路宽度，提高支路交通效率和土地使用灵活性，营造尺度宜人的城市空间。

高快速路
入地高快速路
骨干路
入地骨干路
街坊路

街坊路体系

图 10-3-6　通州副中心路网

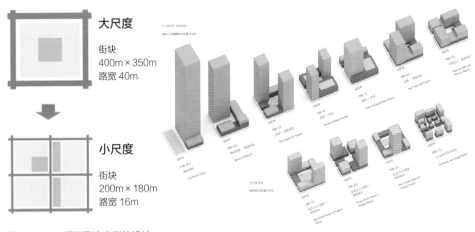

图 10-3-7　通州副中心街块设计

3. 断面设计

控制街道尺度，改善步行环境，提升慢行活动空间比例。采用特色铺装设计，灵活设置户外休闲、公共艺术、绿植水景等设施，丰富街道慢行空间体验。

4. 街道界面

规划强调沿街建筑的高度控制与贴线率，主要步行道控制建筑或裙房建筑在 20~40m 之间，形成 $D:H$ 比为 1 左右的宜人街道空间；建筑贴线率不低于 90%，底层建筑功能外向开放，形成连续完整、通透开放的商业街道界面。

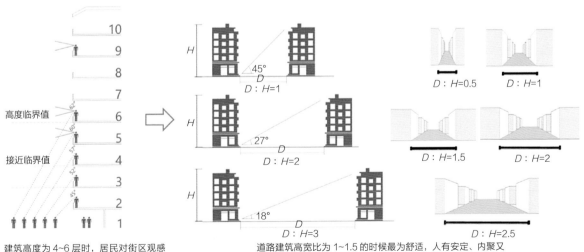

建筑高度为 4~6 层时，居民对街区观感舒适度最佳。

道路建筑高宽比为 1~1.5 的时候最为舒适，人有安定、内聚又没有排斥、离散的感觉。

图 10-3-8　通州副中心街道界面设计
资料来源：通州城市副中心规划．

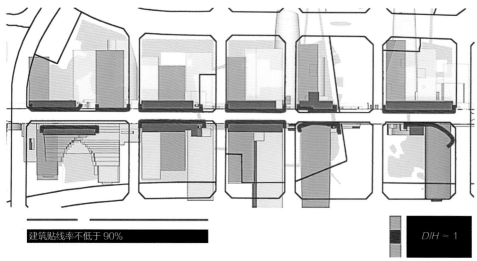

建筑贴线率不低于90%

$DIH \approx 1$

图 10-3-8 通州副中心街道界面设计（续）
资料来源：通州城市副中心规划.

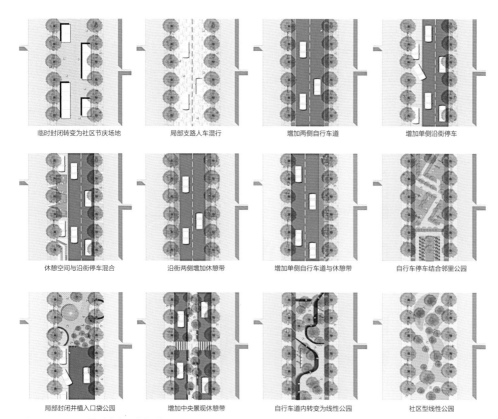

临时封闭转变为社区节庆场地	局部支路人车混行	增加两侧自行车道	增加单侧沿街停车
休憩空间与沿街停车混合	沿街两侧增加休憩带	增加单侧自行车道与休憩带	自行车停车结合邻里公园
局部封闭并植入口袋公园	增加中央景观休憩带	自行车道内转变为线性公园	社区型线性公园

图 10-3-9 通州副中心活力街道
资料来源：通州城市副中心规划.

10.4　新技术影响下的未来交通流

Future Transportation Flows Influenced by New Technologies

老城市交通的流动特点与城市交通系统的模式和技术发展密不可分，马车时代和地铁时代的城市有着截然不同的交通流。今天，随着移动互联网、大数据和人工智能等技术的高速发展，许多新兴的交通模式和技术应运而生，如共享交通、网约车、无人驾驶、网络地图、电子车牌等。这些新技术和新模式一方面解决了很多传统的交通难题，提高了交通网络的效率，甚至改变了人们的出行习惯和城市的交通结构；另一方面也带来了一些新生的交通问题和系统需求，成为未来城市交通规划和发展中不得不面临的新挑战。

10.4.1　网络地图

网络地图是基于互联网平台的城市地理信息平台，知名的网络地图产品有高德地图、百度地图、腾讯地图等。随着移动互联网和大数据技术的发展，网络地图的信息日益丰富，其中 POI 信息、停车场实时信息、道路拥堵实时信息、交通路径选择、智能导航等功能为出行人员提供了大量精准有效的信息，为出行的快速、高效提供了技术支持，进而使整个城市交通流动理性、智能和高效。

10.4.2　电子车牌

电子车牌（Electronic Vehicle Identification，EVI）是基于物联网无源射频识别技术的一种应用。它的特点是在机动车辆上装一枚电子车牌标签，车辆在通过装有经授权的射频识别读写器的路段时，读写器对各辆机动车电子车牌上的数据进行采集或写入，达到各类交通管理的目的。

电子车牌技术可突破原有交通信息采集技术的瓶颈，抓住交通控制系统信息源准确的关键，电子车牌为城市全路网的实时交通信息模型、车辆违章控制、基于使用的车辆收费、限行控制政策等创造了极大的发展和优化空间。

10.4.3　共享交通

　　2016 年以来，随着共享单车在我国许多城市的大量投放，共享交通的概念迅速普及，与之有关的大量商业模式也发展迅速，除共享单车外，共享汽车、共享停车等模式也开始涌现。各类共享交通在解决"最后一公里""停车难"等传统交通问题上效果显著，也大大促进了非机动车和公共交通的使用，但使原有的城市交通管理承受了更大的压力。

10.4.4　网约车

　　网约车全称网络预约出租汽车，是移动互联网高速发展下的产物，其运行模式与出租车接近，而接单模式则依靠网络，知名的网约车平台有嘀嘀专车、Uber、易到用车等，其模式有专车、传统出租车、快车、拼车等。网约车的出现在一定程度上提升了社会车辆的使用率以及出行的便利，但其服务质量的监控以及与原有出租车行业的关系成为城市交通管理面临的新问题，为此国家及各地方政府出台了大量的法规文件，更优的网约车管理和运行策略目前仍处于探索中。

10.4.5　无人驾驶

　　无人驾驶汽车是通过车载传感系统感知道路环境，自动规划行车路线并控制车辆到达预定目标的智能汽车。它利用车载传感器来感知车辆周围环境，并根据感知所获得的道路、车辆位置和障碍物信息，控制车辆的转向和速度，从而使车辆能够安全、可靠地在道路上行驶。目前，拉动无人驾驶车需求增长的主要因素是安全和省力。在城市层面，无人驾驶技术的普及能使每一个出行单体都智能地选择合理科学的路径和驾驶模式，实现个体出行的最优。将每一辆汽车纳入城市整体交通网络的计算中枢进行统一计算，可实现交通网络的整体最优。

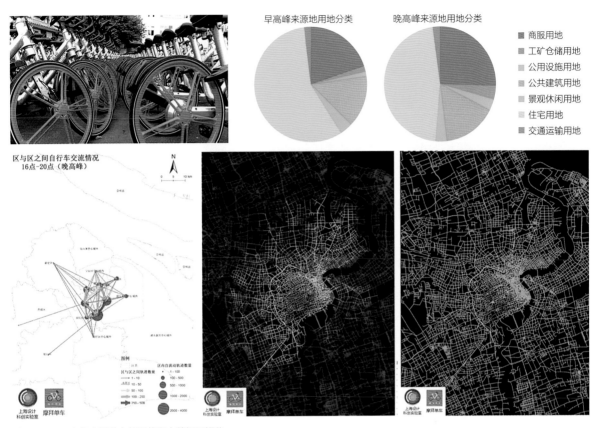

图 10-4-1　上海摩拜单车使用状况大数据可视化

资料来源：上海城市规划设计研究院，摩拜单车.大数据看上海摩拜单车有哪些秘密？

案例 10-4-1　Uber 数据研究与可视化

　　地理信息是 UBER 数量最大也是最有价值的资产之一。UBER 平台每天都要处理数十亿的基于地理信息的 GPS 实时定位数据，要将这些数据进行可视化和可视分析，是一个巨大的挑战。

　　UBER 的数据可视化以多种方式描述交通实时状态，包括安全、效率或 Uber 在公共交通网络的作用。

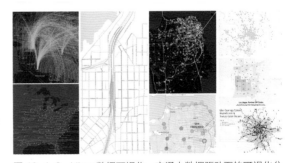

图 10-4-2　Uber 数据可视化：交通大数据驱动下的可视化分析图

资料来源：Uber Design，https://medium.com/uber-design/crafting-data-driven-maps-b0835b620554#.odoiau13m.

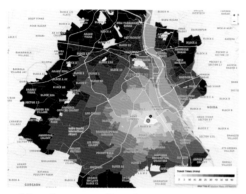

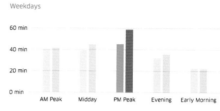

a. 节假日（Dhanteras 排灯节）期间通勤时间可视化分 b. 按时段划分的 Dhanteras 排灯节期间交通时间
析图

图 10-4-2　Uber 数据可视化（续）

资料来源：Uber Movement
Examining the Impact of Traffic as Delhi Shops on Dhanteras，https://medium.com/uber-movement/
examining-the-impact-of-traffic-as-delhi-shops-on-dhanteras-92a516d57b7d.

本章小结
Chapter Summary

　　本章首先介绍了城市中小汽车交通流、公共交通流（常规公交及轨道交通）、慢行交通流等不同类别的交通流，随后结合各自的流动特点，阐述了步行交通模拟、路网效率评价、公共交通分析等城市交通的量化手段。

　　在此基础上，本章提出基于优化的潜能模型，借助网络地图的交通时耗计算工具，构建城市流动性的诊断模型，用以对城市交通流的整体通畅程度进行综合诊断。此外，本章还结合上海和北京的城市交通流规划实践，介绍了公共交通优先策略、密路网小街坊以及富有活力的街道等主流规划策略。最后介绍城市未来交通流的分析方法。

参考文献

[1]　李文峰，林艳玲，程远. 基于公交 IC 卡与 GPS 数据的公交客流可视化分析 [J]. 交通科技与经济，2018，20（5）：55-59，80.

[2]　陆锡明，李娜. 交通方式结构的界定 [J]. 城市交通，2009（1）：51-56，65.

[3]　蒋寅，郑海星，于士元. 天津市职住空间分布与轨道交通网络耦合关系——基于手机信令数据分析 [J]. 城市交通，2018，16（6）：26-35.

[4]　叶锺楠. 城市流动性的量化与诊断——基于网络地图数据和可达性模型的方法研究 [J]. 南方建筑，2016（05）：66-70.

[5]　上海市规划和国土资源管理局. 上海城市街道设计导则 [R]. 上海：上海市规划和国土资源管理局，2016.

[6]　城市数据派. 王静远. 乘客去哪儿——北京地铁系统的客流数据可视化. 2014.

[7]　城市数据派. 行踪轨迹图 STRAVA 推出都市项目. 2014.

[8]　叶锺楠. 基于 POI 的轨道交通站点周边服务设施分析 [J]. 城市发展研究，2015（S1）.

[9]　城市数据派. 清华同衡. 出租车数据的可视化分析. 2014.

[10]　吴健生，黄力，刘瑜，等. 基于手机基站数据的城市交通流量模拟 [J]. 地理学报，2012，67（12）：1657-1665.

[11]　简·雅各布斯. 美国大城市的死与生 [M]. 南京：译林出版社，2005.

[12]　B. Rudofsky. Streets for People [M]. New York：Doubleday & Company，1969.

[13]　上海城市规划设计研究院，摩拜单车. 大数据看上海摩拜单车有哪些秘密？

[14]　百度热力.

[15]　Uber Design，https://medium.com/uber-design/crafting-data-driven-maps-b0835b620554#.odoiau13m.

[16]　Uber Movement，Examining the Impact of Traffic as Delhi Shops on Dhanteras，https://medium.com/uber-movement/examining-the-impact-of-traffic-as-delhi-shops-on-dhanteras-92a516d57b7d.

11

城市自然要素流动 | Natural Elements Flows in Cities

11.1 城市主要自然流动要素

Natural Elements Flows in Cities and Their Main Elements

11.1.1 城市水环境

城市水环境包括城市自然生物赖以生存的水体环境：抵御洪涝灾害能力、水资源供给程度、水体质量状况、水利工程景观与周围的和谐程度等多项内容。

城市的水环境相对脆弱。由于城市的空间范围有限，人口密集，人类的社会活动影响集中，工业生产发达，如果没有合适的废污水处理排放系统，城市水环境将日趋恶化。同时，城市的废气、废渣排放量也很大，易造成大气污染，形成酸雨，进而影响地表水和地下水，并危及人类健康。

城市水环境规划是以城市水环境改善和水资源优化配置为目标，以水质改善、水生态修复、水生态及生态景观建设及水资源开发利用为核心，针对城市水环境主要问题，制定合理的水环境规划目标和指标体系，并提出实现目标和指标的规划方案。简言之,城市水环境规划是为完成特定规划时期内的城市水环境保护目标所做的设计。

11.1.2 温度与热岛效应

城市内的温度环境与地区气候环境相关，同时，城市内部的室外环境温度并不是均匀分布的，而是与城市内部的下垫面类型、开发强度、建筑高度、人口密度以

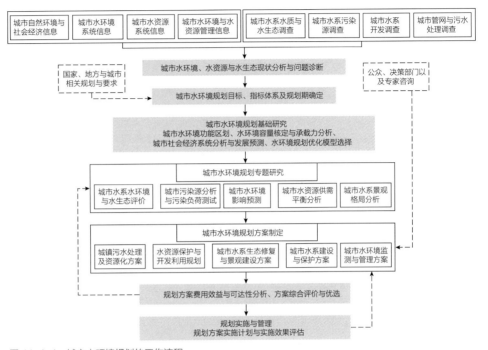

图 11-1-1　城市水环境规划的工作流程
资料来源：吴志强，李德华．城市规划原理 [M]．4 版．北京：中国建筑工业出版社，2010.

及河流水系、绿地公园等的布局息息相关。在地面硬质化程度高、人口和建筑密集而绿化不足的地段，比较容易出现热岛，对人体健康和城市的舒适度产生负面的影响：长期生活在热岛中心区的人们会表现为情绪烦躁不安、精神萎靡、忧郁压抑、记忆力下降、失眠、食欲减退、消化不良、溃疡增多、胃肠疾病复发等；为对抗热岛效应需要在建筑温度控制上消耗大量的能源，并带来空气污染。

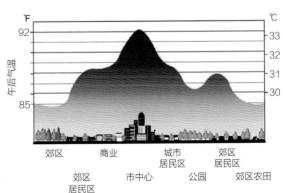

图 11-1-2　城市热岛效应示意
资料来源：吴志强，李德华．城市规划原理 [M]．
4 版．北京：中国建筑工业出版社，2010.

11.1.3　噪声

物理意义上的噪声是发声体做无规则振动时发出的声音。在城市中，任何妨碍到人们正常休息、学习和工作的声音，以及对人们正常接收声音产生干扰的声音，都属于城市噪声。严重的城市噪声会引起心情烦躁进而危害人体健康。城市中的噪声污染主要来源于交通运输、车辆鸣笛、工业生产、建筑施工和社会活动，如音乐厅、高音喇叭等。随着城市规模扩大和开发强度的日增，城市噪声对居民的干扰和危害日趋严重，已经成为城市环境的一大公害。

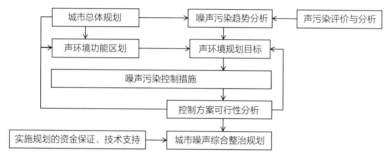

图 11-1-3　噪声治理的工作流程

资料来源：吴志强，李德华．城市规划原理 [M]．4 版．北京：中国建筑工业出版社，2010.

11.1.4　城市风环境

由于建筑、绿化、下垫面等因素的影响，在城市不同的地段空气的流动、流向有着较大差异，城市内部的风环境对城市的空间品质有着直接的影响。

11.1.4.1　风环境与公共空间舒适度

城市公共空间的局部风环境会影响室外活动者的感官，适宜的风速、风压使人感到舒适；不适宜的风速、风压则会造成不适，降低城市空间的品质，不适宜的风环境将会降低广场、公园等重要的公共空间的使用率。

11.1.4.2　风环境与城市空气质量

城市中的汽车、建筑等均会产生大量的气体污染物，这些污染物如果不能够迅速地疏散，就会在局部地区形成高浓度的污染，严重降低局部地区的空气质量，并影响在该地区活动的人群的健康。而气体污染物的扩散依赖于空气的流动，只有在足够的风速条件下，污染物才能够及时扩散，得到稀释。如果在城市某一局部地区的风速很低，或者有涡流区，则这一地区很可能成为空气高污染区域。

11.1.4.3　风环境与建筑节能

　　建筑能耗是城市能耗的重要组成部分，而在建筑能耗最主要用于制冷和制热。建筑周边的风速过大会增加建筑的冷热负荷，使表面放热系数增大，增加建筑能耗。计算通过围护结构的得热量或热损失时，为确定壁体的总传热系数，需确定表面放热系数，而外表面放热系数的大小首先取决于风速。可见合理的风速能够降低建筑的能耗，进而降低城市的能耗。

　　城市风环境的研究是城乡规划学科需要关注和致力于解决的问题。

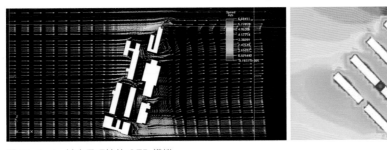

图 11-1-4　城市风环境的 CFD 模拟
资料来源：叶锺楠，陈懿慧 . 风环境导向的城市地块空间形态设计 [J]. 城市发展研究，2011（S1）.

11.1.5　大气环境

　　大气环境是城市生态系统的重要环境要素，直接关系到人类的健康状态。近年来，我国许多城市的雾霾和 PM2.5 问题日益严重。每逢雾霾天，许多城市空气污染指数爆表，空气能见度极低，呼吸有明显不适感，给城市的生活品质乃至健康保障带来极大的负面影响。大气污染物的流动性很强，与城市空气的流动密不可分，短期解决城市雾霾的最有效手段就是"等风来"，而实际上，主动的城市大气环境治理对大气污染物的控制同样至关重要。

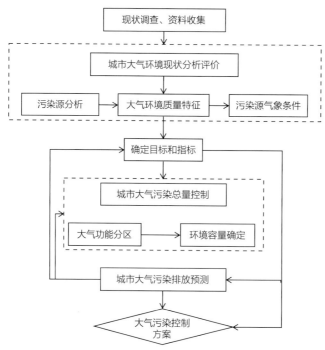

图 11-1-5　城市大气污染治理工作流程
资料来源：吴志强，李德华 . 城市规划原理 [M]. 4 版 . 北京：中国建筑工业出版社，2010.

　　城市大气环境规划能够有效地保障人类的安全、维护环境健康，是城市生态环境规划的重要内容。与城市水生态规划关注的角度不同，城市大气环境规划的主要目的是保障城市大气污染物排放在环境容量范围内，因此更侧重于大气环境污染控制。此外，由于能源燃烧排放和交通尾气排放均是主要的大气污染源，因此，城市大气环境规划与城市能源使用规划、交通规划等有直接密切的关系，应相互协调、互为补充。

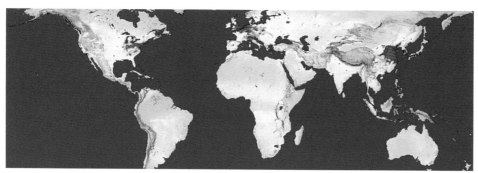

图 11-1-6　全球空气污染物浓度分布
资料来源：网络 .

11.2　单要素的研究与规划应用
Research and Planning for Specific Features

11.2.1　城市水环境容量分析

水环境容量的计算需要根据不同的城市水系特征选用不同的模型，并确定不同的参数。模型和参数可根据水系的特点确定，也可以参考同区域内的相关研究或相关研究机构和政府部门发布的指导性意见，如中国环境规划院发布的《全国水环境容量核定技术指南》。在此基础上，将模型计算得到的结果作为理想水环境容量，在扣除各控制单元非点源入河量以及来水本底污染物量的本底值后，得到水环境容量，按照各控制单元工业生活入河系数，折算到陆上，得到最大允许排放量。

传统的水环境规划确定的水体纳污能力只考虑点源污染，将可利用的水环境容量完全分配给点源污染排放，从而确定工业污染物的减排方案和污水厂等污水处理设施的建设方案。但随着非点源污染问题的日益突出，一些城市的非点源污染成为城市水环境污染的主要贡献者。因此，水环境规划必须既考虑点源污染又考虑非点源污染。

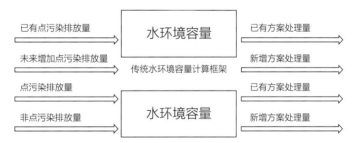

图 11-2-1　考虑非点源污染的水环境容量计算框架
资料来源：吴志强，李德华 . 城市规划原理 [M]. 4 版 . 北京：中国建筑工业出版社，2010.

11.2.2　大气污染物的诊断及防治规划

11.2.2.1　大气环境容量分析

大气环境容量的确定是实施大气污染物的总量控制的一个很重要的环节，只有确定大气环境容量后，才能建立污染源排放总量与环境目标的输入响应关系，进而进行负荷分配以及总量控制方案的优化等。目前，在大气环境容量计算中，主要使用的是箱式模型，其具体运用是 A 值法和 A—P 值法。但是在实际应用中，A—P 值法的目标针对性和定量考察性不强，无法满足目前环境规划与评估的要求。目前，国内外研究建立了多种大气质量模式，如剑桥环境研究中心研制的 ADMS 模型、美国 Lakes 环境公司开发的 ISCAERMOD 大气扩散模型软件，都是多源模拟法中较好的软件。

11.2.2.2　大气污染物排放预测

城市大气污染物排放主要来自两部分：工业能源燃烧产生的大气污染物和机动车尾气排放的大气污染物。

（1）工业源污染物排放量预测方法

大气污染物排放量和能源消耗密切相关，能源消耗产生的大气污染物排放量计算公式如下：

$$\dfrac{污染物}{排放量}=\dfrac{污染物}{排放系统}\times\dfrac{能源}{消耗量}=\dfrac{污染物}{产生系数}\times\left(1-\dfrac{控制措}{施消减率}\right)\times\dfrac{能源}{消耗量}$$

（2）机动车废气污染物排放量预测方法

流动源污染排放主要和机动车耗油量以及由于道路状况、车型和科技进步引起的机动车排放系数的变化相关。机动车尾气污染物排放预测计算公式如下：

$$Q_车=\sum_{i=1}^{n}P_i\times L_i\times K_i\times10^{-6}$$

$Q_车$ 为机动车废气污染物的年排放总量（t）；P_i 为 i 类机动车保有量（辆）；

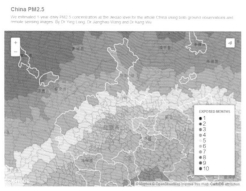

平均暴露天数：219 天　　平均暴露天数：99 天　　平均暴露天数：53 天
PM2.5 年均浓度：107　　PM2.5 年均浓度：64　　PM2.5 年均浓度：44
达标城市比重：0　　　　达标城市比重：0　　　　达标城市比重：4.5%

图 11-2-2　中国视角下的津京冀人口密度和空气质量
资料来源：龙瀛，等 . 津京冀人口密度和空气质量 [EB/OL]. BCL 网站，2014.

L_i 为 i 类机动车行驶里程（km）；n 为机动车的总类数；K_i 为 i 类机动车排放系数 [g/（辆·km）]。

11.2.3　城市温度分析及热岛消减

11.2.3.1　城市温度分布监测

国内外许多学者利用热红外遥感数据进行城市热岛的研究，取得了一系列成果。CARLSON 等分析了美国洛杉矶地区昼夜热场分布情况，MATSON 等利用 NOAA 数据研究了美国西海岸几个城市的夜间城乡辐射温度差异，PRICE 等利用热红外制图仪数据评估了美国西北部地区城市热岛的范围和强度。

国内也有不少学者利用 NOAA/AVHRR 数据研究了北京、上海、苏州、沈阳等多个城市的热岛现象。虽然研究区域各不相同，但是却发现一些共同的特征：在无风或微风条件下，城市热岛的形状、走向和位置都与建成区基本一致；在城市内部，城市热场的分布结构同土地覆盖特征密切相关，低植被的工业区和商业区呈现出明显的高温中心，植被覆盖度大的乡村则显示为低温区域。

11.2.3.2　城市热岛的周期性

年变化：秋冬两季比春夏两季表现更为明显。

日变化：夜间强，白昼午间较弱。

周变化：受工休日周期影响明显，周末弱，工作日强。

11.2.3.3　城市温度的控制策略

宏观尺度策略包括：城市空间结构优化、城市风廊道设置、增加生态用地面积、河流水系梳理、开发强度控制、建筑节能标准制定、减少小汽车使用、控制大气污染等。

微观尺度策略有：公共空间尺度优化、局部风环境营造、室外遮阳设施、墙面及屋顶绿化、减少硬质铺装、辅助降温设施等。

1. 遮阳系统降温

2. 通风廊道降温

3. 建筑绿化降温

4. 室外喷雾降温

5. 趣味降温设施

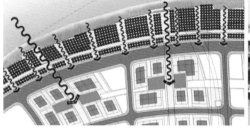

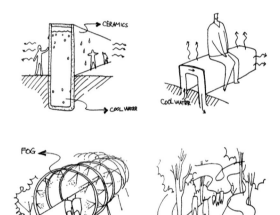

图 11-2-3　上海世博会温度控制

资料来源: 2010 上海世博会园区规划.

11.2.4　城市风环境模拟与诊断

由于风难以直接观察,风环境相关研究数据的获得必须依赖一定的工具和方法,主要有现场实测法、风洞实验法和计算机模拟法三种。

11.2.4.1 现场实测法

现场实测法是指采用地面风速、风向仪器，对城市地块内的某一处或多处地点的风场数据进行记录，以采集研究所需的原始数据的方法。这种方法简单易行，可以准确地收集建筑周围风环境的第一手资料，但是气象条件和地形条件等难以控制和改变，不利于在较大范围内观测。

11.2.4.2 风洞实验法

风洞实验法是指利用风洞设备来模拟大气边界层的自然风环境，对城市地块的实体模型进行模拟的方法。风洞实验的方法在航天飞行器和汽车设计等领域内运用较为成熟，现已有专门运用于建筑的风洞，能较好地模拟近地面大气边界层，此类风洞在高层建筑的结构抗风实验中运用十分广泛，而在城市地块室外风环境的模拟上也具有很大的可行性。大气边界层的风洞模拟是可靠性比较高的预测方法。与现场实测相比，测量容易并精确，可以控制和复现经常改变的自然条件。其缺点是试验费用高、周期长，同时受到不同时期实验手段的限制。

11.2.4.3 计算机模拟法

计算机数值模拟是在计算机上对建筑物周围风流动所遵循的动力学方程进行数值求解，通常称为计算流体力学（Computational Fluid Dynamics，CFD），从而仿真实际的风环境。近年来，各国学者不断利用计算机数值模拟对建筑周围的风环境进行仿真分析并与风洞实验结果对比，结果表明，数值计算能够较好地预测建筑物周围气流流动情况。

案例 11-2-1 基于 CFD 模拟的风环境与城市地块形态关系研究

城市地块环境模拟的计算结果可以通过可视化的地图来表示。例如：

在日照方面，考虑夏季的日照可达性地图（6月21日），可以看出相比于现状，最终规划方案减少了大量暴露在日照直射下的开敞空间。此外规划方案将原先平行布局的建筑肌理调整为围合式的建筑肌理，从而获得一些由建筑阴影产生的阴凉的内院空间（图11-2-4）。

　　在风模拟图中，可以看出原先在西南方向的巨大缺口造成风以较高的速度通过中央绿地，而在规划方案中这种情况得到改善，通过设计一组建筑并预留合适的通风走廊，将风速降低到舒适的适合行人活动的范围。围合式的建筑肌理也进一步降低了内院以及建筑间隙的风速，从而提供一个适合人们坐下、休憩的微风环境（图11-2-5、图11-2-6）。

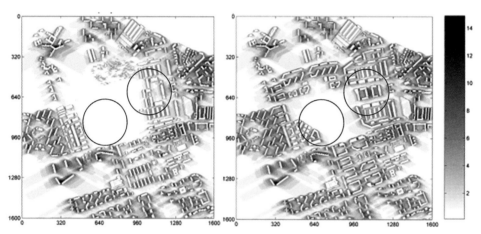

图 11-2-4　现状和规划方案的夏季（6 月 21 日）日照可达性模拟图对比
资料来源: 甘惟 . 基于反馈的城市设计智能化技术与方法研究 [D]. 上海: 同济大学，2015.

图 11-2-5　现状和规划方案 1.2m 标高处的风速模拟地图对比
资料来源: 甘惟 . 基于反馈的城市设计智能化技术与方法研究 [D]. 上海: 同济大学，2015.

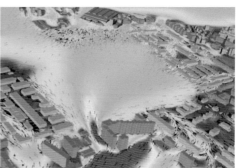

图 11-2-6　现状和规划方案的风向透视图对比

资料来源: 甘惟. 基于反馈的城市设计智能化技术与方法研究 [D]. 上海: 同济大学, 2015.

11.3　多要素综合研究及规划
Multi-Element Study and Planning

11.3.1　城市环境影响评价

随着现代社会的发展, 城市居民生产、生活以及生命安全都与城市环境的质量和变化越来越密切相关。积极进行城市生态环境质量变化的认知和评价, 对于建设和调控城市生态环境有着十分重要的意义。从城市生态的角度来看, 城市环境质量评价的意义在于确保城市居民拥有安全、舒适、优美和清洁的生活及工作环境, 保障城市生态系统的不断良性循环。从社会经济的角度来看, 通过进行城市环境质量评价可以使经济、社会和生态环境效益最大化, 从而用最小的代价获取最好的社会经济环境。

环境质量评价的内容包括: 回顾评价、现状评价和影响评价。

回顾评价是在分析环境区域相关历史环境资料的基础上, 对该地区环境质量的发展和演变进行评价。它是环境质量评价的重要组成部分, 是开展环境现状和环境影响评价的前提。在推进回顾评价时, 不但要有对过去环境资料的收集和积累, 更要通过分析采集的样品, 进行环境模拟并推算历史环境状况。回顾评价的内容既有对污染成因、污染变化及污染影响环境程度的评估, 又有对环境治理事后效果的评估等。同时, 回顾评价也可以是一种事后评价, 以检验对环境质量预测的结果的有效性。

环境现状评价是在一定的标准和方法指导下, 评价当前情况下区域内人类活动所引起的环境质量变化, 从而为区域环境污染综合防治提供科学依据。环境现状评价有环境污染、自然环境及美学评价等内容。

图 11-3-1　环境影响评价的主要内容

资料来源：叶锺楠，陈懿慧．风环境导向的城市地块空间形态设计[J]．城市发展研究，2011（S1）．

环境影响评价，又称为环境影响分析，是指预测和评估建设项目、区域开发计划及国家政策实施后可能会对环境造成的影响。根据开发建设活动的不同，可分为单个开发建设项目评价、区域开发建设评价和发展规划和政策评价（又称战略影响评价）三种类型，它们共同构成完整的环境影响评价体系；针对评价要素的不同，环境影响评价可分为大气环境影响评价、水环境影响评价、土壤环境影响评价和生态环境影响评价等。

环境要素影响评价可以补充建设项目环境影响评价的局限，落实"环境保护，重在预防"的基本政策，优化城市建设规划方案，增强规划决策的科学性，对于强化城市规划的环境保护功能具有积极的意义。

11.3.2　城市生态适宜性分析

生态适宜性体现的是由土地内在自然属性所决定的对特定用途的适宜或限制程度。生态适宜性分析的最终目的在于寻找主要用地的最佳使用模式，在符合生态要求的条件下，尽可能合理地利用环境容量，创造清洁、舒适、安静和优美的环境。城市土地生态适宜性分析的具体步骤包括：

①明确城市土地的利用类型。

②构建生态适宜性评价的指标体系。

③确定适宜性评价的分级标准和权重，可以采用直接叠加法或加权叠加法等方法计算得出规划区域内针对不同土地利用类型的各自生态适宜性。基于不同的用地性质，生态适宜性评价的具体指标和评价方法也不尽相同。

11.3.3　城市生态敏感性分析

生态敏感性指的是生态系统对人类活动反应的敏感程度，能够反映在人类活动影响下出现生态失衡与生态环境问题的可能性大小。也可以说，生态敏感性是指在不降低或损失生态环境质量的条件下，生态因子抵抗外界压力或干扰的能力。

生态敏感性分析是针对区域中可能出现的生态环境问题，分析和评价生态系统对人类活动干扰的敏感程度，也就是发生生态失衡与生态环境问题的可能性大小，如土壤沙化、盐渍化、生境退化、酸雨等可能发生的地区范围与程度，以及是否导致形成生态环境脆弱区等。相较于生态适宜性分析，生态敏感性分析则是从另一个角度考察用地选择的稳定性，明确对生态环境影响最敏感和最具保护价值的地区，进而为生态功能区划提供支撑。

城市生态敏感性分析的步骤分为：①确定规划可能发生的生态环境问题类型。②构建生态环境敏感性的评价指标体系。③明确敏感性评价标准和划分敏感性等级后，使用直接叠或加权叠加法等方法计算得出规划区生态环境敏感性分析图。

11.3.4　城市综合生态模拟

计算机技术和各种模拟技术的不断发展为规划师提供了越来越多可以在城市规划和设计中应用的生态设计手段。综合生态模拟以现有技术为基础，结合城市发展所需要的生态情景分析，对城市水环境、风环境、地形地貌、日照环境、声环境和温度环境等进行分项模拟，同时将各要素之间的互动关系纳入考虑和计算，开展多要素关联的综合模拟。

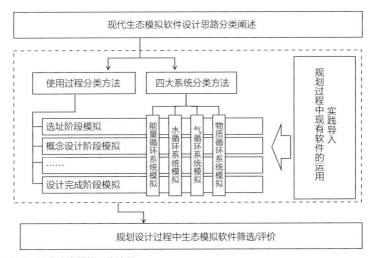

图 11-3-2　现代生态模拟工作流程

资料来源：张林军．城市规划设计中计算机生态模拟技术运用的评价与优化 [D]．上海：同济大学，2009．

案例 11-3-1　青岛世园会综合生态模拟与规划布局

2014青岛世界园艺博览会园区位于青岛市主城区东北部、李沧区东部的百果山，东为崂山区，北为城阳区，紧邻崂山风景名胜区。规划范围包括园区和世园村两部分。园区用地241hm²（其中，主题区164hm²、体验区77hm²）；世园村位于园区西面，用地面积55.37hm²。

青岛世园会的规划从能、水、物、气、地、生和人的关系出发，对基地进行地

形模拟、户外风环境模拟、热环境模拟评估及景观视廊仿真评估，从用地布局、城市设计形态引导控制、生态景观及生态建设导则4个方面优化调整规划方案，并以此作为园区规划设计布局的重要指导，使园区能够从容面对"密度、温度、强度、坡度、纬度"的重大挑战。

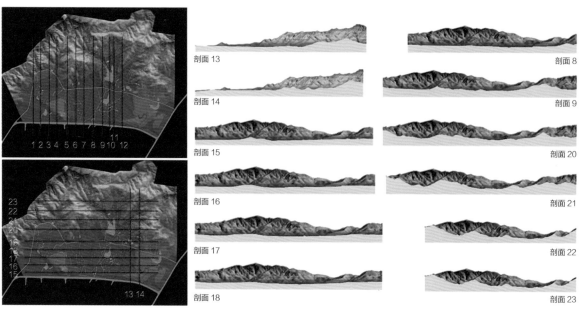

图 11-3-3　青岛世园会园区剖面分析
资料来源：青岛世园会园区规划．

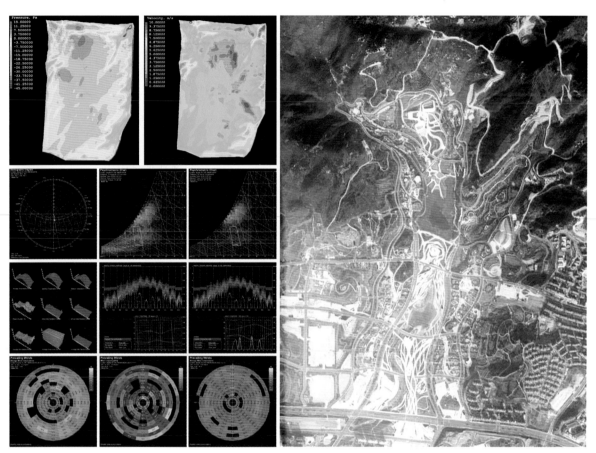

图 11-3-4　青岛世园会综合生态模拟与规划布局
资料来源：青岛世园会园区规划.

本章小结
Chapter Summary

　　本章首先分析了风、水、热等城市中常见的自然要素流，以及这些要素流在城市中形成的风环境、水环境以及热岛效应等各种现象，并结合城市自然要素流控制和规划实践的需要，介绍针对单要素的分析和研究方法以及多要素条件下的综合量化和模拟方法。

　　城市中的风流、水流和热流是人造环境中最大的自然流动要素，对于城市人居环境与自然的和谐相处至关重要。因此，对于今天和未来的城市规划，对于倡导生态文明下的城市发展，科学把握风流、水流和热流，是极为重要的分析和评价工具。

参考文献

[1] 吴志强，李德华 . 城市规划原理 [M]. 4 版 . 北京：中国建筑工业出版社，2010.

[2] 青岛世园会园区规划 [R].

[3] 张林军 . 城市规划设计中计算机生态模拟技术运用的评价与优化 [D]. 上海：同济大学，2009.

[4] 叶锺楠 . 基于风环境优化的城市地块空间形态设计 [D]. 上海：同济大学，2007.

[5] 叶锺楠，陈懿慧 . 风环境导向的城市地块空间形态设计 [J]. 城市发展研究，2011（S1）.

[6] 2010 上海世博会园区规划 [R].

[7] 叶锺楠 . 我国城市风环境研究现状评述及展望 [J]. 规划师，2015，31（S1）：236-241.

[8] 邓仕槐，李黎，肖鸿 . 环境保护概论 [M]. 成都：四川大学出版社，2014.

[9] 周雪飞，张亚雷 . 图说环境保护 [M]. 上海：同济大学出版社，2010.

[10] 焦胜，曾光明，曹麻茹 . 城市生态规划概论 [M]. 北京：化学工业出版社，2006.

[11] 海热提，王文兴 . 生态环境评价、规划与管理 [M]. 北京：中国环境科学出版社，2004.

[12] 龙瀛，等 . 中国视角下的津京冀人口密度和空气质量 [EB/OL].BCL 网站，2014.

[13] 曼纽尔·卡斯特 . 网络社会的崛起（The Rise of The Network Sociey）[M]. 夏铸九，等译 . 北京：
      社会科学文献出版社，2006.

[14] 甘惟 . 基于反馈的城市设计智能化技术与方法研究 [D]. 上海：同济大学，2015.

12

城市流动与形态 | Urban Flows and Forms

12.1 城市"形"与"流"的概念
Conception of Urban Forms and Flows

12.1.1 城市的"形"

城市的"形"是构成城市空间的物质基础,"形"要素一般具有相对静态的特点,在数天乃至数年内的空间位置和状态特征保持稳定,如城市的土地、建筑、街道、公共空间、市政设施、河流水系等。从城市规划的角度,构成城市"形"的核心要素是城市用地,即城市规划区范围内赋以一定用途和功能的土地,包括了土地本身及其地上、地下所承载的各类开发建设,如建筑和市政基础设施等。

12.1.2 城市的"流"

城市的"流"是城市中所发生的活动和运动的统称,也是城市活力的主要体现。Manuel CASTELLS 在《网络社会的崛起》(*The Rise of the Network Society*)一书中曾描述:我们的社会是环绕着流动而建构起来的:资本流动、信息流动、技术流动、组织性互动的流动、影像、声音和象征的流动。我们的城市亦如是,大量的车流、人流、信息流、能源流等日夜不停歇地运行,构成了城市的生命力。城市中的"流"根据其组成要素可以分为人工流和自然要素流,根据其感知特征又可以分为有形流和无形流等。

流更多是关于过程的，其运行跨越空间和时间维度，能够显现出驱动城市短期运行和长期转型的变化动态。流意味着力量，其累加或结合产生了势能，构成了空间交互模型的基础。

12.1.3　城市中的"形 – 流"关系

城市的"形"是构成城市空间的物质基础，也是城市各种"流"的容器。"流"在"形"的范围内产生和进行，并受到"形"的影响和制约。但同时，城市之所以具有生命力则是因为无处不在的流动，没有了"流"，城市便成了毫无生机的水泥躯壳，从这个意义上讲，城市中丰富多彩的流动才是城市的灵魂，"形"的存在是为了支撑"流"的运行，"流"的状态则是评价"形"的重要标准。

某一类具体的城市"流"，一般只与城市中的一部分"形"要素发生关联，车流只在道路范围内流动，天然气的流动不会超出天然气管道的范围，承载和支持流动的那部分"形"的要素构成了相应的网络，城市中的网络和"流"是对应的，两者相互依存。

以较短的时间来考察，"形"和"流"有着显著的动静之别。大部分情况下移动还是固定是区分"形"和"流"的主要标准。然而，从较长的时间来看，城市中所有的要素都处于动态变化中，"形"和"流"之间并没有绝对的界限，例如，建筑物对于穿梭其间的人流、物流、能源流而言，是作为载体的"形"，但对于某块用地而言，其内部的建筑建设、生长、拆迁、更新又是作为"流"的存在。

图 12-1-1　城市的"形"与"流"
资料来源：网络．

12.1.4　城市"形－流"关系与城市病

城市病现象多源自于城市的"形"与"流"的不协调。比如交通拥堵、城市热岛、空气污染等现象的产生，很大程度上是由于城市的交通网络、风廊道、有害物处理和排放系统没有满足"流"的需要，或者未能引导流动要素向健康的方向流动，从而产生了错流、乱流或者形成了郁结、梗阻，导致了"不通则痛"的结果。

案例 12-1-1　特大城市是否需要控制人口的讨论

由于大城市、特大城市的系统庞大，结构复杂，城市问题也相对较多，从而导致许多人把城市病视为城市扩张、规模不断增长的必然结果，同时一些大城市、特大城市也制定了相应的城市规模控制和人口疏解导向的政策。

而《大国大城》的作者陆铭则指出，如果去看一下数据，再把中国的特大城市和其他国家特大城市做个比较，就知道，仅从人口规模或人口密度来批评中国特大城市太大是没有什么道理的。

陆铭（2016）提出，应对目前中国特大城市所面临的公共设施不足、交通拥堵等城市病，合理的措施不应是机械地控制特大城市人口规模，而是应当顺应人口流动和经济集聚的需求，通过预判人口的流向和规模，在目的地城市增加公共服务设施和地铁等交通设施的供给，甚至考虑将人口流出城市的建设用地、公共设施指标向流入城市转移。

不论这样的策略其具体措施是否周全合理，至少在方法层面上更趋向于"以流定形"的理性思考。

图 12-1-2　城市病现象
资料来源：网络.

12.2　用城市流动测度城市空间
Measuring Urban Space Using Flows

　　传统城市研究对于城市空间形态的量化和测度主要是基于建成环境或规划设计指标，这两类指标的共同特点是都以空间的静止物理状态为描述对象，如容积率、建筑密度、路网密度、用地性质等。

　　然而，从空间的实际使用来看，容积率、用地复合度等静态物理指标虽然在一定程度上反映了城市的形态和建设情况，但无法反映出城市空间实际被使用的状态。能够体现城市作为人类活动高度集聚的产物的是为了实现高强度的人群活动和运作繁忙的丰富业态而建设的大量建筑、街道和基础设施，而不是无人入驻的高层写字楼、住宅和门庭冷落的商业、休闲设施。显然，仅以容积率和用地性质等静态指标进行判断会掩盖上述两种情景的巨大区别。

　　相比之下，城市中的"流"更能真实地反映城市空间的实际运行和形态特征，如道路的车流数据比红线宽度、车道数量更能反映一条道路的重要程度；城市人流集聚的情况比容积率更能精准地定位城市中使用强度最高的地段；商家入驻、更替和顾客消费量比商场规模更能体现商业中心的能级等。

图 12-2-1　缺少"流"的街道与充满活力的街道
资料来源：网络.

案例 12-2-1　基于百度地图热力图的上海中心城区城市空间结构研究

　　百度地图热力图所代表的基于地理位置的大数据为城市研究者提供了前所未有的全新视角，使得我们能够从细分到小时甚至分钟的动态视角看城市中的人群活动

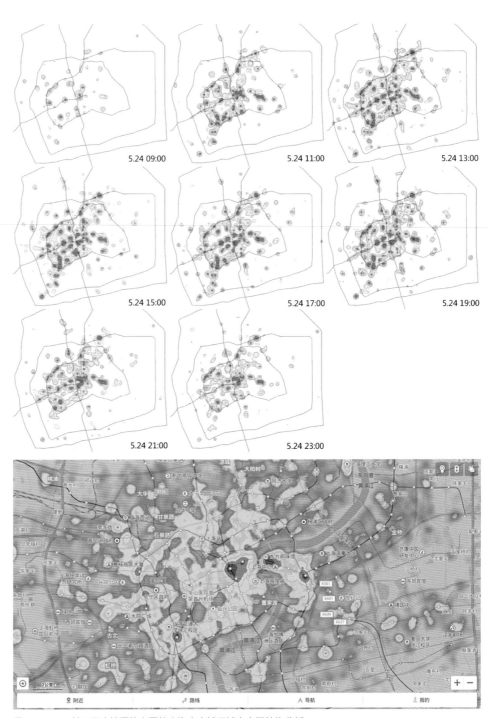

图 12-2-2 基于百度地图热力图的上海中心城区城市空间结构分析

资料来源：吴志强，叶锺楠 . 基于百度地图热力图的城市空间结构研究——以上海中心城区为例 [J]. 城市规划，2016（4）：33-40.

和城市空间被使用的情况。在这一视角下我们可以看到上海中心城区的人群集聚度、离散度以及人群集聚的位置在一周、一天甚至更短的时间周期内如何变化，不同位置、不同功能的城市空间在什么时段的使用强度最高等。这些信息对于我们理解城市空间的运作以及对城市空间进行布局都是十分有帮助的。

研究在百度地图热力图工具所提供的动态大数据基础上，利用数据的实时优势建立基于空间使用强度的城市空间研究方法，以上海中心城区内为例，对人群的集聚度、集聚位置、人口重心等指标在连续一周中随时间的变化情况进行了考察和分析，发现在工作日时段内上海中心城区的人群集聚在时间上比周末持久而在空间上则比周末更为分散，同时中心城区的人口重心移动在工作日呈现逆时针的周期特征，而在周末则没有明显的规律。研究表明，百度地图热力图数据在经过适当的挖掘和处理后能够为城市空间研究提供更为动态的视角和方法。

12.3 "形流关联"的规划思想方法
Planning and Thinking Methodology of "Forms Follow Flows"

对于城市规划而言，城市空间和用地，即"形"是规划控制和干预的主要对象，城市规划通过改变城市用地的用地性质、开发强度和其他建设控制要求，可以对城市的"形"进行塑造和改变，世界上大部分国家都有自己的城市用地分类标准和规划控制原则。相比之下，规划手段往往无法直接作用于"流"，而需要借助干预"形"来间接影响城市中的各种"流"。在这一背景下，根据城市规划工作中对"形-流"关系的认知和判断，可以分为两种不同的思想方法：

第一种思想方法将"形"作为城市规划的终极服务对象，以形态学、政治形象、空间序列，甚至平面图案作为推敲城市形态的基础，而将城市中的"流"作为城市形态的附属品，对"流"的特征和需求的关注十分有限。这一范式绵延数千年，从《考工记》中记载中国古代的规划思想"匠人营国，方九里，旁三门。国中九经九纬，经涂九轨。左祖右社，前朝后市，市朝一夫"到西方城市，如巴黎、华盛顿等的规划历史中，都有着充分的体现；直至今日，国内外大量的城市规划活动依然对于"形"本身的关注远高于对"流"的关注。

两种思想方法的比较　　　　　　表 12-3-1

思想方法	发展历程	对"形-流"关系的认识	规划实践
以形定流	发展超过千年；至今影响深刻	"形"是构成城市的主体，"流"是空间的附属品	从形态学入手，注重政治仪式感、平面图案感，把"流"简单地作为形态构建的结果对待
形流关联	出现较晚，认识受到技术手段的限制；在"大智云移"等新技术背景下发展迅速	"流"是城市的生命力和灵魂，是"形"的服务对象和评价标准	从认识"流"的客观需求和评价标准入手，构建符合要素流动需求的空间形态

法国，巴黎

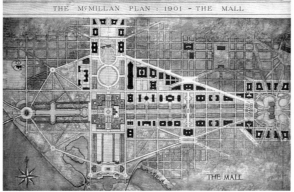

McMillan Plan，美国，波士顿，1902 年

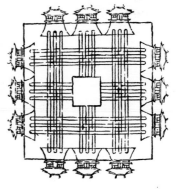

中国，《三礼图》中的周王城图

图 12-3-1　"以形定流"的城市规划

资料来源：The Cultural Landscape Foundation, https://www.tclf.org/.

第二种思想方法下的城市规划尽管也以城市的"形"作为管理和干预的主要对象，但同时也认识到相比于"形"，城市中"流"的顺利运行是规划更深层次的目标。这种思想更多地将城市作为生命体看待，将城市中的"流"与自然界的水流、空气流等无意识的流加以区分，强调前者是具有生命力、流动意愿和价值标准的，意愿和标准的本源则是城市中人的需求。城市的"形"如果符合城市中的人对于各种要素的流动需要，城市中的"流"就会更加顺畅，整个城市的生命力会更加旺盛，一些城市病也会消减，达到"通则不痛"的状态。因此，城市规划的工作是通过干预空间，让城市的"形"更好地符合要素流动的需求，以保证城市内各种"流"的通畅和健康。

这两种不同的思想方法分别呈现出"以形定流"和"形流关联"的特点，前者绵延千年，影响至今，而后者更体现对人的重视，接近城市运行的本质，近百年来才萌芽初现。"形流关联"思想方法的出现，一方面是社会民主进步的产物，另一方面随着认知科学技术的发展而逐渐成熟。从国际城市规划学界观察，早在 1960年代兴起的系统规划论以及计算机辅助分析，经历半个世纪的发展，只在城市交通规划领域实现了较稳定的立足，而在作为整体学科的城乡规划，却一直没有取得逻辑内核及其思想范式的成就。近几年来，随着大数据、人工智能、移动互联网、云计算等新技术的发展及其在城市研究领域内应用的普及，城市中的"流"由原来的难以捉摸逐渐走向清晰可见，为城市规划实现从"以形定流"走向"形流关联"的范式转变提供了极佳的条件。

12.4 "形流关联"与城乡规划实践
"Forms Follow Flows" Influenced Planning Practices

12.4.1 城镇化战略

城镇化本质上是一种人类社会随着生产力不断发展的经济和社会现象，是随着社会化大分工人类聚居地不断向城镇集聚的主要结果，2013 年中国城镇化工作会议指出："城镇化是现代化的必由之路"。

从最直观角度来看，城镇化带给我们的是城镇的出现和生长、各种基础设施和建筑的增加、大量城镇用地对土地的覆盖，而这些现象背后的基础则是大量人群从乡村向城市的流动，以及与之相伴的大量经济、文化和信息的流动，从人类上千年的城镇化，尤其是西方发达国家百年来的城镇化历程来看，城镇化的"流"有其自身的客观规律，对这些规律的把握直接影响着地区乃至国家城镇化战略和政策的制定。

中国用约三十年的时间，也是一代人成长所用的时间里，从一个以农业为主的社会跨越到以非农业生产为主的社会。传统乡村文明和现代都市文明在快速城镇化进程中产生了激烈的碰撞，各种城镇化发展带来的问题尖锐呈现，包括环境持续污染、城乡矛盾加剧、资源耗费严重等诸多风险，稍有不慎，就可能落入"中等收入陷阱"，进而影响现代化进程。

中国未来三十年如何走上一条区别于传统城镇化的永续发展道路，是横亘在我们面前的一道世纪难题，而认识城镇化现象背后的人员、资金、信息乃至自然要素的流动规律，是破题的关键。

12.4.2　城市宜居环境

城市中的建设改变了自然的地貌环境，也对风、光、水、热、生物等自然要素的流动产生了显著的影响，形成了城市微气候和城市生物圈。传统的城市规划设计和建设活动以人类活动和经济生产为主导，忽略城市对自然要素的影响，导致城市自然要素的流动受到严重干扰，城市人居环境严重恶化。

"形流关联"思想下的城市规划设计，不仅重视城市生态环境的重要性，更站在探索城市生命流动规律的基础上，以自然要素的合理流动来决定城市的空间形态。城市中几乎没有单纯的自然要素流，从城市选址、总体形态与山水格局的关系，到城市内部河流水系、通风廊道、绿化系统的结构，再到城市公共空间节点的建筑围合、遮阳设施、植被布置，无不对自然要素的流动产生影响，只有掌握了城市人工对自然要素流动的作用机制和规律，才能够有效引导城市中的自然流，从而实现城市人居环境的宜居和永续。

12.4.3　城市空间结构

　　城市空间结构既具有物理属性又具有社会属性，从人们认识城市的历史来看，从城市产生直到近代城市空间理论的起步阶段，关于城市空间结构的研究均偏重于其物理属性，从 1960 年代开始，城市空间结构的研究重点逐渐转入信息化对人类聚居行为、生态环境可能的影响。时至今日，随着城市规模的不断扩大和复杂性的高速发展，直观的物理特征已经难以反映城市空间的实际运行状态，而隐性的社会属性，特别是城市内部人员、交通、经济、信息的集聚和流动，虽然不像空间形态那样容易被直接感知，但是却更能反映城市空间结构的本质。从这个意义上讲，认识城市内部各种人工流动的规律是我们把握和规划城市空间结构的基础。

12.4.4　城市空间塑造

　　相比城市战略、政策和管理控制等相对宏观层面的课题，城市空间的塑造面向更为具体的人的尺度，在这个尺度上，人群集聚、邻里交往、商业经营、风光水热等人工和自然要素的流动显得更加生动而具体。2017 年 6 月，我国住房和城乡建设部制定了《城市设计管理办法》，指出城市设计是落实城市规划、指导建筑设计、塑造城市特色风貌的有效手段，贯穿于城市规划建设管理全过程，并为城市设计如何更科学有效地塑造好城市空间提出了相应的指导意见，其中，尊重城市发展规律，坚持以人为本，保护自然环境等要求离不开对城市中各种"流"在微观尺度上流动需求的深入理解。

案例 12-4-1　智力城镇化与体力城镇化

　　从 2012 年世界主要国家或地区城镇化率水平与人均 GDP 的增长关系可见，城镇化率水平达到 50% 之后，各国由于发展条件差异，发展道路开始分化，城镇化率 70% 以后，主要呈现两类道路：

　　第一条道路是城镇化率与人均 GDP 同时提升的健康之路，国家发展稳定，人

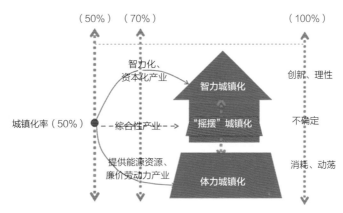

图 12-4-1　智力城镇化与体力城镇化理论框架

民生活较为富裕，本书称为"Stand"道路。城镇化率超过 70% 以后，人均 GDP 超过 15000 美元的国家或地区共有 37 个（含中国香港和中国澳门），主要代表国家有美国、澳大利亚、法国、英国、日本等发达国家。

　　第二条路则是城镇化率不断提升，而人民生活质量和经济能力却没有得到同样速度的提升，国家发展面临巨大的危机，本书成为"Lay"道路。城镇化率超过 70% 以后，人均 GDP 低于 15000 美元的国家共有 20 个，主要代表国家有阿根廷、墨西哥、巴西、匈牙利、俄罗斯、土耳其等，以南美洲和东欧剧变国家为主。

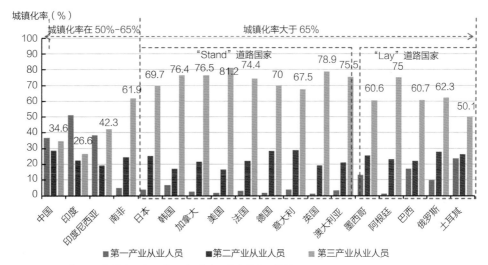

图 12-4-2　"Stand"道路国家和"Lay"道路国家产业布局比较

中国目前刚跨越城镇化率50%的门槛，面临着"Y"形道路岔口的选择：走向城镇化与经济发展同步发展的健康绿色"Stand"道路；或走向经济发展滞后于城镇化发展的动荡红色"Lay"道路。

"Stand"道路和"Lay"道路的根本区别在于："Stand"道路上的国家经济增长主要以智力化、资本化的产业为支撑，走创新、科技的高附加值经济发展道路，在全球化经济网络中占据中心或关键节点位置；而"Lay"道路上的国家经济增长则依靠以能源、资源、廉价劳动力为主的产业，其劳动附加值低，在全球化经济网络发展中处于劣势地位。所以本书认为"Stand"道路，实际是"智力城镇化"道路，而"lay"道路则是"体力城镇化"道路。

本书定义的智力城镇化道路是以智力化产业为基础的城镇化发展道路，整体表现出创新性，国家走上理性的发展道路，其主要显性表征为城镇化率超过70%后，人均GDP大于15000美元；体力城镇化道路则依靠出卖资源、能源、提供廉价劳动力的产业为基础的城镇化发展道路，整体表现为依托消耗大量资源能耗发展，国家容易陷入动荡的局势，其主要显性表征为城镇化率超过70%以后，人均GDP小于15000美元。

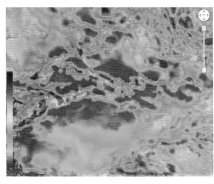

铁门关市规划——基于流模拟的城市空间格局
基于流模拟的城市空间格局：六大专题板块
一、城市生态文明建设总体目标
二、城市洁净供水
三、可再生能源示范
四、生态城区布局
五、生物多样性
六、生态文明的生活方式

图 12-4-3 铁门关市规划——基于流模拟的城市空间格局
资料来源：新疆铁门关规划 [R]. 同济城市规划设计研究院.

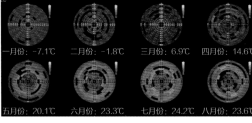

一月份：-7.1℃　　二月份：-1.8℃　　三月份：6.9℃　　四月份：14.6℃

五月份：20.1℃　　六月份：23.3℃　　七月份：24.2℃　　八月份：23.6℃

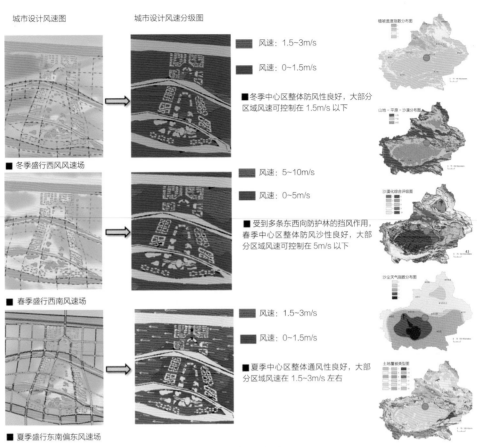

图 12-4-3　铁门关市规划——基于流模拟的城市空间格局（续）
资料来源：新疆铁门关规划 [R]. 同济城市规划设计研究院.

案例 12-4-2　大数据支持下衡山路复兴路历史文化风貌区公共活动空间网络规划

　　案例[①]从设计理念、技术路线、规划策略等方面说明大数据支持城市设计的途径。首先，分析衡复地区现状特征，提出庭院街区的概念。

　　使用大数据分析居民活动的时空特征，为五个庭院街区划分提供了直接依据。然后，依据共享的规划理念，在大数据和传统定量分析方法结合下进行了慢行系统规划，包括日常步行线路规划、特色旅游步行线路规划及自行车骑行线路规划。最后，将慢行系统与地区内公共资源进行叠加，将公共空间与人的活动紧密结合，完成公共活动空间网络规划。方案探索了以规划设计理念先行、大数据分析验证，大数据与传统定量分析方法支持方案生成和复核的两种大数据支持城市设计实践的技术途径。

① 本案例为 2016 年上海城市设计挑战赛衡复项目专业组一等奖获奖方案。

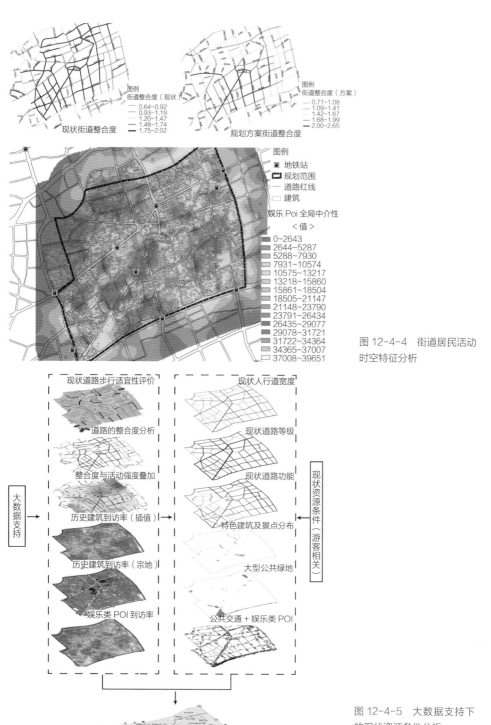

图 12-4-4 街道居民活动
时空特征分析

图 12-4-5 大数据支持下
的现状资源条件分析
资料来源: 田宝江, 钮心毅.
大数据支持下的城市设计实
践——衡山路复兴路历史文化
风貌区公共活动空间网络规划
[J]. 城市规划学刊,2017（2）:
78-86.

案例 12-4-3　通州城市副中心规划——人群流动与职住推演

规划现状

居住人口密度：城市副中心区整体居住人口密度低于北京市核心区；东部人口稀少，燕郊中心区居住人口密度与城市副中心相当。

工作人口密度：城市副中心区西部工作人口密度与城市核心区相当；东部工作人口密度较低，北三县地区工作人口较为稀少。

职住比：城市副中心范围内目前职住比较低，没有达到城市核心区水平，通州区其他地区与北三县职住比均偏低。

平均通勤距离：城市副中心区平均通勤距离偏高，通州区其他地区与北三县部分地区尤为严重。

北京与东部的北三县等区域联系最为密切工作地以朝阳区、海淀区、通州区为主，居住地以三河市、香河市最为显著。

规划情景设置

A0- 趋势外推：延续过去 20 年"摊大饼"开发模式。北京的住房和企业建筑将一定程度向外疏散。

A1- 中心区严控 + 通州副中心和北三县政策扶持：严控中心区增量开发，实现"零增长"；北京生态保护区仅有自然增长；近郊区、新城和远郊既有自然增长又有规划增长。河北和天津也既有自然增长又有规划增长。其中，规划政策扶持通州副中心和北三县的增量开发。

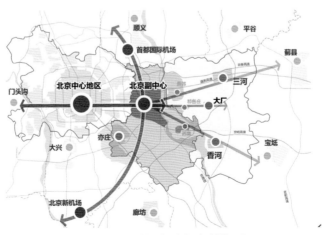

图 12-4-6　北京副中心与中心城区的联动，辐射北三县
资料来源：作者实践项目.

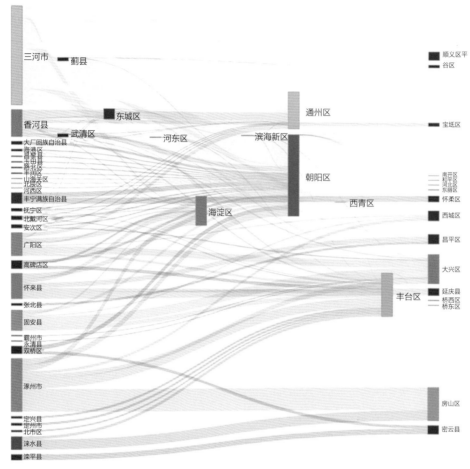

图 12-4-7　北京城市副中心与周边区县联动关系推演示意
资料来源：作者实践项目.

规划情景－用地政策扶持

在 A1 的基础上，模型进一步测试对通州副中心和北三县不同的规划扶持的情景，包括：

A1a－ 中心区严控 + 仅通州副中心政策扶持：规划政策只扶持通州副中心的增量开发，而不扶持北三县。其他设定均与 A1 相同。

A1b－ 中心区严控 + 仅北三县政策扶持：规划政策只扶持北三县的增量开发，而不扶持通州副中心。

A1c－ 中心区严控 + 无政策扶持：通州副中心和北三县的增量开发均没有规划政策扶持。

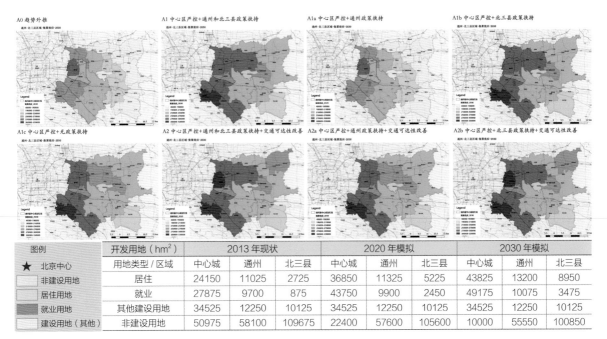

图例	开发用地（hm²）	2013 年现状			2020 年模拟			2030 年模拟		
★ 北京中心	用地类型 / 区域	中心城	通州	北三县	中心城	通州	北三县	中心城	通州	北三县
□ 非建设用地	居住	24150	11025	2725	36850	11325	5225	43825	13200	8950
□ 居住用地	就业	27875	9700	875	43750	9900	2450	49175	10075	3475
■ 就业用地	其他建设用地	34525	12250	10125	34525	12250	10125	34525	12250	10125
□ 建设用地（其他）	非建设用地	50975	58100	109675	22400	57600	105600	10000	55550	100850

图 12-4-8　北京城市副中心与北三县协同

资料来源：通州城市副中心规划.

规划情景 – 土地与交通规划整合

在 A1、A1a、A1b 的基础上，模型进一步测试交通可达性改善对这三种增量开发模式的影响。

A2– 中心区严控 + 通州副中心和北三县政策扶持 + 交通可达性改善：以通州副中心和北三县为起讫点的跨模型区平均出行时间在 2010 至 2020 年减少 1 分钟，在 2020 至 2030 年再减少 2 分钟。

A2a– 中心区严控 + 仅通州副中心政策扶持 + 交通可达性改善：以通州副中心为起讫点的跨模型区平均出行时间在 2010 至 2020 年减少 1 分钟，在 2020 至 2030 年再减少 2 分钟。

A2b– 中心区严控 + 仅北三县政策扶持 + 交通可达性改善：以北三县为起讫点的跨模型区平均出行时间在 2010 至 2020 年减少 1 分钟，在 2020 至 2030 年再减少 2 分钟。

案例 12-4-4　城市生物多样性与建成环境的关系

案例应对高密度城镇化发展对自然生物栖息空间的侵蚀和生态城市规划建设中生物生境系统的缺失，从城市规划的视角出发，解析城市生物栖息的空间环境需求，通过实证检验，探讨不同尺度城市建成环境对以鸟类为主的城市物种多样性的影响效应和作用机制，提出有效保护生物多样性、促进生态系统服务功能优化的城市空间规划设计控制要素，为从城市空间规划角度保护和提升生物多样性提供依据。

基于城市生物营养级类群和空间生态位需求，从人与自然全域多维叠合的视角提出"多重生境"概念，构建了包含类型、功能、供给潜力的城市多重叠合生境理论。

以上海为例，讨论了两个尺度的建成环境变量对以鸟类为主的生物多样性的影响机制。研究所采用的生物多样性数据来源于相关调查报告和实地监测调查，建成环境数据来源于统计数据和相关部门提供的图纸以及实测。

城市多重生境类型及用地属性、规模、功能和供给潜力以及对应的规划层级　　　　表 12-4-1

生境类型	人工 - 自然叠合程度	所涉及的主要用地属性	生境规模	主要生境斑块功能	野生动物主要空间生态位供给潜力	规划控制层级
近自然农林与水域生境	最低	农林用地（E2）、水域（E1）	大	主要"源"	巢居、食性、休憩	总体规划
半自然公园绿地生境	较低	公园绿地（G1）、防护绿地（G2）	较大	次要"源"	巢居、食性、休憩	总体规划、控制性详细规划
半人工休闲绿化生境	较高	居住用地（R）、公共管理与公共服务用地（A）、商业服务业设施用地（B）等	较小	"汇" / "踏脚石"	休憩、食性、巢居	控制性详细规划、修建性详细规划、城市设计
人工硬质界面生境	高	广场用地（G3）、道路与交通设施用地（S）等	小	"踏脚石"	休憩	修建性详细规划、城市设计
人工废弃 - 自然演替生境	低	工业用地（M）、环境设施用地（U2）、其他非建设用地（E9）等	可大可小	潜在"源"/"汇"	食性、休憩	控制性详细规划

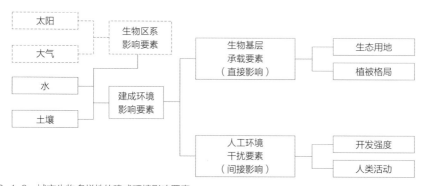

图 12-4-9　城市生物多样性的建成环境影响要素
资料来源：干靓 . 城市生物多样性与建成环境 [M]. 上海：同济大学出版社，2018.

本章小结
Chapter Summary

　　本章从城市的"形－流"关系出发，介绍了"形流关联"的规划思想方法。首先对组成城市的"形"要素和"流"要素进行了定义和分类，并指出"流"尽管在传统的城市认知和规划实践中常常被忽视，但其却是城市活力的重要体现，是城市的灵魂所在，用"流"来测度城市往往更能接近城市运行的真实状态。为此，提出了"形流关联"的规划思想方法，这一思想将城市更多地作为生命体看待，把城市中"流"的通畅和健康看作比"形"更为深层次的目标和需求，指出"形"的构建需要顺应"流"的需求，使城市达到"通则不痛"的状态。最后，结合实际案例，对"形流关联"视角下的城镇化战略制定、城市宜居环境营造、城市功能结构布局、城市公共空间塑造等规划实践工作的具体方法进行了阐述。

　　本章所介绍的"形流关联"的规划思想方法在本书分析流动要素和介绍城市形态设计与空间选择的章节之间，以此来转接城市流动要素和城市功能和形态之间的两大部分内容。

参考文献

[1]　田宝江，钮心毅.大数据支持下的城市设计实践——衡山路复兴路历史文化风貌区公共活动空间网络规划 [J]. 城市规划学刊，2017（2）：78-86.

[2]　通州城市副中心规划 [R].

[3]　吴志强，杨秀，刘伟.智力城镇化还是体力城镇化——对中国城镇化的战略思考 [J]. 城市规划学刊，2015（01）：15-23.

[4]　新疆铁门关规划 [R]. 同济城市规划设计研究院.

[5]　吴志强，叶锺楠.基于百度地图热力图的城市空间结构研究——以上海中心城区为例 [J]. 城市规划，2016（4）：33-40.

[6]　干靓.城市生物多样性与建成环境 [M].上海：同济大学出版社，2018.

[7]　The Cultural Landscape Foundation, https://www.tclf.org/.

城市规划方法

第 三 篇
城市规划选址决策方法

PART 3

Planning Methods for Location Decision

城市总体
规划方法
Methods of
Comprehensive Planning

13.1 城市总体发展状态的感知、评价与诊断
Methods of Sensing，Evaluation and Diagnosis for General Urban Status

13.1.1 城市整体空间结构分析方法

13.1.1.1 城市空间结构感知方法

城市规划面对的是看得见的形态，而形态是为了服务城市的，是流动的载体。城市病的起因大多数情况下就是各项因素流动出了问题，造成供应不足或供应过度。城市拥堵就好比血栓，城市新区的活力过低就好比血压过低。城市生命体缺少弹性和韧性，导致很多城市处于局部血压过高或局部血压过低的状态。

对城市整体空间结构的诊断把控是对城市总体发展状态感知评价的重要一步。城市各项功能的内在联系通过城市空间结构反映，同时城市社会经济结构也会投影于城市空间结构上，反映社会、经济、环境等因素的相互影响和制约的关系。

城市规划分析中往往从行为活动的时空规律入手研究城市空间结构。如从居住人口、就业人口的空间分布变化入手研究城市空间结构演变（李健等，2007）；以居住中心、就业中心入手对城市多中心结构进行检验（孙斌栋等，2010）；从通勤交通绩效入手研究城市空间结构（孙斌栋等，2013）。从行为活动的视角研究城市空间结构，传统方法往往基于抽样调查或人口普查等统计数据。随着新兴数据（手机信令数据、微博签到数据、热力图数据、出租车 GPS 定位数据等）的出现，大数据分析使得城市结构感知判断更加精准。

案例 13-1-1　基于出租车 GPS 数据时空分析的上海城市空间结构分析

　　用出租车 GPS 定位数据分析城市空间结构的方法，可以为城市交通与土地规划的管理决策者提供直观可靠的数据支持，动态感知城市尺度上所有出租车的时空运动规律，估算由出租车生成的交通流量的空间分布密度情况，早晚通勤高峰时期的出租车活动情况，路况平均车速情况，评价城市居住与工作区域与交通是否配置合理。通过一个地块上下车数目随时间变化的曲线刻画该地块的土地利用强度特征，间接也反映出城市土地利用的时空效率，同时便于将现状与城市详细规划进行对比；不过这需要一定样本量的统计分析以获得规律，单一出行样本没法推断，除非结合个体抽样调查或多种传感器数据进行综合分析。

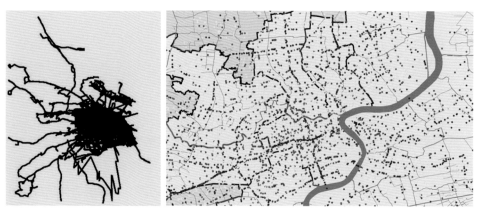

图 13-1-1　基于出租车 GPS 数据分析上海中心城空间结构

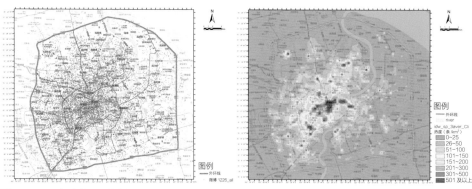

图 13-1-2　新浪位置微博散点图　　　　　图 13-1-3　新浪位置微博热度图

资料来源：上海同济城市规划设计研究院人居环境研究中心．

13.1.1.2 城市规模预测

虽然城市的规模通常以人口规模和用地规模来界定，但两者是相关的。在开展城市规模预测时，一般是先从预测人口规模着手研究，再根据城市的性质与用地条件加以综合协调和采取多种方法进行校核，然后确立合理的人均用地指标，再推算城市的用地规模。

建设用地规模与人口增长的关系

人口规模（P）和用地规模（A）是相关的，根据人口规模以及人均用地的指标就能确定城市的用地规模。因此，在城市发展用地无明显约束条件的情况下，一般是根据已确定的城市人口规模，选用合理的人均用地指标（a），继而推算城市的用地规模，公式为：$A=P \cdot a$，重点在于人均城市建设用地指标的选取。

人均城市建设用地指标的选取

人均城市用地指标是指城市规划区各项城市用地总面积与城市人口之比值，单位为：$m^2/$人，是衡量城市用地合理性、经济性的一项重要指标。影响城市用地规模的因素较多，城市用地指标有一定的幅度范围，如大城市人口集中，用地一般比较紧张，建筑层数和建筑密度比较高，用地指标就较低。而小城市，特别是边远地区小城市，建筑层数低，建筑密度较低，用地较为宽绰。矿业城市和交通枢纽城市受矿区与交通枢纽的要求，用地指标相应大一些；风景旅游城市主要根据风景区情况的不同而各不相同。

应当强调的是，土地是极其重要的资源，而我国人均占有土地量少，城市用地规模和用地指标的确定必须坚持节约用地的原则，合理地使用城市土地，适当地提高土地利用率。当然也绝不是指标越低越好、用地越少越好，因为过度拥挤，不能创造良好的生活和生产环境，不符合现代化城市的要求。

在贯彻节约土地资源、充分挖掘现有城镇建设用地潜力的基础上，要根据现状的城镇建设用地使用状况以及规划城市布局，区分老城区和新区，确定建设用地分布，并提出引导调控城市建设用地的措施。老城区现状土地使用强度大，在规划中着重优化居民生活环境，应在现有基础上适当提高人均建设用地指标，新城区是规划重点发展地区，建设条件较好，一般人均建设用地指标高于老城区。在我国目前所执行的《城市用地分类与规划建设用地标准》GB 50137—2011 中，规划人均城市建设用地标准如下：

　　规划人均城市建设用地指标应根据现状人均城市建设用地指标、城市所在的气候区以及规划人口规模，按表的规定综合确定，并应同时符合表中允许采用的规划人均城市建设用地指标和允许调整幅度双因子的限制要求。新建城市的规划人均城市建设用地指标应在 85.1~105.0m²/ 人内确定。首都的规划人均城市建设用地指标应在 105.1~115.0m²/ 人内确定。边远地区、少数民族地区城市，以及部分山地城市、人口较少的工矿业城市、风景旅游城市等，不符合表 4.2.1 规定时，应专门论证确定规划人均城市建设用地指标，且上限不得大于 150.0m²/ 人。

规划人均城市建设用地指标（m²/ 人）　　　　　　　表 13-1-1

气候区	现状人均城市建设用地指标	允许采用的规划人均城市建设用地指标	允许调整幅度		
			规划人口规模 ≤ 20.0 万人	规划人口规模 20.1 万~50.0 万人	规划人口规模 >50.0 万人
Ⅰ、Ⅱ、Ⅵ、Ⅶ	≤ 65.0	65.0~85.0	>0.0	>0.0	>0.0
	65.1~75.0	65.0~95.0	+0.1~+20.0	+0.1~+20.0	+0.1~+20.0
	75.1~85.0	75.0~105.0	+0.1~+20.0	+0.1~+20.0	+0.1~+15.0
	85.1~95.0	80.0~110.0	+0.1~+20.0	−5.0~+20.0	−5.0~+15.0
	95.1~105.0	90.0~110.0	−5.0~+15.0	−10.0~+15.0	−10.0~+10.0
	105.1~115.0	95.0~115.0	−10.0~−0.1	−15.0~−0.1	−20.0~−0.1
	>115.0	≤ 115.0	<0.0	<0.0	<0.0
Ⅲ、Ⅳ、Ⅴ	≤ 65.0	65.0~85.0	>0.0	>0.0	>0.0
	65.1~75.0	65.0~95.0	+0.1~+20.0	+0.1~+20.0	+0.1~+20.0
	75.1~85.0	75.0~100.0	−5.0~+20.0	−5.0~+20.0	−5.0~+15.0
	85.1~95.0	80.0~105.0	−10.0~+15.0	−10.0~+15.0	−10.0~+10.0
	95.1~105.0	85.0~105.0	−15.0~+10.0	−15.0~+10.0	−15.0~+5.0
	105.1~115.0	90.0~110.0	−20.0~−0.1	−20.0~−0.1	−25.0~−5.0
	>115.0	≤ 110.0	<0.0	<0.0	<0.0

注：气候区应符合《建筑气候区划标准》GB 50178—1993 的规定。

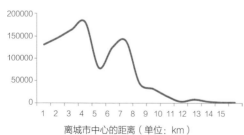

离城市中心的距离（单位：km）
创意互动活动离城市中心距离折线图

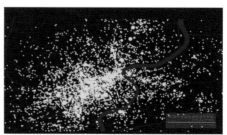

上海市创意互动活动分布图（2009—2013 年）

图 13-1-4　2009—2013 年上海创意人群活动空间互动分布分析
资料来源：上海同济城市规划设计研究院人居环境研究中心.

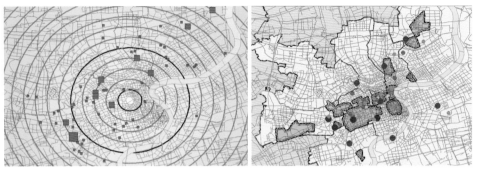

| 创意互动活动离城市中心距离分布图 | 历史风貌区与城市创意互动类活动排名前50位
空间叠加关系图 |

图 13-1-4   2009—2013 年上海创意人群活动空间互动分布分析（续）
资料来源：上海同济城市规划设计研究院人居环境研究中心．

13.1.2   城市历史的规划分析方法

城市历史对城市规划的影响涉及方方面面，最直接的规划手段反映在城市历史遗产保护规划和城市复兴的过程中，其基本方法包括历史文化名城的保护规划、历史文化街区保护规划和历史建筑的保护利用等。该部分内容将在后续篇章中做详细介绍。基于城市历史的规划研究是城市规划的编制基础，对于正确指导一座城市的发展建设具有重要的作用。城市历史对城市规划的影响以规划师和决策者建立起对城市结构和功能发展演变的认识为基本内容。在对城市历史环境条件的分析中，需同时关注城市发展演变的自然条件和历史背景，以及在此基础上形成的城市空间格局和文化遗产。主要包括：

（1）对城市历史沿革的认识和分析，包括城市历史的发展、演进以及城市发展的脉络。

（2）分析城市格局的演变，包括城市的整体形态、功能布局、空间要素（如道路街巷、城市轴线）等。

（3）分析城市历史发展中的自然与社会条件，包括政治、经济、文化、交通、气候、景观等内容。物质性的历史要素包括：文物古迹、革命史迹、历史遗址、墓葬坟冢、传统街区、特色街巷、传统码头、传统堤岸、名胜古寺、古井、古木等。非物质性的历史要素包括：历史人物、历史故事、名人诗词、历史事件、体现地方特色的岁时节庆、地方语言、传统风俗、传统饮食、文化艺术和古风俗等。具体可采用的工作方法包括：历史与文献资料研究、历史资源调查、自然资源调查和面向市民的社会调查等。

在进行城市历史文化的分析时，也可以采用居民时空活动与城市空间叠合的分析方法。

图 13-1-4 展示了 2009—2013 年上海创意人群的活动分布特征。研究采用网络大数据方法对创意阶层的社会交流和体验行为进行采集、整合和分析。通过开发网络爬虫程序对选定的城市活动类网站的用户历史数据进行采集，提取全上海2009—2013 年全部的创意互动活动数据，以此展开研究。

研究梳理了创意活动前 50 名的地点，与上海市历史风貌区相叠合，可以看出历史风貌保护区与创意活动集聚点有很大程度的重合。这一结果不仅是分析创意活动时空特征的重要依据，也是呈现城市历史文化空间特征的途径之一。

13.1.3　城市人口与就业分析方法

13.1.3.1　城市人口分析方法

城市之间的竞争是流动要素的竞争，而人才是各要素中最重要的一环，城市未来的发展取决于城市人才。

传统方法中对城市人口的分析多依据国家人口统计机构提供的统计年鉴数据，以此分析人口静态数据和动态变化趋势，以及人口结构和空间分布特征，其空间分布特征和变化趋势会影响城市居住、产业、交通等规划布局。大数据分析方法中，手机信令数据、微博位置信息、百度热力数据等实时数据补充了社会人口要素的流动信息。例如，传统方法中城市等级的划分往往依据城市用地规模，而手机信令数据则可以展示城市之间的人流特征，以人员流向和流量来测算城市等级结构，可以达到更好的区域协同和更明确的城市定位。

城市人口作为一个复杂开放的系统，其变化规律难以把握，一般采取不同的方法获得多个预测方案。城市人口预测方法一般包括：判断法；趋势外推法；比例份额法；表征关联法 / 统计关联法；人口或经济成分变化拟合法；供给导向法，包括容量法、土地使用模型，以及对未来人口和经济的规范确定法（通过设计）。

案例 13-1-2　北京市人群诊断

以城市社会结构数据监测，优化副中心未来人口结构及过程监督，吸引更多中心城区优秀人才在副中心安居乐业。

编号	年龄	性别	婚姻状况	教育程度	职业	收入	家庭成员	PARCEL	TAM
193392	36	男	已婚	初中	制造、交通运输及其他	2385	3人	888	2140
198316	41	女	已婚	高中	制造、交通运输及其他	5966	3人	966	7747
37094	61	男	已婚	高中	技术服务	4744	3人	523	5721
165014	27	男	未婚	高中	商业与服务业	5559	5人	768	4957
2	41	女	未婚	小学	制造、交通运输及其他	5351	3人	18	36739
49808	21	男	未婚	初中	商业与服务业	2684	5人	274	2905
189128	21	男	已婚	初中	制造、交通运输及其他	2578	1人	878	4092
118806	8	男	未婚	小学	制造、交通运输及其他	0	3人	478	6949
33570	53	女	已婚	小学	制造、交通运输及其他	1304	5人	929	23760
179469	50	男	已婚	小学	农、林、牧、副、渔业	4978	2人	804	2286

图 13-1-5　北京地区人口分布与社会结构
资料来源：北京城市副中心详细规划及城市设计 - 人工智能城市规划案例.

案例 13-1-3　京津冀土地与交通精准模型中的人口与就业预测

A0 情景（趋势外推）：2030 年通州副中心总就业岗位数 40.3 万，预计常住人口达到 116.3 万，略低于常住人口 130 万的规划目标。

实施中心区严控，但无副中心政策扶持，通州副中心 2030 年常住人口预计达到 115.9 万，北京市域区人口总量减少。

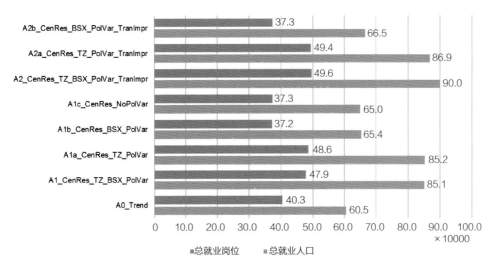

图 13-1-6　通州副中心规划红线范围－就业岗位与就业人口－2030
资料来源：北京城市副中心详细规划及城市设计－人工智能城市规划案例．

实施中心区严控＋通州建设扶持后，预计常住人口达到 150.9 万，略高于常住人口 130 万的规划目标。

基于上述情景，如果适时改善通州副中心的交通可达性，预计常住人口达到 153.2 万。如果在北三县地区（燕郊、三河、大厂和香河）实施与通州副中心相同的规划情景设置，通州副中心常住人口到 2030 年预计将达到 157.6 万，区域集聚效应初显。

13.1.3.2　城市就业预测

（1）就业乘数效应

城市就业规模的预测，首先将城市产业分为基础与非基础产业，城市的就业规模就是出口部门和本地部门就业规模之和。基础与非基础产业两种类型的就业通过一定的乘数效应相连。例如，钢铁厂雇佣 1000 个工人来扩大再生产，生产的钢铁用于出口；工人们获得收入后会在当地消费，从而带动本地部门的就业，本地部门的企业转而又会雇佣更多的劳动力去增加产出。由此可见，提高"基础产业"的就业规模会同时提高"非基础产业"的就业规模。而"非基础产业"的就业人员又会购买本地产品，从而支撑了本地部门的就业。这种消费和再消费的行为，会一直传导下去，因此，总就业的增加规模将超过出口部门就业的初始增加额。

当地的就业结构可以被定义为：$T=B+N$

这里，T 是城市总就业，B 是基础性部门的就业，N 是非基础性部门的就业。

（2）总就业规模的变化预测

在谋划城市发展时必须对未来的就业规模进行预测。城市规划应用预测的就业规模去规划公共服务设施，例如学校和医院；而一些企业则利用这些就业数据来预测未来的企业发展规模。可用如下公式预测总就业规模的变化量：

总就业规模的变化量 = 出口部门的变化量 × 就业乘数

各种类型的产业都有自己的就业乘数。根据就业乘数和出口部门就业规模的预计变化量，政策制定者和企业可以预测城市未来的就业规模。但预测未来涉及很多不确定的情况，难以仅用"科学性"标准来处理，这就在一定程度上限制了其应用性。

13.1.3.3　城市环境分析方法

（1）城市环境质量评价

环境回顾评价

环境回顾评价是为检验区域内各类开发活动已造成的环境影响和效应，以及污染控制措施的有效性，对区域的经济、社会、环境等发展历程进行总结，并对原城区域环评预测模型和结论正确性进行验证，查找偏差及原因。通过环境回顾评价，可掌握区域环境背景状况，在较大时空尺度上分析区域环境发展趋势和环境影响累积特征，找出区域经济、污染源、环境质量的因果关系，从而为区域产业结构优化和环境规划提供重要支撑。

环境回顾评价需根据积累的资料进行环境模拟，或者采集样品，分析和推算以往的环境状况。如可通过污染物在树木年轮中含量的分析推知该地区污染物浓度变化状况。环境回顾评价包括污染浓度变化规律、污染成因、污染影响环境程度的评估，对环境治理效果的评估等内容。此外，工程污染源、污染物、污染治理措施、环境影响现状、环保对策、公众反应等也是环境回顾评价的内容。

环境现状评价

环境现状评论价是依据一定的标准和方法，着眼当前情况，对区域内人类活动所造成的环境质量变化进行评价，为区域环境污染综合防治提供科学依据。环境现状评价包括下面几个内容：

环境污染评价。是对污染源、污染物进行调查，了解污染物的种类、数量及其在环境中迁移、扩散和变化，表征各种污染物分布、浓度及效应在时空上的变化规律，对环境质量的水平进行分析和评价。

自然环境评价。是以维护生态平衡，合理利用和开发自然资源为目的，对区域范围的自然环境各要素的质量进行评价。

环境影响评价

又称环境影响分析，是指对建设项目、区域开发计划及国家政策实施后可能对环境造成的影响进行预测和估计。1969 年，美国首先提出环境影响评价概念，并在《国家环境政策法》中定为制度，随后西方各国陆续推广。中国于 1979 年确定环境影响评价制度。根据开发建设活动的不同，可分为单个开发建设项目的环境影响评价、区域开发建设的环境影响评价、发展规划和政策的环境影响评价（又称战略影响评价）等三种类型。按评价要素，可分为大气环境影响评价、水环境影响评价、土壤环境影响评价、生态环境影响评价等。影响评价的对象包括大中型工厂；大中型水利工程；矿业、港口及交通运输建设工程；大面积开垦荒地、围湖围海的建设项目；对珍稀物种的生存和发展产生严重影响，或对各种自然保护区和有重要科学价值的地质地貌地区产生重大影响的建设项目；区域的开发计划；国家的长远政策等。2016 年修正的《中华人民共和国环境影响评价法》对环境影响评价的定义为："本法所称环境影响评价，是指对规划和建设项目实施后可能造成的环境影响进行分析、预测和评估，提出预防或者减轻不良环境影响的对策和措施，进行跟踪监测的方法与制度。"

（2）城市环境预测

环境预测是指根据人类过去和现有已掌握的信息、资料、经验和规律，运用现代科学技术手段和方法对未来的环境状况和环境发展趋势及其主要污染物和主要污染源的动态变化进行描述和分析。

环境预测的依据

社会经济发展规划：城市环境规划预测的主要目的，就是预先推测出实施经济社会发展达到某个水平年时的环境状况，以便在时间和空间上作出具体的安排和部署。所以，这种环境预测与经济发展的关系十分密切，且把社会经济发展规划（发展目标）作为环境预测的主要依据。

城市规划区的环境质量评价：城市规划区的环境质量评价是环境预测的基础工作和依据，通过环境评价探索出经济社会发展与环境保护间的关系和变化规律，从而为建立规划预测或决策模型提供信息、数据和资料打下基础。

　　社会经济发展规划水平年的发展目标：城市规划区内经济开发和社会发展规划中各水平年的发展目标是环境预测的主要依据，这是因为一个地区的经济社会发展与环境质量状况存在一定的相关性，依据这种关系才能对未来环境状况作出科学预测。

　　城市建设发展规划的各种资料：城市建设总体发展战略和发展目标、交通运输等有关资料都是环境预测的依据资料，例如城市集中供热、发展型煤、燃气化、绿化、建立污水处理厂等，都直接关系未来环境的状况，这些数据资料都是环境预测所不可缺少的。

环境预测的类型

　　进行环境预测时，根据预测目的的不同，所采用的数据是不一样的，因而其结果也就不一样。按预测目的可分为：警告型预测（趋势预测），目标导向型预测（理想型预测）和规划协调型预测（对策型预测）。

　　警告型预测是指城市在人口和经济按历史发展趋势增长、环境保护投资、防治管理水平、技术手段和装备力量均维持目前水平的前提下，未来环境的可能状况。其目的是提供环境质量的下限值。它也是指在工业结构等不发生重大变化，环境保护投资与总投资的比例不变的前提下，按目前的状况等比例发展下去，预测年环境污染所可能达到的状况。

　　目标导向型预测是指人们主观愿望想达到的水平。目的是提供环境质量的上限值。它是为了使水平年污染物浓度达到环境保护要求，排污系数应有的递减速率及污染排放量应达到的基准。

　　规划协调型预测是指通过一定手段，使城市环境与经济协调发展可能达到的环境状况。这是预测的主要类型，也是规划决策的主要依据。它是指在充分考虑到技术进步、环境保护治理能力、企业管理水平、产业结构的更新换代等动态因素的前提下，对环境质量达到的切合实际的预测。

环境预测的主要内容

　　城市社会和经济发展预测：城市社会和经济发展预测的主要内容包括规划期内城市区域内的人口总数、人口密度、人口分布等方面的发展变化趋势；区域内人们的道德、思想、环境意识等各种社会意识的发展变化；人们的生活水平、居住条件、消费倾向、对环境污染的承受能力等方面的变化；城市区域生产布局的调查、生产力发展水平的提高和区域经济基础、经济规模和经济条件等方面的变化趋势。从中可以看出，社会发展预测的重点是人口预测，经济发展预测的重点是能源消耗预测、国民生产总值预测、工业总产值预测。

城市环境容量和资源预测：根据城市区域环境功能的区划、环境污染状况和环境质量标准来预测区域环境容量的变化，预测区域内各类资源的开采量、储备量以及资源的开发利用效果。

环境污染预测：预测各类污染物在大气、水体、土壤等环境要素中的总量、浓度以及分布的变化，预测可能出现的新污染物种类和数量。预测规划期内由环境污染可能造成的各种社会和经济损失。污染物宏观总量预测的要点是确定合理的排污系数（如单位产品和万元工业产值排污量）和弹性系数（如工业废水排放量与工业产值的弹性系数），环境污染预测的要点是确定排放源与汇之间的输入响应关系。

环境治理和投资预测：预测各类污染物的治理技术、装置、措施、方案以及污染治理的投资和效果，预测规划期内的环境保护总投资、投资比例、投资重点、投资期限、投资效益等。

生态环境预测：城市生态环境预测，包括水资源的贮存量、消耗量、地下水位等，城市绿地面积、土地利用状况、城市化趋势等；预测城郊农业生态环境，包括农业耕地数量和质量，盐碱地的面积和分布，水土流失的面积和分布；此外，还要预测城市区域内的物种、自然保护区、旅游风景区的变化趋势等。

环境预测方法

目前，有关环境预测的技术方法大致可分为两类：

定性预测技术：常常带有强烈的主观色彩，在某种意义上跟现代化的管理水平不相适应。但定性预测技术方法以逻辑思维为基础，综合运用这些方法，对分析复杂、交叉和宏观问题十分有效。如专家调查法（召开会议、书面征询意见），历史回顾法，列表定性直观预测等。

定量（或半定量）预测技术：定量预测有时相当复杂，但由于计算机技术已得到广泛应用，因此，只要能够获取过去一段时间内的一些有效信息，便可通过建立一定的数学模型，通过计算机来完成预测工作。由于城市环境规划是要达到合理投资、使用与支配环境保护资金的目的，所以应尽可能使预测定量化。定量预测技术以运筹学、系统论、控制论、系统动态仿真和统计学为基础，对于定量分析环境演变，描述经济社会与环境相关关系比较有效。常用方法有外推法、回归分析法等。只有具有外推性的模型才具有预测功能。所谓外推性是指从时间发展来看，事物所具有的某种规律性。

环境预测结果的综合分析

对预测结果进行综合分析评价，目的是找出主要环境问题及其主要原因，并由此规定城市环境规划的对象、任务和指标。预测的综合分析主要包括下述内容。

城市资源态势和经济发展趋势分析

分析规划区的经济发展趋势和资源供求矛盾，并对重大工程的环境影响、经济效益进行分析说明。同时分析影响经济发展的主要制约因素，以此作为制定发展战略、确定环境规划区功能的重要依据。

城市环境污染发展趋势分析

明确城市须控制的主要污染物、污染源、污染地域或受污染的环境介质。明确大气、水体的环境质量变化趋势，指出其与功能要求的差距，确定重点保护对象。必要时，可定量给出污染造成的危害和损失（如经济损失、健康危害）等，以此加强环境规划的重要性和说服力。

城市环境风险分析

环境风险有两种类型：一类是指一些重大的环境问题，例如全球气候变化、臭氧层破坏或严重的环境污染问题等，一旦发生会造成全球或区域性危害甚至灾难；另一类是指偶然的或意外发生的事故对环境或人群安全和健康的危害。

这类事故所排放的污染物往往量大、集中、浓度高、危害也比常规排放严重。如核电站泄漏事故、化工厂爆炸、水库溃坝、交通运输中有毒物质的溢泄、尾矿库或电厂灰库溃坝等。对环境风险的预测和评价，有助于针对性地采取措施，防患于未然，或者制定应急措施，在事故发生时可减少损失。

13.1.3.4　城市交通与基础设施分析方法

（1）城市交通分析与出行预测

城市形成发展与城市交通形成发展之间有着密切的关系，城市交通一直贯彻于城市形成与发展过程之中。城市交通与城市同步形成，一般先有过境交通，再沿交通线形成城市的雏形。因此，城市对外交通（由外部对城市的交通）是城市交通的最初形态。随着城市功能的完善和城市规模的扩大，城市内部交通也随之形成与发展。同时，城市由于对外交通系统与对内交通系统的发展与完善而进一步发展与完善。城市的活动范围在很大程度上取决于城市交通条件的改善，如今多种交通方式并存，城市的活动范围大约在 50~70km，甚至更大。

现代城市交通是由多部门共同构成的一个组织庞大、复杂、严密而又精细的体系。就其空间分布来说，有城市对外的市际与城乡间的交通，有城市范围内的市区与市郊之间的交通；就其运输方式来说，有轨道交通、道路交通（机动车、非机动车与步行）、水上交通、空中交通、管道运输与传送带等；就其运行组织形式来说，有公共交通、准公共交通和个体交通；就其输送对象来说，有客运交通与货运交通。但是综合来说，城市交通的核心是解决可达性问题。

　　在城市出行预测中一般可以采用四步法：预测出行的数量（出行产生），将出行按照目的地进行划分（出行分配），确定在这些出行中会使用什么交通模式（模式划分或模式选择），以及为每种交通方式在道路系统中进行出行路线预估（指派）。虽然这种出行预测方式没有考虑所有影响出行行为的因素，尚不能准确地预测出行类型，但是它仍然可以帮助我们进行出行行为的预测。

案例 13-1-4　南充智慧城市专题——出租车数据分析

　　分析出租车 GPS 定位数据得到的出租车出行轨迹图以及分时 OD 热力图，相比传统的人工计数法、浮动车法、机械计数法可以提供直观可靠的数据支持，出租

出租车行动轨迹图
Taxi action track

出租车分时热力 OD 图

图 13-1-7　南充市出租车数据分析
资料来源：上海同济城市规划设计研究院人居环境研究中心，南充智慧城市专题．

车的时空运动规律均可在城市尺度上进行动态感知，根据数据还可估算出租车交通流量在城市空间的分布密度以及早晚交通高峰时间段出租车流动情况、各路段车速情况以及用来评价城市职住平衡问题。

（2）城市基础设施分析方法

城市能高速、正常地进行生产、生活等各项经济社会活动，有赖于城市基础设施的保障。城市基础设施是为物质生产和人民生活提供一般条件的公共设施，是城市赖以生存和发展的基础。城市基础设施是保障城市生存、持续发展的支撑体系。城市交通工程系统承担着保障城市日常的内外客运交通、货物运输、居民出行等活动的职能；城市给水排水工程系统承担供给城市各类用水，排涝除渍、治污环保的职能；城市能源工程承担着城市高能、高效、卫生、可靠的电力、燃气、集中供热等清洁能源的职能；城市通信工程系统担负着城市各种信息交流、物品传递等职能；城市环境卫生工程系统担负着处理污废物、洁净城市环境的职能；城市防灾工程系统承担着防、抗自然灾害和人为灾害，减少灾害损失，保障城市安全等职能。

预测未来基础设施的需求一般有三种常用的方法。第一种是人均系数法，这种方法假定未来的需求与地区人口数量直接相关。第二种方法是把同等的或是具备可比性的城镇的经验作为一种补充，与人均系数法结合起来，同时再把其他地区的经验（人口的增加或者减少）以一种或多种方式结合到分析中。第三种方法是利用回归分析将基础设施需求同人口和地区特征（如气候、人均收入）联系在一起。在不同的备选发展情景下，根据历史数据计算出来的参数来预测未来需求的变化。

13.2　城市总体空间的分布模型
Urban Spatial Patterns

13.2.1　确定城市性质的依据和方法

确定城市性质，就是综合分析城市的主导因素和特点，明确城市的主要职能，指出其发展方向，一般可以从三个方面来认识和确定。

13.2.1.1　城市的宏观综合影响范围和地位

城市的地位是与城市的宏观影响范围相联系的，这一范围往往是一个相对稳定的、综合的区域，即城市的区域功能作用的范围，也可以概括为宏观区位。如武汉市位居全国腹地中心的地理位置，是铁路、公路、水路、航空交织成网的交通枢纽位置，不仅在历史上是九省通衢、商贾云集之地，而且也是长江中游和华中地区重要的综合性中心。因此，在确定武汉市的城市性质时就要充分认识和表达在这个宏观区位中的地位。通过城市的宏观综合影响范围和地位的分析，把宏观区位的作用列入城市性质的内涵，使城市的主要作用"区域"范围和"地位"具体化。在界定宏观区位的基础上，如可以分为国际性的、全国性的、地方性的或流域性的等，再明确城市在其中的地位，如中心城市、交通枢纽、能源基地、工业基地等。

13.2.1.2　城市的主导产业结构

分析主导产业结构是认识城市在国民经济中的职能和分工的重要方面。这种方法强调通过对主要部门经济结构的系统研究，拟定具体的发展部门和行业方向。对一个具体城市而言，可以采用规范的经济统计数据，如某一门类产业职工人数、产值或产量所占的比重，分析认识哪些类型的产业可以作为主导产业，如钢铁、汽车工业的地位突出，则可以将这一城市定位为以钢铁工业、汽车工业等为主的城市。但要注意，构成城市主导职能的各行业或部门会因新的经济形势而发生变化，要避免以静态的部门结构来主导城市性质。

13.2.1.3　城市的其他主要职能和特点

城市的其他主要职能是指以政治、经济、文化中心作用为内涵的宏观范围分析和以产业部门为主导的经济职能分析之外的职能，一般包括历史文化属性、风景旅游属性、军事防御属性等。城市自身所具备的条件，包括资源条件、自然地理条件、建设条件和历史及现状基础条件，也是确定城市性质时的重要考虑因素。

一个城市性质往往也会在综合以上三个方面的分析基础上，进行对应的具体表述。如杭州市城市性质为"长江三角洲中心城市之一，浙江省省会和经济、文化、科教中心，国家历史文化名城和重要的风景旅游城市"。在确定城市性质时，还应注意以下几个方面：

首先，城市性质和城市职能是既有联系又有区别的概念。城市性质是最主要、最本质职能的反映，是对城市职能分析中的特殊职能、基本职能、主要职能的综合概括。城市职能一般是通过城市现状资料的分析，对城市现状客观存在的职能的描述。而城市性质一般是表示城市规划期内的目标或方向，带有明显的未来发展指向。既要避免把现状城市职能照搬到城市性质上，又要避免脱离现状职能，完全理想化地确定城市性质。同时也要避免城市性质与城市特色混淆，城市特色一般是城市的自然、社会、人文等方面突出的特点，内容体现较为宽泛。

其次，确定城市性质要从区域视角，采取定量和定性分析的方法。确定城市性质不能就城市论城市，既要分析城市本身发展条件和需要，也必须坚持从全局出发，从地区乃至更大的范围着眼，研究国家的宏观区域政策和上一层次的区域规划的要求，开展区域分析和城市对比研究，分析该城市在国家或区域中的独特作用，根据国民经济合理布局及区域城市职能的合理分工来分析确定城市性质，使城市性质与区域发展条件相适应。与相关区域中其他城市做横向的对比，与发展条件和职能类型相似的城市做纵向的对比。定性分析主要研究城市在一定区域内政治、经济、文化等方面的作用和地位。定量分析是在定性基础上对城市职能，特别是经济职能，采用一定的技术指标，从数量上确定主导的产业部门的性质。例如，城市间对比的重点是城市的经济结构，因此离不开城市经济结构分析的方法。也只有从区域宏观范畴深入地分析和比较城市的区域条件、经济结构和职能特点，充分考虑发展变化的因素，预测其发展的前景，根据城市的实情，扬长避短发挥优势，才能够更准确地把握各个城市性质的特殊性。

城市性质中对城市主要职能的概括和宏观影响范围的界定要准确和明确。城市性质的表述应简明扼要，一要突出特色，二要不回避"雷同"，三要避免罗列。

13.2.2　城市静态模型

城市模型研究始于20世纪初期。20世纪初到20世纪中期是城市模型发展的早期阶段，一些学者则尝试在城市形态与结构角度建立城市模型。如伯吉斯（Ernest Watson Burgess）提出的城市土地利用的同心圆模式（concentric ring model），瓦尔特·克里斯塔勒（Walter Christaller）提出的中心地理论，霍默·霍伊特（Homer Hoyt）提出的土地利用的扇形理论，以及昌西·哈里斯（Chaucy Harries）和爱德华·厄尔曼（Eward Ullman）提出的多核心土地利用模式（multiple nuclei mode）等。

1925 年伯吉斯提出同心圆学说，这个模型的提出是以芝加哥城为基础的。该学说形象表明了城市土地价值的圈层结构：中心商务区土地利用层次最高；越靠近中心商务区，土地利用集约程度最高；越往城市外围，地租地价就越低。

同心圆模式的优点是反映了一元结构城市的特点，动态分析了城市地域结构的变化。但该模式一个明显的缺点就是过于理想化，形状很规则，对其他重要因素如城市交通作用考虑得太少。

扇形学说是由霍伊特综合了 64 个城市的房租调查资料后于 1939 年提出的，这个模式的突出特点之一是考虑了交通作用对功能区的影响。扇形模式是总结较多城市的客观情况而抽象出来的，所以适用于较多的城市。

多核心学说是由哈里斯和乌尔曼于 1945 年提出的。多核心模式的突出优点是涉及城市地域发展的多元结构，考虑的因素较多，比前两个模式在结构上显得复杂，而且功能区的布局并无一定的序列，大小也不一样，富有弹性，比较接近实际。其缺点是对多核心间的职能联系和不同等级的核心在城市总体发展中的地

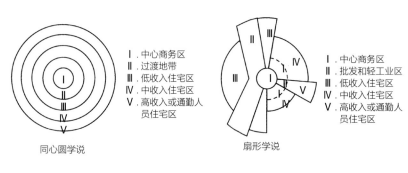

Ⅰ.中心商务区
Ⅱ.过渡地带
Ⅲ.低收入住宅区
Ⅳ.中收入住宅区
Ⅴ.高收入或通勤人
　员住宅区

同心圆学说

Ⅰ.中心商务区
Ⅱ.批发和轻工业区
Ⅲ.低收入住宅区
Ⅳ.中收入住宅区
Ⅴ.高收入或通勤人
　员住宅区

扇形学说

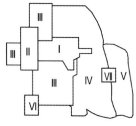

Ⅰ.中心商务区
Ⅱ.批发和轻工业区
Ⅲ.低收入住宅区
Ⅳ.中收入住宅区
Ⅴ.高收入或通勤人
　员住宅区
Ⅵ.重工业区
Ⅶ.卫星商业区

多核心学说

图 13-2-1　城市土地利用同心圆、扇形、多核心模式

资料来源：许学强，周一星，宁越敏 . 城市地理学 [M]. 2 版 . 北京：高等教育出版社，2009.

位重视不够，尚不足以解释城市内部的结构形态。城市空间在于城市功能在不同城市地段上的选址和各选址之间周边临近的协同关系，每个城市在它的发育过程中，都有不同的功能构成，每种功能都有空间落位，不同的城市有不同的空间组织模式。

13.2.3　城市动态模型

13.2.3.1　劳瑞（Lowry）模型——空间交互模型

劳瑞模型是一个由等式和不等式构成的方程式体系。将整个地区的生产活动和生活活动的总量作为一个控制量，将其分配到地区的小区域中。先将产业分为基础产业和非基础产业两类，并假设基础产业是具有定位指向性布局特性的布局主体，基础产业的布局首先由外部因素决定，再决定基础产业职工的住宅用地以及为其配套的生活类、产业服务等非基础产业的布局，随后决定非基础产业职工的住宅用地，这就是其基本构造。基础产业部门又包含大规模制造业、批发业、公益事业、研究所、中央行政机构、大医院、郊外休闲设施、大规模农业等，这些企业的布局点及雇佣水准不是由对象城市的社会经济规模决定的，而是由先决的外部需求模型赋予的。非基础产业部门包含与地区居民有直接关系的企业群和向基础产业部门所属的企业群提供服务的企业群，由商业、服务业、地方行政机构等 14 种行业组成。由于这些行业是以向本地居民提供服务为目的，所以其总职工数取决于城市范围内的人口，再按照各个地方的潜力指数将总职工数分配到各区。模型主要的内部变量是人口、从业者数及土地使用面积，人口和从业者数之间通过就业率、人口和土地使用面积之间通过人口密度来实现相互转换。土地使用面积是主要的约束条件，人口和从业者数通过解模型获得。

13.2.3.2　METROPILUS——大都市集成土地使用模型

大都市集成土地使用模型是运行在台式计算机上包括各种土地使用模型、EMPAL 和 DRAM 模型，以及 Arcview GIS 程序包的一套松散几何体（Putnam 与 Chan 2001）。METROPILUS 在美国 6 个主要的大都市区得到应用，对未来就业与住房的区位以及土地使用类型作出预测，例如比较原始状态和修建高速公路环线以后住宅分布的差异，从而分析得出不同政策的影响。

13.2.3.3 TRANUS——空间均衡模型

TRANUS 是一套集成的土地使用和交通运输模型，它包括三个模块——土地使用、交通和评价。TRANUS 能够在城市、区域和全国尺度上模拟土地使用、交通政策和项目的效应，并评价社会、经济、财政和环境方面的影响。例如，在英国斯文登（Swindon）的应用中，它分析了四种情景效应：高强度的集中化、在卫星城中高密度的分布、有限的边缘扩张和自然发展。TRANUS 在北卡罗来纳州夏洛特大都市区，检测了城市发展特征与空间质量之间的关系。

13.2.3.4 UrbanSim——城市仿真模拟

UrbanSim 是一种行为学的公共领域的土地使用模型，设计它的目的是帮助大都市规划及结构制定连贯一致的交通、土地使用和空间质量的规划来满足清洁空气法案要求的标准。UrbanSim 构成了住宅业主、商人、开发商和政府所采取的行动，并模拟在宗地尺度上的土地开发过程。它已经被"展望犹他"在预测过程中采用过，以测试政策工具能够实现预想的未来愿景。

13.2.3.5 元胞自动机——空间非均衡模型

元胞自动机（CA）作为复杂科学的重要研究工具，其特点是时间、空间、状态都离散，其状态改变的规则在时间和空间上都是局部的，因此 CA 适合模拟时空动态过程。常规的元胞基本是规则的网格，但其并不能很好地表征真实的微观个体，因此，一些学者开始研究基于非规则多边形的矢量 CA 进行城市模拟。非规则多边形可以用于表达地块，因此是可以在空间研究尺度上支持精细化城市模拟的。Stevens 和 Dragicevic 开发了以矢量地块作为 CA 的城市规划决策的工具 City，能够进行城市空间增长的多情景模拟，并对各情景进行评价；Shen 等所开发的地理模拟模型也是基于矢量 CA，重点对土地使用方式进行了时空动态模拟。

13.2.4　城市总体布局方案比较

城市总体布局方案比较的内容，通常可归纳为以下几项。

13.2.4.1　自然条件与环境的适宜性

地理位置及工程地质等条件，包括：地形、土质承载力、地下水位等因素。生态与环境保护：工业"三废"及噪声等对城市的污染程度，城市用地布局与自然环境的结合情况，生态地区受到的压力等。

13.2.4.2　工程条件的可行性

防洪、防震、人防等工程设施：各方案的用地是否有被洪水淹没的可能，防洪、防震、人防等工程方面所采取的措施，以及所需的资金和材料等。市政工程及公用设施：给水、排水、电力、电信、供热、燃气以及其他工程设施的布置是否经济合理，包括水源地和水厂位置的选择、给水和排水管网系统的布置、污水处理及排放方案、变电站位置、高压线走廊及其长度等工程设施逐项的比较。

13.2.4.3　城市布局的合理性

城市总体布局：城市用地选择与规划结构合理与否，城市各项主要用地之间的关系是否协调，在处理城市与区域、城市与农村、市区与郊区、近期与远景、新建与改建、需要与可能、局部与整体等关系中的优缺点。此外，城市总体布局中的艺术性构思，也应纳入规划结构的比较。

居住用地组织：居住用地的选择和位置恰当与否，用地范围与合理组织居住用地之间的关系，各级公共建筑的配置情况等。

生产协作：包括工业用地的组织形式及其在城市布局中的特点、重点工厂的位置，工厂之间在原料、动力、交通运输、厂外工程、生活区等方面的协作条件。

交通运输：包括铁路走向与城市用地布局的关系，客运站与居住区的联系，货运站的设置及与工业区的交通联系情况；机场与城市的交通联系情况；主要跑道走向和净空等方面的技术要求；过境公路交通对城市用地布局的影响，长途汽车站、燃料库、加油站位置的选择及与城市干道的交通联系情况；城市道路系统是否明确、完善，居住区、工业区、仓库区、市中心、车站、货场、港口码头；机场以及建筑材料基地等之间的联系是否方便、安全。

13.2.4.4 经济上的可行性及社会成本的比较

城市建设投资及收益：估算各方案的近期造价和总投资及可能的收益情况，综合分析经济上的可行性。

社会成本比较：是否符合区域性发展规划和政策要求，市民的接受程度，各方案用地范围和占用耕地情况，需要动迁的户数以及占地后对农村的影响，在用地布局上拟采取哪些补偿措施及费用要求等。

方案比较是一项复杂的工作，在方案比较中，对上述几项内容的表述，应尽量做到文字条理清楚，数据准确明了，分析图纸形象深刻。方案比较所能涉及的问题是多方面的，要根据各城市的具体情况有所取舍。但有一点是统一的，那就是方案比较一定要抓住对城市发展起主要作用的因素进行评定与比较。城市总体布局的合理性在于综合优势，所以要从环境、经济、技术、艺术等方面比较方案的优缺点，经充分讨论，并综合各方意见，然后确定以某一方案为基础，在吸取其他方案的优点长处后，进行归纳、修改、补充和汇总，提出优化方案。优化方案确定后，再依据总体规划的要求，进一步开展布局方案、土地使用及各专项规划的深化工作。

案例 13-2-1 青岛世界园艺博览会园区总体规划方案比较

一等奖：上海同济城市规划设计研究院

专家点评：总体评价：突出的好与突出的坏，方案设计具有很强的创新性，内容丰富，文化艺术内涵丰富，概念新颖，可实施性强。规划布局：优点——与自然协调性强，对"水"创新利用，就低造水摆脱"水库"的桎梏；动静分区具有合理性；缺点——水面面积可能过大、高架步道对山水造成一定的压抑感、建筑面积可能过大，园艺博览会应该突出园艺，建筑为辅。建筑设计：优点——仿生概念创新，文化艺术内涵丰富，形态优美；缺点——建议建筑"净出"，从青岛文化、自然环境中去寻求创新。种植设计：种植设计渗入，可以再结合山东、青岛的本土植被进行细化，同时世园会本身土壤较为贫瘠，一些大地花卉景观可再进行深入探讨。

二等奖（并列）：美国 SWA 事务所和广州城市规划勘测设计院联合体

专家点评：规划技术合理，现状分析渗入，道路系统明确、功能布局完善、实施性较强；但创造性较差、与城市整体功能统一考虑有所欠缺；后续利用规划功能研究浅显，对地块开发强度过大、在承载的城市功能上公共性较薄弱，同时高尔夫球场的引入不是非常妥当。建筑设计创意不足、建筑体量的研究上不足，后续开发中建筑

图 13-2-2　上海同济城市规划设计研究院方案（一等奖）

图 13-2-3　美国 SWA 事务所和广州城市规划勘测设计院联合体方案（并列二等奖）

图 13-2-4　柏盟项目咨询上海有限公司和青岛市旅游规划建筑设计研究院联合体方案（并列二等奖）

图 13-2-5　美国 VC Landscape Development Inc. 方案（第四名）

规模过大。种植设计中"花山""花卉梯田"的实施性可能有问题。雕塑小品中缆车的引入具有创意，但与世园会需求存在差距；三大雕塑的设计显得欠周到、过粗糙。

二等奖（并列）：柏盟项目咨询上海有限公司和青岛市旅游规划建筑设计研究院联合体

专家点评：总体评价：方案主体演绎鲜明、独特，"风生水起"值得商榷；开幕式创意独特，有利于项目的宣传；在整体技术层面基本符合世园会需求，但是在整体规划设计的创新性较为缺乏，尤其是缺少世园会对城市的创新考虑；方案可实施性较强，但是在昆虫馆引入上存在一定风险。后续利用：方案设计对后续利用的研究不够深入，但是其中提出的将李村河整治纳入整体开发中是很好的想法。建筑设计：整体设计有一定的概念与创新，但是过于追求新奇，体量过大，建筑文化内涵缺乏，概念牵强。

第四名：美国 VC Landscape Development Inc.

专家点评：方案立意新颖，构思特别，具有一定创新，以"莲花"作为主题演绎概念有所不当；规划设计核心突出，但是在交通及人流组织、安全性上存在潜在危险；主题园布局上构思较为独特，但是整体设计深度欠缺；建筑设计构思创新，但中心建筑体量、规模过大；种植设计中采用不同季节的种植特征，但绚彩园的设计和山花烂漫植物景观设计方面缺少生态保护和可持续发展的需求。

13.3　城市总体规划的新方法
New Methods for Comprehensive Planning

13.3.1　空间智配的总体规划思维

城市空间从单一平面发散模式转向高效集约多维度发展模式。多维度发展模式体系中包括立体交通系统、立体公共空间、立体功能配置和立体生态系统等部分。

一般城市往往面临交通建设需求大量土地、以满足个体交通为目的的道路建设不可持续等问题，汽车出行是城市碳排放主要因素之一。而在立体城市中立体交通系统节省土地并缩短换乘距离、促进公交使用并提高服务效率，降低自驾出行需求，减低城市碳排放。

在面对高密度城市公共空间用地局促、大型开放空间处于城市边缘、缺乏交往场所导致城市关系疏离等问题时，立体城市公共绿地全面覆盖，可以加强开放空间可达性、创造多元化城市生活场所。

面对城市扩散性开发使功能独立脱节、生活工作休闲分散导致依赖汽车出行、钟摆效应致使大量场所成为半日空城等问题，立体城市全面混合使用，缩短功能载体间的距离、便捷功能关系、提高城市运营效率，功能之间的互动激发新能效。

　　从城市生态系统来看，传统城市密度阻挡生态廊道连接，过度建设影响微气候环境，缺乏生物栖息地、破坏生态体系。立体城市台阶式垂直绿化保持生态廊道连续性、高度绿化减轻城市热岛效应，多层次空间创造生物栖息地。

　　同时，立体城市强化竖向功能混合使用，减少功能载体间的距离，提高城市效率。

13.3.2　智慧城市总体规划方法

13.3.2.1　初步形成智慧城市规划愿景

全方位的立体感知体系

　　建设全方位的城市感知体系，实现城市网格编码，城市部件信息的全面感知和及时传输。

北京城市副中心的功能定位：
·北京市行政中心
·大首都东部地区的
公共管理中心＋
商务服务中心＋
国际交往中心＋
文化创意中心＋
休闲娱乐中心＋
生态智慧中心＋

北京城市副中心的空间结构：
两核两轴多片

九大核心功能板块：
运河商务区
古城商业区
会议会展区
交通中心区
行政办公区
国际服务区
文化创意区
健康产业区
文化娱乐区

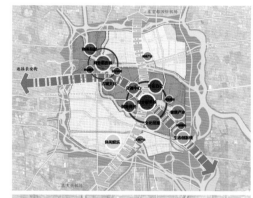

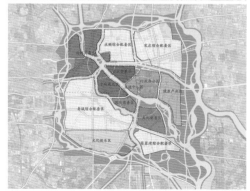

图 13-3-1　北京副中心空间智配
资料来源：北京城市副中心详细规划及城市设计－人工智能城市规划案例.

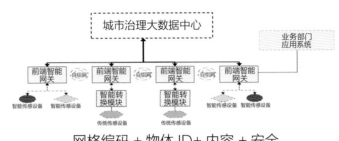

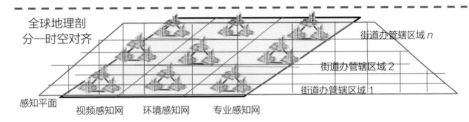

图 13-3-2　全方位立体感知体系

全程全时的民生服务

打造一号式、一窗式、一网式政务服务平台，构建"横向到边、纵向到底"的政务服务和社会服务网络，推动"一窗受理、内部协同、限时办结"的融合服务新模式，提升市民获得感。

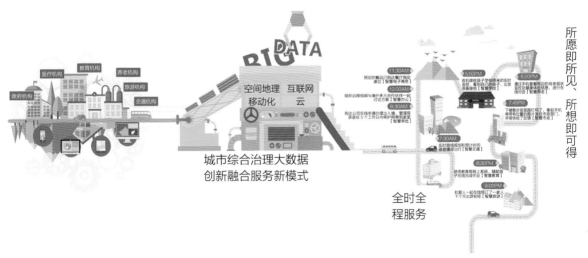

图 13-3-3　全程全时的民生服务

全贯通的数据资源体系

畅通政府端、社会端数据，实现"1+1>2"的价值增值，用数据说话、用数据决策、用数据管理、用数据创新。

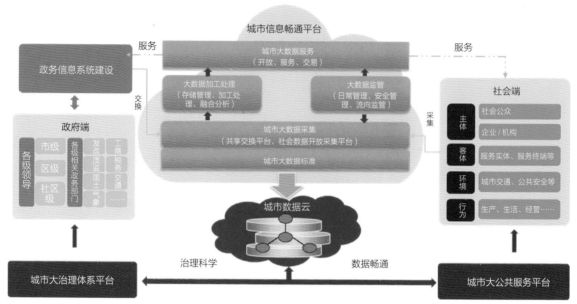

图 13-3-4　全贯通的数据资源体系

高效精准的社会运行管理

　　建设集区域指挥中心、信息交互枢纽、决策支撑、城市展示为一体的城市运行管理平台。建设智慧城市建设必不可少的"大脑"。

图 13-3-5　高效精准的社会运行管理

宜职宜居的绿色发展环境

开展综合管廊、低碳能源、海绵城市、绿色交通、超低能耗建筑等建设，实现城市能源、水处理、废物处理等的智慧化管理，实现绿色交通和智能交通达到国内领先水平。

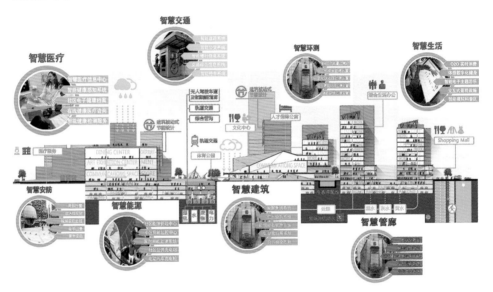

图 13-3-6　宜职宜居的绿色发展环境
资料来源：北京城市副中心详细规划及城市设计 - 人工智能城市规划案例.

13.3.2.2　初步明确七项主要建设任务

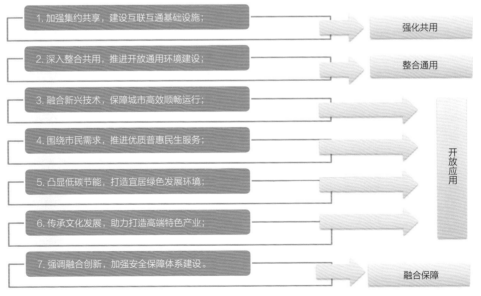

图 13-3-7　智慧城市的七项主要建设任务

13.3.2.3　初步完成核心内容设计

　　智慧城市的核心设计内容包括：①智能立体化感知——市政部件物联感知规划要求；②智能立体化感知——城市建筑物联感知规划要求；③数据汇聚处理规范要求；④城市精细化管理规范要求；⑤人群极致化服务规划要求。

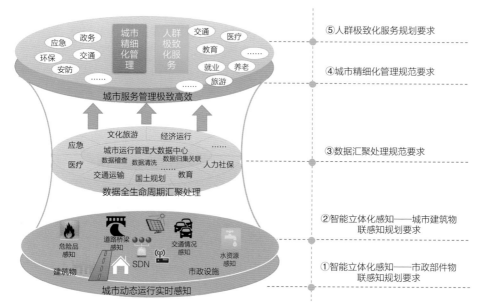

图 13-3-8　智慧城市的核心设计内容

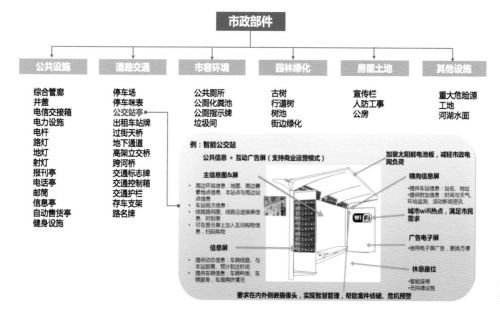

图 13-3-9　智能立体化感知——市政部件物联感知规划要求

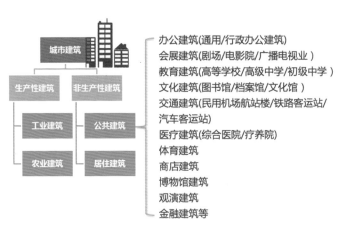

图 13-3-10　智能立体化感知——城市建筑物联感知规划要求

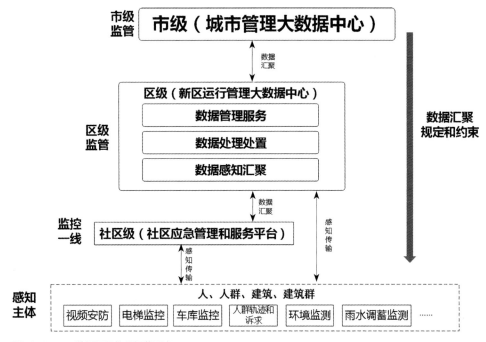

图 13-3-11　数据汇聚处理规范要求

说明：城市运行指挥中心应采用云计算、物联网、大数据、移动互联、大屏互动等新一代技术，对城市体征进行展现、监测、预警、分析、决策、指挥的全周期管理。

图 13-3-12 城市精细化管理规范要求

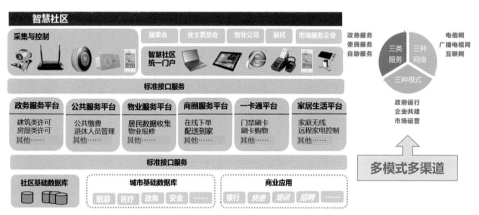

图 13-3-13 人群极致化服务规划要求

13.3.2.4 提出"四个转变"的设计理念

图 13-3-14 智慧城市"四个转变"设计理念

资料来源：北京城市副中心详细规划及城市设计 – 人工智能城市规划案例.

13.3.3　城市总体规划大数据分析方法

传统的城市总体规划方法的过程是不智能的，缺乏对未来的预见和对总体发展规律的把握，其中的决策难免是凭感觉做出的。传统方法中应用到的传统数据，如人口统计数据、国民经济核算的统计数据、地形地貌分析等，数据周期往往很长，且不能对应到具体的城市空间上，因此难以支撑空间决策。大数据则可以让我们动态追踪城市系统的变化，让城市的各种信息流、物质流、能量流、人流实时呈现在我们面前。过去我们只能看见承载城市流的城市形态，现在大数据帮助我们看见流本身，通过大量的实时流决定城市形态。

在总体规划中，大数据不仅仅辅助数据图示化，或是单类大数据深度分析的过程，而且借助大数据可以对城市各个系统进行感知、分析，通过城市大数据智能技术集成平台，经过精准决策模型、城市空间发展模型等模拟过程，作出更为科学理性的发展决策。

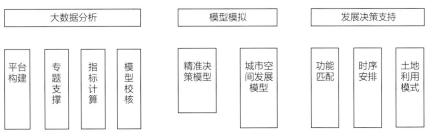

图 13-3-15　未来发展情景模拟与决策支持
资料来源：北京城市副中心详细规划及城市设计－人工智能城市规划案例.

在总体规划做出土地、人口、交通、经济、居住、环境、区域等方面的决策过程中，大数据辅助确定区域发展战略、区域环境发展战略、城市性质职能发展目标、预测城市人口规模、确定城市增长边界、城市环境保护、城市交通规模、市政管网布置等。大数据分析方法通过反映真实的城市生活以及与民生息息相关的重大问题，具有"源于数据、落于空间"的特征，综合利用用地结构、功能属性、开发强度、形态特征等多维度信息，和空间智配的思维相匹配，对城市空间进行深入的叠合研究，充分体现出总体规划阶段对民心、流动、动态、理性、关系和文脉的考虑。

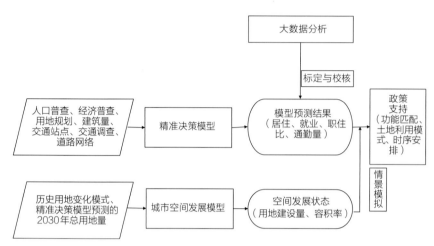

图 13-3-16　城市总体规划大数据分析技术路线

资料来源：北京城市副中心详细规划及城市设计 - 人工智能城市规划案例 .

13.3.4　城市总体规划新模型

13.3.4.1　土地使用情景方法

　　土地使用情景方法是一种在用地适宜性评价方法的基础上，借助地理信息系统（Geographic Information System，GIS）技术的用地布局方法。将情景规划和目标达成矩阵法引入城市总体规划，提出了一种生成和比较用地布局方案的通用方法，这一方法的总体框架由用地评价、情景归纳、情景模拟、情景评价四个步骤组成：首先进行用地适宜性评价；然后分析影响未来土地使用的关键不确定因素及其

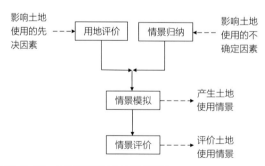

图 13-3-17　土地使用情景方法技术路线

资料来源：钮心毅，宋小冬，高晓昱 . 土地使用情景：一种城市总体规划方案生成与评价的方法 [J]. 城市规划学刊，2008（04）：64-69.

驱动力，根据驱动力的状态归纳成若干情景；随后进行情景模拟，在 GIS 支持下得到不同土地使用情景；最后采用结合 GIS 的目标达成矩阵法进行多个土地使用情景评价。此方法的前提是用地规模已经确定，一定的用地规模作为先决因素出现，大型交通设施（铁路、高速公路、机场、国道）布局也已经确定。识别的关键不确定因素包括：资源、环境和经济。推演驱动力模式下，如延续现有趋势、粗放发展、严格控制等，模拟不同土地使用情景下未来的空间布局是否符合可持续要求。

案例 13-3-1　通州总体规划大数据分析

构建通州大数据分析平台，通过数据分类、数据清洗、差异分析得出普查数据总结。

TD 数据拟合总体情况良好（R2 均超过 60%），经济普查数据拟合值（放样值）可用于下一步工作，其中：

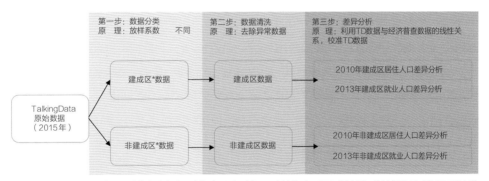

* 借助灯光遥感区域的数据，计算各个行政区内灯光遥感区域面积占该行政区面积的比例。将比例高于或等于 50% 的行政区作为建成区，低于 50% 的行政区作为非建成区。

图 13-3-18　通州总体规划人口数据分析技术路线

图 13-3-19　通州总体规划人口数据分析

资料来源：北京城市副中心详细规划及城市设计－人工智能城市规划案例．

建成区数据差异率＞非建成区数据差异率（建成区受差旅人口影响大）三经普工作人口数据差异率＞二经普居住人口数据差异率

二经普居住人口数据的拟合效果比三经普工作人口数据更好

建成区东部数据差异率比西部更高（东部私有部门多 VS 西部公共部门多）

13.3.4.2　土地与交通精准模型

土地使用模型首先是 1950 年代末到 1960 年初在美国的一些城市中被开发出来的。当时的美国，随着汽车化的发展和城市的扩大，对综合性交通规划的需求日益迫切，而在制定交通规划的时候就需要对城市的土地使用进行预测，因此需要用到土地使用模型。这些模型的代表有：以匹兹堡城市圈为研究对象的 Lowry 模型，交通调查的 Hervert-Stevens 模型，以旧金山的沿海地区为对象的 BASS 模型等。在用于交通规划时，土地使用模型和交通需求预测模型往往被统一称作交通 - 土地使用模型（Transport/Land-Use Model）。土地使用模型的开发在 1970 年代被迅速推广到其他国家，特别是在英国，在编制交通规划和农村规划的战略计划时，就进行了土地使用模型的开发和应用。

土地与交通精准模型根据产业、人口与就业之间的循环逻辑，将空间均衡与递推式动态系统结合，通过不同的情景设置来推演未来城市发展。模型可以推演延续现有开发模式情况下的土地交通发展状况，也可以通过设置情景调减模拟不同用地政策扶持条件下的城市发展状况，并测试交通条件改善对土地开发的影响，进行土地交通规划整合。

案例 13-3-2　京津冀土地与交通精准模型

京津冀土地与交通精准模型，模型标定：基准年 A：2000，基准年 B：2010；空间均衡模型的标定依照 2000 年和 2010 年的数据集；递推动态增长模型的标定依照 2000-2010 年的房屋建设增量和非就业人口的分布改变。

社会经济指标：模型区生产总产值比例、价格水平、每个社会经济群体（SEG：Socio-Economic Group）的收入水平与消费习惯。空间离散选择：每个 SEG 的居住地、工作地和消费地选择（三者相互联系）。交通出行指标：在北京市六环内区域每个 SEG 的平均通勤距离和时间（包含各种交通出行方式的平均值，以早高峰拥堵速度为基准）。

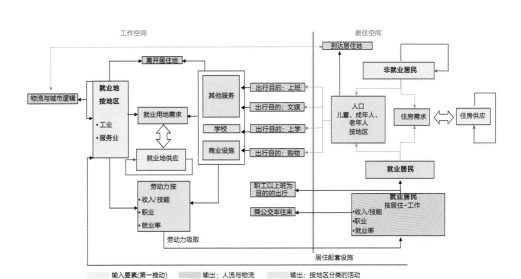

图 13-3-20　京津冀土地与交通精准模型
资料来源: 北京城市副中心详细规划及城市设计－人工智能城市规划案例.

规划情景设置: A0－趋势外推: 延续过去 20 年 "摊大饼" 开发模式。北京的住房和企业建筑将一定程度向外疏散。中心城区和生态保护区仅有自然增长; 近郊、新城和远郊则既有自然增长, 又有规划增长。河北和天津也既有自然增长, 又有规划增长。

A1－中心区严控＋通州副中心和北三县政策扶持: 严控中心区增量开发, 实现 "零增长"; 北京生态保护区仅有自然增长; 近郊区、新城和远郊既有自然增长, 又有规划增长。河北和天津也既有自然增长, 又有规划增长。其中, 规划政策扶持通州副中心和北三县的增量开发 (规划增长部分)。

13.3.5　选址和土地使用研究的未来方法

随着信息和网络技术的不断提高, 城市研究的大数据时代已经悄然到来。利用城市中不断产生的海量数据, 如传感器网络、社会化网络、射频识别和通话记录等, 城市规划工作者可以更加直接地从现实数据中挖掘个体行为, 感知、诊断城市空间, 进行城市总体空间布局规划。目前城市大数据已经在新型交通模型 (New Models of Movement and Location)、城市发展路径风险分析 (Risk Analysis of Development Path)、新型出行行为模型 (New Models and Systems for

Mobility Behavior Discovery）等方面展开。

　　1990 年至 21 世纪初，数据获得性与计算机能力不再是城市模型面临的主要问题，其发展获得了新的动力。同时智慧城市运动和城市模型的发展并驾齐驱，虽然两者关注点有所不同，智慧城市更关注短期变化，城市模型关注的时间跨度更长。但两者作为感知诊断城市的方法工具，有所交叉智慧城市的解决方法同样可以应用于城市模型对城市总体布局的支持中。

　　根据研究尺度和模拟单元的大小，城市与区域模型可以分为以地块、街区甚至是社会单元为研究对象的小尺度精细化单元模型和研究对象为整个城市、区域的大尺度模型。在数据逐渐多元、可获得性逐渐提高，计算能力不断提升的条件下，大尺度的精细模型也是城市研究中的一个趋势。这类大尺度模型兼顾研究范围和模拟粒度，受到大数据驱动。同时研究城市内部诸多要素间的联系，可以考虑城市网络之间的相互关系，把城市总体布局放在区域当中来考虑。

案例 13-3-3　模型模拟结果：基于通勤量的空间格局预测

　　A0- 趋势外推：延续蔓延增长模式。北京城区一定程度向外围郊县扩张，近郊及新城产生一定程度规划生长。河北和天津同时产生一定程度规划增长。

　　A1- 中心区严控＋通州副中心和北三县政策扶持：通州与北三县各自形成通勤组团，两区域之间未发生紧密联系。

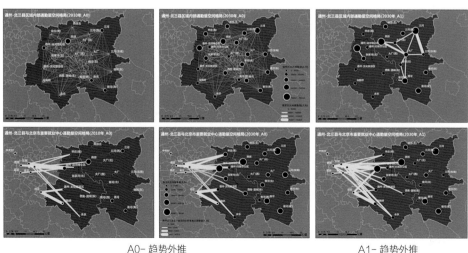

A0- 趋势外推　　　　　　　　　　　A1- 趋势外推

图 13-3-21　基于通勤量的空间格局预测

资料来源：北京城市副中心详细规划及城市设计－人工智能城市规划案例.

本章小结
Chapter Summary

　　城市整体空间结构是城市规划的基础，通过带有地理信息的数据分析，规划师可以感知、评价和诊断城市空间总体的发展状态。城市历史的规划分析是在时间维度对城市的发展状态进行评估，从历史文化的视角形成城市空间格局和文化遗产。而城市所在区域与城市内部的规划分析是对不同尺度的社会、经济、地理环境等行为进行综合分析。

　　城市总体空间分布模型包括人口与就业空间分布、城市环境分析、城市交通与基础设施空间分析等。城市的人口与就业空间分布是城市总体空间分布中较为重要的组成部分，规划师基于手机信令数据、微博位置信息、百度热力数据等实时数据可以得到更精细的人流特征，从而适时改变城市交通、商业、生活服务等产业设施的空间分布。城市环境分析模型是依据一定的标准和方法，对区域内历史环境、现状环境进行评价，并基于过去和现有已掌握的信息、资料、经验和规律，对未来的环境状况和环境发展趋势进行描述和分析。城市交通与基础设施是城市高速发展的保障，规划师对交通和基础设施的空间分布，需要通过预测未来需求从而在总体规划中进行合理分配。

　　城市总体规划中的空间智配是将城市空间从单一平面发散模式转向高效集约多维发展模式的重要工具。城市总体规划的智能方法是形成智慧城市的未来愿景以及城市的精细化运营的重要途径。城市总体规划的新模型中重点介绍了土地利用情景方法、土地与交通精准模型以及选址和土地利用研究的一些未来的方法。城市总体规划的大数据方法是在传统方法基础上，通过实时数据流动态追踪城市系统的即时变化，以此决定城市形态和功能结构更精密精准的规划决策，不仅是传统的空间的布局定形，而且还在四季、时段上对不同人群使用空间的精密精确的细化。

参考文献

[1] 中华人民共和国住房和城乡建设部 . 城市建设用地分类与规划建设用地标准 GB 50137—2011[S].
     北京：中国建筑工业出版社，2011.

[2] 许学强，周一星，宁越敏 . 城市地理学 [M]. 2 版 . 北京 : 高等教育出版社，2009.

[3] 吴志强 . "扩展模型"：全球化理论的城市发展模型 [J]. 城市规划学刊，1998（5）：1-8.

[4] 钮心毅，宋小冬，高晓昱 . 土地使用情景：一种城市总体规划方案生成与评价的方法 [J]. 城市规划
     学刊，2008（04）：64-69.

14

住区选址方法 | Methods for Residential Location Decision

城市居住用地是整个城市用地的重要组成部分，是一个重要的城市因子。在城市化迅速发展、城市人口剧增、用地紧张而城市急剧扩张的今天，城市居住区布局和城市居住选址理论的研究愈发重要。

城市的居住具有五大特性，这五大特性是循序渐进的，满足居住的不同层面的需求。

居住的第一特性是保证安全。人类和动物一样，需要一个休憩场所，能保证在休息的时候不被外界攻击，保证安全。

居住的第二特性是代际永续。在保证了安全之后，人们需要在居所的庇护下，繁衍养育后代，实现人们的代际延续和传承。由此，人们以群体活动的居住形式，产生了家庭、社区等的社会组织形式。

居住的第三特征是社会作用。居住已经不仅为了满足安全和代际传承了，还需要满足更多的社会经济需求，如居住需要与就业、休憩、教育、医疗健康、商业等的社会经济要素进行综合的配比，实现居住的社会要求。

居住的第四特性是社会阶级分配。居住的社会等级分配自古以来就存在，从封建社会到现代社会，无不按照金钱和权力进行居住的分配，本质是掌握社会资源多的阶级可以得到较好的居住场所。

居住的第五特性是社会保障。进入现代社会，按照社会阶级分配的居住已逐渐衰落，现代政府的社会治理理念和社会保障政策的介入，政府给予低收入群体更多的保障，使得社会的居住获取趋于平衡。

14.1　住宅选址模型的起源及演变
The Development of Residential Location Models

14.1.1　住区用地的选址的本质及其适应性评价（五点本质）

居住用地选址的本质就是满足居住的五大根本特性。居住选址的所有的用地评价都是围绕以下五个特性来的，只是不同的选址模型和方法的因素选择、权重不同，以及根据不同的经济、社会文化、地理、政治等有适用性的调整。

五个特性：

地理：居住对于地理的反应，表现为不同的地理环境导致居住选址的变化。比如地震带、气候区、极端气象、自然灾害、地势等因素。

交通：居住对于交通的反应，表现为不同的交通条件导致居住选址的变化。交通的可达性、舒适性等都是居住选址的因素。

健康：居住对于健康的反应，表现为不同的健康条件能影响居住选址。比如城市的大气污染物的流动风向、水污染的流向、土壤污染的分布、传染病的分布等，都可以作为居住选址的因素。

社会制度：居住对于社会制度的反应，表现为不同的社会制度能影响居住选址。比如，不同的社会制度下，可以产生不同的居住形式，居住的各方面特征也不同。

文化：居住对于文化的反应，表现为不同的文化能影响居住选址。比如，宗教的禁忌、"风水"的盛行等，都是居住选址的文化影响因素。

（1）在城乡地域尺度的范围内考虑住区用地的适当选址，满足城市功能布局、就业岗位和公共设施配置的总体要求。这一层面的考虑应该包括多样的邻里类型，来满足居住需求和所有各种家庭的居住偏好，以及对居住地点的选择要求。

（2）住区用地适宜性分析

需要对建成区的空地和待改造地区、拟开发地区和计划开发的新区进行用地适宜性分析。适宜性因素包括：可达性、避免灾害、公共服务和城镇设施的邻近程度、延伸这些服务的成本、基础设施服务能力、可用空间多少等。还应考虑到对现有住区进行调整以及增加新的住区邻里的适宜性。同时，还应当把规划拟定的公共中心位置、城镇设施、交通系统、开放空间系统，以及基础设施的有效延伸和环境保护等纳入用地适宜性分析。

14.1.2　住宅选址的经典理论

住宅选址是城市发展的驱动力之一。它影响着城市的就业、经济发展、社会结构、空间隔离和运输系统。理解、建立住宅区位选择行为的模型，是城市规划师、政策制定者和研究人员的首要考虑。

住宅选址模型的起源可以追溯到 1826 年杜能（THÜNEN）提出的土地使用模型；他假设了一个农业地区，解释了交通成本在选址和土地市场功能中的效应。在该模型中运用了竞租（Bid-Rent）的概念；土地拥有者都试图以最高的价格出租土地。阿隆索（ALONSO）在 1964 年把竞租概念运用到了住宅区位选址问题上，构想了一个单中心、充满就业机会的城市。城市中的个体和家庭根据总支出、住宅土地的大小和与城市中心的距离得到效用最大化的选择，从而选择住宅的位置。

与阿隆索同时期，劳瑞（LOWRY）在 1964 年将重力模型应用到住宅选址上。劳瑞假定每个交通小区有一组初始的基础产业部门的就业中心。基础产业一旦配置在各交通小区，其从业者的家庭就会相应地分布在基础产业工作单位的周边，以提供劳动力。在一个特定的区域可以用于开发的土地的数量，作为住宅的吸引力衡量指标。

离散选择模型（Discrete Choice Model）

1978 年，麦克费登（McFADDEN）将离散建模框架引入了住宅选址中。这个框架的优点是能够量化不同住宅位置的特点、影响，及住宅与家庭特点的互动。由于有了详细描述的替代方法，即避免完全由距离市中心的距离来描述住宅的选址，可以避免使用单中心的假设。

14.1.3　住宅选址模型近几十年发展的演变

传统住宅选址依托于人口普查数据，这些数据是聚合的；使用区域属性来描述可能的家庭目的地的移动（ANAS 1982；WEISBROD et al. 1980）。在过去的二十多年里，数据被分解得越来越精细，人口普查数据可以精确到一米的精度。地籍信息不仅数字化了，而且它还可以与建筑物或个人住宅单位的属性相连。地理数据库（Geo-Databases）的出现使得不同的带有空间参考点的数据可以集合在一起。随着精细化数据的增长，住宅选址的方法已经发生了变化（Habib and Miller

2009；LEE and WADDELL 2010a）住宅选址模型中进行的假设和属性的范围有了长足进步。早期研究对比相同精度的数据，采用相近的方法。近期研究则是对比不同精度级别的数据，以不同的方法对不同重点进行研究。

14.2　当今住区区位研究及其方法
Current Research Methods for Residential Location

14.2.1　住区区位的早期雏形

1898 年，英国人霍华德（Ebenezer HOWARD）在其著作《明天—— 一条通向真正改革的和平道路》中提出了工业化条件下城市与适宜的居住条件的矛盾，大城市与大自然隔离而产生的矛盾，进而提出了"田园城市（Garden City）"理论。在其"田园城市"中，霍华德十分重视居住环境的质量，强调永远在城市周围保留一些绿地。此外，他还认为道路交通工具对于城市结构具有十分重要的意义。

此后，戛涅（Tony GARNIER）在 1901 年提出了"工业城（Industrial City）"，提出了功能分区的思想，他的基本思想包括将城市空间划分为几个类别：工业、城市、住宅、健康和娱乐。他把对环境影响较大的一些工业尽可能地远离住宅区，而把那些对环境影响较小的工业布置在距居住区较近的地带上，工业区与居住区之间有一条大道相连。但是，应该注意到戛涅的模式是以工业用地的抉择为先决条件的。

现代城市规划理论中，最具有突出代表性的则是法国人柯布西耶（Le CORBUSIER）的"光辉城市（Radiant City）"。柯布西耶十分强调公共交通问题，同时注意发展立体交通并设计了一些高层建筑，为人口剧增的城市找到了一条解决住宅的途径。他主张减少中心城区的建筑密度，中心区向高层发展，增加绿地、道路宽度和停车场，加强车辆与住宅之间的联系。

经过了一百多年的发展，当今城市住区研究方法深受空间研究的主体思想的不同学派影响。一部分模型方法来源于单个学派，也有一部分住区选址的复杂模型吸纳了多个学派的思想。

14.2.2　城市居住空间研究的主要学派

城市居住空间研究的主要学派、理论基础、研究重点及代表学者梳理　　表 14-2-1

学派	理论基础	研究重点	代表学者
生态学派	人类生态学	居住结构的空间模型	伯吉斯（1925），瞿伊特（1939）
新古典学派	新古典经济学	效用最大化 消费者区位优选	阿朗索（1964），穆斯（1969）
行为学派	行为理论	住宅区位的选择和决策行为	布朗和摩尔（1970）
马克思主义学派	历史唯物主义	住宅区位与社会力量之间的相互作用	考斯托（1972），哈维（1973）
制度学派 区位冲突学派 城市管理学派	韦伯社会学	住宅区位与权力集团的冲突 住房供给与分配的制约因素	弗蒙（1954） 帕尔（1975）

资料来源：刘旺，张文忠. 国内外城市居住空间研究的回顾与展望 [J]. 人文地理，2004，19（3）：6-11.

14.2.2.1　生态学派

城市居住空间的生态学研究可以追溯到 1920 年代的芝加哥学派（Chicago School），其理论基础来源于人类生态学。该学派借用生态学的基本概念和原理，对城市居住空间演变进行了系统的研究。该学派最大特征是主要采用了阶层、生命周期和种族三个指标来描述社会群体在城市的空间分布，并借鉴"生态隔离""入侵和演替""竞争"和"优势"等生态学观点，来分析和解释特定类型的城市居民。在特定地区、相邻地区的活动和分布，把城市居住空间的变化过程看成一种生态竞争过程，并把城市居住空间的演变规律概括为"同心圆模型（E. W. BURGESS，1925）""扇形模型（H.HOYT，1939）"以及"多核心模型（C .D. HARRIES 和 E. L. ULLMAN，1945）"。

在上述理论和模型研究基础上，许多学者进一步发展了该学派。Simmons 在 1965 年采用了社会阶层（Social Rank）、城市化和居住隔离（Segregation）等指标进一步分析了三种模型。他认为：就社会阶层来看，高收入居住区和低收入居住区呈扇形分布；从城市化角度来看，不同家庭构成的居住区呈同心圆分布；而从种族隔离来看，居住区则呈随机分布。但总的来看，基本是从不同的视角或者研究方法来验证三种模型的可行性，或者说明其存在的问题。

同心圆模型显示各功能地带不断交叉变动，使城市地域形成了由内向外发展的同心圆式结构体系。其结构模式为：①中心商业区，是商业、文化和其他主要社会

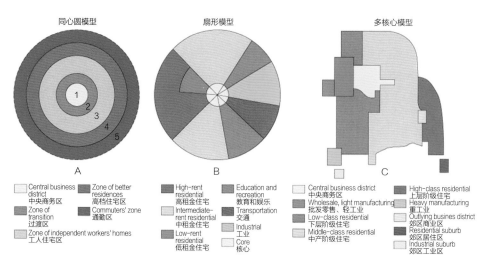

图 14-2-1 芝加哥学派对于城市居住空间的理解
资料来源：作者自制．

活动的集中点，城市交通运输网的中心；②过渡带，最初是富人居住区，以后因商业、工业等经济活动的不断进入，环境质量下降，逐步成为贫民集中、犯罪率高的地方；③工人居住区，其居民大多来自过渡带的第二代移民，他们的社会和经济地位有了提高；④高级住宅区，以独户住宅、高级公寓和上等旅馆为主，居住中产阶级、白领工人、职员和小商人等；⑤通勤居民区，是沿高速交通线路发展起来的，大多数人使用通勤月票，每天往返市区；上层和中上层社会的郊外住宅也位于该区，并有一些小型卫星城。这个简单模型说明了城市土地市场的价值区分带：越近闹市区，土地利用集约程度越高；越向外，土地利用集约程度越低，租金越低。该学说的可取之处为：在方法上采用动态变化分析城市；在宏观效果上，同心圆模式基本符合一元结构城市的特点。但由于仅考虑芝加哥一市的特点，划带过多，过于规则，且未估计到城市交通的作用。

扇形模型指城市土地利用功能分带，是从中心商业区向外放射，形成楔形地带，是城市内部地域结构 3 个基本理论之一，由美国土地经济学家赫德（R.M.HURD）于 1924 年研究了美国 200 个城市内部资料后提出的。1936 年，霍伊特（H.HOYT）在研究美国 64 个中小城市房租资料和若干大城市资料后又加以发展。他们根据城市发展由市中心沿主要交通干线或其他较通畅的道路向外扩展的事实，认为同心圆理论将城市由市中心向外均匀发展的观念不能成立。高租金地域是沿放射形道路呈楔形向外延伸，低收入住宅区的扇形位于高租金扇形之旁，城市是由富裕阶层决定住宅区布局形态。该理论模式具有动态性，使城市社会结构变化易于调整，能够将新增的居民活动附加于城市周边，而不像同心圆模式，需要有地域上的重新发展。半个多世纪以来的实践证明，因企业设置趋向于富裕市场，富裕居民区分布扇形增长最快。扇形理论是从众多城市比较研究中抽象出来的，并引入了运输系统论证。故研究方法上较同心圆理论进了一步。这一理论的主要缺陷，一是过分强调财富在城市空间组织中所起的作用；二是未对扇形下明确的定义；三是单凭房租这一指标来概括城市地域的发展运动，忽视了其他社会经济因素对形成城市内部地域结构所起的重要作用。

多核心理论认为大城市不是围绕单一核心发展起来的，而是围绕几个核心形成中心商业区、批发商业和轻工业区、重工业区、住宅区和近郊区，以及相对独立的卫星城镇等各种功能中心，并由它们共同组成城市地域。多核心理论为城市内部地域结构3个基本理论之一，由R. D. MCKERZIE于1933年提出，1945年经过C. D. HARRIS Harris和E. L. ULLMAN进一步发展而成。为使城市发挥多种功能，要考虑各种功能的独特要求和特殊区位。如工业区要有环境工程设施；中心商业区要有零售商业设施；有些占地面积大的家具、汽车等销售点为避免在中心商业区支付高地租，需聚集在边缘地区；相关的功能区就近建设（如办公区与工业综合体接近），可获得外部规模经济效益；相互妨碍的功能区（如有污染的工业区与高级住宅区）应隔开。在城市功能复杂的情况下，需保持居住小区成分的均质性，使社区和谐。该理论仅涉及城市地域发展的多元结构及地域分化中各种职能的结节作用，对多核心间的职能联系和不同等级的核心在城市总体发展中的地位重视不够，故不足以解释城市内部的结构形态。1955年谢夫基（E.SHEVKY）和贝尔（W.BELL）根据因子生态学原理，使用统计技术进行综合的社会地域分析，在此基础上作出的城市地域区计划表明，家庭状况符合同心圆模式，经济状况趋向于扇形模式，民族状况趋向于多核心模式。

14.2.2.2　新古典经济学派

新古典经济学把社会作为一个由个体组成的集合。以地价为基础，从宏观角度研究住宅的供需，具有严密的逻辑推理性。

在经济分析中，该学派假定了四个前提条件：第一，商品生产和服务业反映了消费者的喜好；第二，所有的住户和企业都具有对称的信息；第三，家庭和公司分别能够实现效用最大化和利润最大化；第四，生产要素具有流动性。在上述前提条件下，研究居民最佳的居住区位选择和合理的土地开发模式。即研究住宅区位的空间选择和交通费用之间的关系，并试图建立两者之间的均衡模型。离城市越远，交通费用越高，而住房价格越低，否则相反。

住户总是在一定的预算约束条件下，选择合适的交通成本和住房价格，以实现效用最大化。在假定城市是单中心、所有就业机会都位于中心商业区、所有的就业者都往返于城市中心与住所之间的前提下，标准的住宅区位模型由 ALONSO（1964）、R. MUTHuth（1969）、E. MILL（1967）等人建立。在新古典模型中，住户在一个完全竞争的土地上为可得到的空间区位投标，土地拥有者将土地出售给竞价最高者。住户的竞标（Bid-Rent）函数是住户对不同区位的地租愿意投标的数值，在均衡的条件下，竞标地租最高者占据城市中心的区位。

随着计算机仿真技术的发展，新古典经济学模型扩展为远比上述各个模型所涉及变量更多的居住区位决策的动态模型，即总价格模型（Kain et al.，1985），在既定的住房市场状况下，住户的住宅区位由价格最小化决定。

案例 14-2-1　竞租模型（Bit-Rent Model）

竞租模型（Bit-Rent Model）最早由 ALONSO（1964）所研究，其后被许多学者改进。图 14-2-2 中说明的是不同的土地使用主体（商业、工业、居住）为能够更接近 CBD（城市的中央商务区）所愿意支付的最大租金。

在竞租模型中，当企业远离城市中心时，企业随着距离增加会占用更大的土地面积，而减少资本等要素投入。所以，当企业逐渐远离城市中心时，非土地投入／土地投入的比率会降低；反之，比率会上升。因而，如果单位距离的运费率是常量，那么随着距离增加，竞租曲线会趋于平缓。

因此，一旦知道每个部门愿意支付的土地价格就可以预测土地的用途。在基本的竞标－地租理论（Bid-Rent Theory）中，对于同样的中心地块，一些公司、银行、旅馆等高端商务机构更愿意且能通过竞标而进入，居住功能会被挤出；因为地处市中心的居住所能节约的通勤费用将抵不上中心区位的高端商务收益。将不同曲线放在一起，其中的陡峭的曲线代表了某些使用者更愿意占用市中心的土地，而平坦一些的曲线代表了另一些使用者（居住用地、制造业）愿意选择在外围地区。这种区位均衡可演绎成一种简单的同心圆模型。

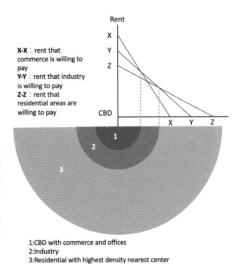

图 14-2-2　竞租模型

资料来源: Patrick M. Schirmer, Michael A.B. van Eggermond and Kay W. Axhausen. The role of location in residential location choice models: a review of literature[J]. The Journal of Transport and Land Use, 2014, 7（2）: 3-21.

Kain JF. Computer simulation models of urban location. In: Mills ES（ed）Handbook of urban and regional economics, vol II[M]. Amsterdam: Elsevier, 1987: 847-875.

案例 14-2-2　择居竞租模型（Housing Bit-Rent Model）

在城市中，由于家庭从事的职业不同，收入也并不相同，可以简单划分为低收入家庭、中等收入家庭和高收入家庭。在不同的交通状况，以及家庭的行为和偏好下，可以得出不同的家庭竞租模型。

第一种情形：公共交通比较发达，但小汽车交通却不方便。这种情况下，远距离出行将花费较多时间，或者需要采用不太舒适的公共交通。在这种情况下，交通的机会成本会比较高，为了追求对城市中心的可达性，高收入家庭将在城市中心安家，而低收入家庭则乘坐相对廉价的公共交通，花费更多时间，分布在城市边缘。

第二种情形：私人交通比较发达，公共交通却由于人口密度较低难以有效配置，或需要多次换乘。这种情况下，高收入家庭的工资足以承担远距离通勤的成本，并且也相对舒适。而低收入家庭则工资较低，预算有限，限制了远距离通勤。这样，低收入家庭的竞租曲线将十分陡峭，分布在城市中心，但由于市中心地价昂贵，低收入家庭不得不住得非常拥挤以减少费用。高收入家庭则能够支付反复的通勤费用，这使得他们愿意花费这些费用换取更大的居住空间，因而居住在环境优美的郊区。

第三种情形：在第二种情形的基础上，增加考虑环境质量因素。一方面，简单假定由于城市交通废气加上工厂烟雾以及城市中心办公通风系统中的气体，城市中心是环境污染的主要来源。那么同样，低收入群体因无力支付长途交通成本的限制而驻留在城市附近。另一方面，中等收入及高收入群体可能在一定的位置范围内，愿意而且能够支付更高的租金以获得远离城市中心的土地，从而减少污染的有害影

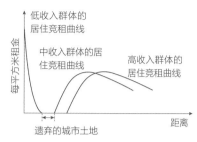

图 14-2-3　考虑环境变量或社会犯罪变量时的居住用地竞租

资料来源：（英）菲利普·麦卡恩. 城市与区域经济学 [M]. 李寿德，蒋录全，译. 上海：格致出版社 / 上海人民出版社，2010：97.

响。中等收入和高收入群体的竞租曲线在一大段距离范围内会有向上的斜率，因为为了躲避污染对环境造成的破坏而愿意支付更高的租金。然而超过一定距离，污染的效应减少到可以忽略不计，这时关于距离的租金支付行为和第二种情形类似。而如果进一步考虑低收入群体中的社会犯罪因素，那么中高收入群体为了和低收入群体隔离，将更加远离城市中心，造成一个几乎无人居住的遗弃地。

14.2.2.3　行为学派

居住区位的行为视角的研究可以追溯到 W.KIRK（1963）和 D.LOWENTHAL（1961）的关于决策过程的区位行为分析。W.KIRK 提出现象环境（Phenomenal Environment）和行为环境（Behavioral Environment），前者是自然现实的外部世界，后者被定义为感知环境（Perceived Environment）。W.KIRK 认为在住宅区位选择的过程中，应加强人的行为（感性过程）与现象环境（决策过程）之间关系的研究。WOLPERT（1965）认为迁移是人类适应外部环境的感知变化，提出场所效用（Place Utility）和行动空间（Action Space）两个概念。BROWN 和 MOORE（1970）利用 WOLPERT 场所效用和行动空间的概念，构建了迁居行为模型。他们将迁居过程看作两个阶段——寻找新住宅的决策和迁居决策。这一模型共同的特征是把家庭当作独立的决策单位，住房供给和分配作为一个已知的变量，并假设迁居者具有同质性。

行为学派在分析居民住房选择行为过程中，过分重视个人的行为，而忽视团体对个体行为的影响，对个人感知与环境的关系的研究过于简单，常常受到其他学派的批评。行为学派后来逐渐增加对个人行为与社会约束之间的关系的研究，并衍生出人文主义方法。

案例 14-2-3　城市犯罪分布实时地图

英国警方对开放的犯罪数据进行可视化，并将其上线供民众实时查询。民众可以通过在线网站，实时获取近期某地区的犯罪情况，可以显示不同的犯罪类型、发生时间、地点等，并提供对比功能，民众可以将不同地区的犯罪情况进行对比。

犯罪的地理位置精确到街道层级，人们可以通过搜索街道名字，了解居住地周围的治安情况，这些数据是实时更新的。犯罪的类型也被进行了详细的归类：

- ·车辆犯罪（Vehicle crime）
- ·暴力犯罪（Violent crime）
- ·入室盗窃（Burglary）
- ·抢劫（Robbery）
- ·反社会行为（Anti-social behaviour）
- ·其余犯罪（Other crime）

我们对全英国的犯罪案件进行整理并总结出犯罪率最高的100条街道。

英国卫报和研究者 Doug MCCUNE，Mark MCCORMICK 和 Alastair DANT 联合组成团队，开发出一个可以对比不同地区犯罪情况的工具，数据来源于英国警方。

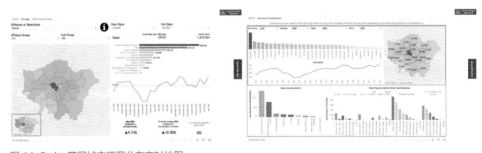

图 14-2-4　英国城市犯罪分布实时地图
资料来源：http://www.met.police.uk/.

14.2.2.4　新马克思主义学派

1970 年代，西方学者应用马克思主义的历史唯物主义观点分析研究城市住宅问题，认为住房是一种商品，是一定形态资本的利润来源之一；住房是工人必需消费品之一，是劳动力再生产的一个方面；住房供给与资本主义生产方式相联系。住房市场是社会阶级冲突的场所，居住空间的分异与阶级划分、消费方式和社会关系交织在一起。

新马克思学派的代表是 CASTELLS 和 HARVEY（1974）。

案例 14-2-4　马克思主义与新马克思主义思想影响下的住区分析案例

图 14-2-5 显示了在纽约的一个社区不同的种族分布，能看到在 Brooklyn 这片区域有明显的不同的种族的分界线。

同样在 University of Nebraska 的 Community and Regional Planning Program 项目中，研究了社区种族构成对于社区安全、社区活力、社区周边环境以及社区整体稳定性状态的影响。图 14-2-6 显示了 Lincoln 市 2010 年不同区域西班牙、华裔等少数裔的比例，越靠近郊区的地方，少数裔的比例越高，存在经济萎缩、教育资源不足以及由此带来的其他问题。

WIRED 网站上也发布了不同城市不同街区各类种族的构成比例，蓝色代表白人，绿色代表非裔美国人，红色为亚裔，黄色为拉丁美洲人。图 14-2-7 显示 Detroit 市以 8Mile Road 为分界线形成了很明显的种族隔离，Detroit 市也是美国种族隔离现象最严重的城市之一。

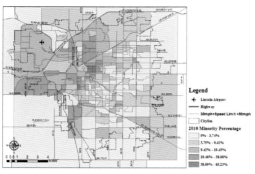

图 14-2-5　纽约社区种族分布
资料来源：http：//www.remappingdebate.org/map-data-tool/mapping-and-analysis-new-data-documents-still-segregated-america-0.

图 14-2-6　Lincoln 市 2010 年少数裔比例
资料来源：Aftika，Sarah. GIS Spatial Analysis of Segregation Clustering Evolution in Lincoln，Nebraska[D]. Community and Regional Planning Program：Student Projects and Theses，2014：30.

图 14-2-7　Detroit 市种族隔离分布
资料来源：http：//www.wired.com/2013/08/how-segregated-is-your-city-this-eye-opening-map-shows-you/#slide-6.

14.2.2.5　制度学派

制度学派的研究重点是城市住房供给和分配的制度结构，有两个不同的起源，以研究美国城市为代表的区位冲突学派和以研究英国城市为代表的城市管理学派。

区位冲突学派关注权力、冲突和空间之间的关系，由北美的政治学者最先研究，也即区位政治学。区位政治学认为土地利用的变化不是在自由而没有组织的土地市场中由无数个体决策的结果，而是由有着不同目标、不同权力及影响力程度的各个利益集团之间冲突的结果。空间不只是由政府／市场所分配的一种有价值的东西，而且具有权力资源的特征，空间资源的分配过程直接反映城市政治过程（YOUNG，1975）。因此，区位与权力关系的分析是城市政治研究的主要内容，对城市住房市场的研究具有重要意义。从总体来说，城市居住空间结构是由不同利益集团、组织（发展商、地主、房地产机构、金融机构、邻里组织）和地方政府之间的冲突形成的。区位冲突学派的分析较好地反映了政府干预较少的美国城市现实，多应用于美国城市研究。

REX 与 MOORE（1967）是城市管理学派的早期代表。在对伯明翰内城住房短缺的研究中，他们将伯吉斯同心圆模式的要素和韦伯社会分异理论相结合，提出了住房阶级（Housing Classes）的概念，划分出 6 个带有空间特征的住房阶级：

①已还清抵押贷款的自有住房者；②尚未还清抵押贷款的自有住房者（新郊区）；③租住公共住房者（内城）；④租住私人住房者（内城）；⑤短期贷款购房被迫向外出租房间者（老郊区）；⑥租住个别房间者（内城）。这些住房阶级的划分主要依据住户获得住房的不同可能性，一方面由住户的收入、职业和种族地位决定，另一方面由住房市场的分配规则决定，核心是基于收入差异在住房市场上展开的竞争。雷克斯和摩尔提出的住房阶级概念，将住户特征和住房特征结合在一起，从一个全新的角度研究城市的居住空间分异。

案例 14-2-5　北京保障房居住选址

保障性住房能够改善受保障对象的居住水平和生活质量，具有明显的社会效益；但城市政府供给保障房用地也意味着损失较多的土地出让收入（较高的机会成本）。保障房的合理选址有赖于对上述社会效益和土地机会成本的理性权衡，这需要基于城市低收入和中高收入居民的居住选址偏好，寻找那些相对于中高收入居民

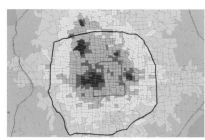 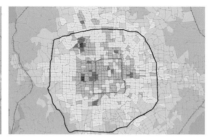 

图 14-2-8　高收入群体综合支付意愿空间分布
资料来源：郑思齐，张英杰，张索迪，等．兼顾社会效益与土地机会成本的保障房选址评价方法——基于高低收入群体居住选址偏好差异的量化分析[J].管理评论，2016，28（7）：3-11.

图 14-2-9　低收入群体综合支付意愿空间分布
资料来源：郑思齐，张英杰，张索迪，等．兼顾社会效益与土地机会成本的保障房选址评价方法——基于高低收入群体居住选址偏好差异的量化分析[J].管理评论，2016，28（7）：3-11.

图 14-2-10　保障房选址适宜性指数空间分布
资料来源：郑思齐，张英杰，张索迪，等．兼顾社会效益与土地机会成本的保障房选址评价方法——基于高低收入群体居住选址偏好差异的量化分析[J].管理评论，2016，28（7）：3-11.

而言，低收入居民更为偏好的区位，这样的区位意味着较高的社会效益和较低的机会成本。该研究在北京市 1911 个微观区块尺度上，以 2010 年北京市城市居民家庭调查的大样本微观数据为基础，应用显示性偏好法（Hedonic 模型）分析了两类群体的选址偏好差异，量化了他们对各个区块的综合支付意愿水平并进行比较，建立并计算了北京市内不同区位的保障房选址适宜性指数。研究能够为保障房选址决策提供技术支撑，有助于兼顾保障房社会效益和土地出让金的财政约束。

14.3　影响住宅选址的变量要素
The Main Factors Affecting The Residential Choice

住宅选址的影响因素　　　　　　　　　　　　　　表 14-3-1

住宅单位	住宅单位可以细分为地块、建筑群和单体建筑
大小	
房总价	不管是住宅的总价还是租金，成本在住宅选择中起到重要作用
住宅类型	由于各地区的情况不同，房地产市场结构特征不同，往往无法同等比较
住宅年龄	
建造环境	
建筑面积	
公共空间	水绿空间，开阔的场地是人们选择住宅的良好要素
土地使用	土地的混合使用有利于增加住宅的吸引力

续表

交通联系	大部分时候是有利条件，但有时靠近交通意味着接近更多的尾气和污染
社会经济环境	
人口密度	高人口密度总的来说对家庭的住宅选址是不利的，然而有些特定群体，如年轻人和单个人组成的家庭，喜欢选择高人口密度的住宅
家庭结构	不同的家庭结构对住宅的选择有着不同的要求
失业率	人们避免选择高失业率的地区，而工作机会的密度对人们的住宅选址没有很明显的影响
犯罪率	人们避免选择高犯罪率的地区
可达性	
通勤时间	偏向选择通勤时间小的住宅
POIs	POI 的可达性，丰富度，以及与住宅的距离和交通成本
以前的居住地和社会网络	
与以前的居住地的距离	人们倾向于选择靠近以前居住的地方
与以前的社会网络的距离	人们倾向于选择靠近以前的社会关系网络

资料来源：Patrick M. Schirmer, Michael A.B. van Eggermond and Kay W. Axhausen. The role of location in residential location choice models：a review of literature. The Journal of Transport and Land Use, 2014, (7) No. 2：3-21.

14.4　新技术环境下的住区选址方法
——PSS 模型辅助选址

The Method of Site Selection in The New Technology Environment
— Planning Support System

规划支持系统（Planning Support Systems，PSS）是一个相对较新的概念，兴起于 1990 年代中期，起初为 GIS 的拓展应用，后逐渐发展为综合性的用地辅助工具。如今，PSS 在美国逐渐被采纳且有广泛的应用。人们基于不同的规划目的，可以开发出不同的规划模型。

本节主要介绍以下多种涉及城市增长和土地利用变化模拟，并与城市住区相关的 PSS 实例：

UPLAN

UPLAN 是由加利福尼亚大学 Davis 分校学者于 2003 年开发的。主要用于模拟开发者对政策变化或交通投资的反应，帮助开发者分析项目类型和未来发展定位，尤其是分析住宅和商业用地分配的一种模型。UPLAN 的主要功能包括：通过土地利用分类和直观的空间表达来说明城市增长的结果；创建相关报告，例如土地功能与数理、交通流量分区输出、温室气体计算等；与其他模型结合建立洪水损失计算模型、突发事件损失计算模型、地方服务成本计算模型等。

INDEX

INDEX 具有比较规划方案优劣，进而创建最优方案，模拟区域交通发展状况，进行实时的公众参与等功能。INDEX 的数据要求包括：土地现状情况、建设方案、涉及的空间、相关目标及指标（如现状、规划、潜在的土地利用数据；机动车、步行、自行车、轨道等交通数据；人口统计；建筑密度；就业、娱乐、环境、出行等）。规划师可使用 INDEX 选择与目标相关的指标和定义进行实时模拟方案，并用指标评估方案，从而得出各个方案实现目标程度的排序。使用 INDEX 评估规划方案时，选择的指标需要能准确度量现状，明确规划发展区的预期资金限制，以及制定确实可行的规划目标。

CUF-2

CUF-2 即加利福尼亚城市未来模型第二代（California Urban Future Model，Second Generation），是较大尺度层面的城市土地利用和交通研究模型。CFU-2 通过分析、模拟城市用地变化，可以预测地区人口和用地的增长及其模式、位置；可以分析土地空间数据、模拟土地市场的空间供需，以帮助规划师、政府官员、市民等利益相关者比较不同的土地方案、政府将带来的不同效果；可以从选址、范围尺度、密度等角度评价区域、次区域及地方土地利用变更情况。CFU-2 由活动预测（人口、居住、就业等）、空间数据库、土地利用变化子模型、模拟机四个模块组成。

Community Viz

Community Viz 是一种基于地理信息系统的决策支持工具，可用于协助城市管理者和公众作出城市规划开发、土地利用、交通规划、资源和环境保护等决定。

Community Viz 支持方案规划、草图规划、三维可视化、适宜性分析、影响评估等技术。专业规划师、普通规划人员、土地所有者和感兴趣的市民均可利用这个软件了解和协商决策社区的变化和发展方向、评估社区不同的土地利用模式，并将结果可视化，以图示和定量表达的方式表现出来。

NatureServe Vista

NatureServe Vista 可用于帮助规划者协调各种资源与土地利用的平衡。通过对土地使用、交通、能源、自然资源和生态系统的分析整合，用户可以进行保护性规划的制定和评估、建立、实施和监测土地利用和资源管理，以实现经济、社会和环境保护目标的协调发展。NatureServe Vista 支持定量分析的方法，并同科学规划、专家意见、社会价值观和地理信息系统有紧密的结合。该软件还与其他土地利用、经济、生态和地理模型等软件工具相整合，为使用者制定最优化的资源保护规划解决方案；通过导出报告，用户可以获得资源保护的综合与全方位的反馈信息。

NatureServe Vista 有五大主要分析功能，包括通过多方数据信息确立保护因素；总结分析保护价值；根据目标评价多种土地利用方案，并通过图标和定量报告表现出来；建立资源保护解决方案；分析探索不同土地利用和政策对不同地域的作用，建立减缓计划。通过将资源保护信息，自然资源管理实践、土地利用模式和政策整合到一个单一的决策支持系统，该系统可以在现有经济、社会和政治架构下为规划者建立、评价、实行和监控土地利用和资源管理规划。

SLEUTH

SLEUTH 是 土 地 坡 度（Slope）、 土 地 利 用（Land Use）、排 除 图 层（Excluded）、 城 市 范 围（Urban Extent）、交 通（Transportation）和 山 影（Hillshade）这六个初始图层数据的首字母简写。SLEUTH 是一种利用元胞自动机（Cellular Automata）原理模拟城市变迁的模型。SLEUTH 模型假设从过去的演变模式可以模拟城市未来的发展状况。

What If？

What If？是通过模拟进行多方案或政策比较的规划支持工具，适合于公共设施扩建、开放空间保护、未来人口规模估算、人口与就业密度分布分析预测等方面的运用。What If？包括土地（居住、工业、服务业、绿地等）需求分析、土地供给分析、土地使用配比分析三部分。模型采用打分和权重赋值的方法对各类用地作土地适宜性评价，并产生土地适宜性空间分布图。土地配比主要利用模型便捷的操作界面为规划决策者提供多种方案。在明确供需的基础上，根据相关标准进行最优的土地空间分配，并可形成若干种分配方案供比较选择。

LEAM

LEAM 即 土 地 使 用 和 影 响 评 估 模 型（Land Use Evolution and Impact Assessment Model），是一种基于不同场景下模拟土地使用在空间和时间上变化的元胞自动机模型分系统。土地使用变化模型（LUC）是 LEAM 两个主要元素中的核心，城市影响模型。城市影响模型（IUM）是用于驱动土地变化的另一个元素。

LEAM 可以用来提供土地使用变化的驱动力的确认和分析，从而协助确定方案和获得政策讨论的信息等。

IRPUD

IRPUD 模型是一个大都市区区域位置和人口流动决策的仿真模型。模型通过预测和模拟区域内的产业选址、开发商住宅开发选址，以及由此产生的住户迁移和出行模式，可预测工业发展、住房、市政设施和交通等领域的公共政策对土地使用的发展和影响。

LUCAS

LUCAS 即土地使用变化分析系统（Land-Use Change Analysis System），是一个调查土地使用管理政策影响的仿真框架系统。LUCAS 可用于支持土地变化模式的区域评估，例如模拟生态系统管理策略方案、处理土地覆盖变化等。使用LUCAS 模拟土地变化可以处理生物多样性保护、评估景观要素重要性、满足保护目标、长期景观的完整性等问题的决策。

UrbanSim

在复杂的大尺度层面对城市发展进行预测模拟，UrbanSim 结合了城市的经济学、景观生态学、复杂系统学等综合性学科，对人口、土地、生态、环境、居住、产业、交通等多方面进行分析。UrbanSim 模型主体包括可达性模型、经济与人口转化模型、居住和就业流动模型、居住和就业选址模型、房地产开发模型、土地价格模型和数据输出七个模块。UrbanSim 模型可以预测居住住户、就业岗位的生成和流失，并模拟其流动；为住户及其就业岗位作选址安排；为房地产开发位置、类型及数量作预测和模拟；计算土地价格等。

METROSIM

METROSIM 是一种从经济角度结合劳动力、住房和商业空间三个市场平衡原理，考虑土地使用与交通关系的模型。该模型包括基本产业、非基本产业、房地产（住宅及商业）、空置土地、住户分析、通勤性出行和非工作日出行需求、交通分配七个模块。该模型体现了经济行为和市场机制的离散选择方式，考虑了以需求为导向的土地使用布局如何影响交通项目布局，并可以测算出劳动力市场、企业区位选址所引起的交通变化和就业之间的直接和间接影响。

MEPALN

MEPALN 是分析和评估土地使用和交通政策的计算机软件包，适用于市、县、地区或范围更大的规划。MEPLAN 来源用于劳瑞（Lowry）模型，对于房屋市场对人口分布的影响考虑得更全面。它包括经典的竞租理论：个人在选择居住位置时，会综合考虑愿意接受的居住位置和交通出行费用，以寻求二者的一种平衡。

MEPLAN 同时考虑到土地和交通的市场需求和供应，用地分布将影响交通系统的出行，例如从住宅到工作场所、从住宅到商店、从工作场所到购物场所等。活动的分布及其相互之间的关系决定交通需求；交通供应则通过道路、公交网路、小汽车拥有量、公共汽车的可达性等形式反映。MEPLAN 分析上述关系，预测和评估众多影响因素，并最终反映在土地使用和交通规划的决策上面。

TRANUS

TRANUS 是模拟经济活动分布、土地使用、房地产市场和交通系统的模型（详细介绍参见第 10 章第 2 节）。作为一个土地使用和交通整合软件，TRANUS 拥有一个相对先进的基于出行预测模型。可以模拟城市和区域范围的土地市场和交通网络行为。模型通过模拟不同政策下居住人口的活动行为，并以人口活动的改变来预测城市等尺度范围的设施区位变化，以及土地使用与交通运输的相互影响。交通模型可以非常灵活地表现人流和物流的空间分布，可以模拟多模式大型公共交通系统。

Smart Places

Smart Places 是针对土地使用规划和资源协调的模型。Smart Places 可以用来辅助进行经济发展、土地使用规划、交通系统、设施管理、环境整治和保护、能源预测、水资源分配和资源控制等方面的决策。

案例 14-4-1　基于 POI 数据的城市生活便利度指数研究

居民日常生活的便利度主要指居民日常利用公共和服务设施的便利度，或者说是利用各种公共设施和享受服务的便利程度。影响居民日常生活便利度的主要因素是居民利用购物、医疗、教育、娱乐等公共服务设施的数量、规模、类型及质量是否符合居民的便捷度和满意度。

本研究通过利用开放数据——兴趣点（POI）数据获取城市范围内的公共服务设施现状，研究城市生活便利度指标评价体系，计算城市居民生活便利度指数，评价城市居民的生活便利性。

社区生活便利度指数的计算是将城市建成区内以每个居住小区为中心缓冲500m，据此计算生活便利度评价指标体系内的公共设施分布密度，进而计算城市社区生活便利度指数。

从社区生活便利度计算结果来看，广州、上海两个南方城市仍然高于北京和天津，从图面上也可以看出，广州和上海两个城市的公共服务设施覆盖率的绝对数量高于北京和天津两个城市。

但仔细看来，社区生活便利度指数与平均生活便利度指数相比，上海与广州对调了排名，北京与天津对调了排名，也就是说，上海的平均生活便利度指数强于广州，而广州的社区生活便利度指数强于上海；北京的平均生活便利度指数强于天津，而天津的社区生活便利度指数强于北京。

从图面的空间分布来看，上海和北京两个国际大都市的公共服务设施分布平均，覆盖面广，而广州和天津的生活设施在社区周边的聚集度更高，尤其对于与居民生活关联度很高的便民服务、连锁超市、快餐、幼儿园、小学、社区医院、药店等社区周边设施密度来讲，广州和天津均分别高于上海和北京。

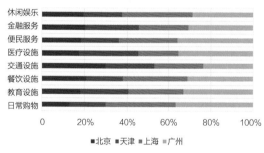

图 14-4-1　北京、天津、上海、广州生活便利度比较

资料来源：崔真真，黄晓春，何莲娜，周志强．基于 POI 数据的城市生活便利度指数研究 [J]. 地理信息世界，2016（03）：27-33.

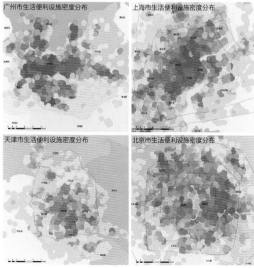

图 14-4-2　北京、天津、上海、广州生活便利设施分布图

资料来源：崔真真，黄晓春，何莲娜，周志强．基于 POI 数据的城市生活便利度指数研究 [J]. 地理信息世界，2016（03）：27-33.

案例 14-4-2　运用 UrbanSim 平台分析北京的住宅选址

　　这项研究基于 UrbanSim 系统，UrbanSim 平台可以模拟城市系统中的微观个体行为。基于北京的 1911 块空间分辨率分区（交通分析区 1067 块分区在内城），本研究运用城市经济学中的住宅和企业区位选择理论和离散选择模型理论，研究侧重于北京内城的住宅和企业选址行为的特征。由需求端产生了一系列的住宅和企业用地分配的方法。

　　区位的影响因素，即交通、就业的可达性、公共服务情况、市政设施和生活服务设施，是影响家庭住宅区位选择行为的主因，其强度通过住宅位置选择模块来表现。通过分析，研究准确地衡量出居民的偏好异质性。

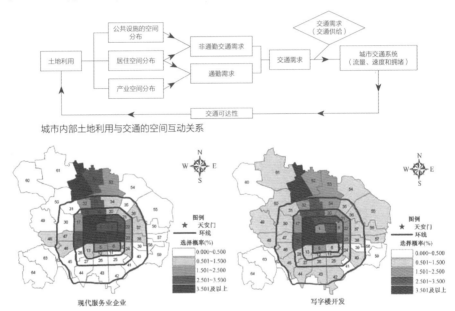

城市内部土地利用与交通的空间互动关系

2004 年北京市现代服务业企业和写字楼开发对交通小区的选择概率分布图

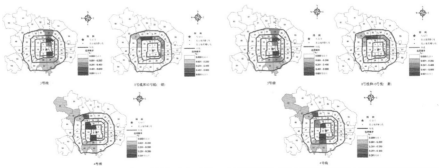

地铁开通后对现代服务业企业空间选址概率影响的　地铁开通后对写字楼开发空间选址概率影响的空间分布
空间分布

图 14-4-3　基于 UrbanSim 的北京市写字楼市场空间一体化模型标定与情景模拟
资料来源：郑思齐,霍燚.北京市写字楼市场空间一体化模型研究——基于 UrbanSim 的模型标定与情景模拟[J].城市发展研究,2012,19（02）:116-124.

案例 14-4-3　区位：住区要接近人们工作和购物的地方吗？

研究和理解住区选址地与城市其他场所的距离，如与人们工作地、购物场所、学校的距离，能帮助城市规划师识别城市中新的住区选址的区位和土地使用情况，以及帮助改善城市交通系统。

城市总体规划中的住区规划部分解释了人们在城市中各个地方移动的行为，特别是人们通过什么形式从住区到工作场所，是步行、骑行，或者使用公共交通工具？另外，通常使用人们从住区到工作场所或其他重要场所花费的时间来衡量城市住区的相对区位。

另一个理解住区相对区位的方法是，以在住宅周边的重要服务分布数量为依据。在美国的许多城市和郊区，人们距离最近的杂货店、银行、医院等有数英里。

城市规划师经常使用复杂的地图来研究住宅的区位，但是现在的新技术可以提供快速的答案。例如，通过登录 Walk Score 网站（www.walkscore.com），人们可以快速查询住宅周边的重要服务设施和便利设施的分布。这个网站可以帮助人们快速找到所居住的地点，并根据周边便利设施的分布情况和距离为该居住地点的相对区位打分，从最糟糕的"依靠车行"，到最好的"步行天堂"。

住区选址坐落在公共服务（商店、饭店、学校等）周围，可以为居民提供生活上的便利，同时高密度的城市住区和距离公共服务的缩短能够减少交通的时间，缓解环境的压力。研究城市住区的相对区位有助于规划师更好地从人们的需求角度出发，理解人们的需求，更好地规划土地混合使用的比例和距离，创造最优的住区选址。

网站的 ChoiceMaps 功能板块基于用户的地理数据，可以实时算出某一范围内，某一时间内，人们能找到多少家服务设施点（如饭店）。

图 14-4-4　Walk Score 网站
资料来源：Walk Score 网站．https：//www.walkscore.com/.

图 14-4-5　纽约餐馆的实时 ChoiceMaps，反应餐馆的密集程度和便利度
资料来源：Walk Score 网站．https://www.walkscore.com/.

14.5　世界各地主流的住宅选址模型
The State-of-the-Art in Building Residential Location Models

在世界各地的不同住宅选址实例中，人们根据当地实际情况，创造、改进了适用于当地的住宅选址模型。不同的住宅选址模型中所使用的变量不同，总的来说，过去几十年，人们在住宅选址模型中使用的变量，尺度从宏观到越来越微观，如从地块到建筑尺度；变量种类越来越丰富。

世界各地主流的住宅选址模型梳理　　　　　表 14-5-1

住宅选址模型简称	作者	建模方法	空间处理	决策主体 / 居民	地理范围	应用地点
Edmonton	Hunt	数理经济学-Logit 模型	假设单体住宅单位只有需求	类别—家庭分成小组	城市尺度	加拿大埃德蒙顿
DRAM	Putman	空间交互——重力类型和数理经济学 -Logit 模型	离散区域	类别—家庭分成小组	城市、都市区尺度	美国的城市和都市区
DELTA	Simmonds	数理经济学-Logit 模型	离散区域	类别—家庭分成各种成分: 年龄、家庭的成年成员的工作状态，按社会经济分组	城市、区域尺度	英格兰、苏格兰和新西兰的城市和城市区域
MUSSA	Martinez and Donoso	数理经济学 - 限制的 Logit 和租金模型	离散区域	类别—家庭分成各种类别: 收入、大小和汽车拥有情况	城市尺度	智利圣地亚哥
Oxford	Pagliara 等	计量经济学 - 回归	离散区域	类别—家庭按收入分类别	城市、区域尺度	英国牛津郡
TILT	Eliasson	数理经济学-Logitech 模型	离散区域	类别—家庭分解为不同收入类别	区域尺度	瑞典斯德哥尔摩地区
UrbanSim	Waddell	数理经济学-Logitech 模型	离散区域、细胞或地块	类别—家庭分解为不同收入、大小的类别	都市区尺度	美国和西欧的城市和都市区
Oregon2	Hunt 等	数理经济学-Logitech 模型	元胞	微观模拟	美国国土尺度	美国俄勒冈州
ALBATROSS RAMBLAS	Arentze 等	数理经济学-Logitech 模型	离散区域	微观模拟	荷兰国土尺度	荷兰
SimDELTA	Feldman 等	数理经济学-Logitech 模型	离散区域-ward 尺度	微观模拟	城市、区域尺度	英格兰南、西约克郡

资料来源: F Pagliara，J Preston，D Simmonds. Residential location choice: Models and applications[M]. Springer Science & Business Media，2010.

本章小结
Chapter Summary

居住是城乡居民生活中至关重要的部分，居住功能是城市的主要功能之一，"安居才能乐业"，因此，合理的住区选址非常重要。

本章首先引出城市最基本的功能——居住区的重要性。借以 1920 年代起著名的美国芝加哥学派对城市居住空间演变进行的系统研究，探寻"住区"在城市各功能区中的选址理论的渊源，指导现代城市住区选址方法的理论依据和演变规律。

其次梳理了住区选址相关的数理模型的历史。从最早的 1826 年杜能（THÜNEN）提出的土地使用模型，到历史上数个经典的住区选址模型，在列举了世界各地主流的住区选址模型之后，可以看到规划一直没有放弃用数理公式来"计算"相对合理的住区。

居住的广义需求包含家居、休憩、教育、医疗、健身、社交等诸多因素，受多种因素的共同作用，需要各种便利设施、基础设施等条件的支持，更离不开经济和社会因素的共同作用。因此，本章对影响住区选址的各因素进行了梳理，总结出了影响人们选择住宅的因素和住区用地适宜性评价的准则。

参考文献

[1]　刘旺，张文忠. 国内外城市居住空间研究的回顾与展望 [J]. 人文地理，2004，19（3）：6-11.

[2]　Patrick M. Schirmer, Michael A.B. van Eggermond and Kay W. Axhausen. The role of location in residential location choice models：a review of literature[J]. The Journal of Transport and Land Use，2014，7（2）：3‐21.

[3]　Kain JF. Computer simulation models of urban location. In：Mills ES（ed）Handbook of urban and regional economics，vol II[M]. Amsterdam：Elsevier，1987：847‐875.

[4]　（英）菲利普 麦卡恩. 城市与区域经济学 [M]. 李寿德，蒋录全，译. 上海：格致出版社 / 上海人民出版社，2010：97.

[5]　http：//www.remappingdebate.org/map-data-tool/mapping-and-analysis-new-data-documents-still-segregated-america-0.

[6]　Aftika，Sarah. GIS Spatial Analysis of Segregation Clustering Evolution in Lincoln，Nebraska[D]. Community and Regional Planning Program：Student Projects and Theses，2014：30.

[7]　http：//www.wired.com/2013/08/how-segregated-is-your-city-this-eye-opening-map-shows-you/#slide-6.

[8]　郑思齐，张英杰，张索迪，等. 兼顾社会效益与土地机会成本的保障房选址评价方法——基于高低收入群体居住选址偏好差异的量化分析 [J]. 管理评论，2016，28（7）：3-11.

[9]　崔真真，黄晓春，何莲娜，周志强. 基于 POI 数据的城市生活便利度指数研究 [J]. 地理信息世界，2016（03）：27-33.

[10] 郑思齐，霍燚. 北京市写字楼市场空间一体化模型研究——基于 UrbanSim 的模型标定与情景模拟 [J]. 城市发展研究，2012，19（02）：116-124.

[11] Walk Score.https：//www.walkscore.com/.

[12] F Pagliara，J Preston，D Simmonds. Residential location choice：Models and applications[M].Springer Science & Business Media，2010.

15

**城市产业与
就业选址方法** | Methods for Urban Industry
and Employment Location
Decision

15.1 产业与生活服务选址经典理论模型
Classic Theory Models of Industry and Service Location Decision

本节分为四个部分：一是系统地介绍和评述了产业与生活服务选址经典理论模型，包括克里斯泰勒的中心地理论、阿隆索的企业竞租理论、霍伍德和博伊斯的中心－边缘模型、戴维斯的中心商业区空间融合模型、赖利和赫夫的引力模型，以及集聚理论；二是分别分析了影响产业用地选址、零售业和服务业选址的关键要素；三是归纳常用的产业与就业的经典诊断及预测方法；四是简要叙述商业与生活服务设施的选址方法以及常用的软件。

15.1.1 中心地理论

中心地理论（Central Place Theory）是研究市场中心区位的重要理论，也称作中心地方论，是由德国地理学家 W. CHRISTALLER（1933）在其重要著作《德国南部的中心地原理》中提出的。CHRISTALLER 被认为是第一位对零散的中心地研究成果加以系统化和理论化的学者。

进入 20 世纪，资本主义经济的高度发展，加速了城市化的进程。城市在整个社会经济中占据了主导地位，它成为工业、商业、贸易和服务业的聚集点。克里斯泰勒的中心地理论探索了"决定城市的数量、规模以及分布的规律是否存在，如果存在，那么又是怎样的规律"这一问题。克里斯泰勒的中心地理论的产生，同杜能的农业区位论有类似性，同样是在大量的实地调查基础上提出的。在研究方法上，CHRISTALLER 运用演绎法来研究中心地的空间次序。提出了聚落分布呈三角形，市场区域呈六边形的空间组织结构，并进一步分析了中心地规模等级、职能类型与人口的关系，以及在三原则基础上形成的中心地空间系统模型。

中心地理论包含了以下四个基本概念：

①中心地，是周围区域的中心，可以表述为向居住在它周围地域的居民提供各种货物和服务的地方。

②中心性，是指中心地对其他周围地区的相对重要程度，也可以理解为中心地发挥中心职能的程度。

③货物的供给范围，由中心地供给的货物能够到达多么大的范围，即货物的供给方位是理解中心地理论的关键。克里斯泰勒将货物供给范围的最大极限称为货物供给范围的上限，供给货物的商店能够获得正常理论所需要的最低限度的消费者的范围称为货物的供给下限。

④中心地的等级，中心地供给的货物和服务有高低等级之分。中心地的等级取决于其他能够提供的货物和服务的水平，一般能够提供高级货物和服务的中心地等级相对较高，反之则较低。

CHRISTALLER 认为，支配中心地体系形成的三大原则分别是市场原则、交通原则和行政原则。在不同的原则要求下，中心地网络可以呈现出不同的结构。

①按照市场原则，高一级的中心地应位于低一级的三个中心地所形成的等边三角形的中央，从而最有利于低一级的中心地与高一级的中心地展开竞争，由此形成 $K=3$ 的系统。

②交通原则下形成的中心地系统的特点是，各个中心地布局在两个比自己高一级的中心地的交通线的中间点，由此形成了 $K=4$ 的中心地系统。

③在行政原则基础上形成的中心地系统不同于市场原则和交通原则作用下的中心地系统，为了便于行政管理，在划分行政区域时，尽量不把低级行政区域分割开，使它完整地从属于一个高级行政区域。在行政原则基础上形成的中心地系统也称作为 $K=7$ 的中心地系统。

可以说，CHRISTALLER 的中心地理论对地理科学、区域经济学和区位科学的发展做出了重大贡献，他对空间规律和法则的探讨带来了地理研究思维方式上革命性的转变。

中心地三原则：①市场原则；②交通原则；③行政原则。这三种原则共同导

克里斯泰勒的中心地理论			
对比项	市场原则下中心地系统 K=3 中心地系统	交通原则下中心地系统 K=4 中心地系统	行政原则下中心地系统 K=7 中心地系统
1. 原则	中心地商品和服务供应范围最大 高级中心地位于市场区中央 有 6 个低一级的中心地分布在其市场区脚上	交通干线尽可能联系多的中心地 次一级的中心地分布位于连接两个高一级中心地的道路干线上的中点位置	行政管理方便 6 个次一级中心地位于高一级中心地市场区的 6 个顶点附近，次一级中心的市场区只属于一个高一级的市场区
2. 空间结构	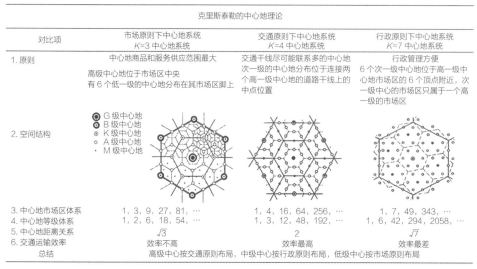		
3. 中心地市场区体系	1, 3, 9, 27, 81, …	1, 4, 16, 64, 256, …	1, 7, 49, 343, …
4. 中心地等级体系	1, 2, 6, 18, 54, …	1, 3, 12, 48, 192, …	1, 6, 42, 294, 2058, …
5. 中心地距离关系	$\sqrt{3}$	2	$\sqrt{7}$
6. 交通运输效率	效率不高	效率最高	效率最差
总结	高级中心按交通原则布局，中级中心按行政原则布局，低级中心按市场原则布局		

图 15-1-1 CHRISTALLER 的中心地理论

资料来源：http：// lijiwei 19850620.blog.163.com/blog/static/9784153820090342848445/?ignoreua.

致了城市等级体系（Urban Hierachy）的形成。其中，在开放、便于通行的地区，市场经济的原则可能是主要的；在山间盆地地区，与外界隔绝程度较大，行政管理可能是主要的；在新开发的地区，交通是首要考虑的因素，交通原则更占优势。

15.1.2　企业竞租理论

竞租模型最早由 ALONSO 研究，其后被许多学者改进。在竞租模型中，当企业远离城市中心时，土地价格越来越低，企业会偏好用土地投入来代替非土地投入要素，即随着距离增加会占用更大的土地面积，而减少资本等要素的投入。所以，当企业逐渐远离城市中心时，非土地投入 / 土地投入的比率会降低；反之，比率会上升。因而，如果单位距离的运费率是常量，那么随着距离的增加，竞租曲线会趋于平缓。

假设城市里只有商业、居住和制造业三种行业，各行业对于可达性的要求是不一样的。例如商业由于需要面对面接触，以及"交易规模经济"，对中心区位的支付意愿更高。居住则为商业和制造业的就业人员服务，需要靠近就业岗位的位置。而制造业不仅为城市提供产品，也要为城市外的市场提供产品，所以制造业对城市

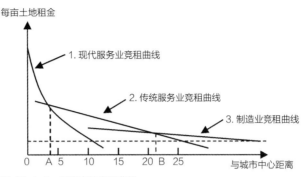

图 15-1-2　阿隆索的竞租曲线

资料来源：陈泽鹏，李文秀．区域中心城市服务业空间布局实证研究 [J]．广东社会科学，2008（01）：31-36.

内和城市外市场的可达性均有要求。同时，现代制造技术倾向于较大的场地空间。

　　根据"理性人"假设，家庭需要最大化自身效用，企业需要最大化利润，因而造成土地上的竞争。在均衡市场状态下，土地分配遵循"价高者得"的规则，即土地被分配给出价最高的竞标者。家庭和企业的竞价租金曲线共同决定了均衡土地利用模式。因此，一旦知道每个部门意愿支付的土地价格，就可以预测土地用途。在基本的竞标－地租理论（Bid-Rent Theory）中，对于同样的中心地块，一些公司、银行、旅馆等高端商务机构更愿意且有能力通过竞价而进入，由于地处市中心的居住所能节约的通勤费用将抵不上中心区位的高端商务收益，居住功能因此会被挤出。将不同曲线放在一起，其中的陡峭的曲线代表了某些使用者更愿意占用市中心的土地，而平坦一些的曲线代表了另一些使用者（居住用地、制造业）愿意选择在城市外围地区。这种区位均衡可演绎成一种简单的同心圆模型。

案例 15-1-1　1990 年代北京市外商投资空间分布动态特征研究

　　以北京市的全球化发展为背景，等距选取 1992、1995、1995 三个断面年，采用栅格模型（Girds Sysetm），对 1990 年代前、中、后三个时期全部及第二、三产业外商直接投资在北京市域的空间分布特征进行实证分析，揭示了 1990 年代北京外商投资空间分布的两大动态特征：集聚—扩散—集聚的交互过程和向中心和向外围的双向同步推进。北京作为典型的发展中国家大城市，在 1990 年代表现出全球化以及由工业化向非工业化转变的同步进程，在空间上外资工业项目促进了在城市边缘区城市空间的定向突破，同时第三产业外资项目加速了其中心化的过程。

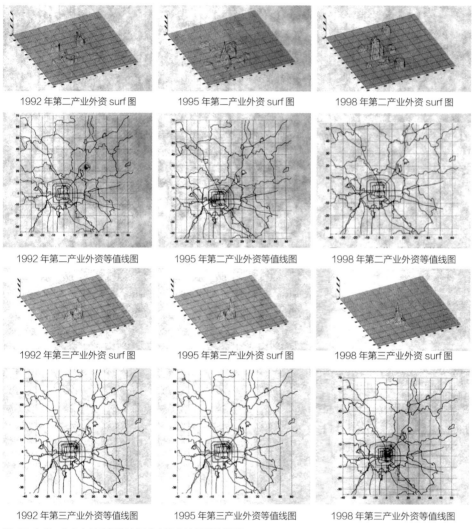

1992 年第二产业外资 surf 图	1995 年第二产业外资 surf 图	1998 年第二产业外资 surf 图
1992 年第二产业外资等值线图	1995 年第二产业外资等值线图	1998 年第二产业外资等值线图
1992 年第三产业外资 surf 图	1995 年第三产业外资 surf 图	1998 年第三产业外资 surf 图
1992 年第三产业外资等值线图	1995 年第三产业外资等值线图	1998 年第三产业外资等值线图

图 15-1-3　北京市外商投资空间分布动态特征栅格模型
资料来源：吴志强，李华 . 1990 年代北京市外商投资空间分布动态特征研究 [J]. 城市规划学刊，2006（03）：1-8.

15.1.3　零售空间模型与引力模型

15.1.3.1　零售空间模型

关于零售业活动的空间模型大致可分为两大类型：一是关于零售业活动的分布和职能结构模型，二是关于零售业活动的区位模型。前者是侧重于从职能结构角度研究零售业集聚的形态和职能，后者是以中心地理论和地价理论为基础商业活动的区位模型。这里主要介绍前者。

最早从事零售业空间类型研究的学者是普劳德福特（M. J. PROUDFOOD），他在 1937 年研究了美国的零售业空间，将零售业空间划分为五种类型，即中心商业区、外围商业区、主要商业街、近邻商业街和孤立商店群等。他的划分主要侧重于零售业活动的位置条件和特征。美国学者迈耶（MAYER）在 1942 年同样以美国的城市为对象划分了零售业空间类型，但他侧重于零售业活动的规模和形态的研究。

贝利在普氏和迈氏研究的基础上，以 1963 年的芝加哥为例，运用多变量研究了零售业空间类型。他把零售业空间分为三大类型：

第一种类型是核心的商业设施，以此为中心，商业职能呈同心圆分布，按照商业集聚的规模进一步可分为中心商业区（Central Business District，CBD）、区域中心地、社区中心地和近邻中心地。

第二种类型是沿道路和街道呈带状分布的零售业空间，根据其位置和规模差异，又可分成传统的购物街、沿主要干线分布的零售业空间、在郊区形成的新的带状零售业空间和高速公路指向的零售业活动集聚空间。

第三种类型是追求类似零售业活动集聚利益和接触利益在某一地点集中而形成的专业化空间。按照集聚的零售业和服务业的种类可分为汽车街、印刷区、娱乐区、输入品市场、家具区和医疗中心等。专业化空间与第一和第二种类型并不是独立存在的，三者的类型划分具有相对性。

关于中心商业区的空间结构，霍伍德（HORWOOD）和博伊斯（BOYCE）提出的中心 - 边缘模型具有代表性。中心商业区的空间结构由两部分组成，即核心部（core）和边缘部（frame）。核心部具有高度的土地利用、空间垂直发展、白天人口集中和特殊职能布局等特征。与其他零售业空间不同，中心商业区的核心部除商业职能外，也是各种办公机构、金融和行政机关的聚集地。围绕核心部的边缘部土地面积相对广、土地利用密度也不高，他们认为该区域最大的特征是职能的空间分化。在周边分布着轻工业、交通站点、具备仓库的批发业、汽车销售和修理业、特殊服务业以及住宅区，各自不仅相互联系，而且每一个部分与核心部和城市内部的其他区域，以及别的城市有着职能的联系。

1972 年，戴维斯（DAVIES）在总结了贝利等人研究成果的基础上，提出了更一般的中心商业区空间融合模型。他的模型的基本思路是，以中心商业区的核心部为中心各职能呈同心圆布局，在此基础上重叠着沿交通线呈带状分布的零售业区，但这些零售区是按照等级职能的高低由内侧向外侧依次布局。在同心圆和带状相互重叠的模型上，再叠加上特殊专业化智能空间，就形成一个空间融合模型。该模型意味着即使种类相同，但等级不同，最终选择的区位空间也不同。

案例 15-1-2　食品商店空间分布研究

　　通过对居住在相同地点的 35 个妈妈每周逛食品店的追踪记录，达到如图 15-1-4 的逛食品商店行程模式。并且通过问卷调查，得到这 35 个妈妈的年龄、家庭孩子个数、年龄、职业、去食品商店采取的交通工具等，通过结合表 15-1-1 的食品商店购物模式，得出母亲们更为方便的购买食品模式，比如离家里比较近，或者离孩子上学的地方比较近，或者在她们正常的日程安排的路上附近。结果对诊断一个社区采购食品是否方便提供了依据。

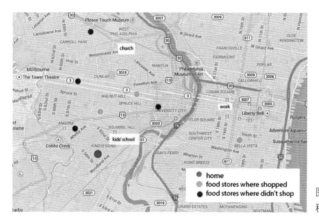

图 15-1-4　35 个妈妈逛食品商店行程模式图

35 个妈妈逛食品商店的行为模式统计　　　　表 15-1-1

Variable 变量		Mean（SD）平均值（方差）
Average number of food shopping trips 平均采购食品数量		15.22（11.8）
Average number of stores used 平均光顾食品店数量		6（3.0）
Average amount spent per household over 平均每户购物花费		$407.08（$222.34）
Usual mode of travel to food shop 去食品商店所采取的交通方式		—
其中	Car 小汽车	22（63%）
	Walking 步行	9（26%）
	Public transportation 公共交通	5（14%）
Average sum of travel for all food shopping（mi）食品购物的平均出行原距离		34.9（40.5）
Average distance to most frequented store（mi）去最经常光顾商店的路程		1.8（2.3）
Most frequented store was supermarket/grocery 常去超市或杂货店		27（77%）
Most frequented store within 1km from home 最经常去的商店离家 1 英里以内		20（57%）
Most frequented store within 1km from home or routine destination 最经常去的商店离日常行程 1 英里以内		20（57%）

　　资料来源：Katherine Isselmann DiSantis，Amy Hillier，Rio Holaday and Shiriki Kumanyika，'Why do you shop there? A mixed methods study mapping household food shopping patterns onto weekly routines of black women'，The international journal of behavioral nutrition and physical activity，13，11.

15.1.3.2　零售引力模型

1929 年美国学者 RELLY 教授在对美国都市圈做调查后类比牛顿引力定律提出了零售引力定律。该理论的提出对城市商圈的划分起到了重大作用。代表 Relly 零售引力法则的公式如下：

$$\frac{R_A}{R_B}=\left(\frac{P_A}{P_B}\right)\times\left(\frac{D_B}{D_A}\right)^2$$

式中，R_A 表示 A 地对 C 地零售额吸引力；R_B 表示 B 地对 C 地的零售额吸引力；P_A 表示 A 地的人口；P_B 表示 B 地的人口；D_B 表示 B、C 两地之间的距离；D_A 表示 A、C 两地之间的距离。

由该公式引出的 Relly 零售引力法则的核心论点是具有竞争性零售网点的两个城市，从第三座城市所吸引到的零售额之比与该两个城市的人口数之比成正比，与这两个城市距第三座城市之间的距离之比的平方也成正比。Relly 认为划分市场份额需要考虑人口和距离两个变量。城市商圈规模则由附近区域人口数量的多少，和距离核心商业区的远近有着密不可分的关系。

Relly 零售引力法则被认为是最基本的商圈理论，随后的商圈划分的法则多源于该法则零售引力的思想。但该模型只考虑两个要素，即消费中心的规模和到消费中心的距离，并没有考虑地区的人口收入和消费偏好等要素。

美国加利福尼亚大学经济学家 D. L. Huff 在前者基础上，考虑到了各个因子对消费者购物需求影响大小的概率水平，提出了商圈规模与购物区对消费者的吸引力成正比，与消费者所预期的距离阻力成反比的论点。

Huff 模型的公式可以表达如下：

$$P_{IJ}=\frac{S_{IJ}^{\mu}\cdot T_{IJ}^{-\lambda}}{\sum_{J=1}^{n}S_{IJ}^{\mu}\cdot T_{IJ}^{-\lambda}}$$

其中，μ 代表商家规模或支配消费者选择购物的其他隐性因素的参变量，λ 代表购物地点与消费者所处位置之间的距离因素的参变量，通常 μ 设为 1，λ 设为 2。

在 Huff 模型中，P_{IJ} 表示 I 区消费者到商家 J 购物的概率；S_J 表示商家 J 对消费者的购物吸引力；T_{IJ} 表示 I 地区到商家 J 的距离阻力；λ 是经验估计值；n 是具有竞争关系的零售商家个数。

Huff 模型是国外较常用的计算零售网点商圈规模大小的一种方法，所考虑的主要影响因子是商家自身对消费者购物行为的吸引力以及空间距离阻力因素。Huff 模型的运用可以帮助我们计算居民到特定商家购物的出行概率，若能结合居民的一些基本信息和购物情况，则有助于预测商业设施的销售份额乃至整个商业区商业环境的集聚程度等，从而探讨商圈结构及竞争关系的未来发展变化情况。

案例 15-1-3　基于多代理人模拟的上海市域零售业中心体系研究

在上海市域人口向郊区疏解的背景下，零售业空间随之重构。应用基于多代理人模拟技术的零售业空间结构模拟系统，模拟消费者与商业中心之间的互动，并呈现商业中心体系的空间布局，为市域商业体系规划提供新的方法和思路。对 2000 年上海市域零售业中心体系进行实证，检验了模拟系统对实际、大规模零售业中心体系的解释和再现能力，获得关键模型参数。在此基础上，推演上海未来可能情景下的零售业中心体系。

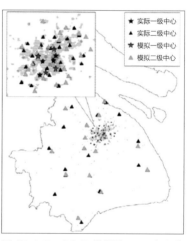

图 15-1-5　实际及模拟的 2000 年上海市域零售业中心体系

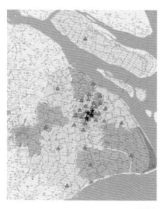
a.2000
结构：4+42（28+14）
人均出行距离：70.8

b.2010
结构：8+55（30+25）
人均出行距离：64.4

c.2020
结构：14+69（34+35）
人均出行距离：58

图 15-1-6　上海市域零售业中心体系模拟三年比较

资料来源：朱玮，陈懿慧，王德. 基于多代理人模拟的上海市域零售业中心体系研究 [J]. 上海城市规划，2014（01）：109-115.

15.1.4　集聚理论

服务业在空间上的集聚趋势比工业生产活动的空间集聚更明显，特别是一些中枢管理部门大都高度集中于城市的 CBD。集聚的类型既有同种行业的集聚，也有异种行业的集聚。服务业在空间上的集聚主要是追求企业间商务交流和合作的便利性和互补性，以及高度熟练的劳动市场。因此，从区位指向理论来看，服务业在空间集聚的原则为：

一是，集聚利益指向，即为了得到外部经济利益和减少不确定因素的影响而在空间上的集聚。

二是，劳动力指向，在城市 CBD 具有各种高度熟练的技术和业务管理人员，因此，为了获得这些人才，管理机构的区位多选择中心商务区。

服务业的同种行业和异种行业在空间上的集聚都可得到集聚利益，因此，不论是大企业还是中小企业在空间上的集聚都有利于情报和信息的收集和交流。准确而迅速地掌握同行业和相关行业的经营动态是企业决策的关键，作为企业经营的决策和具体营业部门的高级管理中心在空间上集聚的原因也就在此。英国学者阿列克山大对伦敦、悉尼、多伦多等城市的办公机构调查发现，企业的经营者追求集聚利益的目的：一是，便于与外部组织的接触；二是，有利于与政府和相关机关的接触；三是，接近于顾客和依赖人；四是，接近于关联企业；五是，接近于其他服务业；六是，决策者集中等。

企业管理职能的办公机构一般布设在城市中心区，其原因为：一是，这种区位选择可以使情报和信息的输送和收集的距离摩擦费用最小化；二是，这类服务业能够支付高额的地租。情报和信息的输送和收集方式多种多样，如邮寄和电话等手段，但面对面的会谈是达成重要商务往来的手段，因此，重视易于面对面接触这一接近性的办公机构一般都指向城市 CBD。围绕城市 CBD 各企业和部门的区位竞争的基础是它们支付地价的能力，大企业一般具有较高的地价支付能力，因此城市 CBD 自然也就成为很多大企业管理职能的聚集区。

此外，服务业的形成与特定地区的历史发展和政治中心的迁移等因素也有密切的关系。

案例 15-1-4　基于手机信令数据的上海市不同等级商业中心商圈的
比较——以南京东路、五角场、鞍山路为例

利用手机信令数据，以上海市南京东路、五角场和鞍山路三个不同等级的商业中心为例对商圈进行合理地划分，分析和比较了不同等级商业中心的消费者数量的空间分布特征，并采取一定的可视化手段和空间统计指标对三个商业中心的等级性进行空间抽象，深入探讨不同等级商业中心的消费者空间分布特点。从研究结果来看，从大范围覆盖的广域型高等级中心到依托局部高密度的地缘型低等级中心，形成了一个有序的商业中心空间体系。

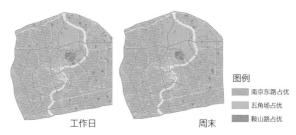

图 15-1-7　工作日与周末三个商业中心的势力圈

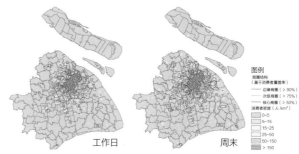

图 15-1-8　工作日与周末南京东路商业中心的商圈结构

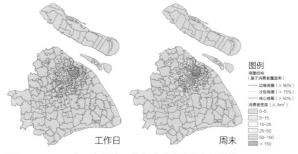

图 15-1-9　工作日与周末五角场商业中心的商圈结构

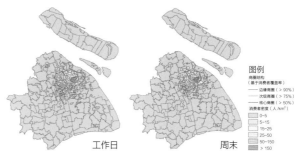

图 15-1-10　工作日与周末鞍山路商业中心的商圈结构

资料来源：王德，王灿，谢栋灿，等.基于手机信令数据的上海市不同等级商业中心商圈的比较——以南京东路、五角场、鞍山路为例[J].城市规划学刊，2015（03）：50-60.

15.2　产业、商业与生活服务选址要素分析
Industry，Business and Service Location Factor Analysis

15.2.1　城市产业用地选址影响因素

土地地质、区位与自然条件因素：包括土地的工程地质特征（土地的地下地质等因素）、土地本身所处的区位条件（所在区域人口总量与密度、基础设施、公共设施等因素）、土地自然条件（采光、地上地下水资源因素）等。

土地有关的经济因素：指与土地作为产业投资的要素有关的投入产出核算的因素。包括土地由生地变为熟地的经济投入因素与土地产出因素等。

土地的产业用地社会影响因素：包括与城市规划有关的生态环境规划因素、政策约束因素等。

上述因素既考虑了城市规划范围内土地的自然历史特征，又考虑了经济性因素，同时还考虑了与生态城市规划的政策因素。从总体上说，能够比较充分地反

产业用地选址评价指标　　　　　　　　　　　　表 15-2-1

影响因素	指标构成	因子层构成	评价数据层
土地质量	工程地质特征	地表切割度	等高线
		地基稳定度	地层
		地质活动构造	断层
	区位条件	人口密度	统计数据
		基础设施完备程度	路网、电网、水网、气网
		公共设施完备程度	公共设施点
	土地自然条件	光热条件	坡向分析
		水源保证条件	水系
经济效益	土地投入	土地平整成本	等高线
		地震带避让成本	断层
		城乡建设用地地均固定资产投资	统计数据
	土地产出	城镇地均二产业产值	统计数据
		城镇地均三产业产值	统计数据
		城镇地均产业用地财政收入	统计数据
社会效益	环境效益	生态优先性	规划数据
	政策效益	产业集聚性	规划数据
		政策约束性	规划数据

映土地既作为城市发展的环境和社会承载因素，又作为产业经济发展投入要素的最终目标。

因而，产业用地选址评价指标主要包括土地质量指标、经济效益指标和社会效益指标三个层次，每个层次又划分为多种不同的指标，每类指标又由多种因子层构成，从而形成了产业用地适宜性评价指标表。

确定评价指标只是第一步，而后是确定各项评价指标的权重。一般来说，确定权重方法有两种：一类是主观权重赋值法，采用专家综合咨询评定的方法，这类方法因受到专家主观思维的影响，可能夸大或降低某类指标，常见的有层次分析法、德尔菲法等；另一类是客观权重赋值法，这类方法基于数据和运算，测算各影响指标间的相互关系，根据各项指标值的变异程度确定权重，避免了主观的偏差，较为客观。在评价中，除了对一些较为明显的影响因素，对其评价因子的权重确定采用主观赋值法外，对评价模型中多数指标或者影响因素的评价因子，采用客观赋值法测算。

15.2.2 零售业与服务业选址的关键要素

15.2.2.1 零售业选址的关键要素

决定零售业区位选择的因素大致包括如下几个方面：

消费市场的基本状况：研究零售业区位的选择必须从市场开始。一般来说，消费市场区域的规模，消费市场主体的贫富程度，对零售的业态和规模具有重要影响。不同于其他产业区位选择，零售业区位选择的特征在于消费者导向，即零售区位与消费人口的分布密度成正比例，人口密度大的区域零售业一般越大。此外，在消费市场中，与人口规模同等重要的因素是消费者的收入。收入的差异主要表现在市场区域的总购买力和收入等级间产生的购买行为模型的差异上。这种差异的结果导致了零售区位的不同类型、数量和规模。

空间距离和交通条件：由于消费市场和零售业存在地理空间的距离，消费者需要克服地理空间距离所付出的空间成本和时间成本是决定消费者选择消费地点的一个重要因素，是区位选择的重要因素。理想情况下，随着距购物中心地的距离增加，在该中心地购买的家庭数会减少，特别是在消费者日常生活用品方面表现得更加明显。消费者数量减少意味着零售企业的需求减少，这种关系可用空间需求曲线来表示。图 a 表示通常经济学所讲的需求曲线（P_1 表示商品的价格，Q 表示消费量），图 b 表示随着距离的增加交通费的变化（F 表示交通费用，K 表示距离），从消费者的角度看，消费者需要自己承担从居住地到零售区位之间的往返交通费，如图 c 所示，因此消费者实际的购买价格是在零售区位的价格加上交通成本（P_2 表示消费者购买价格）。价格上升总购买量就减少，因此，如图 d 所示，通过价格的作用可画出空间需求曲线（Q 表示家庭购买量）。该曲线表示，理想状态下消费者的购买量会随着距零售区位的距离递增而减少，当该距离达到一定程度时，由于交通成本过高，消费者无力承担，导致购买量为零，这个距离就是克里斯泰勒在"中心地理论"中所说的货物供给范围的上限或外侧界限。

　　需求空间曲线的空间变化可以在一定程度上反映城市的零售区位空间的结构。如果需求空间曲线平缓，即表示距离成本完全可以忽略不计，表明所有购物都集中在一个或几个大型零售中心进行，这说明零售区位具有强烈的空间集聚；相反，如果需求空间曲线变化幅度非常大，则表明市场区域被几个零售商业中心分割，零售地点往往分散。

　　交通条件对零售区位的作用可通过交通费用的变化来表示。一般来说，交通设施条件好的市场区域，对于消费者来说，消费者购物所需要的时间会缩短，空间和时间成本会降低；对于零售区位而言，其商品的销售范围会扩大，商业规模等级也有可能扩大。因此，在重要的交通枢纽中心常能形成大型的商业中心。

　　零售业间的竞争：零售企业的区位选择与其在同一区域经营同种类型的零售企业数量和竞争力有密切的关系。关于区位空间竞争的理论，霍特林有过精辟的论述，他认为，当需求无限且非弹性的条件下，在直线市场上只存在两个企业时，这两个企业应该在距直线市场的中点处布局。当需求有弹性时，两者将在距直线市场的端点四分之一处分散布局。克里斯泰勒和廖什则提出了六边形的模型，邻近的企业等距离呈六边形布局。另外，竞争者之间是集中还是分散与企业的经营

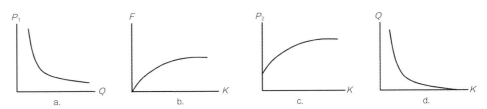

图 15-2-1　交通与消费者的空间需求关系
资料来源：李小建 . 经济地理学 [M]. 北京：高等教育出版社，1999.

种类和市场的特性等有关，P. SCOTT 认为，宝石店的布局趋势是分散大于集中，但饮食店通过竞争有利于产品的标准化，接近竞争者的布局较明显。因此，对于新开业的企业来说，必须要分析竞争者的数量、可能占有市场的比率和魅力度，在此基础上，进一步研究与竞争者间的区位空间关系，是接近布局还是相距一定距离布局。

区位之间的空间竞争，如果是同行之间的竞争，可能有两种趋势，一种是互斥竞争，另一种是在竞争中创造一种组合，即由于外部规模经济形成各种专业的商业中心，在现实中后者相对更多。如果是属于不同行业的竞争，由于彼此之间的互补性，增加了消费选择的多元，这对于消费者是有利的，满足消费者的多元需求。因此，集聚的趋势比分散的趋势更明显。

地价的作用：零售业的区位是通过竞争来获得的，能够支付最高地价的零售业最终拥有区位。地价反映了土地的经济价值，是指用来购买土地的效用或为预期经济收益所付出的代价。公司愿意支付的价格取决于土地预期获得的利润。土地价格水平与土地的位置条件有关，交通便利性、空间相关性和周围环境的满意度是影响土地购买者支付地价的重要因素。一般来说,市中心是城市交通网络的辐射点,具有最佳的交通便利性和可达性。同时，空间也是最好的，所以地价也是最高的。随着与市中心的距离增加，可达性和相关性逐渐减弱，土地价格也将下降。然而，在远离市中心的一些地区，由于整体环境满意度的提高，土地价格也可能上涨。

不同的经济活动对土地价格的支付能力不同，也就是说，位置实体不同，预期利润在位置空间上不同。城市内土地利用的空间结构实际上是由于不同的利润规模导致不同经济活动的竞争组合的结果。

在图 15-2-2 中，NOURSE 描绘了沿购物中心某个方向地价的变化与零售业类型的关系。图中的地价倾斜线除街角外，以纵轴为中心旋转可得到类似于杜能环的地价分布图，但这一模型也同时意味着假定从中心到周围交通和其他因子都相似。

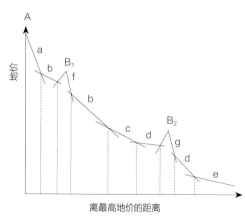

图 15-2-2　地价与零售业区位关系

a: 高级商品店；b: 妇女服装店；c: 宝石店；
d: 家具店；e: 食品店；f: 鞋店；g: 西装店

A: 最高地价点；B₁, B₂: 街角

资料来源：李小建.经济地理学 [M]. 北京：高等教育出版社，1999.

15.2.2.2　服务业选址的关键要素

服务业的区位选择一般有三个层次：一、服务企业选择不同的城市；二、服务企业选择城市内特定区域；三、服务企业选择具体区位地点。当服务企业在不同空间层次的区位做选择时，由于其所面临的问题不同，解决的途径不同，因此影响区位选择的因素有所差异。

当服务企业决定在某个城市布局时，需要综合考虑以下几个因素：

①城市接纳企业服务的规模和范围；

②服务区的人口数量和消费偏好；

③城市总体消费能力和消费量的分配情况；

④不同服务行业的总体消费潜力；

⑤其他竞争者的数量、规模和质量；

⑥竞争程度等。

分析以上因素，服务企业经营者可以得出合理的企业定位，确定布局企业的规模、服务层次、服务种类、客户群等。

在确定了城市，进一步选择城市内部某一个区域时，服务企业要分析以下几个因素：

①服务区和具体服务设施对潜在顾客的吸引力；

②竞争企业的量与质；

③到达该服务设施的交通通达性；

④该区域的居民特性和风俗习惯；

⑤该区域的空间扩展方向；

⑥该区域的基本概况等。

上述因素分析对确定服务企业在一个城市某个区域布局具有重要的作用，是具有针对性的区位选择分析。

准确确定地点是服务企业在空间上的具体落实，是区位决策的最终阶段，在选择具体地点时要考虑以下几个因素：

①经过该地点的交通状况和交通发展潜力；

②相邻企业的基本情况；

③停车场的充足性；

④在该地点布局的综合费用等。

对服务企业，最佳区位就是市场潜力较高的地方。根据商业经验，交通流量和人口密度等因素对服务企业的区位至关重要，所以，服务业会选择在人流密集和交通便利的地点集聚；在服务区内，小企业依赖大企业创造的交通条件，大企业则依靠已有的交通流吸引顾客。可达性对于生产性服务业也同样重要，因为在交易中也存在距离衰减规律，但接近市场是一个很重要的区位因素。

上面提到的是影响服务业区位选择的常规因素或分析方法，由于服务业的类型多样，分类尚不统一，因此，对于特定服务业区位选择的影响因素也就存在明显的差异。

案例 15-2-1　基于 GIS 和改进 DEA 模型的医疗资源便利性评价

分析了社区医疗资源便利性的评价对象、服务内容、时空维度的特点，分别从医疗机构提供服务的便利性和社区获得服务的便利性两个方面建立评价指

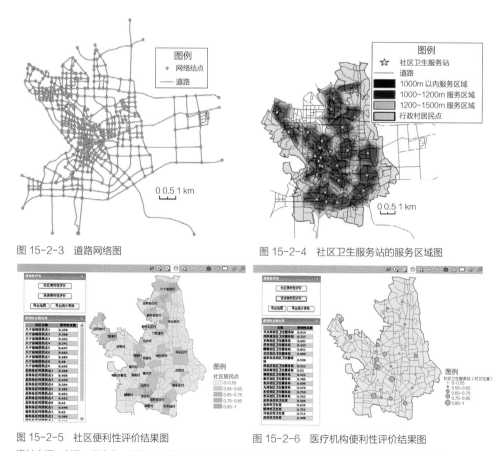

图 15-2-3　道路网络图　　　　图 15-2-4　社区卫生服务站的服务区域图

图 15-2-5　社区便利性评价结果图　　图 15-2-6　医疗机构便利性评价结果图

资料来源：彭程，程志芬，吴华瑞. 基于 GIS 和改进 DEA 模型的医疗资源便利性评价 [J]. 电子科技大学学报，2013，42（04）：609-614.

标体系。基于数据包络分析（DEA）模型并做无输入改进，提出了医疗资源便利性评价方法。在此基础上，借助 GIS 的网络分析、叠加分析等功能，考虑道路交通、人口分布及医疗机构分布等空间信息，计算医疗资源便利性评价的指标值。

15.3　产业与就业的经典诊断及预测方法
Classic Diagnosis and Prediction Methods for Industry and Employment

15.3.1　城市基础产业与非基础产业诊断

做"基础产业"和"非基础产业"的分类，最普遍的方法就是"区位商"分析（LQs）。区位商有多种描述方式，常用的是城市或区域中任一产业的就业份额相对于该产业在国家就业份额的比例。由此，一个区域的区位商 LQs 可以定义为：在给定的区域 r 中部门 i 的区域就业比率 E，相对于在同一部门国家 n 的就业比率。这样，一个区域的区位商可以用下式表达：

$$LQs = (E_{ir}/E_r)/(E_{in}/E_n)$$

区位商的分析存在着两个隐含的假设，第一，不同城市和区域的生产部门的生产率是一样的，生产同种产品所需要的要素投入是一样的；第二，不同城市和区域的家庭消费同样种类和数量的商品。而实际上，各城市和区域的生产部门的生产效率及家庭的消费函数并不一致。

针对这个问题，最小需求法将城市或区域的就业结构与类似规模的其他城市或区域相比，而不是与全国的就业结构相比。对于规模相似的区域，人们可以在另一城市中找出最小的部门就业份额来代表该类规模城市的部门性消费需求，所有大于这个数值的城市部门的就业份额被假定为代表在城市出口产业中的就业。依据这一论点，最小需求区位商可写成下式表达：

$$MRLQ_{ir} = (E_{ir}/E_r)/(E_{im}/E_m)$$

15.3.2 基于投入产出模型的产业诊断

投入产出模型，又称"产业联系"分析，是通过编制投入产出表及建立相应的数学模型，分析经济系统各产业部门之间的相互关系，被广泛应用于城市与区域产业构成的分析。

投入产出分析的核心工作是建立城市产业的投入产出表，它是在一定期间内，对城市所有产业部门之间的实物运转或价值流动所做的静态统计。在表的横向上列出的是某个产业部门的某种产品，需要列出该产品的以下属性：销售给另一个产业部门的数量（中间需要），用于最终消费的数量，收回投资数量（国内最终净需要）。在这个基础上再加上进出口量（输入和输出），就构成了该产品的"销路结构"。在表的纵向列出的是一个产业部门购买另一个产业部门产品的数量（中间投入），支付员工工资数额，纯利润和设备更新的预备金（粗附加价值），这些属性构成了一个产业的"消费结构"。

产业关联分析为实际的经济计划制定提供了有力的分析工具。以下使用简单的模型来分析乘数效果。

设定 j 产业的产值为 X_j，对于 i 产品的最终需求为 Y_i，j 产业购买的 i 产品量为 X_{ij}。根据投入产出表的概念，"投入系数"可以反映产业的固有技术，它是指每生产 1 单位的产品 j 时所需要产品 i 的数量，即 $a_{ij}=X_{ij}/X_j$。在投入产出分析中的计算是矩阵运算，为了进行这样的运算，需要得到生产量 X_j，最终需要 Y_i，投入系数 a_{ij} 的向量数据，构成矩阵 X，Y 和 A。那么，

$$AX+Y=X$$

代表各部门生产量由最终需求量与生产过程的中间需求量构成。因而，可以用下面这个公式来求出为了达到最终需要的 Y 所需的 X：

$$X=(1-A)^{-1}Y$$

在这里，$(1-A)^{-1}$ 被称为莱昂契夫逆行列式，用来表现乘数效果。如果在现在计划的基础上追加了 ΔY 的投资，那么将会增加 $\Delta X=(1-A)^{-1}\Delta Y$ 的生产量，这个乘数额可以用来评价该计划对于提高生产量的作用。

15.3.3 基于乘数效应的就业规模预测

就业规模具有乘数效应。根据基础产业与非基础产业的划分，一个城市的总就

业规模等于出口部门的就业和本地部门的就业之和。两种类型的就业通过乘数效应相关联。例如钢铁厂雇佣 1000 个工人用于扩大再生产，生产的钢铁用于出口；工人们获得收入后会在当地消费，从而带动本地部门的就业，本地部门的企业转而又会雇佣更多的劳动力去增加产出。因此，"基础产业"的就业增加会带来"非基础产业"的就业提高。而"非基础产业"的就业人员又会购买本地产品，从而支撑了本地部门的就业。这种消费和再消费的行为会一直传递下去，因此，总就业的增加规模将超过出口部门就业的初始增加额。当地的就业结构可以被定义为：

$$T=B+N$$

这里 T 是城市总就业，B 是基础性部门的就业，N 是非基础部门的就业。

在谋划城市发展时必须对未来的就业规模进行预测。城市规划通过就业规模预测来辅助公共服务设施规划，例如学校和医院；而一些企业则利用这些就业数据来预测未来的企业发展规模。可用如下公式预测总就业规模的变化量：

总就业规模的变化量 = 出口部门的变化量 × 就业乘数

各种类型的产业都有自己的就业乘数。根据就业乘数和出口部门就业规模的预计变化量，政策制定者和企业可以预测城市未来的就业规模。但预测未来涉及很多不确定的情况，难以仅用"科学性"标准来处理，这就在一定程度上限制了该模型的应用范围。

15.3.4　基于趋势外推法的就业规模预测

"趋势外推法"确定发展趋势并将这种趋势外推至未来。趋势外推法可直接应用于总人口分析、就业水平分析与总量中各部分总数的分析（如老年人口或基本就业），此外，还可以用于确定某些更为复杂模型的输入项（例如，对生育率和迁移率进行外推并输入群体生存模型，对特定产业就业乘数进行外推并输入投入产出模型）。外推法隐含的前提是：时间有效地代表了基本影响变量的累积效果，这些影响要素包括出生、死亡、企业开发以及经济结构转变等。

外推法常常是通过数学公式来表达的，该公式描述了增长或衰退曲线。通常将历史数据标注在图形中，观察曲线的轨迹及其随时间的连续变化。通常可用四种数学模型来描述历史上的人口和经济增长趋势：①线性模型；②指数模型；③修正指数模型；④多项式模型。

15.4　商业与生活服务选址的主要方法
Main Methods of Business and Service Allocation

15.4.1　基于 GIS 的商业与生活服务选址

地理信息系统（Geographic Information System）于 1960 年代产生，是一种在计算机软硬件辅助下，对空间关联的地理信息进行采集、管理、修改、分析、模拟、显示、推测等，并为地理空间规划和决策提供支持的计算机信息技术系统。计算机技术与网络技术（ICT）的快速发展，数字地球、数字城市、智能城市、物联网等新概念的涌现，极大地拓展了 GIS 的应用范围，其应用范围逐渐由传统的资源环境、地理信息领域向社会经济和商业领域发生转变。

近年来，GIS 技术在商业、生活服务选址方面有着良好的实践，运用 GIS 技术进行商业和服务设施选址，以其智能、高效、客观等诸多优势赢得使用者的青睐，并愈发受到追捧，其应用前景广阔。尤其将 GIS 技术与基于建模的空间决策系统相结合，引入设施选址中，可以解决很多选址方面的疑难杂症。因为 GIS 可以充分、快速地分析影响设施选址的各复杂地理相关因素，根据复杂联系找出空间规律，以便人们能从客观表象中发现本质规律，发现适用的科学模型，并辅以有效的分析工具，实现商业选址的合理性和实用性。

15.4.2　基于大数据的商业与生活服务选址

城市是复杂的巨系统，我们生活的城市每时每刻都在产生巨大体量的数据，这些海量数据无法被人们直接感知，但是这些无法计数的海量数据正在深刻地影响着城市的经济活动和居民的生活。因此，理解和掌握城市大数据尤为重要，通过对海量数据的分析和挖掘，从数据提取知识和信息，用数据得出的结果来解决城市中面临的挑战，最后实现城市的永续发展。

智慧城市的终极目标正是实现城市的永续发展，智慧城市的实质就是通过先进的科学技术的应用，掌握城市大数据，实现对城市的智慧管理，提高城市的综合管理水平，促进城市的和谐和可持续发展，提高人们生活的便捷度和舒适度。

　　城市大数据深刻影响着人们生活的各个领域。近年来，人们意识到掌握城市大数据的重要性，基于城市大数据的实践应用快速出现。其中，利用大数据确定商业和生活服务设施的选址是研究和实践的热点。经济发展带来的居民的消费能力的不断增强，导致商业和生活服务设施的数量和密度增加，使同一行业之间的竞争程度也越来越激烈。消费者的需求已经从单一的能够购买到所需的商品，逐渐提升为如何方便并且快捷地买到高质量的商品。因此，商业和服务设施便利性和可达性的提高成了选址的重中之重。激烈的市场竞争，迫使经营者在提高产品服务的同时，愈加注重商业的地理选址。同样，随着城市的不断发展，城市居民对生活服务设施的需求日益增长，生活服务设施空间布局的合理性与有效性变得越来越重要。

案例 15-4-1　基于 GIS 技术的小型超市选址方法

　　随着经济体制改革的深化，我国的规划逐步走向综合与理性，遵循市场规律。GIS 的产生实现了城市空间与空间属性的结合这一重要突破，为城市空间的定性与定量分析提供了广阔的平台。以 GIS 作为主要研究手段，利用深圳市某一新区的控制性详细规划相关数据资料进行小型超市规划布局方法研究。通过对其不同用地区位进行合适度评价，最终得出最适合小型超市选址的区域。此方法同样也适合用于开发商的投资开发可行性研究中。

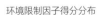

环境限制因子得分分布　　市场价值因子得分分布　　经济因子得分分布：地价分布　　人口因子得分分布　　选址综合评价因子得分分布

图 15-4-1　某小型超市选址影响因子得分分布
资料来源：周文娜．基于 GIS 技术的小型超市选址方法 [J]．工程与建设，2006，20（1）：21-23.

15.4.3　商业选址软件介绍

Esri Business Analyst 是由美国 Esri 公司推出的完整的商业模式数据分析体系，包括 Business Analyst Desktop、Business Analyst server、Business Analyst online 等。用户可以结合自己的数据进行人口和消费数据的深入分析，以获得对客户、竞争、市场和趋势更深入地了解。

Business Analyst 可以定制共享数据和分析，贯穿在用户整个组织当中，实现跨部门共享，从而减少重复研究，使分析结果速度加快，提高工作效率。它将 GIS 分析和可视化功能与扩展数据包相结合，使客户加深理解并及时获取有关市场、场所（店铺）、客户及竞争对手的信息。

"商业图盟"地理服务及商业分析软件主要任务是实现企业客户的运营推广，该软件由高德地图推出。此项服务在高德地图自带的地理信息数据基础上，增加了企业选址分析、商圈分析与会员分析等功能，为企业提供贯穿整个商业活动的全面服务。

Market Analyzer China（选址赢家）是由上海优事商务咨询有限公司开发的基于 GIS 的商圈分析软件，是一款将电子地图、最新的人口调查和商业统计等统计数据及企业内部数据进行有效整合的 GIS 商圈系统。它能够将地图数据（行政边界、道路、河流等）、商圈数据（多边形商圈、圆形商圈、出行商圈等）、客户数据（连锁店、合作设施、竞争设施等）、统计数据（人口普查数据、商业统计、收入调查、消费支出调查等）进行结合分析并在地图上进行可视化展现，帮助企业了解自己的强势和弱势区域，并在此基础上制定开店战略，并对比不同战略的效果。

图 15-4-2　Esri Business Analyst 操作界面
资料来源：https://www.esri.com/en-us/arcgis/products/arcgis-business-analyst/overview.

图 15-4-3　百度慧眼操作界面
资料来源：https://huiyan.baidu.com/solution/siteselection.

　　百度慧眼是由百度开发的一款商业地理大数据服务平台，该平台能分析以下内容：

　　（1）客流的来源与去向：从省、市、区县、商圈、街道维度精细分析客流来源，客流去向周边的分布。

　　（2）客群画像：常驻居民与流动客群画像勾勒，从性别、年龄、资产状况、兴趣爱好、消费水平、消费偏好等多重维度立体化勾勒。

　　（3）位置评估：常驻居民数量与密度分布，流动客群数量与密度分布，不同职业、年龄段人群分布，设施及场所分布。

　　（4）室内客流分析：体、楼层、店铺级客流分析，新老顾客及到店次数分析，实时客流热力分布。

案例 15-4-2　基于网络口碑度的南京城区餐饮业空间分布格局研究——以大众点评网为例

　　研究运用大众点评网（南京站）餐饮商户的点评数据，在建立口碑评价指标体系的基础上，计算各商户的口碑综合得分和排名，并对城市餐饮业的空间分布格局进行核密度分析和综合评价。研究发现，南京城区餐饮商户大致分为4个等级，呈现"头小底大"的金字塔形状，口碑较差的商户占据绝大多数，中等口碑的商户较为缺乏，餐饮业发展综合水平较低；餐饮业的空间分布主要呈现出以新街口为服务核心，其他多个次级服务中心共生发展的格局；高等级餐饮服务中心仍旧集中在主城区范围内，发展较为孤立，大致表现为服务质量圈层递减或沿交通线路轴向扩展特征；城市商圈业态也会影响传统和休闲类餐饮商户的空间分布趋势。

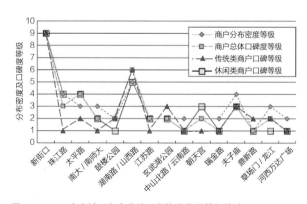

图 15-4-4　南京城区各商业片区餐饮业发展等级统计

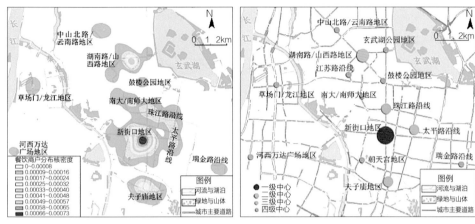

图 15-4-5　南京城区餐饮商户分布核密度　　　　图 15-4-6　南京城区餐饮服务中心分布

资料来源：秦萧，甄峰，朱寿佳，等．基于网络口碑度的南京城区餐饮业空间分布格局研究——以大众点评网为例 [J]. 地理科学，2014，34（7）：810-817.

本章小结
Chapter Summary

　　城市重点产业、商业以及生活服务型设施的科学选址决策，不仅对项目本身的发展成败起着至关重要的决定性作用，也对城市规划布局的结构和发展产生深远的影响。

　　鉴于选址的重要性，在城市规划发展的历程中，已经存在着许多城市规划选址的理论和方法，但随着科技与经济的发展，规划选址的方法也在不断推陈出新，逐步由传统的理论向着计算机、网络模式转变，大大提升了城市规划选址的工作效率和科学性。

　　本章首先介绍了产业选址的经典理论模型，包括克里斯泰勒的中心地理论、阿隆索的企业竞租理论、霍伍德和博伊斯的中心－边缘模型、戴维斯的中心商业区空间融合模型、赖利和赫夫的引力模型，以及集聚理论。随后，对城市产业用地、零售业与服务业选址的关键要素进行了分析，并总结了产业与就业的经典诊断及预测方法，包括了城市基础产业与非基础产业诊断、基于投入产出模型的产业诊断、基于乘数效应的就业规模预测和基于趋势外推法的就业规划预测。

　　值得一提的是，随着地理信息技术的快速发展，GIS 技术强大的信息分析能力、图形表示能力和空间数据的管理能力，使得 GIS 在城市规划选址决策中发挥着越来越重要的作用。同样，通过对海量数据的分析和挖掘，从大数据中提取知识，也为规划选址提供了决策支持。本章最后简要地介绍了 GIS 以及大数据在商业和生活服务选址中的应用，并提供了几款商业选址软件供读者学习和参考。

参考文献

[1] 李小建. 经济地理学 [M]. 北京：高等教育出版社，1999.

[2] 吴志强，李华.1990 年代北京市外商投资空间分布动态特征研究 [J]. 城市规划学刊，2006（03）：1-8.

[3] 朱玮，陈懿慧，王德. 基于多代理人模拟的上海市域零售业中心体系研究 [J]. 上海城市规划，2014（01）：109-115.

[4] 张文忠. 大城市服务业区位理论及其实证研究 [J]. 地理研究，1999（3）：273-281.

[5] 王德，王灿，谢栋灿，等. 基于手机信令数据的上海市不同等级商业中心商圈的比较——以南京东路、五角场、鞍山路为例 [J]. 城市规划学刊，2015（03）：50-60.

[6] 彭程，陈志芬，吴华瑞. 基于 GIS 和改进 DEA 模型的医疗资源便利性评价 [J]. 电子科技大学学报，2013，42（04）：609-614.

[7] 吴志强，李德华. 城市规划原理 [M].4 版. 北京：中国建筑工业出版社，2010.

[8] 秦萧，甄峰，朱寿佳，等. 基于网络口碑度的南京城区餐饮业空间分布格局研究——以大众点评网为例 [J]. 地理科学，2014，34（07）：810-817.

[9] 伍业锋. 统计数据的概念、范式及其角色 [J]. 统计与决策，2011（14）：7-9.

[10] 李金昌，苏为华. 统计学（修订版）[M]. 北京：机械工业出版社，2009.

[11] 上海同济城市规划设计研究院院级技术规程控件，01 总 -6 基础资料汇编规程.

[12] http：//www.stats.gov.cn/tjzs/tjbk/201502/t20150212_682790.html.

[13] http：//lijiwei19850620.blog.163.com/blog/static/97841538200903428484445/?ignoreua.

[14] Katherine Isselmann DiSantis, Amy Hillier, Ri o Holaday and Shiriki Ku ma n yika. Why do you shop there? A mixed methods study mapping household food shopping patterns onto weekly routines of black women[J]. The international journal of behavioral nutrition and physical activity, 2016, 13, 11.

[15] 周文娜. 基于 GIS 技术的小型超市选址方法 [J]. 工程与建设，2006，20（1）：21-23.

[16] 陈泽鹏，李文秀. 区域中心城市服务业空间布局实证研究 [J]. 广东社会科学，2008（01）：31-36.

16

城镇群与区域 | Urban Agglomerations and Regions

16.1 城镇群与区域的基本认识
Concepts of Urban Agglomerations and Regions

随着社会经济的发展，城市作为人类的主要生产居住形式正经历着快速发展，时至今日，城市已经不满足于单体的发展，越来越趋向于群体的发展，在此背景下，"城镇群"这一区域空间组织形式应运而生。当今，城镇群的影响地域不断扩大、城市间的互动联系不断密切、城市的主体趋向多元、城市区域空间系统趋向复杂。城镇群这种新的城市组织形式以城市之间密切的经济联系为基础，以城市间的社会文化关系为纽带，冲破行政樊篱，正在成为我国城市化进程的主体。

城镇群是限定地理空间范围内具有密切的社会、经济、生态、文化等联系，出现了具有经济社会集聚效应，地域毗邻的城镇共同体。根据其联系的紧密程度，又产生了城乡混合区、城镇密集区、城镇连绵带等多种城镇群组织形式。

城镇群的概念最早可以追溯至 1957 年法国知名地理学家哥特曼的大都市带理论，主要基于对世界大都市群的初步研究。目前对于城市群及其衍生概念的界定与内涵的理解较为多样，对其中影响较大、被引用频次较高的概念界定进行分类概括，具体可见表 16-1-1。

自我国改革开放以来，快速的城镇化极大地推进了经济的发展和人民生活水平的提高，同时很大程度地推动了具有集聚效应和辐射能力的中心城市的发展。随着经济转型与区域经济一体化的发展，我国的城镇化逐渐由单个城市的城镇化过渡为城镇群的城镇化。目前，我国已经产生了颇具规模的城镇群，如长江三角洲城镇群、珠江三角洲城镇群、辽宁中南部城镇群、环渤海京津唐城镇群和四川盆地城镇群等。

国内外与城市群相关的主要内涵及界定标准　　　表 16-1-1

时间	研究者	名称	基本内涵	空间识别标准
1957 年	戈特曼	大都市带	范围广大，由多个发育成熟、各具特色的都市区向前形成自然、社会、经济、政治、文化等多方面有机联系、分工合作的组合体。是城市群发育的最高级阶段	①区域内城市较紧密；②不少大城市形成都市区，核心与外围地区有密切的社会经济联系；③核心城市由方便的交通相连，各都市区之间无间隔，且联系紧密；④必须达到相当大的总规模；⑤具有国际交往枢纽的作用
1910-1990 年代	美国	大都市区	是城市群的基本组成，主要研究对象是城市及与其紧密联系的腹地	以马萨诸塞州为例：①中心城市人口规模在 5 万人以上；②非农业劳动力的比例 > 75% 或绝对数 > 1 万人；③人口密度不低于 20 人 /km²；④通勤率单向不低于 15% 或双向不低于 20%
1950-1960 年代	日本	都市圈	其重点是估测城市的某一力量所能涉及的范围，如先后出现的商业圈、生活圈、通勤圈。随着快速交通的发展，通勤圈要相对更大，可以在一定程度上具有城市群的特征	①中心城市为中央指定市，或人口 100 万以上，且邻近有 50 万人以上城市；②中心城市 GDP 占圈内 1/3 以上；③外围到中心城市的通勤不低于 15%；④圈内货物运输量至少占总量 25%；⑤圈内总人口至少 3000 万
1987 年	麦吉	Desakota 区域	处于大城市的交通走廊地带，借助于城乡间的强烈相互作用，以劳动密集的工业、服务业和其他非农产业的迅速增长为特征的原现存地区	①人口密集且与周围地区交通方便；②城市外围当天可通勤；③非农产业增长迅速；④人口流动性较强；⑤越来越多的妇女参与非农产业
1986 年	周一星	都市连绵区	以都市区为基本组成单元，若干大城市为核心并与周围地区保持强烈交互作用和密切社会经济联系，沿一条或多条交通走廊分布的巨型城乡一体化地区	①有 2 个以上特大城市；②大型海港空港及定期国际航线；③综合交通走廊；④中小城市数量较多，总人口 2500 万以上，密度达 700 人 /km²；⑤各城市、城市和外围之间联系紧密
1990 年代至今	姚士谋、顾朝林、方创琳等	城市群	城市群被认为是在特定的地域范围内具有相当数量的不同性质、类型和等级规模的城市，依托一定的自然环境条件，以一个或两个超大或特大城市作为地区经济的核心。借助于现代化的交通工具和综合运输网的通达性，以及高度发达的信息网络，发生与发展着城市个体之间的内在联系，共同构成一个相对完整的城市"集合体"	姚士谋：①总人口 1500 万以上；②具有特大超级城市；③城市、城镇人口比重高；④城镇人口占全省比重高；⑤具有城市等级；⑥交通网络密度高；⑦社会消费品零售总额占全省比重高；⑧流动人口占全省比重高；⑨工业总产值占全省比重高。方创琳：①大城市多于 3 个，且至少一个城镇人口大于 100 万；②人口规模不低于 2000 万，城镇化率大于 50%；③人均 GDP 超过 3000 美元；④经济密度大于 500 万元 /km²；⑤基本形成高度发达的综合运输通道；⑥非农产业产值比率超过 70%；⑦核心城市 GDP 的中心度 >45%

资料来源：王丽，邓羽，牛文元. 城市群的界定与识别研究 [J]. 地理学报，2013，68（8）：1059-1070.

城市群代替城市的作用，逐渐成为区域内社会经济发展的发动机，城镇群的经济发展速度和城市化进程在区域中起到支柱作用，并成为我国社会经济发展的重要载体。城镇群区内部，城市和区域的各要素形成了互相依存和联结的复杂网络，城市群区内的各种要素流趋于复杂。由此，高速的发展不可避免地给城镇群带来了一系列社会、经济和环境问题，这些问题可以概括为"不合、不和、不续"，即城市与外部自然环境不合一，城市内部各系统的不和谐，城市的现在与未来的不永续。这些城市问题将会影响城镇群系统的发展。

中央决策层的会议多次强调城镇群的重要性，并确定城镇群发展路线。2013年12月召开的中央城镇化工作会议指出"要把城市群作为城市发展的主体形态，促进大中小城市和小城镇合理分工、功能互补、协同发展"；2015年12月召开的中央城市工作会议进一步指出"要以城市群为主体形态，科学规划城市空间布局"；国家"十三五"规划纲要继续深化了这一发展战略，提出"要发挥城市群辐射带动作用，优化发展京津冀、长三角、珠三角三大城市群，形成东北地区、中原地区、长江中游、成渝地区、关中平原等城市群"。

综上所述，以城镇群的发展为发动机驱动中国区域经济协调发展已经成为国家的重要发展战略，城镇群规划成为近年区域规划工作中新的重点。面对崭新的时代背景和趋势，传统的城市群空间规划在理论和方法上只有寻求更多的创新与突破，才能应对复杂多变的区域发展环境，保证城市和城镇群健康永续的发展。

16.2　城镇群与区域的空间诊断方法
Spatial Diagnosis of Urban Agglomerations and Regions

16.2.1　城镇群与区域边界诊断

关于城镇群及城镇密集区域边界的划定和识别的方法有很多，根据视角、时期、地域等有不同的划分。总体来说，对城镇群与城镇密集区域地域范围的界定，按照行政边界、统计边界和建成边界等的界定划为三种不同模式，各有侧重，应按照实际的应用需求进行具体操作。

16.2.1.1　基于行政区划的划分

《国民经济和社会发展第十三个五年规划纲要》（简称"十三五规划"）提出了以城市群为主体形态的新型城镇化推进战略。中央以下的不同行政层级上，各级政府也制定了相应的城镇群规划，对城镇群的范围、发展战略与未来部署等进行了详细的界定与规划。

例如，《全国主体功能区规划》中已经提出了以"两横三纵"为主体的城镇化战略格局，长三角、珠三角、京津冀三个特大城镇群规划成为我国的增长极，哈长、江淮、海峡西岸、中原、长江中游、北部湾、成渝、关中—天水等城镇群成为我国的重点开发地区，这些大城市群和区域性的城市群的发展与国家战略紧密联系。

这种城镇群的划分方式，主要以各级行政区划为边界，划定一定的城镇群范围，作为全国与区域发展战略的落实空间，确保在空间上落实和协调各级政府制定的各项发展要求与布局。

案例 16-2-1 《长江三角洲城市群发展规划》对长江三角洲城市群的定义

长三角城市群在上海市、江苏省、浙江省、安徽省范围内，由上海为核心、联系紧密的多个城市组成，主要分布于国家"两横三纵"城市化格局的优化开发和重点开发区域。规划范围包括：上海市、江苏省的南京、无锡、常州、苏州、南通、盐城、扬州、镇江、泰州，浙江省的杭州、宁波、嘉兴、湖州、绍兴、金华、舟山、台州，安徽省的合肥、芜湖、马鞍山、铜陵、安庆、滁州、池州、宣城等 26 市，国土面积 21.17 万 km^2，2014 年地区生产总值 12.67 万亿元，总人口 1.5 亿人，分别约占全国的 2.2%、18.5%、11.0%。

图 16-2-1　长三角城市群范围图
资料来源：中华人民共和国国家发展和改革委员会 [Z]. 长江三角洲城市群发展规划 . 2016.

16.2.1.2　基于国情统计的划分

另一种城镇群边界的划分方式，基于对区域内城镇人口、经济、交通等特性与联系的测度，侧重于对区域内城镇间同质性与联系度的现状或潜力的描述。

16.2.1.3　基于建成区划分

地理学上的城镇化是农村地貌向城市景观转变的一种过程，即以人工的建成区代表城镇地区。相应的，在对城镇群的空间诊断上，绵延的建成区即可表征城镇群的地理空间所在。

案例 16-2-2　北京市一日交流圈

一日交流圈通常的含义是，在区域内以某中心城市为出发点，一日之内可以往返的最大范围，其概念最早起源于日本。王德（2001）等学者认为可以通过"一日交流圈"的概念来划分城市功能的覆盖范围，并以京津冀地区为研究范围，实证研究了北京市的一日交流圈，研究认为1990年至2005年北京市一日交流圈的扩大很大程度上得益于高速公路和国道的修建以及整体交通网络运行速度的提升，因此，今后高速铁路将成为一日交流圈最有效的提升路径。

资料来源：王德，郭玖玖．北京市一日交流圈的空间特征及其动态变化研究 [J]. 现代城市研究，2008（5）：68-75.

案例 16-2-3　基于"六普"数据的大都市区界定方法

大都市区的界定遵循都市区空间结构的一般特征以及中国"市辖县"的行政区划体制。根据经验，我国大都市区应以区县为基本统计单元，由中心市和外围县两部分组成。此外，结合中国国情，大都市区的范围一般不会突破所在地级（及以上）城市的行政边界。

中国大都市区的界定方案　　　　　　　　　　　表 16-2-1

大都市区类型	性质	区县类型	界定标准
标准型 （99 个）	中心市	中心城区和部分近郊区	①人口密度 ≥ 1500 人 /km²，且城镇化率 ≥ 70% 的区可作为中心市；②大都市区中心市总人口不低于 50 万
	外围县	近郊区县（市）	①未达到中心市标准，但城镇化率 ≥ 60% 的区县（市）；②与中心市或已划入该都市区的外围县（市）相邻近
非标准型 （29 个）	中心市分离型		在空间上存在彼此分离的两个中心市，其中一个由市政府驻地形成较发达的中心市，在外围由于港口或是厂矿的建设形成空间上分离的另一个中心市
	主副双中心型		存在一个人口不足 50 万的"中心市"，但外围存在一个城市化率较高，且联系较为紧密的辖区，二者相加城镇人口大于 50 万
	无中心市型		由于行政区划调整，中心城区与外围郊区县合并重组，使新城区人口密度和城镇化率均有所下降。在此情况下，以城镇化率大于 60%，且城镇人口达到 50 万以上的区作为大都市区的组成单元
	多核心分散型		东莞、中山：没有区，直接由镇和街道组成的地级市。伊春：各个辖区面积较大，人口较少，且集中在众多的小型城镇中

2010 年中国大都市区人口规模结构及变动　　　　　　　　　表 16-2-2

大都市区人口规模等级	数量（个）	对比 2000 年数量变化	人口比重（%）	对比 2000 年比重变化（百分点）
Ⅰ级 >500 万	16	+8	46.5	+15.8
Ⅱ级　200 万～500 万	25	+7	25.5	-1.2
Ⅲ级　100 万～200 万	39	+10	16.4	-4.2
Ⅳ级　50 万～100 万	48	-14	11.6	-10.4

资料来源：张欣炜，宁越敏 . 中国大都市区的界定和发展研究——基于第六次人口普查数据的研究 [J]. 地理科学，2015，35（6）：665-673.

案例 16-2-4　基于夜间灯光数据的城镇群时空格局研究

美国军事气象卫星（DMSP）搭载的 Operational Linescan System（OLS）传感器在夜间工作，能探测到城市灯光甚至小规模居民地、车流等发出的低强度灯光，并使之区别于黑暗的乡村背景。因此，DMSP/OLS 夜间灯光影像可作为人类活动的表征成为人类活动良好监测的数据源，是从事大尺度城镇化研究的一种有效的数据来源。

选取 2010 年城镇化率、地均 GDP 和地均第二、第三产业增加值作为表征城镇化水平的复合指标，复合化后等权重叠加。选用区域平均灯光强度指标 I_j 来反映城镇化水平：

$$I_j = \sum_{i=1}^{63} DN_i \times \frac{n_i}{N \times 63}$$

式中，DN_i 为域内第 i 级的灰度值，n_i 为域内第 i 灰度等级的像元总数。N 为区域内像元总数（$63 \geq DN \geq 1$），63 为最大灰度等级。I_j 表征了相对于最大可能灯光强度的比例关系。由此计算出各区县平均灯光强度，分别与 2010 年各区县城镇化率和衡量城镇化水平的综合指标拟合，可以发现灯光强度与城镇化率和城镇化水平有高度相关性，即灯光指数能很好地反映城镇化水平。

基于此，分析成都平原城市群近二十年发展情况可知：

（1）整个城镇群城市化水平持续提高，且后十年的城镇化进度更快；

（2）成都平原城市群目前呈以成都市为中心的单中心格局，"成德绵"沿线形成连绵发展的雏形。

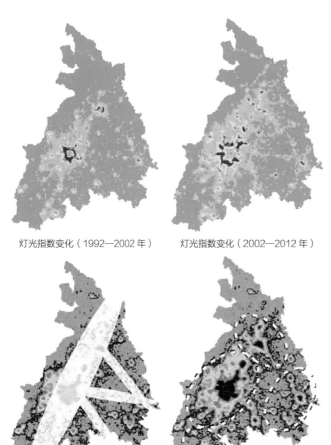

灯光指数变化（1992—2002 年）　　　灯光指数变化（2002—2012 年）

城市群发展轴线　　　　　　　　城市群发展中心

图 16-2-2　成都灯光指数与城镇化水平对照

资料来源：周垠，李磊，廖菲. 成都平原城市群城镇化时空格局——基于 DMSP/OLS 夜间灯光数据的研究 [J]. 城市发展研究，2015,（03）：28-32.

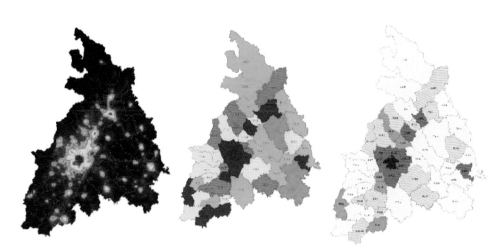

图 16-2-3　成都平原城市群城镇化时空格局

资料来源：周垠，李磊，廖菲 . 成都平原城市群城镇化时空格局——基于 DMSP/OLS 夜间灯光数据的研究 [J]. 城市发展研究，2015，（03）：28-32.

案例 16-2-5　基于通勤流的不同职业功能区划定

　　数据聚合会损失其包含的异质性。我们比较了功能区划定对于不同人群、不同职业是否一致。这一工作可以为城镇群的规划及其社会治理提供视角。

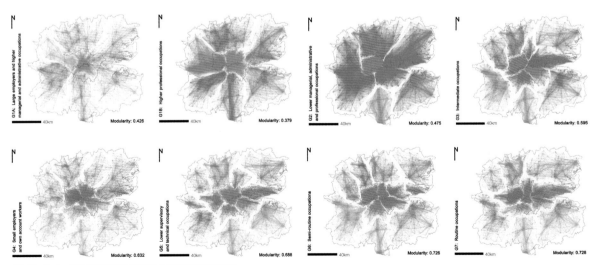

图 16-2-4　基于通勤流的不同职业的功能社区发现

资料来源：Shen，Y.，Batty，M. Delineating the perceived functional regions of London for commuting flows[J]. Environment and Planning A: Economic and Space，2018，7.

16.2.2 城镇群与区域结构诊断

"结构"一词，原指建筑物的内部设置。后来，结构被引用到生物科学及社会科学中，指被研究的对象具有系统性、持续性，并可辨认的现象，如生命结构、产业结构、社会结构、空间结构等。瑞士学者皮亚杰指出，结构是一种关系的组合。事物各成分之间的相互依赖是以他们对全体的关系为特征的，即一个具体事物的意义并不完全取决于该事物的本身，而取决于各个事物之间的联系，即该事物的整个结构，"整体大于或小于部分之和"是结构的本质所在。城市是各种人文要素和自然要素的综合体，城市空间结构历来是多学科从不同角度进行研究的对象，因而对空间结构并没有一个统一的概念框架。约翰斯顿主编的《人文地理学词典》中将空间结构解释为用来组织空间并涉及社会和 / 或自然过程运行和结果的模式，并归纳自从第二次世界大战以来，在英语国家的人文地理学中，空间结构概念的发展过程可划分为三个主要阶段（图 16-2-5）。

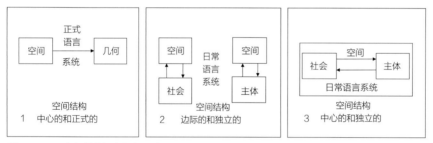

图 16-2-5 空间结构概念的发展过程
资料来源：R. J. 约翰斯顿 . 人文地理学词典 [M]. 北京：商务印书馆，2004.

城市的空间结构可以概括为三个层面和尺度的空间状态。一为城市内部空间，以主城为主包括城市各功能区，是城市空间中最基本的空间实体，也是城市空间集聚和扩散的核心，它的变化及发展最能反映城市的本质现象及趋势；二为城市外部空间，包括城市的边缘、郊区、卫星城、新城、"飞地"等，此空间层面是最灵活的地区，记录了城市的成长并推断可能的发展方向；三为城市群落空间，即区域和腹地，此层面包括了"城镇空间与区域空间在内的区域系统"，此空间层面代表城市之间、城市与区域之间等更宏观、更复杂的关系。

本章重点研究城镇群的空间结构，关注区域中多个城市构成的外部群体空间。

16.2.2.1　空间结构要素

现代城镇群的空间结构是人类社会 – 空间系统内各主体与实体的组织关系和分布格局，其经济空间结构范畴，反映了经济系统中各子系统、各主体、各要素之间的空间关系。一般而言，城市群空间经济结构要素可以分为两种类型。

（1）具有显性特征的空间经济区位集合要素及其空间组合实体或类型，即可识别的点、线、面区位要素。据此构造空间结构要素"矩阵"见表 16-2-3。

空间结构要素的组合模式　　　　　　　　　　表 16-2-3

区位要素及组合	空间子系统	空间组合类型
点 – 点	节点系统	村镇系统、集市系统、城市体系
点 – 线	经济枢纽系统	交通枢纽、工业枢纽
点 – 线	城市 – 区域系统	城市集聚区、城市经济区
线 – 线	网络设施系统	交通通信网络、电力网络、供排水网络
线 – 面	产业区域系统	作物带、工矿带、工业走廊
面 – 面	宏观经济地域系统	基本经济区、经济地带
点 – 线 – 面	经济一体化系统	等级规模体系

资料来源：王伟 . 中国三大城市群空间结构及其集合能效研究 [D]. 上海：同济大学，2008.

（2）具有隐性特征的空间要素的"流""网络"与"体系"。按照要素流的性质，可分解为人力流、技术流、物质流、资金流和信息流等要素的流动。流的密度可以反映节点的网络权力大小。等级体系与网络结构有着紧密联系，在网络结构中，网络权力大的节点其等级就越高，等级高低是区域空间分工的重要依据。这些隐性的空间要素是现代城市群空间结构形成的基础条件，维系着不同特性的空间结构并使之循环不已地运行和演化。

16.2.2.2　空间结构模式

对城镇群的空间模式的理论研究，已有较多的积累，以下简单介绍几种较有代表性的模式。

（1）圈层模式

1826 年，由德国古典经济学家约翰·海因里希·冯·杜能（Johann Heinrich von THÜNEN）在著作《孤立国同农业和国民经济的关系》中提出杜能环结构。根据区位地租原理，农业产品呈现围绕市场的同心圆分布的理想模式，这为以后区位论的距离衰减法和空间相互作用原理提供基础。

（2）中心地模式

中心地模式是现代城镇体系的重要模式，由德国地理学家沃尔特·克里斯塔勒（Walter Christaller）1933年发表的《德国南部的中心地》中提出。该模式首次把区域内城市系统化，解释了区域内城镇等级、规模、职能间关系及空间结构的规律，解释了空间经济网络化的形成机理，是城镇群体研究的基础理论。

（3）增长极模式

由法国经济学家弗朗索瓦·佩鲁（Francois Perroux）在其1955年的论文《略论增长极概念》中提出。增长极就是围绕推动型主导工业部门而组织的有活力的高度联合的一组工业，能迅速增长并通过乘数效应，推动其他经济部门的增长。

（4）核心－边缘模式

法国城市与区域规划学者约翰·福利德曼（John Friedman）在1966年的代表性著作《区域发展政策》中提出核心－外围理论的基本思想，并在随后的论文《极化发展的一般理论》中进行深化。该理论试图以空间结构演变的过程，解释一个区域如何由孤立发展演变成彼此联系的不平衡发展，又演变为相互关联的平衡发展区域系统。

（5）点－轴模式

由我国经济地理学家陆大道提出。点轴理论是对法国经济学家佩鲁的增长极理论的延伸。根据经济发展的经验，经济中心总是集中在少数条件较好的区位，呈点状分布，此为区域增长极，也是点轴理论的点。随着经济的发展，经济中心逐渐增加，点也逐渐增多，点与点之间由于生产要素交换的需求，出现了联系点的轴。轴开始是为增长极即点服务的，但轴线一形成，吸引人口、产业要素向轴线两侧集聚，产生新的增长点。由此，点轴贯通，形成点轴系统。因此，点轴理论可以理解为从发达区域大大小小的经济中心（点）沿交通线路向不发达区域纵深地发展推移。

（6）自组织模式

随着复杂科学的进展及其对地理学的渗透，传统经济地理学模型得以改造，改变过去在时间上静止、忽略空间各主体相互作用机制的弊端。布鲁塞尔学派的彼得·艾伦等人（P. M. Allen等，1997）以耗散结构理论方法对城市的产生、发展和演化进行了自组织模拟，以逻辑斯蒂方程与吸引力方程相组合建立了以人口为变量的系统模型。并得到了城市自组织形成和发展的四个过程：独立发展阶段、范围扩大阶段、人口增长停滞阶段和城市群形成并竞争阶段。

由以上的综述可见，任何区域城镇群体的形成都经历了单个城市的空间扩展到相互联系的网络系统这一过程。传统的区域空间模式实际上是对区域经济社会发展所导致的空间形态的描述，并不具有解释意义，从静态分析向动态的空间演化模拟，是未来城镇群空间研究的趋势。

16.2.2.3　城镇群空间演变分析

依托地理空间信息技术与方法，不仅可以回答量的问题，还可以回答空间量化问题。基于生成的可视图形与分析数据获取、掌握城市群经济空间特征信息，最后完成对城市群的基本理解和解释。基于对城镇群经济空间系统的"形态－轨迹－能效"三个基本方面，着力"趋势面－重心－能效"三个指标来表征城镇群经济空间的演变，由此可以识别与透视城镇群空间结构的整体特征。

借助 GIS 等软件生成的图形形式表示研究对象城镇群的经济空间格局，用一系列图形来对空间的发展演变进行刻画，从中挖掘出城市群时空发展历程中蕴含的丰富信息与多重内涵，将这些定量化信息从所研究的对象中提取出来，通过随着时段的观察、测量、推断、解析，获取能准确表征城镇群空间演变的一组具有关键点位的逻辑性取样，进而将这些取样联合起来，以说明整体行为规律的"集合"。

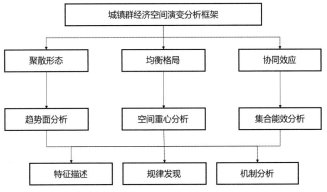

图 16-2-6　城镇群经济空间演变分析框架

资料来源：王伟 . 中国三大城市群空间结构及其集合能效研究 [D]. 上海：同济大学，2008.

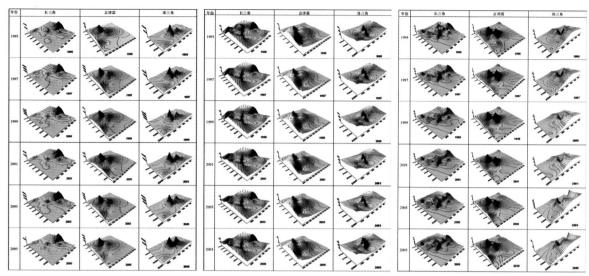

三大城市群经济空间——GDP 三维趋势面图谱　　　　三大城市群经济空间——人口三维趋势面图谱　　　　三大城市群经济空间——城市化率三维趋势面图谱

图 16-2-7　大城市群经济空间趋势面图谱

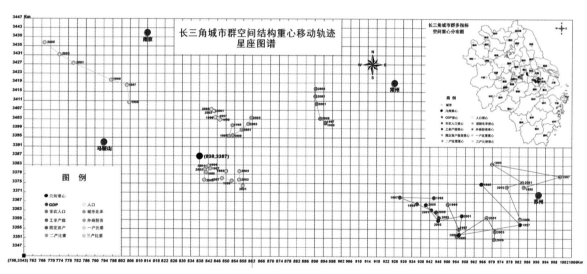

图 16-2-8　长三角城市群空间结构重心移动轨迹星座图谱

城市群双维结构能效测评值区间划分　　　　　　　　　　表 16-2-4

基于距几何重心距离测度		区间划分			
基于距首位城市距离测度		低（0~0.25）	中低（0.25~0.50）	中高（0.50~0.75）	高（0.75~1.00）
区间划分	高（0.75~1.00）				
	中高（0.50~0.75）			珠三角城市群长三角城市群	
	中低（0.25~0.50）				
	低（0~0.25）		京津冀城市群		

资料来源：王伟. 中国三大城市群空间结构及其集合能效研究 [D]. 上海：同济大学，2008.

16.2.3　城镇群与区域活力诊断

16.2.3.1　城市竞争力评价

城市群作为一种区域组织，其出现和发展是城市发展到较高阶段的产物。从城市群内部看，城市竞争力主要来源于城市间的竞争与合作关系，城市一方面与城市群内其他城市竞争资源，同时也要互相合作、功能互补，以不降低城市群内其他城市的竞争力进而阻碍其经济发展为前提，这就是城市群视角下的城市竞争力，也是城市群与区域整体保持活力、提升竞争力的方式。

城市群视角下的城市竞争力最终来源于三个方面，即城市群内该城市自身的竞争力、城市群内各城市之间的相互协作分工所形成的经济联系给该城市带来的竞争力以及该城市在组成城市群系统中其独特的地位所带来的竞争力。

城镇群内城市的竞争力具有系统的特性，各个影响因子以及各子系统之间相互交叉影响，彼此相连，不可分割。对应城市竞争力来源的类型，城市竞争力系统可以分为三个子系统：

（1）个体城市竞争力系统（节点竞争力）=f（城市规模，经济总量，初级生产要素，金融资本实力，科学技术水平，产业结构与效应，全球化能力，信息化水平，基础设施，生态环境，综合区位）

（2）个体城市之间协作关系竞争力（网络竞争力）=f（协作水平，专业化水平，经济联系强度）

（3）城市在城市群系统支持下形成的竞争力（系统竞争力）=f（产业集聚，规模集聚，发育程度）

城市竞争力既包括静态的比较优势，又包括动态的竞争优势，既是一个结果，更是一个复杂过程。对其的评价诊断，可以依托一套较为完善的城市竞争力评价指标体系进行。

城市群视角下城市竞争力评价指标体系　　　　　　　表 16-2-5

一级	二级	三级	一级	二级	三级
节点竞争力	城市规模	常住人口	节点竞争力	生态环境	建成区绿化覆盖率
		建成区面积			工业固体废物利用率
	经济总量	GDP			城镇生活污水处理率
		人均社会消费品零售额		综合区位	自然区位
		人均社会固定资产投资额			政治区位

一级	二级	三级	一级	二级	三级
节点竞争力	初级生产要素	社会从业人员总数	网络竞争力	协作水平	职能分工度
		在岗职工平均工资			产业分工度
		工业用地价格			城市职能专业化
	金融资本实力	人均居民储蓄存款余额		经济联系强度	主导产业错位发展
		金融机构各项贷款余额			空间相互作用强度
		金融机构存款金额			交通网络通达度
	科学技术水平	教育水平			市场分割度
		R&D 占 GDP 比重	系统竞争力	产业集聚	产业集中度
		万人专利申请量			主导产业优势
	产业结构效益	服务业占第三产业比重			产业结构高度
		外资工业企业比重		规模集聚	人口规模
		万元工业产值能耗			经济规模
	全球化	经济外向依存度			市场规模
		外资占 GDP 比重		发育程度	经济密度
	信息化	互联网普及率			中心城市规模
		邮电业务占 GDP 比重			城市集聚度
	基础设施	人均城市道路面积			交通网络密度
		等级公路网密度	—	—	—
		航空与港口登记	—	—	—

资料来源：黄顺魁 . 竞争、合作与联动：城市群视角下城市竞争力研究 [D]. 广州：暨南大学，2012.

16.2.3.2 创新力评价

一个地区的创新能力是实施创新驱动战略、建设创新型国家的重要基础，也是城市所在区域保持长久活力的根源与动力。

目前对于创新力的分析有较多的手段，主要依托于指标的评价。以下介绍几个应用较为广泛的城市创新力评价指标。

（1）创新基尼系数：衡量创新活动空间均衡性，其取值范围为 [0,1]，数值越小，说明创新活动在区域分布越均衡；反之，说明创新活动在区域分布越不均匀。

$$G=\frac{1}{2n^2\bar{X}}\sum_{i=1}^{n}\sum_{j=1}^{n}|X_i-X_j|$$

n 表示区域内地区数量；$\bar{X}$ 表示区域创新活动平均数；X_i、X_j 表示 i 地区、j 地区创新要素占区域创新要素的份额。

（2）创新首位度：用来测度创新活动在首位地区的聚集程度，创新首位度在一定程度上代表了创新活动在首位地区的集中程度。

$$R_s = \frac{Y_1}{Y_2}$$

R_s 表示创新首位度；Y_1 表示首位地区创新活动量；Y_2 表示第二位地区的创新活动量。

（3）Moran 指数：检验创新活动空间聚集是随机的还是存在一定规律或内在关系，以此识别创新活动空间聚集。

$$Moran's\ I = \frac{\sum_{i=1}^{n}\sum_{j=1}^{n}W_{ij}(Y_i-\bar{Y})(Y_j-\bar{Y})}{S^2\sum_{i=1}^{n}\sum_{j=1}^{n}W_{ij}}$$

式中

$$S^2 = \frac{1}{n}\sum_{i=1}^{n}(Y_i-\bar{Y})$$

Y_i 表示第 i 个地区创新活动量；n 表示地区总数；W_{ij} 表示二进制的邻近标准或距离标准的权重矩阵。

16.3　城镇群与区域规划内容
Planning for Urban Agglomerations and Regions：Contents

总体来说，城镇群规划可以看作区域规划的一种类型。因此，本节将针对区域规划的概念、发展、内容与类型进行介绍，区域规划涉及的相关工作内容，也适用于具体的城镇群规划工作。

16.3.1　概念与发展

16.3.1.1　概念

区域规划就是通过对区域发展规律的认知而描绘未来较全面或长远的发展蓝

图。大多数学者把区域规划看作是空间属性的规划。有的国际文献把区域规划定义为广义层面上的土地利用规划，使各种用地达到平衡和有效的使用；也有把区域规划定义为狭义层面的规划，认为区域规划是以大城市为核心的、将大城市都市化影响所及地区进行综合规划，以使整个区域构成一个经济社会整体。也有的文献将区域规划看作是决策的过程，是实现未来社会经济发展目标或达到未来发展状态的行动顺序和步骤的决策。国内学者对区域规划的定义相对比较一致，绝大多数学者都对区域规划作狭义的理解。1956年，国家建委制订的《区域规划编制和审批暂行办法（草案）》把区域规划定义为"在将要开辟若干新工业区和将要建设若干新工业城镇的地区，根据当地的自然条件、经济条件和国民经济的长远发展计划，对工业、动力、交通运输、电信、水利、农业、林业、城镇、建筑基地和供水、排水等各项工程设施的建设，进行全面的规划，使一定地区内国民经济的各个组成部分之间和各个工业企业之间有良好的协作配合，城镇的布局更加合理，各项工程建设更有秩序"。

16.3.1.2　发展

纵观一百多年以来世界区域规划的发展过程，各国区域规划的发展与各国区域经济发展的进程是密切相关的。

早期的区域规划实践始于对经济发展迅猛超常地区基础设施的统一协调性规划，特别是1920年代初美国从经济萧条中复苏，逐步进入经济繁荣期，以美国纽约为代表的城市区域规划开启了现代区域规划的启蒙。1930年代开始，经济工业化和社会城市化急剧发展，社会经济区域空间组织矛盾日益复杂化、尖锐化，区域规划成为解决这些问题的重要前提，是区域立法和行政部门制定有关法令和区域政策的基础，得到了广泛的推行。1940年代中期起，战后建设和发展工作带动了以城市为核心的区域规划在战后进入繁荣时期。1990年代以后，为了解决日益突出的人口、资源、环境与经济社会发展问题，区域规划出现了新的发展，可持续发展的理念越来越多地体现在区域规划中。

我国的区域规划工作是伴随着1949年后大规模基本建设而开展的。为了解决"一五"期间重复建设、基础设施不协调等问题，1956年，国家建委作出《关于开展区域规划工作的决定》，同年国务院通过《国务院关于加强新工业区和新工业城市建设工作几个问题的决定》，对区域规划做了明确的概念界定。"二五""三五"期间，由于决策失误和十年动乱，区域规划进入低潮，直至 1970 年代末，经济建设的振兴，为了应对当时我国在资源开发利用、国土整治和生产力布局上面临的一系列亟待解决的问题，区域规划工作才再次进入发展高潮。然而在 1980 年代，随着城市发展高潮的到来，"就城市论城市"的弊端逐渐显露，我国城市规划编制体系中区域规划的缺失，使得区域城镇体系规划起了暂时的替代作用。直至 1990 年代中期，在区域城镇体系规划的基础上发展起来的县域规划、市域规划逐渐展开，我国区域规划开始呈现不同的发展态势，城镇体系规划得到提升，结合城镇群体发展特征的新的城镇体系规划和城市区域规划的类型正在不断兴起。

16.3.2　规划内容的构成

区域规划是对区域经济社会发展和空间资源配置的总体部署，所涉及的内容十分庞杂，规划工作不能将规划区域的所有发展问题全部囊括进来，只能根据区域规划的综合性和战略性的特点，确定区域规划编制的主要内容。

根据对我国自 1980 年代以来的区域规划实践的概括，基本可以归纳出以下区域规划的主要内容。

16.3.2.1　区域发展条件评价和发展定位

评价区域发展条件通常包括区域自然条件、资源条件、区位条件、社会经济发展基础条件等。当前，区域的社会、文化、科技实力、投资环境以及生态环境等"软"条件也越来越成为区域发展的重要评价条件。

区域发展定位的内容包括：区域发展性质与功能定位，经济、社会和生态发展的目标定位等。区域发展定位的确定不能仅就本区域的分析而"就区域论区域"，而是要跳出本区域，从更大区域乃至国家、全球层面分析本区域。

16.3.2.2　区域发展战略

区域发展战略包括战略方针、战略模式、战略阶段、战略重点和战略措施等。

当前区域发展战略包含经济发展、社会发展、城镇发展、生态发展等内容，并明确具体的发展战略目标。尤其是应突出区域空间规划作为区域规划的核心，将区域发展战略目标在空间上予以落实，制定明确的区域空间发展战略。

16.3.2.3 经济结构与产业布局

区域经济结构包括生产结构、消费结构、就业结构等多方面的内容。区域的经济发展同时与其产业结构有密切关系，因此对区域产业结构的现状、存在的问题、影响和决定区域产业结构的主要因素进行分析研究，根据区域在更高层次区域乃至国家及全球的产业分工及市场变化的趋势，明确区域产业结构的发展趋势、确定区域内各主要产业之间的比例关系、确定区域的主导产业及产业链等，也是区域规划的重要内容之一。同时，区域规划要考虑各产业部门在地域空间上的相互关系与地域上的组合形式，协调好各产业部门的空间布局。

16.3.2.4 城镇化与城乡居民点体系规划

现阶段的区域规划关注重点在于城乡统筹，即将城乡居民点体系作为区域人居环境体系加以整体考虑。

城镇化水平预测是预测规划期内区域城镇人口占总人口的比重，其中包括对区域总人口的预测、区域城镇化水平的预测。

区域城乡居民点体系规划包括城镇体系规划和乡村居民点体系规划两部分。前者要研究其演变过程和规律，分析现状特征和存在问题，并据此开展城镇体系规划，基本内容包括：确定区域城镇发展战略和总体布局；确定城镇体系等级规模结构、职能组合结构和地域分布结构以及城镇体系网络系统（三结构一网络）；提出重点发展城镇及其近期建设的建议。后者是社会生产力和人口在地域空间组合上的具体落实，其基本内容包括：依据区域城镇化发展的目标，明确区域内的农村人口容量，确定各级乡村居民点的人口配置及空间布局；确定各等级乡村居民点的功能定位；配置相应的社会服务设施和市政基础设施；确定乡村居民点发展和完善的策略等。乡村居民点体系规划必须统筹城乡体系，并纳入到区域城镇化的大背景下进行整体的规划。

16.3.2.5　区域基础设施布局规划

区域基础设施布局规划要在对发展现状进行分析的基础上，根据区域人口和社会经济发展的要求，预测未来对各种基础设施的需求量，确定各类基础设施的数量、等级、规模、建设项目及空间布局。区域基础设施规划时应考虑可持续发展、生态环境优先、适当超前和讲求效益等原则。

16.3.2.6　区域生态与环境保护规划

区域规划中的生态环境保护规划内容主要有：①调查分析区域生态环境质量现状与存在问题，重点是人类活动与自然环境的长期影响和相互作用的关系和结果，包括经济、社会、自然生态方面，并关注其在空间上的反映，如资源枯竭、土地退化、水体和大气污染、自然生境破坏等生态环境问题；②区域空间的生态适宜性评价，包括明确区域内各项活动对土地质量的要求，分析影响土地质量的自然和社会经济因素，抓住主导因素并选取评价因子，确定各因素分析评价的标准等。该评价结果可以为区域空间开发潜力评价和空间管治提供依据；③分析生态环境对区域经济社会发展可能的承载能力，主要表现为土地资源、水资源，以及针对人口适宜规模的生态环境承载力；④制定区域生态环境保护目标和总量控制规划，包括环境污染控制目标和自然生态保护目标；⑤进行生态环境功能分区，根据区域生态系统结构及其功能特点，划分不同的类型单元，研究其结构、特点、环境污染、环境负荷以及承载力等，分别对各功能区提出所要达到的质量标准；⑥提出生态环境保护、治理和优化的对策。

16.3.2.7　空间管治与协调规划

主要明确区域社会经济活动在空间上的落实与上一层次空间、周边区域空间的协调，以及区域空间内部的次区域空间之间的协调。一般使管治要求落实到区域空间上，将区域整体分成优化开发区、重点开发区、限制开发区和禁止开发区4种类型。

16.3.2.8 区域政策与实施措施

区域政策是运用相关干预，解决区域发展中出现的各种问题，推动区域协调发展而实施的政策与政策体系。从层次上看，区域政策可以是宏观政策，也可以是微观政策。前者通过改变投入和产出的区域格局来体现，后者则主要是通过影响区域发展要素如劳动力、资本以及资源的区域配置。区域规划中的发展政策研究主要侧重于微观政策的研究。

16.3.2.9 区域规划中其他内容的探索与创新

近年来的区域规划实践，在规划的实施和深化方面进行了较多的探索。在空间上，提出了区域规划的层次性，即按照区域空间的差异性和相似性，将规划的区域空间划分为若干个次区域空间，提出次区域空间的空间发展战略和空间布局框架，明确区域重点空间，对区域重点空间提出进一步的规划引导，作为对下一层次规划的具体指导。在时间维度上，对区域规划目标采用分期实施的策略，确定近、中、远期和远景不同时段的发展范围和开发重点，以保证区域规划实施性和操作性。其中，近期建设规划是区域规划分期规划的重要环节，一般明确未来 3—5 年的期间，明确阶段性的区域发展目标、区域空间开发的基本格局、区域建设的重点项目和开发的重点地区，并提出可行的策略建议。同时，近期建设规划最好和国民经济与社会发展五年规划保持同步和协调。

16.4 城镇群与区域规划的主要类型
Planning for Urban Agglomerations and Regions：Categories

早期的区域规划的类型主要分为两类。一类是以城市为中心的区域规划，主要是为了解决工业革命以后社会经济发展出现的问题；另一类是以整治落后地区和以开发资源为目标的区域规划。随着区域规划的发展和完善，对区域规划的任务和作用的理解也不断完善。本节将重点介绍面向城镇群的三类区域规划，即国土规划、都市区规划和城市群规划，也是当前区域研究与规划中的热点与重点。

16.4.1　国土规划

16.4.1.1　国土规划的产生背景

1980 年代实施的国土规划是根据国家社会经济发展总的战略方向和目标以及规划区的自然、经济、社会、科学技术等条件，按规定程序制定的全国的或一定地区范围内的国土开发整治方案。但是，进入 1990 年代以来，随着社会主义市场经济的逐步建立和政府职能的转变，国土规划开始进入低谷阶段。同时，该时期国土规划工作所处的宏观背景也发生了较大变化，资源环境与经济社会发展之间的矛盾更加尖锐，粮食安全、区域发展不协调、城乡差距拉大等深层次问题更加突出，国土规划任务更加艰巨。新时期的国土规划的一个重要变化是摆脱了作为国民经济和社会发展计划的落实与延伸的地位，体现出了对人地关系的协调，突出重视了对环境的治理和保护。

16.4.1.2　国土规划的主要内容

我国新一轮国土规划刚刚开始，对国土规划的认识与内容还没有统一的规定和取得共识。目前有学者基于已有国土规划的试点工作，总结了新一轮国土规划的内容应主要包括以下几个方面：一是确定国土开发利用战略，包括明确区域的战略地位、目标和重点等，要避免不切实际或模糊、抽象地定位、定目标；二是搞好区域功能划分，规划不可能对发展指标和项目等一一作出安排，但可以规定可以开发、限制开发和禁止开发的地区，并作出明确的刚性约束；三是城镇和各类园区规模与布局，要按照区位、资源和环境条件，合理确定城镇和各类园区发展的规模、结构和布局，保障城镇和各类园区健康有序发展；四是战略性资源的开发、利用、整治和保护规划；五是重大基础设施工程布局。

16.4.1.3　国土规划的实践

目前，已有许多省市进行了国土规划，各地规划的手段、目标与重点各有不同，呈现百花齐放的态势。

国土规划实践案例列表　　　　表 16-4-1

规划名称	主要内容
深圳市国土规划	提出四大发展策略——国际化策略、环境领先策略、集约均衡发展策略、产业升级引导策略，将全市划分为五个功能区——城市中心功能区、西部产业功能区、东部产业功能区、中部服务功能区和东部沿海港口旅游功能区
天津市国土规划	划分五个一级区：都市协调发展区、中部城市化促进发展区、南部城市化发展区、北部生态协调发展区、海洋经济生态协调发展区；提出"三横三纵""三个绿心"的国土开发利用空间结构，以及都市区—新城—新市镇——一般城市的四级城市体系等级规模结构
辽宁省国土规划	以"振兴与可持续发展"为主题，内容包含四个重点：规划调控国土空间、优化配置国土资源、保护和整治国土环境、强化科学国土管理
广东省国土规划	定位为"省域国土资源开发和国土空间利用的综合性空间规划"，规划以优化空间结构为目标导向，把调整生产空间、优化生活空间和整治生态空间作为国土规划的核心内容

资料来源：吴志强，李德华.城市规划原理[M].4版.北京：中国建筑工业出版社，2010.

16.4.2　都市区规划

16.4.2.1　都市区规划的产生背景

大都市区的形成与发展是城市在区域背景下集聚和扩散的过程。城市核心的综合实力越强，对周边地域所产生的影响和辐射也就越强。当城市核心与周边地域的社会经济联系达到足够密切时，便形成了大都市区。

大都市区的发展是城市化发展到一定阶段的产物。1950 年代后，由于交通和通信事业的迅速发展以及大城市和特大城市出现的环境恶化等，郊区化现象出现。我国自 1980 年代初开始，具有资源优势的一些城市迅速发展成为大城市，至 1980 年代末，通过开发区等的方式向外扩展，同时由于交通等设施的改善，带动人口外拓。同时，我国经济发达地区率先由单一城市发展阶段推进到大都市区发展的阶段和空间形态特征，有些地区甚至有多个大都市区彼此间密切联系，形成了大都市带。

我国大都市区发展的问题根源在于"行政区经济"，即由于行政区划对区域经济的刚性约束而产生的一种特殊区域经济现象，及由这种经济现象所引发的其他社会现象。因此，迫切需要研究该类城市地区如何超越行政区划界限的大都市区空间合理发展以及区域内部的协调发展机制和手段。

16.4.2.2　都市区规划的主要内容

通过近十年的实践，我国已基本明确大都市区规划的基本内容要求。具体包括：

（1）大都市区发展的背景。包括：大都市区所处的区域背景分析、大都市区形成和发展的诱导因素分析。

（2）大都市区社会经济发展的空间需求。包括：大都市区产业发展前景分析、产业发展对大都市区空间的需求、产业发展的空间优化。

（3）大都市区空间构成要素及空间发展条件。包括：大都市区空间层次分析、大都市区功能地域范围界定、大都市区空间发展条件评价。

（4）大都市区空间结构规划。包括：大都市区空间发展规模预测、大都市区总体空间结构、大都市区各功能区空间管制、大都市区空间布局规划。

（5）大都市区综合交通网络规划。包括：大都市区机场、铁路、高速公路、航运等对外交通及大都市区公共交通网络综合规划、大都市区道路交通网络系统与城市内部道路交通系统的衔接。

（6）大都市区基础设施规划。包括：大都市区水源保护、供水、排水、防洪、供电、通信、燃气、供热、消防、环保、环卫等设施的发展目标与规划。

（7）大都市区生态系统规划。包括：大都市区生态系统发展目标、生态功能区划分、各类生态功能区开发管制。

（8）大都市区规划实施的制度保障和政策措施。包括：大都市区管理的组织结构体系、实施大都市区规划的措施和政策建议。

16.4.2.3　都市区规划的实践

目前的大都市区规划主要有两种模式：一种是团体和战略规划模式。这种模式强调大都市区的竞争战略，其核心是通过提升竞争力使区域在全球竞争中处于强势地位。代表为美国纽约大都市区规划。另一种是环境和社会规划模式。这种模式强调适宜居住性、社会凝聚力以及区域差异性的保持，核心是适宜居住性，即营造优美宜人的环境。代表地区为加拿大大温哥华地区规划。

16.4.3　城市群规划

16.4.3.1　城市群规划产生的背景

1980 年代以来，随着工业化在全球范围的延伸、后工业化经济组织关系的巨大变革，城市发展的区域化和区域发展的城市化日益增强。区域内各个城市通过产业的协作分工、生产要素的自由流动和基础设施的高度联系，形成更具竞争力的城市群。如荷兰的兰斯塔德地区（Ranstad Holland）、英格兰东南部地区（South East England）、巴黎地区（Paris Region）等。

我国自改革开放以来，中心城市集聚效应和辐射力不断增强。出现了若干规模大小不同的城市群，较成熟的有长三角地区、珠三角地区、辽中南地区、京津唐地区和四川盆地地区等。

在城市群区内部，各个城市及其区域的发展构成了互相依存和互相联结的网络。但同时，其发展也面临着一系列社会和环境问题，如资源短缺、交通拥挤、环境问题、行政管理协调难度大等，给区域的持续发展带来了不稳定因素。

16.4.3.2　城市群规划的主要内容

城市群规划是在区域层面的总体发展战略性部署与调控，以协调城市空间发展为重点，以城市（镇）群体空间管治为主要调控手段，强调局部与整体的协调，兼顾眼前利益与长远利益，处理好人口适度增长、社会经济发展、资源合理开发利用与配置和保护生态环境之间的关系，以增强区域综合竞争力。

我国的城市群规划尚处于起步阶段，各个城市群地区都在根据各区域的发展特点进行相应的规划编制探索，还没有形成统一的规范性规划编制要求。

按照当前专家基于实践与理论探索的成果，较为认可的城市群规划的主要内容应该包括：①城市群经济社会整体发展策略；②城市群空间组织；③产业发展与就业；④基础设施建设；⑤土地利用与区域空间管治；⑥生态建设与环境保护；⑦区域协调措施与政策建议等。规划的重点可以城市群内各城市（地区）需共同解决的问题为主：如城市群的快速交通体系建设、严格控制城市群内城市发展的无序蔓延、加强区域生态环境保护等。

16.4.3.3 城市群规划的实践

长江三角洲城镇群协调发展规划的范围为上海市、江苏省、浙江省和安徽省全部行政辖区，陆地面积约 35 万 km²，2005 年现状总人口约 2.0 亿人，占全国总人口的 15.4%。

规划以国家战略下对长江三角洲地区的总体定位为导向，围绕国际化、创新能力、区域一体化程度、资源与人居环境、社会文化发展、综合交通支撑等方面的差距与问题，提出了创新发展的五大功能体系和"3+8"整体协调发展框架。为全面落实中央政府对长江三角洲地区"提升、融合、率先、带动"的发展要求，顺应产业全面升级和发展海洋经济、文化经济等新兴经济的趋势，提出"建设具有国际竞争力的世界级城市群、承载国家综合实力的核心区域、率先实现区域一体化示范地区以及资源节约、环境友好、文化特色鲜明城乡体系"的目标。

规划明确了三省一市的区域功能体系，如城镇功能、生态与农业保障、资源保障、文化旅游休闲等功能体系等方面；明确了门户枢纽、区域枢纽以及都市区交通系统等不同层次的交通设施支撑体系；确立了沪－苏－锡、沪－杭－甬－金（义）和宁－合－芜三大重点推进地区，并提出了环太湖、上海港及宁波－舟山港等八大协调区域；划定了环太湖地区、沿江地区、杭州湾地区等七大环境综合治理地区；明确了促进区域提升与融合发展的行动计划。

本章小结
Chapter Summary

本章介绍了有关城镇群与区域诊断与规划方法的内容。首先对城镇群相关的区域定义进行了简单介绍，认为城镇群是一定空间范围内有密切社会、经济、生态等关联性的一组相邻城镇。针对城镇群与区域同时也衍生了一些不同的概念，这很大程度是基于视角、时期、地域、目的等的侧重点的差异。

作为城镇群与区域规划的基础，对城镇群在边界、结构、活力以及生长态势等四个方面的空间特性的诊断方法上进行了简单的介绍。

对区域规划的类型与内容进行了概述，重点介绍了都市区规划和城市群规划，以契合当前我国城镇化发展的热点与趋势。

现阶段，中国的城镇化已逐渐由单个城镇向城镇群体发展转变，城镇化发展产生结构性变化，跳出单一城市发展，城镇区域一体化趋势日益明显。目前，我国的城镇群与区域规划与动态监测监控尚处于起步阶段，为城乡规划学科与行业植入现代科学与理性的内核，建立国家城镇群与区域规划体系，推进区域规划的科学化，将是关系规划学科与行业、城乡发展乃至国家命运的大事。

参考文献

[1]　吴志强，李德华 . 城市规划原理 [M]. 4 版 . 北京：中国建筑工业出版社，2010.

[2]　尹宏玲，吴志强 . 极化 & 扁平：美国湾区与长三角创新活动空间格局比较研究 [J]. 城市规划学刊，2015（5）：50-56.

[3]　王伟 . 中国三大城市群空间结构及其集合能效研究 [D]. 上海：同济大学，2008.

[4]　王丽，邓羽，牛文元 . 城市群的界定与识别研究 [J]. 地理学报，2013，68（8）：1059-1070.

[5]　中华人民共和国国家发展和改革委员会 . 长江三角洲城市群发展规划 . 2016.

[6]　王德，郭玖玖 . 北京市一日交流圈的空间特征及其动态变化研究 [J]. 现代城市研究，2008（5）：68-75.

[7]　张欣炜，宁越敏 . 中国大都市区的界定和发展研究——基于第六次人口普查数据的研究 [J]. 地理科学，2015，35（6）：665-673.

[8]　黄顺魁 . 竞争、合作与联动：城市群视角下城市竞争力研究 [D]. 广州：暨南大学，2012.

[9]　Shen，Y.，Batty，M.Delineating the perceived functional regions of London for commuting flows[J]. Environment and Planning A：Economic and Space，2018，7.

[10]　周垠，李磊，廖菲 . 成都平原城市群城镇化时空格局——基于 DMSP/OLS 夜间灯光数据的研究 [J]. 城市发展研究，2015（03）：28-32.

[11]　R. J. 约翰斯顿 . 人文地理学词典 [M]. 北京：商务印书馆，2004.

城市规划方法

第 四 篇

城市规划管理应用方法

PART 4

Planning Methods for Management

城市规划政策 | Methods for Urban Planning
研究方法 | Policy Research

17.1 城市规划政策的内涵
The Connotation of Urban Planning Policies

17.1.1 政策决策类型

政策的决策类型分为科学决策、民主决策和法治决策。在前三篇中已详细说明科学决策的理论与相关实践案例，后文中的公共定制着重分析民主决策过程的相关方法和实践，本章侧重于对法治决策的过程进行剖析。

在当前中国的发展形势下，实现决策的民主化、科学化和法治化是实现决策体制现代化的客观要求。使用公共定制的民主决策是整合各方利益诉求、集思广益的重要方法。强调科学理性的科学决策是将理性思维引入决策过程中，将最新的科学技术结果运用到政策制定的实践中去，为科学理性的决策提供技术支撑。法治决策将决策主体、决策过程和决策内容纳入法律规范的范围，严格依照法律进行决策，这是民主决策理性、有序运行的保障和条件。

17.1.2 城市规划与城市空间政策

城市规划是城市公共政策的重要组成部分，强调从引导和控制两个层面影响城市发展。从城市整体的角度出发，城市的政策倾向于覆盖政治经济文化生活等方方面面的完整而复杂的系统，而城市空间政策更倾向于将城市政策的决策意志在土地、空间、景观等物质层面进行贯彻落实。

在城市空间政策评估中的规划方法主要分为政策实施前的预评估和政策实施后评估。在评估过程中，主要针对政策的实际效益和政策的实施成本作为主要的分析对象，对相关政策进行定量定性分析，以此评价相关政策的优劣，重新核定政策目标和实施方案，对相关政策进行实时修订。

17.1.3 城市规划政策评估的分类

在政策方案经过一系列政策分析流程最终贯彻落实后，并不意味着政策分析到此为止。在政策实施后，在政策制定阶段没有预料过的问题可能不断涌现，对当前政策条件、政策影响和政策收益等情况的预估不足会导致政策的实施过程并不顺利。这就需要对政策实施的阶段进行跟踪监测，不断诊断和评估政策效果是否达到预期的目标，是否有进行修正或者更换的必要，并用以指导政策方案优化和未来演进。

政策实施失败主要分为计划失败和理论失败两个层面。计划失败是指政策方案不能按照政策设计的流程顺利实施；理论失败是指政策方案按照政策设计的流程顺利实施，但是没能达到政策的预期结果。这两方面是用于评估政策实施的重要思路。

在空间政策评价的过程中，除了对于既定的目标达成效果进行分析，更重要的是对要完成这项规划目标所付出的政策代价进行对比分析，并以此为依据指导相关政策规划的修正和优化。

政策实施的诊断和评估阶段不仅是政策制定流程的末尾，也同样是下一轮政策修正和制定的开始，这是一个循环迭代的过程。所以，政策实施的诊断和评估应该在确定政策方案后介入，分为以下两步流程。

政策实施前的预评估

在政策实施之前需要对政策方案进行全面分析。要对核心问题的解决方案进行定量和定性分析，并对政策的目标、指标、SWOT 和预期结果等进行模拟分析，对政策的实际实施方案的具体步骤不断提供修正意见。

图 17-1-1 城市规划政策研究内容

政策实施后的评估

在政策实施完成后需要按照预期的政策目标对政策完成度进行核查评价。根据政策监测阶段获取的定量和定性的信息与预期的政策目标进行比对，以此评估政策的有效性并决定政策是否需要修正、替换或者继续执行。

案例 17-1-1　英国城镇化率 50% 前后集中爆发的环境问题与环境治理的法律手段

依靠和运用法律手段特别是采用环境标准是英国环境控制体制的核心。环境标准管理代替了以前通过不断修改法律来适应环境问题的做法，并且形成了一套法规体系。在 50% 城镇化率前后，英国相继进行了一系列环境治理和公共卫生相关的立法，并在后期同空间规划有效进行结合颁布了城市规划相关的法律。1851 年前后为应对严重环境问题颁布了《公共卫生法》《消除污害法》《环境卫生法》等以公共卫生为主要目标的相关法规；1886—1909 年则主要为改善并提升居住空间的住宅法案，包括《住宅法》《住宅、城镇规划诸法》等；后期的城乡规划立法则更是直接有效地推动了现代城市规划的进程。该过程中，不同时期典型的文学代表作品更是各自阶段立法与城镇化改革进程的直接写照。总的来说，19 世纪的英国环保立法以末端治理为指导思想。20 世纪后，立法指导思想逐渐转为通过制订标准来避免产生环境问题的污染预防。立法主要遵循可持续发展、污染者付费、污染预防三个基本原则。并且据此形成了环境影响评价体系、综合污染控制和环境管理标准。

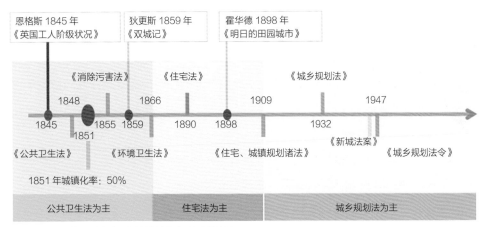

图 17-1-2　英国环境治理的法律法规体系形成过程

资料来源：吴志强，干靓，胥星静，等 . 城镇化与生态文明——压力，挑战与应对 [J]. 中国工程科学，2015（08）：88-96.

17.2 空间政策实施前的政策预评估方法
Pre-Execution Planning Policy Assessment Methods

17.2.1 折现率分析

假设政策和规划的指标体系建构已经完成，我们可以用这些指标来逆向评估政策和规划。通过模拟政策实施前后的效益并进行折现分析，用统一的度量进行对比，可以评价在现在和未来两个角度对比政策是否满足最小成本和最大收益等基本标准。

17.2.2 净现值分析

净现值是指一个项目预期实现的现金流入的现值与实施该项计划的现金支出的现值的差额，是项目期内所有折现的效益和成本的总和。预期净现值为正值的政策和规划将为相关群体带来收益，反之则损失利益。净现值指标是反映项目投资获利能力的指标，也是衡量政府投资项目的效率中最常应用的方法。

17.2.3 成本收益率分析

成本收益率指的是折现效益和折现成本的比值，以单位成本的利润衡量利益和成本之间的关系。高成本收益率意味着更高的组织效率，但需要注意的是，高成本收益率并不等同于净现值很高，这取决于政策涉及的项目规模以及评判对象是单一项目本身还是多个项目中的个体比较。

17.2.4 内部收益率分析

内部收益率指的是资金流入现值总额与资金流出现值总额相等也就是净现值等于零时的折现率。内部收益率作为一项宏观的经济指标，可以将其简单理解为项目对于通货膨胀的最大承受力。它能将整个政策寿命期内的收益与其投资总额联系起来，指出这个项目的收益率，便于同类政策之间的横向比对，确定这个项目是否值得建设。但是仅依靠净现值、成本收益率和内部收益率评价的结果是不完善的，在评价政策时需要选择多种指标进行全方位比较。

17.2.5　敏感性分析

一项政策方案无论多么完美，都不可能在所有政策环境下都适用且具有优势，决策指标的改变、风险和不确定性的波动和利益群体的价值取向等对于政策的倾向性会有变动。敏感性分析可以从许多不确定性因素中找出对政策有显著影响的敏感性因素，并分析、测算其对政策的预期效益指标的影响程度和敏感性程度，从而可以判断政策承受风险的能力。

17.2.6　预演

空间政策实施前的预估方法也包括如何预演各种来自于不同规划主体的空间方案得以调和。BATTY 曾探讨如何利用马尔科夫链以及神经网络以讨论如何能够求得一个"多规合一"的结果；此外，形成这个结果需要一个广泛联系的"神经网络"体系，结果也对这个网络的"布局"非常敏感，这提示着另一种调整统一规划成果的路径，即调整不同主体间的互动模式及其影响权重。

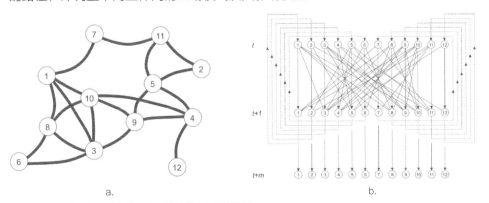

图 17-2-1　多目标、多主体互动网络的类神经网络图示
资料来源：Batty M. The new science of cities[M]. Cambridge: MIT press，2013.

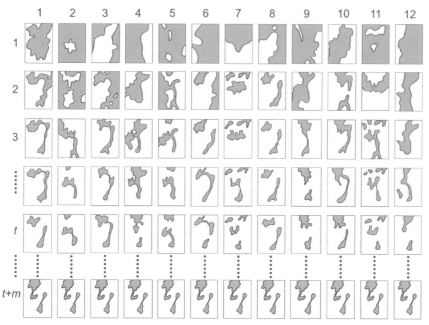

图 17-2-2　多目标、多主体互动网络的空间布局方案生成
资料来源：麦克巴迪，沈尧.城市规划设计中的人工智能 [J]. 时代建筑，2018（1）: 24-31.

17.3　空间政策实施后的评估
After-Execution Planng Policy Assessment Methods

17.3.1　政策实施前后比较

　　政策实施前后比较是政策实施评估方法中最简单直接且应用广泛的方法，该方法可以对政策或规划实施前后的各项经济社会发展指标等进行全面的横向对比，该方法在实行过程中需要建立政策实施前后等价的评价体系，将有关指标进行量化处理，但是其无法模拟原政策本身的发展轨迹和新政策的结果对比，同时其操作背景为所有的指标变化都假设为由政策改变引起的，无法考量其他外部因素对于政策实施的影响。

17.3.2　有无政策比较

　　为排除政策实施前后比较方法对于模拟政策指标变化的误差，可以引入将实施新政的结果与继续原政策发展状况对比的模拟方法，在一定程度上可以得出新政策的效力的分析，但该方法同样存在仅假设一切指标变化由政策引起、无法考量外部因素的局限性。

17.3.3　实际与规划比较

实际与规划比较方法是通过选取特定时空断层中的各项指标数据为比较变量，将政策实施的实际状况中得到的指标数据与政策或规划方案中的目标设定进行对比，进行政策实施状况的分析比较。

17.3.4　实验研究模型

为克服政策实施前后比较等评估方法仅能假设政策一个影响因子的局限性，可以采用实验模型进行模拟分析。实验研究模型要求为政策分析设定特定的政策实施外部环境和利益群体等，通过控制和观察各类变量之间的因果关系和内在联系得到具有一定实践意义的定量分析结论。但是实验研究模型中控制模拟水平要对测定变量有精确的掌控，对于实验者和被试者的要求较高，造成一定的操作难度，同时，实验研究的模拟环境无法完全复制真实的生活场景，是一个完全的"人工制作"的环境，与现实存在差距，所以该方法使用的可行性不高。

17.3.5　准实验研究模型

在无法满足实验研究模型所需的各项控制要素的时候，如对照组和实验组的评估要素不能保证随机性、评估要素不能完全限制政策的实施的时候，可以引入准实验研究模型进行分析。准实验研究模型指的是，在无须随机地安排政策评估要素时，使用原始群体，在相对自然的条件下进行实验的研究方法。准实验研究模型将实验研究模型的理论方法用于解决实际问题，其无法也无需完全控制实验的条件，因此在某些方面降低了控制水平。但准实验研究进行的环境是现实的和自然的，与现实的联系更密切，可以最大限度地运用真实验设计的原则和要求，最大限度地控制因素，进行实验分析政策实施，因此其分析结果较接近现实，容易与现实情况联系起来，现实意义较强。但是由于准实验研究模型缺少随机组合的详细样本，仍然存在无法保证研究效度的问题。

17.3.6　系统分析模型

系统分析模型在政策评估中的应用旨在研究政策框架中各政策目标、规划系统、成本效益等变量，分析该政策方案整体的行为、功能和局限，确定最有效的组织架构，从而为政策未来的修正与有关决策提供参考和依据，以期达到政策的整体最优。

17.3.7　行为目标方法

行为目标的方法是将政策目标作为评价的标准。通过针对既定目标实现的情况进行政策方案的实施评估。这种类型的方法是基于政策实施行动的分析，根据政策方案参与者在政策实施完成时能够证明的政策结果来定义。

17.3.8　无目标方法

无目标的方法在评估中其实并不常用。因为评估人员难以确定在不使用计划目标时要评估的内容，因此缺乏对评估如何进行的明确的方法。但是无目标方法的评估并不基于目标，以使在进行政策评估时能够保持公正。评估期间必须搜索所有的政策结果，包括无意的、积极的或消极的各种影响类型。

17.3.9　经济可行性分析方法

以政策成本为研究对象的评估方法是在假设政府及相关机构在制定用以解决问

题的政策方案的预算有限的前提下，对政策或规划效力的有效分析。

经济可行性分析方法主要分为以下两类：

（1）成本效益分析

成本效益分析，是指通过对比分析政策或规划相关的成本和效益，从而评估政策的价值的方法。成本效益分析是一种经济决策的分析法，在政府部门的计划决策中引入了成本费用分析法，以寻求在投资决策上如何以最小的成本获得最大的效益。成本效益分析法常用于评估需要量化社会效益的公共事业政策等的价值。

（2）成本效能分析

成本效能是通过成本耗费所形成的价值与所付出成本的比值来表达的单位成本效益，它是衡量成本使用效果的基本指标。成本效能分析可以避开用货币形式计量收益的问题，很少依靠市场价格，很少依赖私营部门利润最大化的逻辑，集中体现技术理性，可以用来解决固定成本与固定收益问题；而且其不易与社会总体福利问题挂钩，不容易引起相关社会问题。但是，这种方法依然有其局限性，它对成本效能衡量局限于特定的项目、区域或目标群体，也不能通过衡量利益群体的总体满意度来计算净收入收益。

17.3.10　DSS 决策支持系统

决策支持系统（Decision Support System，DSS）是辅助决策者通过数据、模型和知识，以人机交互方式进行半结构化或非结构化决策的计算机应用系统。在政策制作流程的各个阶段为决策者提供分析问题、建立模型、模拟决策过程和方案的环境，调用各种信息资源和分析工具，帮助决策者提高决策水平和质量。DSS更多针对的是中高层管理人员的组织、管理、运营和规划层面，并帮助决策者对可能快速变化并且没有指向性的问题做出决定。

案例 17-3-1　英国剑桥大学和马丁中心的 ReVISIONS 模型项目在城市规划政策预测中的应用

ReVISIONS 项目以英国东南部地区为案例区域，尝试建立一套整合的城市模型体系，涵盖城市经济、土地、建筑、能源、交通、环境（空气质量、水资源、固

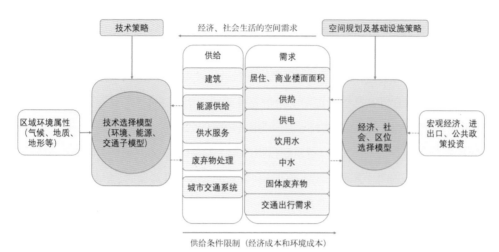

图 17-3-1　ReVISIONS 项目城市模型整合框架

体废弃物）等子系统、通过预测人类活动与城市空间、基础设施之间的供需关系，对城市空间规划和基础设施规划的可持续性进行评价和优化。

图 17-3-1 中灰色区域为城市经济、社会生活所涉及的基础产品和服务，左侧为由城市环境、能源、交通技术子模型驱动的攻击模拟模型，右侧为由城市空间区位选择模型驱动的粗求模拟模型。整个模型体系一方面以宏观经济、进出口、公共投资政策的初始输入，将不同类型的空间规划及基础设施策略作为政策参数，利用基于投入产出分析的空间均衡模型对城市经济、社会活动的空间区位进行预测，同时估算对城市产品和服务的需求；另一方面，技术选择模型结合城市的区域环境属性，以技术策略为政策参数，预测城市基础产品和服务的供给能力。供给限制条件以经济成本和环境成本的形式反馈至区位选择模型，进而知道城市空间规划和基础设施策略的制定。

在 ReVISIONS 项目中，在完成对基准情景的预测后，对高密度、紧凑性的空间策略（以提高现有城市分开发密度的方式限制城市建设用地的扩张）和完全以市场为导向的空间策略（无政干预）进行模拟评估。在这两种不同城市策略的作用下，得到案例区域在 2030 年城市非工业建设用地面积和土地租金的模拟结果。

在模拟城市经济、社会活动需求的同时，技术选择模型从供给端，对不同环境、能源、交通技术策略出发包括新能源发电、热电连供（CHP）、地源／水源热泵、电动汽车灯。相较于宏观的城市活动需求模拟，技术选择模型需要考虑区域特有的空间、环境属性，因此常具有较为精细的空间模拟精度（例如城市组团尺度）。由技术选择模型生成的可持续性指标，例如碳排放、能源消耗总量、城市污染物及固体废弃物总量、城市洪水风险等级等，将作为参照指标支撑到城市空间与基础设施规划。

ReVISIONS 项目所体现的以宏观空间均衡模型为核心，整合微观环境、能源、交通模型的规划政策评价方法，是国外新型城市模型应用的典型代表。这类以应用模型体系取代传统单一大规模城市模型的方法，具有以下特点：

（1）以经济均衡模型为核心的城市模型体系为各种政策评价指标提供的统一的经济学度量，利于将区域政策评估与上位规划和宏观政策相衔接；

（2）将需要较高空间精度的微观模拟，例如能耗、污染模拟等，从宏观模型中剥离出来，既能简化主体模型的复杂程度，又能提高微观模型对特定系统的模拟精度；

（3）通过建立具有信息反馈机制的模型框架，不同学科的研究者能够在统一的数据平台上对规划政策的综合效应作出量化评估，有助于缓解模型的边界效应。

资料来源：HARGREAVES, Tony. Integrated Modelling Framework[R]. London: University Cambridge，2012.

本章小结
Chapter Summary

在城市规划的政策决策和管理应用的过程中，对于城市空间政策的评估分析对认知城市发展状况、指导规划方案创作、施工和诊断有着至关重要的作用。本章首先介绍了政策决策的类型，并指出在中国决策民主化、科学化和法治化发展的大背景下，城市规划作为城市公共政策的重要组成部分，是引导和控制城市发展的重要方法，而城市空间政策更是城市政策的决策意志在空间层面的法治化体现。在此基础上，提出针对城市空间政策评估的规划方法分类，即政策实施前的预评估方法和政策实施后评估方法，并分别从效益和成本两个层面提出各类具体的政策评估分析方法。

参考文献

[1]　吴志强，干靓，胥星静，等 . 城镇化与生态文明——压力，挑战与应对 [J]. 中国工程科学，2015，17（08）：88-96.

[2]　简德三 . 项目评估与可行性研究 [M]. 上海：上海财经大学出版社，2004.

[3]　刘丽霞 . 公共政策分析 [M]. 大连：东北财经大学出版社，2006.

[4]　Batty M. The new science of cities[M]. Cambridge：MIT press，2013.

[5]　麦克巴迪，沈尧 . 城市规划设计中的人工智能 [J]. 时代建筑，2018（1）：24-31.

[6]　HARGREAVES, Tony. Integrated Modelling Framework[R]. University Cambridge，London：2012.

18

公共定制 | Public Customization

18.1　公众参与的基本概述
Overview of Public Participation

　　本章分为三个部分，一是介绍了公共参与的基本概念，包括定义、特征以及理论流派；二是在分析城市规划中公共参与的局限性的基础上，结合了信息技术飞速发展的时代背景，从而引出了公共定制的概念；三是参考了目前国内外的实践案例，探讨了未来公共定制的几个发展方向。

18.1.1　公众参与的定义和特征

　　"公众参与（Public Participation）"在西方有着近半个世纪的发展历史，经过不断的发展完善，公众参与的理论研究与实践两方面均已成熟。西方发达国家自1960年代提出"新公共行政"以来，先后经历了1970—1980年代"新公共管理"的发展，1990年代"重塑政府"的再发展，政府公共管理的理论与实践发生了深刻的转变，整体政策导向强调市场化、顾客意识化、授权与分散管理、竞争性公共服务化等，将政府行政改革作为转变公共行政规范的追求目标，成为发达国家公众参与理论创新的亮点。

　　与早期形式上的"征询"公众意见而不是公众主动参与决策相比，目前普遍接受的公众参与定义更强调的是一个双向交流和沟通的过程，通过将公众的意见、需求以及价值纳入政府行政决策中，从而实现更好的决策。

国际公众参与顾问克雷顿（James L. Creighton）总结了公众参与定义普遍包含的四个基本要素：

公众参与适用于行政决策，即通常由机构（或私人组织）做决策，而非民选官员或法官；

公众参与并不是仅仅向公众提供信息，而是决策组织与参与者之间的互动；

公众参与不是随机发生的，是一个有组织的过程；

参与者对决策的制定会产生一定程度的影响。

美国公众参与国际协会（IAP2）虽然没有明确给出公众参与的定义，但也提出了公众参与的七条核心价值（特征）：

公众对影响其生活的决策有发言权；

公众参与应包含这样一个承诺，即公众参与的成果会影响政策的决定；

公众参与的过程应能促进各利益相关主体的交流，并能满足所有参与者的需求；

公众参与过程应挖掘所有潜在被影响的各方并促进他们的参与；

公众参与过程应让参与者决定他们参与的方式；

公众参与过程应提供给参与者所有需要的信息，以确保他们能进行实质性的参与；

公众参与过程应让各参与者了解其意见是怎样影响决策的。

此外，公共参与还包括了公民在代议制政治中参与投票选举活动等，但不在本章的讨论范围内，将不做详细论述。

18.1.2　公众参与的理论流派

辩护性规划理论

1965 年美国学者保罗·达维多夫（Paul DAVIDOFF）提出了"辩护性规划理论（Advocacy Planning）"的概念，并在 1965 年《规划中的辩护论和多元主义》（*Advocacy and Pluralism in Planning*）的文章中指出规划的过程有很多选择，人们做出任何选择都基于一定的价值判断，规划师不应以自己的价值判断标准来代替整个社会的选择，而应把社会多方面的利益诉求、价值判断综合判定，充分协商不同群体的利益，为不同利益群体辩护，让法官（即地方规划委员会）作出最后的裁决。辩护性规划理论对公众参与规划的理论和方法架构了理论基础和实践路径，其在政府、规划师和公众之间建立了桥梁，推进了美国公众参与规划的进程。

"斯凯夫顿报告"（the Skeffington Report）

1968 年修订的美国"城乡规划法"对公众参与城市规划作了规定。1968 年 3 月的"斯凯夫顿报告"提出公众可以采用"社区论坛"的形式建立与地方规划机构之间的联系；政府可以任命"社区发展官员"，以联络那些不倾向公众参与的利益群体。斯凯夫顿报告被认为是公众参与规划理论发展的里程碑。早期公众参与规划的含义比较模糊，一方面强调公众应当决定公共政策，另一方面又提出规划师应该自己决断。因此，早期的公众参与规划实质上更多的是"征询"公众意见，还不能说是公众主动地参与决策。

斯凯夫顿报告提出了一些关于鼓励公众参与规划的有趣想法，例如，采用"社区论坛"（Community Forms）的形式建立地方规划机构之间的联系；通过任命"社区发展官员"（Community Development Officers）来联络那些不倾向公众参与的利益群体。

市民参与阶梯

美国学者谢里·阿恩斯坦（Sherry ARONSTEIN）在《市民参与的阶梯》中从具体的实践视角提出了公众参与城市规划程度的"市民参与阶梯"理论。她认为公众参与是一种公民权利，而真正实现公民权利需要有效建立多方利益集团的联合决策机制。在总结了大量的城市改造运动之后，她将公众参与分为了操作（manipulation）、引导（therapy）、告知（informing）、咨询（consultation）、安抚（placation）、合作（partnership）、代表权利（delegated power）以及公民控制（citizen control）8 种形式。其中，Aronstein 又进一步根据民众实际享有的决策权将公众参与分为三个不同等级。最低的等级为无参与（nonparticipation），其次是象征性参与（tokenism），最高是公民权利（citizen power）。

联络性规划理论

1985 年，英国塞杰尔（SAGER）提出了"联络性规划理论"（communicative planning theory），英斯（INNES）又在其基础上进一步提出"联络性互动式实践范式理论"。该理论认为规划的公众参与主要依靠社区，并将公众分成了一般公众、私营企业团体和非营利组织三种。规划师在决策的过程中应发挥与规划公众不同的作用，运用联络互动的方式实现规划决策的目的。

联络性规划理论是在 1980 年代的实践主义规划（Action-oriented

Planning）的经验积累中逐渐成熟的。联络性规划认为，规划师个人的谈判技巧在介绍规划方案时变得尤为重要，甚至影响规划政策和方案的实施。到 1990 年代初，"规划作为联络和协商的过程"成为规划界一种全新的理论。SAGER 在 1994 年提出了这一"联络性规划理论"的概念，INNES 在 1995 年进一步提出了"联络性和互动式实践"范式的理论。联络性规划理论的产生，标志了规划师的角色"从向权利讲授真理到参与决策权利"的转变。

PPGIS 网络地理信息系统

PPGIS 是由网络地理信息系统（WebGIS）、协同式决策支持系统（SDSS）、网络信息服务（WebService）、分布式数据库等有机结合产生的集成技术，现已广泛地用于城市规划、生态环境建设规划、社区建设、一般公共事务的辅助决策等诸多领域。Leitner 等确定了 PPGIS 的 6 种公众参与模式：家庭使用的 GIS、大学和社区之间的合作形式、在大学或者图书馆里的公众参与式 GIS、地图、网络地图服务、GIS 服务中心等。

GIS 的兴起给公众参与带来了更多便利，但也带来了很多新的问题。随着更多高新技术应用于公众参与的过程。公众参与的形式、内容将更加丰富。同时，由此引发的新问题也将深刻影响参与各方之间的相互关系，进而影响公众参与的质量、发展方向和结果。

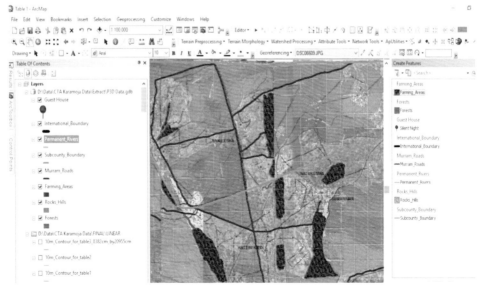

图 18-1-1　PPGIS 用户操作界面
资料来源：http://www.ppgis.net/.

18.2　从公众参与到公共定制
From Public Participation to Public Customization

18.2.1　城市规划中公众参与的局限性

上文列述了不同国家城市规划过程中的公众参与理论与实践，由于各个国家政治经济背景不同，公众参与的理念与形式也往往有所不同。所以直到今天，对公众参与的精确概念尚未达成共识。一般而言，可对城市规划中的公众参与做出以下定义：

公众参与就是公民或者公民团体，基于主权的认识与实践，以及透过公民意识的觉醒，以追求公共利益为导向，对于政府的规划政策与计划，可获得充分的资讯，同时也有健全参与的管道，付出自己的情感、知识、意识与行动，以影响规划过程中公共政策与公共事务的公民行动。

公众参与已然成为政府在规划中决策公共事务的重要价值取向和重要措施。但现在公众参与在西方的城市规划实践中存在着很多问题，在当今的经济实力与政治体系下公共参与本身有着很多局限性：

城市人个性化的需求是多样的，少数服从多数的决策过程使得内部很难达成绝对的共识与公平。

参与过程中主体的专业知识有限且以个人利益优先，易被误导，从而导致错误的决策。

传统的公众参与的组织形式成本高效益低，在规划过程中的决策效率低下。

中国有着特殊的政治与经济背景，我们一方面需要相对集中的权力来进行重大的决策与规划，另一方面随着社会的发展，人们的生活多样丰富，需求也变得更加个性化、多样化，公民参与公共事务的意愿越来越高，社会趋于向更加法制化、民主化的方向发展。公众参与在西方社会的实践过程中逐渐暴露其本身的局限性，面对中国这样一个更加特殊的环境，一种新的公众参与公共事务的方式方法呼之欲出。

18.2.2　技术发展推动公众参与的变革

近些年来，地理信息系统、移动互联网、大数据、信息交互等技术飞速发展，很大程度上改变了公众参与城市规划决策的过程。推动了城市规划由公众参与影响规划决策结果，走向由公众主导定制满足公共特定需求的规划设计蓝图，对城乡规划学科的发展具有颠覆性的意义。

地理信息系统（Geographic Information System，GIS）是专门收集、存贮、管理、分析和表达空间数据的计算机化信息系统，是集计算机科学、地理科学、信息技术科学、城市科学、测绘遥感科学、环境科学、空间科学和应用数学等科学为一体的新兴科学。在城市规划领域，我们可利用 GIS 强大的数据管理、空间检索、空间分析等功能来帮助公众有效地参与城市规划。特别是 GIS 与互联网技术相结合，可使 GIS 真正成为一种大众使用工具。

大数据的挖掘和分析技术，提供了一种从用户出发，由数据提供决策依据，改变以往单凭规划师个人的经验或者意志进行规划决策的方式。大数据与互联网、新媒体的结合，使得政府和规划师可以从更多的渠道获悉公众的意见，对不同类型人群的需求进行划分，更有针对性地为公众提供优质的服务。

移动互联网发展的很多特点都有利于城市规划中的公众参与。正因为网络的开放特性，使得政府部门的信息公开和共享成为可能，公众可以通过互联网获取政府的信息；网络的互动性，改变了信息传播者和接受者的关系，公众也可通过网络平台表达自己的意愿，并实现在线信息的实时互动交流；网络的虚拟性，使得文字、图像、声音都变成了数字的终端显示，突破了现实世界时空的局限。在这一环境下，城市规划设计能够更充分地结合公众的意愿，将公众的意志融入规划设计方案中，由多方共同主导城市规划设计的过程，使得城市功能价值最大化。

交互设计是以用户为主导的设计，设计师的目的是为用户解决问题。与传统设计不同，在交互设计的过程中，用户的参与不可或缺，用户不再是单纯地享受设计成果，而是参与到整个设计过程中来。VR 技术可以应用到规划成果的展示上，用最小的成本，实现人们在规划成果里的三维仿真漫游，可以几乎真实地感受到规划实施的效果，得到接近真实的体验，这种对规划实践的真实体验正是城市管理者和规划师梦寐以求的。

18.2.3　公共定制的概念

"公共定制"是一种开放式的设计，通常两个或以上的利益相关群体，通过信息交互和相互协同方式，对事情的决策或物体的表现方式达成共识并将其意志和需求落实到物体的形态和功能上的设计方式。

在本章所讨论的公共定制，主要包含两层含义：

其一，信息技术时代的城市规划设计不再是由政府和规划师完全主导，换句话说，公众也会参与到设计过程中，公众与政府、规划师共同主导规划设计的整个过程。如果把城市比作一个产品，那么公众既是用户，又是设计者。

其二，城市规划设计作为一种定制产品，就意味着规划设计方案不再由个别群体的意志所决定，也不仅仅只是为了体现空间形态之美，而是能满足使用者的切实需求，在这里使用者就是生活在城市中的居民，也就是说城市规划设计方案是为公众量身定制的。

18.3 公共定制的发展方向
The Development Trends of Public Customization

18.3.1 公共政策

随着市场经济体制的完善和政治民主化的推进，传统强调法律和强制的手段的政府决策遭到了学者和社会的质疑，公共政策日益成为政府实行公共管理的主要手段。同时，伴随公民社会的兴起，民间组织力量的壮大，公民愈加关注自身利益，民众的维权意识与日俱增，要求参与公共政策的过程，保障自身的合法权益。这一方面反映了公众主体意识的增强和民主素养的提高，另一方面也对政府管理体制提出了挑战。

民众参与公共政策过程，无论对于政府的施政效果还是对于民众自身利益的保障，都有着正面的作用。

但传统公众参与的方式与机制在公共政策执行过程中有很多不足。比如，公众参与的普遍性不够；公众参与缺乏主动性和自觉性；公众参与的公共管理缺乏广度和深度；公众参与的实际效果不理想；公众参与的制度不完善，缺乏可操作的程序规范，而且效率低；公众参与的能力不足等种种问题。

信息时代的到来，通信技术为不同利益群体间的交流沟通提供了更加高效的技术保证。而大数据的处理则能够帮助政府全面而客观地了解公共大众的意见和需求。在西方国家已出现了一些新的公众参与公共政策制定的形式与实践，公众与政府双向实时的互动以及大数据支撑的民意调查与决策使得公共政策的制定更加科学化、人性化，且大大提高了政府的决策效率。

在社会、经济双转型的大背景下，中国城市正在经历社会阶层分化、社会空间重构等过程，特定人群在城市特定社区集聚，形成了诸多连锁反应，给规划带来了新的挑战。从城市化的大趋势看，随着城市化从快速增长进入稳定发展期，中国已开始从增量向存量规划转型，直接导致基于城市社区的更新规划增多，乡村振兴战略又带动了乡村社区的崛起。因此，社区既是与人们生活关系最密切的基本空间单元，也是未来中国规划师的主战场之一。

在社区规划中引入公众定制的概念，本质上是希望通过加强各个利益主体（包括社区居民、开发商、规划师、政府等）之间的协作，增强社区居民对社区规划的影响力和掌控力，使社区居民在规划过程中掌握更多的话语权、主动权，最终促使社区朝着更加符合公众需求和预期的方向发展。

在社区层面构建一个有效的协作平台是实现公共定制的基础，多采用地理信息系统（GIS）和计算机可视化技术，尤其是将社区规划建设内容可视化，没有专业技术知识的社区居民可以更直观地理解规划、参与规划，并表达他们的看法与建议，促使社区规划编制和实施更具有可行性和可信度。

案例 18-3-1　icitizen

icitizen 是一款线上投票平台，致力于连接公众与公共政策的制定者，进而辅助政府作出智慧的决策。平台设置有公众、组织、选举产生的议员以及从政人员、学校、候选人以及公司企业六类用户账号类型，主要有针对热点话题议题的民意调查投票、发表和查看观点、查看政府新闻三项主要功能。六类用户可以在平台上提出自己的议题以及对一些政策的看法观点，同时可以获得实时的政府政策新闻、选举信息以及别人的议题等信息。针对这些政务信息和观点，用户进行投票，共有五类投票的等级：强烈反对、一般反对、中立、一般赞成以及极其赞成。政府官员以及议员可以看到与自己相关议题的公众实时投票结果以及相关观点。

在三个主要功能中，观点发表功能往往最能直接反映出公众对于某些事件以及政策的直接观点，公众可以在发表观点时指定特定的政府官员查看，同时其他用户可以

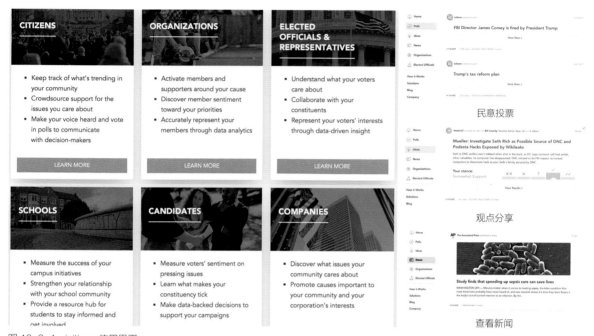

图 18-3-1　icitizen 使用界面
资料来源：https://icitizen.com/.

对此条观点进行投票，这样一来，政府在进行公共政策的制定过程中提前把握住了民心民意的倾向，掌握了主动权，提高了政策出台的效率。且由于很多观点是自下而上不同利益群体的反馈，地方政府在公共政策制定上能够更加因地制宜，更加有的放矢。

案例 18-3-2　Mapping for Change

英国 UCL 开发的"伦敦社区参与系统（Mapping for Change）"是一个有社区参与性的地图网站，服务于志愿者、社区团体、商业组织和政府机构。让用户自主建立城市规划所需要的地方性知识。

地图能实现基本的路程分析功能，集合网站存储的由社区熟悉者提供的信息，能为理想路程提供更多信息和选择参考。一个开放的主题地图可让社区内外的居民在特定地图下标识信息，地图下有许多标注等工具（可以标注的包括个人记忆、社区问题、问题回复、环境质量、绿色空间和开放空间、优质空间、劣质空间、改善意见等）。居民可以收集自己身边环境的信息并上传到网络，实现用户产生数据。网站具备有 15 年社区志愿服务经验的小组协助居民组织社区参与活动。地图信息整理和可视化使信息更易理解。

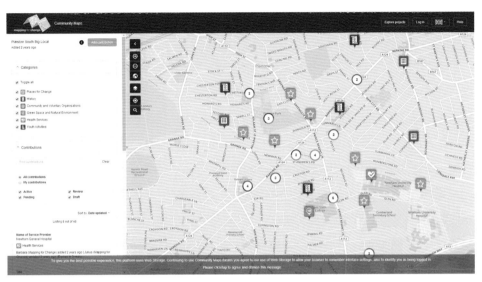

图 18-3-2　Mapping for Change 网站界面
资料来源：https：//communitymaps.org.uk.

18.3.2　城市家具

随着城市公共设施以及公共服务的不断完善发展，居民的生活水平逐渐提高。人们更加关注日常生活的品质，对于休闲娱乐等活动有更多以及更多样化的需求。城市很难在规划之初就对居民的需求有准确的预测与计划，因此在后期的城市运营中往往会出现资源配置不均的情况，城市中的设施服务资源需要合理的再调整与再分配。

信息时代的到来和通信技术的发展让人们拥有了即时即地的线上交流平台。基于这些信息数据，可以辅助我们快速构建出带有时间属性的人与人、人与物的信息网络。在城市规划领域中，基于数据的网络对于我们认知城市空间结构以及人们行为有很大的帮助，可以对城市活动有科学准确的分析与预测，进而能够辅助我们更加高效合理地进行城市管理与城市规划建设。

对于城市的公共设施与公共服务，基于居民行为与需求的量化分析一方面可以帮助我们在现有的设施与服务基础上对资源进行重新的管理调整，例如体育设施、公园绿地等的开放面积与时间、学校对公众开放政策等。另一方面可以在新一轮的建设规划中，帮助我们确定新设施的位置与建设规模。西方城市在这一点上已经有了一些尝试与实践，值得我们借鉴与学习。

18.3.3 交通定制

城市定制公交是一种公共共享出行的形式。它是指在特定时段，特别是早晚高峰，交通出行提供方为了满足人们的出行需求，为出行起讫点相同、出行时间相近、服务水平需求相似的居民群体提供量身定制的公交出行服务方式。城市定制公交是在有限发展城市公交系统的合理政策目标导向的基础上发展而来的，其灵活的运营机制、优质的服务质量得到诸多大城市的青睐。

城市定制公交在国外许多城市都有发展，称呼不一，一般称为共乘客车。1970年代美国就已经出现定制公交，美国的城市空间特点是以中心向周边蔓延，人们普遍居住在广阔的郊区，市中心则集聚着商业、办公，这样的城市空间结构造成了每天大量的潮汐交通，起初定制公交的运营区间主要是郊区与市区之间往返，后来随着居民出行量大幅度增加，公交出行需求巨大，许多定制公交的班次逐渐转变为常规路线。加拿大已经投入使用的新型公共交通系统包括 Dial-a-Ride Transit 和 Winnipeg Transit 等，在客流稀少的地区代替固定路线的公交服务，为居民提供"门到门"的出行服务，最大限度地避免资源的浪费。澳大利亚由于地广人稀，适合定制公交的发展，很早就进行了响应需求的公共交通系统的应用，目前使用的系统主要包括 Smart Link，Pocket Ride，Kan-Go 和 Flexible Transport System。

随着我国经济的不断发展，城市居民收入水平的提升，居民出行时对出行的时效性、舒适性、安全性等要求越来越高，大力发展高标准、经济性、效率性和满足多样化、多层次、个性化的通勤出行需求的城市定制公交服务是城市公共交通系统发展的必然要求，可以填补盲区。定制公交作为城市公共交通系统的一部分，在我国还处于快速起步阶段，在城市交通中所起到的不容忽视的作用已经被人们所关注。

案例 18-3-3　北京定制公交服务

北京公交集团于 2013 年 9 月推出了定制公交，乘客在 App 端或者网页端填写自己的行程需求，后台对需求进行统计并根据需求量高低来安排行程。新的行程制定好后将在定制公交平台上招募乘客、预订座位、在线支付，最终，公交集团将根据约定的时间、地点、方向开行商务班车。

目前已经设置了商务班车、快速直达专线、节假日专线、休闲旅游专线以及高铁快巴五种类型的定制公交。不同类型的班车有不同的计费方式，商务班车以包月

图 18-3-3　北京定制公交服务
资料来源：网络.

的形式收费，节假日专线则根据节假日时间提前预订，周末长期设置休闲旅游专线，需要提前抢票预订。而高铁快巴一般于铁路高峰时期设置，如春运期间，需在网上预订车票。针对某些公共交通无法覆盖的地区长期设置快速直达专线，可现场买票。

案例 18-3-4　CivicRec

　　CivicRec 是 CivicPlus 中的一个子功能，主要用于城市娱乐休闲健身等公共设施与服务的管理。其将城市中的公共设施与服务进行整合与归类，在地图视图中进行显示。根据用户的兴趣标签，为用户推送相关的设施与活动。并可以在软件中实现设施场地预定、活动预约的功能和使用后的意见反馈。政府作为后台管理者还可以主动征求未来设施以及服务的发展意见，并根据设施的使用情况进行明确而合理的管理调整，有必要时进行扩建、改建等。软件让公众方便地满足生活娱乐需求，同时以一种主动的姿态参与到了城市设施与服务完善的过程之中。

在线活动预约

用户反馈与调查

预约教练

图 18-3-4　CivicRec 使用界面

资料来源：https://www.civicplaus.com/civicrec/recreation-software.

　　此外，大多数公园配有导游、游泳教练、健身教练等，往往需要管理团队安排教职人员的教学计划与设施使用计划。而在 CivicRec 的教师管理模块中，则允许教师自我管理他们的课程和用户。一方面使得用户能够根据自己的时间安排与需求来定制设施，并随时与教练预约时间。另一方面对于管理者，可以根据一段时间内用户的使用反馈来调整设施与教练人员的安排。从而实现大众对健身、休闲等娱乐活动的私人定制，以及公众对城市设施与人力资源分配的公共定制。

本章小结
Chapter Summary

　　公共定制是本书首次提出的城市规划在大数据网络技术条件下体现城市善治和"人民主义"的规划新方法。"城市人"作为城市发展的动力源泉和城市规划的终极评价。通过"大智移云"的新技术手段，为最广泛的城市人完成城市空间的定制。本章在前半段介绍了有关公众参与的基本概念，包括其定义和特征。我们也应意识到欧美发达国家多年来提倡的公众参与，其发展过中存在着值得我们反思的问题。

　　本章的后半段在阐述了城市规划中公共参与的局限性的基础上，结合了目前信息技术，尤其是地理信息系统、大数据、移动互联网等技术的突破，提出了"公共定制"的概念，并参考了目前国内外的实践案例，探讨了未来公共定制的几个发展方向，包括了公共政策定制、社区规划、城市家具设计、定制交通服务以及公共服务选址。

参考文献

[1]　袁韶华，雷灵琰，翟鸣元.城市规划中公众参与理论的文献综述[J].经济师，2010（03）：45-47.

[2]　杨贵庆.试析当今美国城市规划的公众参与[J].国外城市规划，2002（02）：2-5，33-0.

[3]　袁媛，柳叶，林静.国外社区规划近十五年研究进展——基于Citespace软件的可视化分析[J].上海城市规划，2015（04）：26-33.

[4]　http://www.i-cherubini.it/mauro/blog/2007/06/26/geodf-towards-a-sdi-based-ppgis-application-for-e-governance/.PPGIS用户操作界面.

[5]　https://www.civicplaus.com/ civicrec/recreation- software.线上投票平台.

[6]　https://communitymaps.org.uk.伦敦社区参与系统.

[7]　https://icitizen.com/.城市公共设施和服务管理平台.

后记

　　收集城市规划方法的文献是 1982 年读研究生时受到导师李德华先生的启发，在他那里读到了第一本城市规划方法的文献著作。39 年来，我前后收集了很多不同时代、不同国家、不同视角的城市规划方法专著，不能说每一本都好好读了，但一直在收集，一直在整理。

　　实际上，每一个城市规划的创作和实践，都是一次城市规划方法的探索和创新。几十年的城市规划实践，成为一次次学习研究探索创新城市规划方法的台阶，说不出哪一个踏步是最重要的，但是通过实践探索城市规划的理性化的过程是不可缺少的。

　　今天，在这本书脱稿的时候，首先要感谢的是城市规划的前辈对我们这代人的规划启蒙教育，埋下了对城乡规划学科的热爱，也埋下了对城市规划非理性造成的城市问题越来越深刻的认识，促使了自己 39 年来对城市规划科学理性化的追求。

　　特别要感谢的是我的助手和研究生们，参与编写助理的刘晓畅、李俊、赵刚、甘惟、敖翔、李默涵、桂鹏、何珍、乔壬路、张修宁、刘治宇、叶锺楠、尹宏玲、王伟、姬凌云、李欣、马春庆、鲁斐栋、李翔、刘伟、王雅桐、朱明明、魏嘉彬、魏娜、何云、徐浩文，参与组织工作的唐晓薇、周咪咪、杨婷、何睿、田丹，他们陪我一起读那些枯燥的方法论书籍，他们督促着我写完最后一句话，使我终于能够脱稿印刷，否则的话这本书稿会一直在我的案上，成为一个不可完成的任务。

　　要感谢土木学科、生物学科、经济学学科、生态学学科等学科的众多专家，城市规划的每一个实践和方法的提升都受到了他们学科工作方法、思想方法的启迪。

也特别感恩我们这个时代，城市的快速发展及其造成的巨大的问题，每一次都会成为自己内心追求城市规划理性化、科学化的不懈动力。

大数据时代的到来，人工智能的蓬勃发展，为我们城市规划对于城市的认识，提供了历史上不可拥有的一次新的机遇，像老中医突然见到了 X 光透视，让我们透过城市的物质空间看到了城市所有生活活动留下的移动轨迹，像一个外科医生突然拥有了显微镜，把为人民服务的抽象理念化入到每一个个体的流动特性。大数据的集聚使得几十年收集城市数据的习惯变为全球数据挖掘的集体行为。人工智能辅助规划的决策打开了历史的全新可能，所以也应该感谢这些我们身边无处不在的新技术。

最后要感谢我所有的学友，我们为城市规划的科学理性共同探索了几十年，在这种共同探索的过程中间，建立的真诚的学术友谊，是人生中的宝贵财富。

谨以此书，纪念我的父母亲，也把此书献给我的夫人和女儿们。

审图号：GS（2020）131 号

图书在版编目（CIP）数据

城市规划方法 = Urban Planning Methods / 吴志强
编著 . 一北京：中国建筑工业出版社，2017.10
（城乡规划设计方法丛书）
"十三五"国家重点图书出版规划项目
ISBN 978-7-112-21385-6

Ⅰ.①城… Ⅱ.①吴… Ⅲ.①城市规划—研究
Ⅳ.① TU984

中国版本图书馆 CIP 数据核字（2017）第 259658 号

责任编辑：杨　虹
书籍设计：付金红　李永晶
责任校对：芦欣甜

"十三五"国家重点图书出版规划项目
城乡规划设计方法丛书
城市规划方法
Urban Planning Methods
吴志强　编著
＊
中国建筑工业出版社出版、发行（北京海淀三里河路 9 号）
各地新华书店、建筑书店经销
北京雅盈中佳图文设计公司制版
北京雅昌艺术印刷有限公司印刷
＊
开本：787 毫米 ×1092 毫米　1/16　印张：28　字数：529 千字
2021 年 12 月第一版　2021 年 12 月第一次印刷
定价：**218.00** 元
ISBN 978-7-112-21385-6
　（31105）